高职高专"十三五"规划教材

建筑施工技术

——项目化教材

主编 窦如令 张洪忠 郭 烽 刘宗亮

东南大学出版社
SOUTHEAST UNIVERSITY PRESS
·南京·

内容简介

　　《建筑施工技术》按照全国高职高专教育土建专业教学指导委员会土建施工类专业指导分委员会编制的建筑工程技术专业教育标准、培养方案及建筑施工课程教学大纲编写,本着突出职业教育的针对性和实用性、使学生实现"零距离"上岗的目标,并以国家现行的建设工程标准、规范、规程为依据,根据编者多年工程实践经验和教学经验编写而成。《建筑施工技术》对房屋建筑工程施工工艺、施工方法、施工机械及施工过程中的安全措施和质量保证措施等做了详细的阐述,内容通俗易懂,图文并茂。全书共分十个项目,包括土方工程、基础工程、砌筑工程、钢筋混凝土工程、预应力混凝土工程、钢结构工程、结构安装工程、屋面工程与地下防水工程、装饰工程、冬期与雨期施工等内容。

　　本书可作为高等院校建筑工程技术、工程造价、建筑工程管理、工程监理、基础工程、地下工程等专业的教材,也可供土木工程类各专业大中专院校学生及各类职业学校学生学习参考和土木工程设计、施工技术人员使用。

图书在版编目(CIP)数据

　　建筑施工技术 ／ 窦如令等主编. — 南京:东南大学出版社,2017.7

　　ISBN 978 - 7 - 5641 - 5268 - 0

　　Ⅰ. ①建…　Ⅱ. ①窦…　Ⅲ. ①建筑施工-教材
Ⅳ. ①TU7

　　中国版本图书馆 CIP 数据核字(2017)第 097875 号

建筑施工技术——项目化教材

出版发行	东南大学出版社
出 版 人	江建中
社　　址	南京市四牌楼 2 号
邮　　编	210096
网　　址	http://www.seupress.com
经　　销	新华书店
印　　刷	兴化印刷有限责任公司
开　　本	787 mm×1092 mm　1/16
印　　张	25.25
字　　数	700 千字
版　　次	2017 年 7 月第 1 版
印　　次	2017 年 7 月第 1 次印刷
书　　号	ISBN 978 - 7 - 5641 - 5268 - 0
定　　价	58.00 元

＊ 本社图书若有印装质量问题,请直接与营销部联系,电话:025 - 83791830。

本书编委会

主　　编　窦如令　张洪忠　郭　烽　刘宗亮

副主编　刘士良　宗炳辰　顾长青　于永超　季善利

编　　者　赵学凯　任晓辉　贾汇松　石　芳

　　　　　徐田娟　周圣霞　曹晓璐

前　言

　　建筑施工技术课程是建筑工程技术等专业的专业核心课程,是学生走上工作岗位的"敲门砖"。它的实践性很强。学生要在学习理论知识的同时具备或积累一定的实践知识,也只有学好理论知识才能更好地服务于今后的实践工作。本课程要求理论与实践互动。

　　本课程实践性和操作性很强,建筑行业对本课程的要求也很高。大部分的学生在走向工作岗位后,都直接或间接地从事着施工技术工作。把课堂教学和工程项目结合起来,实现理论教学与就业的零距离对接,不仅符合住建部建筑工程技术专业专科培养目标的要求,也是学生的渴望。实施项目化教学是实现这一目标的最好方法。

　　建筑工程的单体性很强,把理论教学与具体的工程项目融合起来,是实施项目化教学的基本点。本书以具体的工程为背景,系统介绍了建筑工程各主要工种工程施工中的一般施工技术和施工规律,按照"需要与够用"的基本理念,把复杂的理论融于工程实际,真正实现理实一体。本书力求体现高等职业教育的特色,实现教学与工作岗位的零距离的对接,达到培养高等技术应用型专门人才的目标。

　　本书由临沂职业学院窦如令、张洪忠、郭烽、刘宗亮担任主编,刘士良、宗炳辰、顾长青、于永超、季善利担任副主编,临沂职业学院部分专业老师也参与了本书编写工作,本书部分内容也得到了其他院校老师或同行的鼎力支持及热情参与。同时,在编写过程中,还参考和引用了书后所列参考文献中的部分内容,在此一并向原书作者表示衷心的感谢!

　　由于编者水平有限,书中难免存在疏漏与错误之处,恳请专家、同仁和广大读者批评指正,并将意见及时反馈给我们,以便修订时完善。编者邮箱:8334dou@163.com。

编者

2017 年 1 月

目　录

项目一　土方工程 ………………………………………………………… 1
　　任务1　土方量计算 …………………………………………………… 2
　　　　【任务描述】 ………………………………………………………… 2
　　　　【知识准备】 ………………………………………………………… 2
　　　　【任务实施】 ………………………………………………………… 9
　　　　【任务评价】 ………………………………………………………… 12
　　　　【思考与练习】 ……………………………………………………… 13
　　任务2　土方机械化施工 …………………………………………… 13
　　　　【任务描述】 ………………………………………………………… 13
　　　　【知识准备】 ………………………………………………………… 13
　　　　【任务实施】 ………………………………………………………… 27
　　　　【任务评价】 ………………………………………………………… 34
　　　　【思考与练习】 ……………………………………………………… 37
项目二　基础工程 ………………………………………………………… 39
　　任务1　基础垫层施工 ……………………………………………… 40
　　　　【任务描述】 ………………………………………………………… 40
　　　　【知识准备】 ………………………………………………………… 40
　　　　【任务实施】 ………………………………………………………… 49
　　　　【任务评价】 ………………………………………………………… 57
　　　　【思考与练习】 ……………………………………………………… 57
　　任务2　桩基础工程施工 …………………………………………… 58
　　　　【任务描述】 ………………………………………………………… 58
　　　　【知识准备】 ………………………………………………………… 58
　　　　【任务实施】 ………………………………………………………… 59
　　　　【任务评价】 ………………………………………………………… 79
　　　　【思考与练习】 ……………………………………………………… 79
　　　　【拓展训练】 ………………………………………………………… 79
项目三　砌筑工程 ………………………………………………………… 80
　　任务1　砖砌体施工 ………………………………………………… 81
　　　　【任务描述】 ………………………………………………………… 81

　　　【知识准备】 ……………………………………………………………………… 81

　　　【任务实施】 ……………………………………………………………………… 95

　　　【任务评价】 ……………………………………………………………………… 100

　　　【思考与练习】 …………………………………………………………………… 104

　　　【拓展训练】 ……………………………………………………………………… 104

　　任务2　石砌体施工 ………………………………………………………………… 104

　　　【任务描述】 ……………………………………………………………………… 104

　　　【知识准备】 ……………………………………………………………………… 105

　　　【任务实施】 ……………………………………………………………………… 105

　　　【任务评价】 ……………………………………………………………………… 114

　　　【思考与练习】 …………………………………………………………………… 119

　　　【拓展训练】 ……………………………………………………………………… 119

项目四　钢筋混凝土工程 ……………………………………………………………… 123

　　任务1　模板工程施工 ……………………………………………………………… 124

　　　【任务描述】 ……………………………………………………………………… 124

　　　【知识准备】 ……………………………………………………………………… 124

　　　【任务实施】 ……………………………………………………………………… 125

　　　【任务评价】 ……………………………………………………………………… 134

　　　【思考与练习】 …………………………………………………………………… 134

　　任务2　钢筋工程施工 ……………………………………………………………… 135

　　　【任务描述】 ……………………………………………………………………… 135

　　　【知识准备】 ……………………………………………………………………… 135

　　　【任务实施】 ……………………………………………………………………… 140

　　　【任务评价】 ……………………………………………………………………… 149

　　　【思考与练习】 …………………………………………………………………… 152

　　　【拓展训练】 ……………………………………………………………………… 152

　　任务3　混凝土工程施工 …………………………………………………………… 155

　　　【任务描述】 ……………………………………………………………………… 155

　　　【知识准备】 ……………………………………………………………………… 155

　　　【任务实施】 ……………………………………………………………………… 162

　　　【任务评价】 ……………………………………………………………………… 167

　　　【思考与练习】 …………………………………………………………………… 176

　　　【拓展训练】 ……………………………………………………………………… 177

项目五　预应力混凝土工程 …………………………………………………………… 178

　　任务1　先张法施工 ………………………………………………………………… 179

　　　【任务描述】 ……………………………………………………………………… 179

　　　【知识准备】 ……………………………………………………………………… 179

　　　【任务实施】 ……………………………………………………………………… 179

【任务评价】 …………………………………………………………………… 187

【思考与练习】 ……………………………………………………………… 190

任务 2　后张法施工 ……………………………………………………… 190

【任务描述】 ………………………………………………………………… 190

【知识准备】 ………………………………………………………………… 191

【任务实施】 ………………………………………………………………… 191

【任务评价】 ………………………………………………………………… 201

【思考与练习】 ……………………………………………………………… 202

项目六　钢结构工程 ……………………………………………………… 203

任务 1　钢结构安装、涂装施工 ………………………………………… 204

【任务描述】 ………………………………………………………………… 204

【知识准备】 ………………………………………………………………… 204

【任务实施】 ………………………………………………………………… 206

【任务评价】 ………………………………………………………………… 210

【思考与练习】 ……………………………………………………………… 210

项目七　结构安装工程 …………………………………………………… 211

任务 1　单层工业厂房的结构安装施工 ………………………………… 211

【任务描述】 ………………………………………………………………… 211

【知识准备】 ………………………………………………………………… 212

【任务实施】 ………………………………………………………………… 223

【任务评价】 ………………………………………………………………… 239

【思考与练习】 ……………………………………………………………… 239

任务 2　多层装配式框架结构安装施工 ………………………………… 240

【任务描述】 ………………………………………………………………… 240

【知识准备】 ………………………………………………………………… 240

【任务实施】 ………………………………………………………………… 240

【任务评价】 ………………………………………………………………… 245

【思考与练习】 ……………………………………………………………… 250

项目八　屋面工程与地下防水工程 ……………………………………… 251

任务 1　屋面防水工程施工 ……………………………………………… 252

【任务描述】 ………………………………………………………………… 252

【知识准备】 ………………………………………………………………… 252

【任务实施】 ………………………………………………………………… 252

【任务评价】 ………………………………………………………………… 266

【思考与练习】 ……………………………………………………………… 267

任务 2　地下防水工程施工 ……………………………………………… 267

【任务描述】 ………………………………………………………………… 267

【知识准备】 ………………………………………………………………… 267

【任务实施】 …………………………………………………… 267

【任务评价】 …………………………………………………… 284

【思考与练习】 ………………………………………………… 287

【拓展训练】 …………………………………………………… 287

项目九　装饰工程 ……………………………………………… 288

　任务1　门窗工程施工 …………………………………………… 289

　　【任务描述】 ………………………………………………… 289

　　【知识准备】 ………………………………………………… 289

　　【任务实施】 ………………………………………………… 289

　　【任务评价】 ………………………………………………… 295

　　【思考与练习】 ……………………………………………… 295

　任务2　吊顶、隔墙工程施工 …………………………………… 295

　　【任务描述】 ………………………………………………… 295

　　【知识准备】 ………………………………………………… 296

　　【任务实施】 ………………………………………………… 296

　　【任务评价】 ………………………………………………… 301

　　【思考与练习】 ……………………………………………… 302

　任务3　抹灰工程施工 …………………………………………… 302

　　【任务描述】 ………………………………………………… 302

　　【知识准备】 ………………………………………………… 302

　　【任务实施】 ………………………………………………… 302

　　【任务评价】 ………………………………………………… 305

　　【思考与练习】 ……………………………………………… 305

　　【拓展训练】 ………………………………………………… 305

　任务4　饰面板(砖)工程施工 …………………………………… 307

　　【任务描述】 ………………………………………………… 307

　　【知识准备】 ………………………………………………… 307

　　【任务实施】 ………………………………………………… 307

　　【任务评价】 ………………………………………………… 311

　　【思考与练习】 ……………………………………………… 313

　任务5　楼地面工程施工 ………………………………………… 313

　　【任务描述】 ………………………………………………… 313

　　【知识准备】 ………………………………………………… 313

　　【任务实施】 ………………………………………………… 313

　　【任务评价】 ………………………………………………… 316

　　【思考与练习】 ……………………………………………… 318

　任务6　涂料、刷浆、裱糊工程施工 …………………………… 318

　　【任务描述】 ………………………………………………… 318

【知识准备】 …………………………………………………………… 318

【任务实施】 …………………………………………………………… 318

【任务评价】 …………………………………………………………… 326

【思考与练习】 ………………………………………………………… 328

项目十　冬期与雨期施工 ……………………………………………… 329

　任务 1　混凝土结构工程的冬期施工 ………………………………… 330

　　【任务描述】 ………………………………………………………… 330

　　【知识准备】 ………………………………………………………… 330

　　【任务实施】 ………………………………………………………… 331

　　【任务评价】 ………………………………………………………… 336

　　【思考与练习】 ……………………………………………………… 337

　任务 2　土方工程的冬期施工 ………………………………………… 337

　　【任务描述】 ………………………………………………………… 337

　　【知识准备】 ………………………………………………………… 337

　　【任务实施】 ………………………………………………………… 338

　　【任务评价】 ………………………………………………………… 339

　　【思考与练习】 ……………………………………………………… 341

　任务 3　砌体工程的冬期施工 ………………………………………… 341

　　【任务描述】 ………………………………………………………… 341

　　【知识准备】 ………………………………………………………… 341

　　【任务实施】 ………………………………………………………… 341

　　【任务评价】 ………………………………………………………… 344

　　【思考与练习】 ……………………………………………………… 345

　任务 4　雨期施工 ……………………………………………………… 345

　　【任务描述】 ………………………………………………………… 345

　　【知识准备】 ………………………………………………………… 345

　　【任务实施】 ………………………………………………………… 347

　　【任务评价】 ………………………………………………………… 349

　　【思考与练习】 ……………………………………………………… 349

附录:建筑地基基础工程质量验收规范 …………………………… 350

参考文献 ………………………………………………………………… 389

项目一 土方工程

项目需求

土方工程是建筑施工技术的重要组成部分。土方工程主要完成拟建项目的场地平整,为建筑物的基础开工创造条件;完成整个场地景观的初步造形;完成整个场地后期的土石方基本平衡调配,包括基础开挖土石方在整个场地的平衡调配,在场地具备的条件下为后期种植土回填储备种植土资源;完成整个场地的竖向标高控制。这是整个工程成本控制的重点。

项目工作场景

实训基地:有与工程实际相符的土石方资源,有土石方施工器械。开挖机械有:推土机、铲运机、单斗挖土机(包括正铲、反铲、拉铲、抓铲等)、多斗挖掘机、装载机等。压实机械有:平碾压路机、打夯机、平板式振动器等。

方案设计

首先认识土的分类及工程性质;其次进行土方量计算;随后进行施工准备与辅助工作,紧跟着进行土方机械化施工;再次进行基槽(坑)施工,再进行填土与压实、地基局部处理;最后进行质量验收,获得编制一个单位工程的土方施工方案技能。

相关知识和技能

1. 土的工程性质对施工的影响;
2. 土方机械的性能、特点及提高效率采用的方法;
3. 土方施工的准备工作和辅助工作内容;
4. 坑(槽)挖掘、土方回填的施工工艺要求。
根据施工现场的实际情况、工作性质、工程量的大小和地表(下)水情况:
1. 能判断土的类别,正确选择土方机械和施工方法;
2. 依据网格图、断面图计算场地平整的土方量;

3. 组织浅基础坑(槽)检查验收工作;

4. 编制一个单位工程的土方施工方案。

任务 1　土方量计算

任务描述 ▐▐▐▐

首先进行土的分类与鉴别;然后认识土的工程性质,包括土的含水量、土的天然密度和干密度、土的可松性系数、土的渗透性等;最后进行各种情况下的土方量计算。

知识准备 ▐▐▐▐

一、土的分类与鉴别

土方工程施工和工程预算定额中,按土开挖的难易程度将土分为松软土、普通土、坚土、砂砾坚土、软石、次坚石、坚石、特坚石等八类。松软土和普通土可直接用铁锹开挖,或用铲运机、推土机、挖土机施工;坚土、砂砾坚土和软石要用镐、撬棍开挖,或预先松土,部分用爆破的方法施工;次坚石、坚石和特坚石一般要用爆破方法施工。土的工程分类与现场鉴别方法如表1.1所示:

表 1.1　土的工程分类与现场鉴别方法

土的分类	岩、土名称	开挖方法及工具
一类土(松软土)	略有黏性的砂土、粉土、腐殖土及疏松的种植土,泥炭(淤泥)	用锹,少许用脚蹬或用板锄挖掘
二类土(普通土)	潮湿的黏性土和黄土,软的盐土和碱土,含有建筑材料碎屑、碎石、卵石的堆积土和种植土	用锹、条锄挖掘,需用脚蹬,少许用镐
三类土(坚土)	中等密实的黏性土或黄土,含有碎石、卵石或建筑材料碎屑的潮湿的黏性土或黄土	主要用镐、条锄,少许用锹
四类土(砂砾坚土)	坚硬密实的黏性土或黄土,含有碎石、砾石(体积在 10%~30%、重量在 25 kg 以下的石块)的中等密实黏性土或黄土,硬化的重盐土,软泥灰岩	全部用镐、条锄挖掘,少许用撬棍挖掘
五类土(软石)	硬的石炭纪黏土,胶结不紧的砾岩,软的、节理多的石灰岩及贝壳石灰岩,坚实的白垩,中等坚实的页岩、泥灰岩	用镐或撬棍、大锤挖掘,部分使用爆破方法
六类土(次坚石)	坚硬的泥质页岩,坚实的泥灰岩,角砾状花岗岩,泥灰质石灰岩,黏土质砂岩,云母页岩及砂质页岩,风化的花岗岩、片麻岩及正长岩,滑石质的蛇纹岩,密实的石灰岩,硅质胶结的砾岩,砂岩,砂质石灰质页岩	用爆破方法开挖,部分用风镐

土的分类	岩、土名称	开挖方法及工具
七类土(坚石)	白云岩,大理石,坚实的石灰岩、石灰质及石英质的砂岩,坚硬的砂质页岩,蛇纹岩,粗粒正长岩,有风化痕迹的安山岩及玄武岩,片麻岩,粗面岩,中粗花岗岩,坚实的片麻岩,辉绿岩,玢岩,中粗正长岩	用爆破方法开挖
八类土(特坚石)	坚实的细粒花岗岩,花岗片麻岩,闪长岩,坚实的玢岩、角闪岩、辉长岩、石英岩、安山岩、玄武岩,最坚实的辉绿岩、石灰岩及闪长岩,橄榄石质玄武岩,特别坚实的辉长岩、石英岩及玢岩	用爆破方法开挖

二、土的工程性质

土的工程性质对土方工程的施工方法、机械设备的选择、劳动力消耗及工程费用等有直接的影响,其基本的工程性质有:

(一) 土的含水量

土的含水量(W)是土中水的质量与固体颗粒质量之比的百分率,用下式表示:

$$W = \frac{m_{湿} - m_{干}}{m_S} \times 100\% = \frac{m_W}{m_S} \times 100\% \qquad (1.1)$$

式中,$m_{湿}$——含水状态土的质量,kg;

$m_{干}$——烘干后土的质量,kg;

m_W——土中水的质量,kg;

m_S——固体颗粒的质量,kg。

土的含水量随气候条件、雨雪和地下水的影响而变化,对土方边坡的稳定性及填方密实程度有直接的影响。

(二) 土的天然密度和干密度

在天然状态下,单位体积土的质量称为土的天然密度。它与土的密实程度和含水量有关。一般,黏土天然密度为 1 800~2 000 kg/m³,砂土为 1 600~2 000 kg/m³。在土方运输中,汽车载重量折算体积时,常用土的天然密度。土的天然密度按下式计算:

$$\rho = \frac{m}{V} \qquad (1.2)$$

式中,ρ——土的天然密度,kg/m³;

m——土的总质量,kg;

V——土的体积,m³。

干密度是土的固体颗粒质量与总体积的比值,用下式表示:

$$\rho_d = \frac{m_S}{V} \tag{1.3}$$

式中，ρ_d——土的干密度，kg/m^3；

m_S——固体颗粒质量，kg；

V——土的体积，m^3。

在一定程度上，土的干密度反映了土的颗粒排列紧密程度。土的干密度越大，表示土越密实。工程上常把干密度作为评定土体密实程度的标准，以控制填土工程的质量。人工夯实或机械压实的填方工程，应使土达到设计要求的密实度。土的密实程度主要通过检验填方土的干密度和含水量来控制。

（三）土的可松性系数

天然土经开挖后，其体积因松散而增加，虽经振动夯实，仍然不能完全复原，土的这种性质称为土的可松性。土的可松性用可松性系数表示，即

$$K_S = \frac{V_2}{V_1} \tag{1.4}$$

$$K'_S = \frac{V_3}{V_1} \tag{1.5}$$

式中，K_S、K'_S——土的最初、最终可松性系数；

V_1——土在天然状态下的体积，m^3；

V_2——土挖出后在松散状态下的体积，m^3；

V_3——土经压（夯）实后的体积，m^3。

（四）土的渗透性

土的渗透性是指土体被水透过的性质。当基坑（槽）开挖至地下水位以下时，地下水平衡被破坏，土体孔隙中的自由水在重力作用下发生流动。

土的渗透性用渗透系数表示。渗透系数表示单位时间内水穿透土层的能力，以 m/d 表示。它同土的颗粒级配、密实程度等有关，是人工降低地下水位及选择各类井点的主要参数。

根据土的渗透系数不同，可分为透水性土（如砂土）和不透水性土（如黏土）。土的渗透性能影响施工降水与排水速度。土的渗透系数如表 1.2 所示：

表 1.2　土的渗透系数参考表

土的名称	渗透系数 $K(m/d)$	土的名称	渗透系数 $K(m/d)$
黏土	<0.005	中砂	5.0～20.00
亚黏土	0.005～0.10	均质中砂	35～50
轻亚黏土	0.10～0.50	粗砂	20～50
黄土	0.25～0.50	圆砾石	50～100
粉砂	0.50～1.00	卵石	100～500
细砂	1.00～5.00		

注：摘自《注岩基础教程》。

三、基坑与基槽土方量计算

计算基坑土方量可按立体几何中拟柱体(由两个平行的平面做底的一种多面体)体积公式计算(图 1.1),即

$$V = \frac{H}{6}(A_1 + 4A_0 + A_2)$$ (1.6)

式中,V——基坑土方工程量,m^3;

H——基坑深度,m;

A_1、A_2——基坑上、下底面的面积,m^2;

A_0——基坑中截面的面积,m^2。

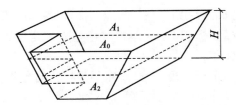

图 1.1　基坑土方量计算

基槽土方量计算可沿长度方向分段计算(图 1.2):

$$V_1 = \frac{L_1}{6}(A_1 + 4A_0 + A_2)$$ (1.7)

式中,V_1——第一段的土方量,m^3;

L_1——第一段的长度,m;

A_1,A_2——分别为第一段基槽两端面的面积,m^2;

A_0——第一段基槽中截面的面积,m^2。

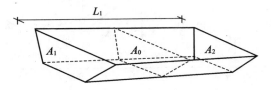

图 1.2　基槽土方量计算

将各段土方量相加即得总土方量:

$$V = V_1 + V_2 + V_3 + \cdots + V_n$$ (1.8)

四、场地平整土方量计算

建筑工程开工前,要进行场地平整,包括在施工区域内处理地上、地下障碍物,拆除原有建筑物地下管线,排除地表积水,清理耕植土、淤泥等,为施工队伍和机械设备进场

做好准备。

在平整场地施工前,要求计算平整场地挖填方量,合理进行土方调配,组织机械化施工。

场地设计平面由设计单位进行竖向设计时确定,绘制场地设计平面方格网图,这是计算场地平整土方量的依据。

场地挖填土方量计算有方格网法和横截面法两种。横截面法是将要计算的场地划分成若干横截面后,用横截面计算公式逐段计算,最后将逐段计算结果汇总。横截面法计算精度较低,可用于地形起伏变化较大的地区。

对于地形较平坦的地区,一般采用方格网法。方格网法计算场地平整土方量的步骤为:

1. 读识方格网图

方格网图由设计单位(一般在 1∶500 的地形图上)将场地划分为边长 $a = 10 \sim 40$ m 的若干方格;与测量的纵横坐标相对应,在各方格角点规定的位置上标注角点的自然地面标高(H)和设计标高(H_n)。

一般,方格角点的左上角标注角点编号,左下角标注自然地面标高,右下角标注角点的设计标高,右上角标注经计算的施工高度,如图 1.3 所示。

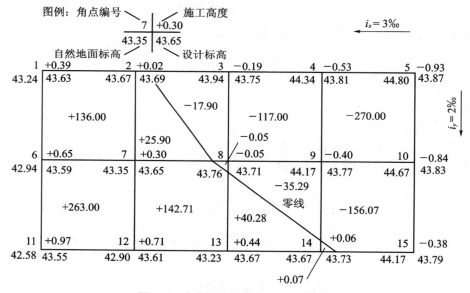

图 1.3　方格网法计算土方工程量图*

2. 计算场地各个角点的施工高度

角点的施工高度为角点设计标高与自然地面标高之差,是以角点设计标高为基准的挖方或填方的施工高度。各方格角点的施工高度按下式计算:

$$h_n = H_n - H \tag{1.9}$$

---

　* 注:本书中如无特殊说明之处,单位为"mm"。

式中，h_n——角点施工高度即填挖高度（以"＋"为填，"－"为挖），m；

n——方格的角点编号（自然数列 $1,2,3,\cdots,n$）。

3. 计算"零点"位置，确定零线

若方格边线一端施工高程为"＋"，另一端为"－"，则沿其边线必然有一不挖不填的点，即为"零点"（图 1.4）。零点位置按下式计算：

$$x_1 = \frac{ah_1}{h_1 + h_2} \qquad x_2 = \frac{ah_2}{h_1 + h_2} \tag{1.10}$$

式中，x_1、x_2——角点至零点的距离，m；

h_1、h_2——相邻两角点的施工高度（均用绝对值），m；

a——方格网的边长，m。

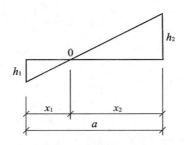

图 1.4 零点位置计算示意图

确定零点也可以用图解法，如图 1.5 所示。方法是用尺在各角点上标出挖填施工高度的相应比例，用尺相连，与方格相交，交点即为零点位置。将相邻的零点连接起来，即为零线，它是确定方格中挖方与填方的分界线。在平整场地施工时，将零线确定于地面上，作为施工时的挖填分界线。

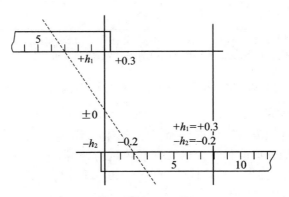

图 1.5 零点位置图解法

4. 计算方格土方工程量

根据方格底面图形和表 1.3 所列计算公式，逐格计算每个方格内的挖方量或填方量。

表 1.3　常用方格网点计算公式

项　目	图　　式	计算公式
一点填方或挖方(三角形)		$V=\dfrac{1}{2}bc \cdot \dfrac{\sum h}{3}=\dfrac{bch_3}{6}$ 当 $b=a=c$ 时,$V=\dfrac{a^2h_3}{6}$
两点填方或挖方(梯形)		$V_+=\dfrac{b+c}{2} \cdot a \cdot \dfrac{\sum h}{4}=\dfrac{a}{8}(b+c)$ (h_1+h_3) $V_-=\dfrac{d+e}{2} \cdot a \cdot \dfrac{\overset{a}{}h}{4}=\dfrac{a}{8}(d+e)$ (h_2+h_4)
三点填方或挖方(五角形)		$V=\left(a^2-\dfrac{bc}{2}\right)\dfrac{\sum h}{5}$ $=\left(a^2-\dfrac{bc}{2}\right)\dfrac{h_1+h_2+h_3}{5}$
四点填方或挖方(正方形)		$V=\dfrac{a^2}{4}\sum h=\dfrac{a^2}{4}(h_1+h_2+h_3+h_4)$

注:①a——方格网的边长,m;b、c、d、e——零点到一角的边长,m;h_1、h_2、h_3、h_4——方格网四角点的施工高程(用绝对值代入),m;$\sum h$——填方或挖方施工高程的总和(用绝对值代入),m;V——挖方或填方体积,m³。

②本表公式是按各计算图形底面积乘以平均施工高程而得出的。

5. 边坡土方量计算

场地的挖方区和填方区的边沿都需要做成边坡,以保证挖方土壁和填方区的稳定。边坡的土方量可以划分成两种近似的几何形体进行计算,一种为三角棱锥体(图 1.6 中①~③、⑤~⑪),另一种为三角棱柱体(图 1.6 中④)。

(1) 三角棱锥体边坡体积

$$V_1=\dfrac{1}{3}A_1l_1 \tag{1.11}$$

式中,l_1——边坡①的长度;

A_1——边坡①的端面积,即 $A_1=\dfrac{h_2(mh_2)}{2}=\dfrac{mh_2^2}{2}$;

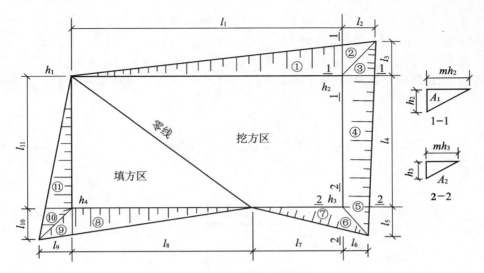

图 1.6　场地边坡平面图

h_2——角点的挖土高度；

m——边坡的坡度系数，m＝宽/高。

（2）三角棱柱体边坡体积

$$V_4 = \frac{A_1 + A_2}{2} l_4 \tag{1.12}$$

两端横断面面积相差很大的情况下，边坡体积

$$V_4 = \frac{l_4}{6}(A_1 + 4A_0 + A_2) \tag{1.13}$$

式中，l_4——边坡④的长度；

A_1、A_2、A_0——边坡④两端及中部横断面面积。

（3）计算土方总量

将挖方区（或填方区）所有方格计算的土方量和边坡土方量汇总，即得该场地挖方和填方的总土方量。

任务实施

【例 1.1】　某建筑场地方格网如图 1.7 所示，方格边长为 20 m×20 m，填方区边坡坡度系数为 1.0，挖方区边坡坡度系数为 0.5，试用公式法计算挖方和填方的总土方量。

【解】（1）根据所给方格网各角点的地面设计标高和自然标高，计算结果列于图 1.8 中，由公式（1.9）得

$h_1 = 251.50 - 251.40 = 0.10$ m　$h_2 = 251.44 - 251.25 = 0.19$ m

$h_3 = 251.38 - 250.85 = 0.53$ m　$h_4 = 251.32 - 250.60 = 0.72$ m

$h_5＝251.56－251.90＝－0.34\ \text{m} \quad h_6＝251.50－251.60＝－0.10\ \text{m}$

$h_7＝251.44－251.28＝0.16\ \text{m} \quad h_8＝251.38－250.95＝0.43\ \text{m}$

$h_9＝251.62－252.45＝－0.83\ \text{m} \quad h_{10}＝251.56－252.00＝－0.44\ \text{m}$

$h_{11}＝251.50－251.70＝－0.20\ \text{m} \quad h_{12}＝251.46－251.40＝0.06\ \text{m}$

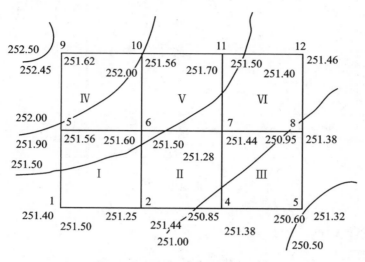

图 1.7　某建筑场地方格网布置图

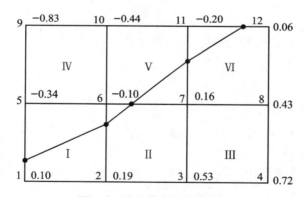

图 1.8　施工高度及零线位置

（2）计算零点位置。从图 1.8 中可知，1—5、2—6、6—7、7—11、11—12 五条方格边两端的施工高度符号不同，说明此方格边上有零点存在。由公式 1.10 求得：

1—5 线　$x_1＝4.55(\text{m})$

2—6 线　$x_1＝13.10(\text{m})$

6—7 线　$x_1＝7.69(\text{m})$

7—11 线　$x_1＝8.89(\text{m})$

11—12 线　$x_1＝15.38(\text{m})$

将各零点标于图上，并将相邻的零点连接起来，即得零线位置，如图 1.8 所示。

（3）计算方格土方量。方格Ⅲ、Ⅳ底面为正方形，土方量为：

$V_{\mathrm{III}}(+) = 20^2/4 \times (0.53 + 0.72 + 0.16 + 0.43) = 184 (\mathrm{m}^3)$

$V_{\mathrm{IV}}(-) = 20^2/4 \times (0.34 + 0.10 + 0.83 + 0.44) = 171 (\mathrm{m}^3)$

方格 I 底面为两个梯形,土方量为:

$V_{\mathrm{I}}(+) = 20/8 \times (4.55 + 13.10) \times (0.10 + 0.19) = 12.80 (\mathrm{m}^3)$

$V_{\mathrm{I}}(-) = 20/8 \times (15.45 + 6.90) \times (0.34 + 0.10) = 24.59 (\mathrm{m}^3)$

方格 II、V、VI 底面为三边形和五边形,土方量为:

$V_{\mathrm{II}}(+) = 65.73 (\mathrm{m}^3)$

$V_{\mathrm{II}}(-) = 0.88 (\mathrm{m}^3)$

$V_{\mathrm{V}}(+) = 2.92 (\mathrm{m}^3)$

$V_{\mathrm{V}}(-) = 51.10 (\mathrm{m}^3)$

$V_{\mathrm{VI}}(+) = 40.89 (\mathrm{m}^3)$

$V_{\mathrm{VI}}(-) = 5.70 (\mathrm{m}^3)$

方格网总填方量:

$$\sum V(+) = 184 + 12.80 + 65.73 + 2.92 + 40.89 = 306.34 (\mathrm{m}^3)$$

方格网总挖方量:

$$\sum V(-) = 171 + 24.59 + 0.88 + 51.10 + 5.70 = 253.27 (\mathrm{m}^3)$$

(4) 边坡土方量计算。如图 1.9,④、⑦按三角棱柱体计算外,其余均按三角棱锥体计算,可得:

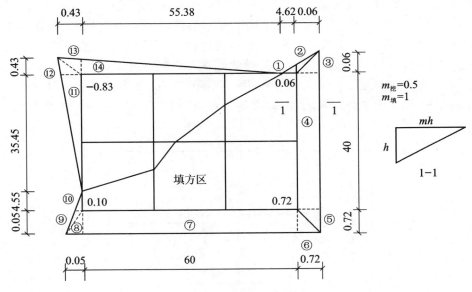

图 1.9 场地边坡平面图

$V_{①}(+) = 0.003 (\mathrm{m}^3)$

$V_{②}(+) = V_{③}(+) = 0.0001 (\mathrm{m}^3)$

$V_{④}(+) = 5.22 (\mathrm{m}^3)$

$V_{⑤}(+) = V_{⑥}(+) = 0.06 (\mathrm{m}^3)$

$V⑦(+)=7.93 (\text{m}^3)$

$V⑧(+)=V⑨(+)=0.01(\text{m}^3)$

$V⑩=0.01(\text{m}^3)$

$V⑪=2.03(\text{m}^3)$

$V⑫=V⑬=0.02(\text{m}^3)$

$V⑭=3.18(\text{m}^3)$

边坡总填方量:

$$\sum V(+) = 0.003+2\times0.0001+5.22+2\times0.06+7.93+2\times0.01+0.01 =13.30(\text{m}^3)$$

边坡总挖方量:

$$\sum V(-) = 2.03+2\times0.02+3.18 = 5.25(\text{m}^3)$$

任务评价

根据以上任务完成情况,得知需要对土方进行调配,土方调配是土方工程施工组织设计(土方规划)中的一个重要内容,在平整场地土方工程量计算完成后进行。

土方调配的原则:力求达到挖方与填方平衡和运距最短的原则;近期施工与后期利用的原则。进行土方调配,必须依据现场具体情况、有关技术资料、工期要求、土方施工方法与运输方法,综合上述原则,并经计算比较,选择经济合理的调配方案。编制土方调配方案应根据地形及地理条件,把挖方区和填方区划分成若干个调配区,计算各调配区的土方量,并计算每对挖、填方区之间的平均运距(即挖方区重心至填方区重心的距离),确定挖方各调配区的土方调配方案,应使土方总运输量最小或土方运输费用最少,而且便于施工,从而可以缩短工期、降低成本。调配方案确定后,绘制土方调配图(图1.10)。在土方调配图上要注明挖填调配区、调配方向、土方数量和每对挖填方区之间的平均运距。图中的土方调配,仅考虑场内挖方、填方平衡。其中,W 为挖方,T 为填方。

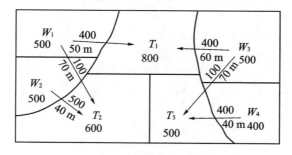

图 1.10 土方调配图

思考与练习

某建筑场地方格网如下图所示,方格边长为 20 m×20 m,试用公式法计算挖方和填方的总土方量。

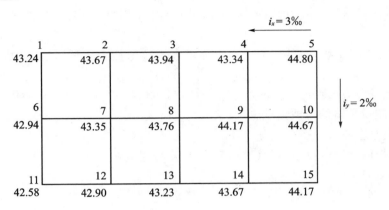

任务 2　土方机械化施工

任务描述

首先进行施工准备,土方边坡与土壁支撑,降低地下水位;然后进行土方机械化施工的工作。

知识准备

一、施工准备

1. 在场地平整施工前,应利用原场地上已有各类控制点,或已有建筑物、构筑物的位置、标高,测设平场范围线和标高。

2. 对施工区域内障碍物要调查清楚,制订方案,并征得主管部门意见和同意,拆除影响施工的建筑物、构筑物,拆除和改造通信和电力设施、自来水管道、煤气管道和地下管道,迁移树木。

3. 尽可能利用自然地形和永久性排水设施,采用排水沟、截水沟或挡水坝措施,把施工区域内的雨、雪、自然水及低洼地区的积水及时排除,使场地保持干燥,便于土方工程施工。

4. 对于大型平整场地,利用经纬仪、水准仪,将场地设计平面图的方格网在地面上测设固定下来,各角点用木桩定位,并在桩上注明桩号、施工高度数值,以便施工。

5. 修好临时道路,电力、通信及供水设施,以及生活和生产用临时房屋。

二、土方边坡与土壁支撑

土壁稳定,主要是由土体内摩擦阻力和黏结力来保持平衡,一旦失去平衡,土壁就会塌方。造成土壁塌方的主要原因有:

1. 边坡过陡,使土体本身稳定性不够,尤其是在土质差、开挖深度大的坑槽中,常引起塌方。

2. 雨水、地下水渗入基坑,使土体重力增大及抗剪能力降低,这是造成塌方的主要原因。

3. 基坑(槽)边缘附近大量堆土,或停放机具、材料,或由于动荷载的作用,使土体产生的剪应力超过土体的抗剪强度。

(一)土方边坡

土方边坡的坡度以挖方深度(或填方深度)h 与底宽 b 之比表示(图 1.11),即土方边坡坡度$=h/b=1:(b/h)=1:m$

式中 $m=b/h$ 称为边坡系数。

（a）直线边坡　　（b）不同土层折线边坡　　（c）相同土层折线边坡

图 1.11　土方边坡

边坡依据土质、挖方深度和地下水位的实际情况,可以做成直线形边坡、折线形边坡和阶梯形边坡。

当地质条件良好、土质均匀且地下水位低于基坑(槽)或管沟底面标高时,挖方边坡可做成直立壁不加支撑,但深度不宜超过下列规定:

密实、中密的砂土和碎石类土(充填物为砂土):1.0 m;

硬塑、可塑的粉土及粉质黏土:1.25 m;

硬塑、可塑的黏土和碎石类土(充填物为黏性土):1.5 m;

坚硬的黏土:2 m。

挖土深度超过上述规定时,应考虑放坡或做成直立壁加支撑。

在施工过程中,应经常检查坑壁的稳定情况。当挖基坑较深或晾槽时间较长时,应根据实际情况采取护面措施。常用的坡面保护方法有帆布、塑料薄膜覆盖法,坡面拉网或挂网法。当地质条件良好、土质均匀且地下水位低于基坑(槽)或管沟底面标高时,挖方深度在 5 m 以内且不加支撑的边坡的最陡坡度应符合表 1.4 的规定。

表 1.4 深度在 5 m 内的基坑(槽)、管沟边坡的最陡坡度

土的类别	边坡坡度(高:宽)		
	坡顶无荷载	坡顶有静载	坡顶有动载
中密的砂土	1:1.00	1:1.25	1:1.50
中密的碎石类土(充填物为砂土)	1:0.75	1:1.00	1:1.25
硬塑的粉土	1:0.67	1:0.75	1:1.00
中密的碎石类土(充填物为黏性土)	1:0.50	1:0.67	1:0.75
硬塑的粉质黏土、黏土	1:0.33	1:0.50	1:0.67
老黄土	1:0.10	1:0.25	1:0.33
软土(经井点降水后)	1:1.00	—	—

注:①静载指堆放土或材料等;动载指机械挖土或汽车运输作业等。静载或动载距挖方边缘的距离在 0.8 m 以外,且堆土和堆放材料高度不超过 1.5 m。

②当有成熟施工经验时,可不受本表限制。

永久性挖方边坡坡度应按设计要求放坡。临时性挖方的边坡坡度应符合表 1.5 的规定。

表 1.5 临时性挖方边坡值

土的类别		边坡值(高:宽)
砂土(不包括细砂、粉砂)		1:1.25~1:1.50
一般性黏土	硬	1:0.75~1:1.00
	硬、塑	1:1.00~1:1.25
	软	1:1.50 或更缓
碎石类土	充填坚硬、硬塑黏性土	1:0.50~1:1.00
	充填砂土	1:1.00~1:1.50

注:①设计有要求时,应符合设计标准。

②如采用降水或其他加固措施,可不受本表限制,但应计算复核。

③开挖深度,对软土不应超过 4 m,对硬土不应超过 8 m。

(二) 土壁支撑

土壁支撑形式应根据开挖深度和宽度、土质和地下水条件以及开挖方法、相邻建筑物等情况进行选择和设计。土壁支撑形式有横撑式支撑、板桩式支撑。支撑必须牢固可靠,确保安全施工。

1. 横撑式支撑

横撑式支撑由挡土板、楞木和工具式横撑组成,用于宽度不大、深度较小沟槽开挖的土壁支撑。根据挡土板放置方式不同,分为水平挡土板和垂直挡土板两类(图 1.12)。

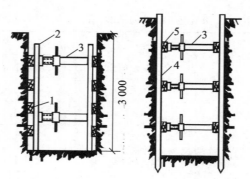

（a）断续式水平挡土板支撑　（b）垂直挡土板支撑

图 1.12　横撑式支撑

1—水平挡土板；2—竖楞木；3—工具式横撑；4—竖直挡土板；5—横楞木

水平挡土板的布置分为断续式和连续式两种。断续式水平挡土板支撑适用于地下水很少、深度在 2 m 以内，且能保持直立壁的干土和天然湿度的黏土；连续式水平挡土板支撑适用于开挖深度 3～5 m、可能坍塌的干土，或湿度大、疏松的砂砾、软黏土或粉土层。

垂直挡土板支撑适用于沟槽下部有含水层，挖土深度超过 5 m 的砂砾、软黏土或粉土层。

开挖深度 6～10 m、地下水少、天然湿度的土层，若地面荷载很大，需做圆形结构护壁时，可采用混凝土或钢筋混凝土挡土板支护。

横撑式支撑应选用松木。

施工中应经常检查，若有松动变形，应及时加固或更换。支撑的拆除应按回填的顺序依次进行，多层支撑应自下而上逐层拆除，同时应分段逐步进行，拆除下一段并经回填夯实后，再拆除上一段。

2. 板桩式支撑

板桩式支撑是一种常见的临时支护方法。大型基坑开挖之前，在基坑的四周用打桩机械将钢板桩打至地下要求的深度，形成封闭的钢板支护结构，在闭合钢板桩内进行土方及基础工程施工。板桩式支撑特别适用于地下水位较高且土质为细颗粒、松散饱和土的支护，可防止流沙现象产生。板桩有钢筋混凝土板桩、钢筋混凝土护坡桩和钢板桩等。

（1）板桩支撑的作用

①使地下水在土中的渗流路线延长，减小了动水压力，从而可预防流沙的产生；

②板桩支撑既挡土又防水，特别适于开挖深度较大、地下水位较高的大型基坑；

③可以防止基坑附近建筑物基础下沉。

（2）打入板桩的质量要求

①板桩位置在板桩的轴线上，板壁面应垂直，保证平面尺寸准确和平面的垂直度；

②封闭式板桩墙要求封闭合拢；

③埋置达到规定深度，有足够的抗弯强度和防水性能。

（3）钢板桩施工

钢板桩又可分平板桩和波浪式板桩两类。平板桩[图 1.13(a)]防水和承受轴向压力的性能良好，易打入地下，但长轴方向抗弯强度较小；波浪式板桩[图 1.13(b)]的防水和抗弯性能都较好，在施工中被广泛采用。

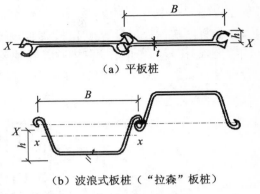

（a）平板桩

（b）波浪式板桩（"拉森"板桩）

图 1.13 常用的钢板桩

板桩施工要正确选择打桩方法、打桩机械和流水段划分，以保证打设后的板桩墙有足够的刚度和防水作用，且板桩应与墙面垂直，以满足墙内支撑安装精度的要求。对封闭式板桩墙还要求封闭合拢。

①打桩方法的选择：依据钢板桩的长短、质量及工期要求，合理地选择打桩方法。钢板桩打入法一般分为单独打入法、双层围檩插桩法和分段复打法。

钢板桩单独打入法适用于桩长小于 10 m，且工程要求不高的钢板桩支撑施工。其优点是打桩机行走路线明确、简捷且行走速度快，但由于是单块打入，桩板的垂直度不易控制，且易向一边倾斜。

双层围檩插桩法是在桩的轴线两侧先安装双层围檩（一定高度的钢制栅栏）支架，然后将钢板桩依次锁口咬合全部插入双层围檩间。其作用一是插入钢板桩时起垂直支撑作用，保证平面位置准确；二是施打过程中起垂直导向作用，保证板桩的垂直度。先行对四角板桩进行施打，封闭合拢后再呈阶梯形逐块将板桩打到设计标高位置。其优点是板桩安装质量高，但施工速度较慢，费用也较高（图 1.14）。

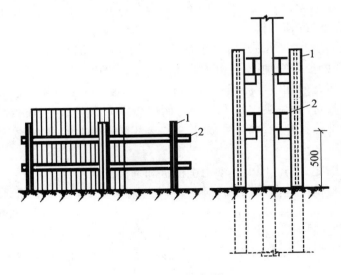

图 1.14 双层围檩

1—围檩桩；2—围檩

分段复打法是在板桩轴线一侧安装好单层围檩支架,将 10～20 块钢板桩拼装组成施工段插入土中一定深度,形成一段钢板桩墙,即屏风墙。

先将两端钢板桩打入土中,要保证位置、方向和垂直度的准确要求,并用电焊固定在围檩上,起样板和导向作用;然后将其他板桩按顺序以 1/2 或 1/3 板桩高度逐块打入。分段复打法能有效防止板桩的倾斜和扭转,减少误差积累,有利于实现封闭合拢(图1.15)。

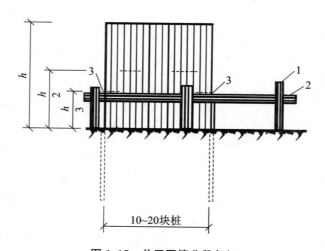

图 1.15 单层围檩分段复打

1—围檩桩;2—围檩;3—两端先打入的定位钢板桩

②合理划分流水段:施工流水段的划分应使板桩墙面垂直,满足墙面支撑安装要求,有利于封闭合拢,使行车路线短。所以,根据实际情况,为了保证质量,流水段不宜过长,合拢点少则误差积累大。要减少误差积累和保证轴线位置,则可缩短流水段。

③钢板桩打设的准备工作

钢板桩、围檩支架的矫正修理:钢板桩板面应平整,板端锁口应相互咬合,可重复使用;围檩支架损坏的要修复加固,尺寸要准确,可周转使用。

按施工图放板桩的轴线进行标高测量,作为控制板桩入土深度的依据。

桩锤不宜过重,以防桩头因过大锤击力而产生纵向弯曲。一般情况下,桩锤质量约为钢板桩质量的 2 倍。此外,选择桩锤时,还应考虑锤体外形尺寸,其宽度不能大于组合打入板桩的宽度之和。

准确安装好围檩支架。围檩支架由围檩桩和围檩组成。

④钢板桩的打设:桩机将钢板桩吊起并插入围檩支架,同时应使锁口对准,互相咬合插入,每插入一块应套上桩帽,轻击入土一定深度,以保证板桩的垂直度和稳定性。施打过程中要保持桩架的垂直度和稳定性,以适当的落距使板桩匀速贯入土中。若板桩发生倾斜及移位等不正常现象,应暂停打桩,分析原因后采取相应措施,切勿盲目强行施打。

⑤钢板桩的拔除：基础或地下结构施工完毕，基坑回填土后，用机械拔出钢板桩，桩孔用粗砂回填并挤压密实。

(三) 降低地下水位

1. 明沟排水法

明沟排水法是一种设备简单、应用普遍的人工降低水位的方法。施工方法是：开挖基坑或沟槽的过程中，遇到地下水或地表水时，在基础范围以外地下水流的上游，沿坑底的周围开挖排水沟，设置集水井，使水经排水沟流入井内，然后用水泵抽出坑外（图1.16）。

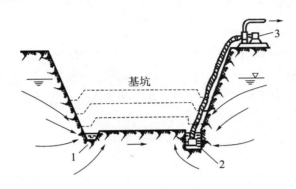

图 1.16　集水井降水

1—排水沟；2—集水井；3—水泵

明沟排水法适用于水流较大的粗粒土层的排水、降水，也可用于渗水量较小的黏性土层的降水，但不适宜于细砂土和粉砂土层的排水、降水，因为地下水渗出会带走细粒而发生流沙现象。

基坑抽水设备主要有离心泵、潜水泥浆泵、软轴水泵等，其主要性能包括：流量、扬程和功率等。水泵的流量和扬程应满足基坑涌水量和坑底降水深度的要求。

如果土层中产生局部流沙现象，应采取减小动水压力的处理措施，使坑底土颗粒稳定，不受水压干扰。其方法有：

①如条件许可，尽量安排在枯水期施工，使最高地下水位不高于坑底0.5 m；

②水中挖土时，不抽水或减少抽水，保持坑内水压与地下水压基本平衡；

③采用井点降水法、打板桩法、地下连续墙法防止流沙产生。

2. 井点降水法

在基坑开挖深度较大、地下水位较高、土质较差（如细砂、粉砂等）的情况下，要考虑采用井点降水法施工。

井点降水就是基坑开挖前，在基坑四周预先埋设一定数量的滤水管（井），在基坑开挖前和开挖过程中，利用抽水设备不断抽出地下水，使地下水位降到坑底以下，直至土方和基础工程施工结束。这样解决了地下水涌入坑内的问题，改善了施工条件，消除了流沙现象。

井点降水有两类，一类为轻型井点（包括电渗井点与喷射井点），另一类为管井点（深井泵），其中轻型井点应用较多。对不同的土质应采用不同的降水形式。表1.6所示为常用的降水形式。

表 1.6　降水类型及适用条件

降水类型 ＼ 适合条件	渗透系数(cm/s)	可能降低的水位深度(m)
轻型井点	$10^{-2} \sim 10^{-5}$	3~6
二级轻型井点		6~12
喷射井点	$10^{-3} \sim 10^{-6}$	8~20
电渗井点	$<10^{-6}$	宜配合其他形式降水使用
深井井管	$\geqslant 10^{-5}$	>10

轻型井点(图 1.17)就是沿基坑周围或一侧以一定间距将井点管(下端为滤管)埋入蓄水层内,井点管上部与总管连接,利用抽水设备使地下水经滤管进入井管,经总管不断抽出,从而将地下水位降至坑底以下。轻型井点法适用于土壤的渗透系数为 0.1~50 m/d 的土层;降低水位深度:一级轻型井点为 3~6 m,二级井点可达 6~9 m。

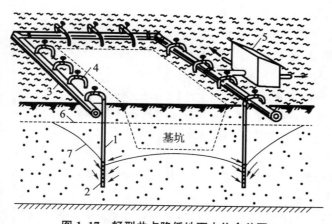

图 1.17　轻型井点降低地下水位全貌图

1—井点管;2—滤管;3—总管;4—弯联管;5—水泵房;6—原有地下水位线;7—降低后地下水位线

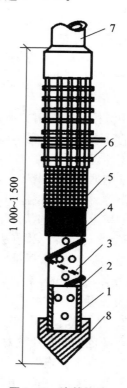

图 1.18　滤管构造

1—钢管;2—管壁上的小孔;3—缠绕的塑料管;4—细滤网;5—粗滤网;6—粗铁丝保护网;7—井点管;8—铸铁头

（1）轻型井点设备

轻型井点设备由管路系统和抽水设备组成。管路系统包括滤管、井点管、弯联管及总管等。滤管(图 1.18)为进水设备,其构造是否合理对抽水设备影响很大。

集水总管一般用内径 $100\sim127$ mm 的无缝钢管分节连接,每节长 4 m,间距 0.8 m 或 1.2 m,其上端设有一个与井点管连接的短接头。真空泵轻型井点通常由 1 台真空泵、2 台离心泵(1 台备用)和 1 台水汽分离器组成抽水机组。抽水设备的负荷长度(即集水总管长度),采用 W5 型真空泵时,不大于 100 m;采用 W6 型真空泵时,不大于120 m。

(2) 轻型井点的布置

井点布置应根据基坑平面形状与大小、土质、地下水位高度与流向、降水深度要求等决定。当基坑或沟槽宽度小于 6 m、水位降低深度不超过 5 m 时,可用单排线状井点布置在地下水流的上游一侧,两端延伸长度一般不小于沟槽宽度(图 1.19)。

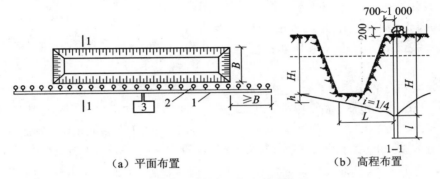

（a）平面布置　　　　　　（b）高程布置

图 1.19　单排线状井点的布置

1—总管;2—井点管;3—抽水设备

如宽度大于 6 m 或土质不定、渗透系数较大时,宜用双排井点,面积较大的基坑宜用环状井点(图 1.20);为便于挖土机械和运输车辆出入基坑,可不封闭,布置为 U 形环状井点。井点距离基坑壁一般不宜小于 $1\sim1.5$ m,以防局部发生漏气。

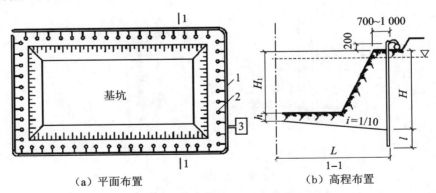

（a）平面布置　　　　　　（b）高程布置

图 1.20　环形井点布置简图

1—总管;2—井点管;3—抽水设备

在考虑到抽水设备的水头损失以后,井点降水深度一般不超过 6 m。井点管的埋设深度 H(不包括滤管)按下式计算[图 1.19(b)]:

$$H \geqslant H_1 + h + iL \tag{1.14}$$

式中，H_1——井点管埋设面至基坑底的距离，m；

h——基坑中心处坑底面（单排井点时，为远离井点一侧坑底边缘）至降低后地下水位的距离，一般为 0.5～1.0 m；

i——地下水降落坡度，其中环状井点为 1/10，单排线状井点为 1/4；

L——井点管至基坑中心的水平距离（单排井点中为井点管至基坑另一侧的水平距离），m。

当一级井点系统达不到降水深度时，可采用二级井点，即先挖去第一级井点所疏干的土，然后在基坑底部装设第二级井点，使降水深度增加（图 1.21）。

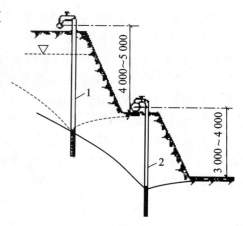

图 1.21 二级轻型井点示意图
1—第一级井点管；2—第二级井点管

（3）轻型井点的安装

轻型井点的施工包括准备工作及井点系统安装。准备工作包括井点设备、动力、水源及必要材料的准备，排水沟的开挖，附近建筑物的标高监测以及防止附近建筑沉降的措施等。

埋设井点系统的顺序：根据降水方案放线、挖管沟、布设总管、冲孔、下井点管、埋砂滤层、黏土封口、弯联管连接井点管与总管、安装抽水设备、试抽。其中井点管的埋设质量是保证轻型井点顺利抽水、降低地下水位的关键。

井点管的埋设一般用水冲法施工，分为冲孔[图 1.22(a)]和埋管[图 1.22(b)]两个过程。

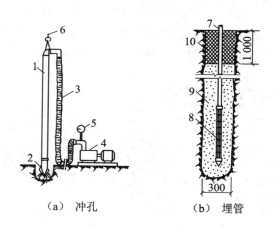

（a）冲孔　　　（b）埋管

图 1.22 井点管的埋设
1—冲管；2—冲嘴；3—胶皮管；4—高压水泵；5—压力表；6—起重机吊钩；
7—井点管；8—滤管；9—填砂；10—黏土封口

井点系统全部安装完毕后，应进行试抽，以检查有无漏气、漏水现象，出水是否正常，井点管有无淤塞；如有异常，进行检修后方可使用。

（4）轻型井点的使用

轻型井点运行后，应保证连续不断地抽水。若时抽时停，滤网易堵塞；中途停抽，地下水回升,会引起边坡塌方等事故。抽水过程中,应调节离心泵的出水阀以控制水量,使抽吸排水均匀,达到细水长流。正常出水规律是"先大后小,先浑后清",抽水时需注意观测真空度以判断井点系统工作是否正常,真空度一般应不低于 55.3～66.7 kPa,并检查观测井中水位下降情况。如果真空度低,通常是由于管路漏气,应检查管路系统连接处及井点管埋设的密封情况,并及时修理。

若井点淤塞,一般可以通过听管内水流声响、手摸管壁感到有振动、手触摸管壁有冬暖夏凉的感觉等简便方法检查。如果有较多井点管发生堵塞,影响降水效果时,应逐根用高压水反向冲洗或拔出重埋。

地下基础工程(或构筑物)竣工并回填土后,停机拆除井点排水设备。使用机械或人工将井点管拔出,井孔用砂砾石填密实,地面以下 2 m 范围内用黏土填实。

三、常用土方施工机械

(一) 推土机

推土机由动力机和工作部件两部分组成。推土机的动力机是拖拉机;工作部件是安装在动力机前面的推土铲。推土机结构简单、操纵灵活、工作面小、生产效率高、能独立作业,既可开挖土方,又能短距离运输,是土方工程施工的主要机械之一。按行走的方式,可分为履带式推土机和轮胎式推土机。履带式推土机附着力强,爬坡性能好,适应性强;轮胎式推土机行驶速度快,灵活性好。推土机的推土铲一般为液压操纵,动作可靠,操作方便,可借助动力机的重力强制将铲刀切入土层中。

目前,我国生产的履带式推土机有东方 32100、T120、黄河 220 等;轮胎式推土机有 TL160 等。

推土机的完整作业过程由铲土、运土、卸土三个工作过程和一个空载回驶过程组成。

(二) 铲运机

铲运机是可以连续独立完成铲、装、运、卸、平土及碾压作业的综合机械,由牵引机械和铲斗组成。按行走方式分为牵引式铲运机和自行式铲运机;按铲斗操纵系统分,有液压操纵和机械操纵两种。在工业与民用建筑施工中,常用铲运机的斗容量为 1.5～6.0 m³。

铲运机对行驶道路要求较低,行驶速度快、操纵灵活、运转方便、生产效率高,在土方工程中,常用于大面积场地平整、开挖大型基坑、填筑堤坝和路基等。

为了提高铲运机的生产效率,可以采取下坡铲土、推土机推土助铲等方法,缩短装土时间,使铲斗的土装得较满。

①下坡铲土法:下坡铲土是利用机械下坡时的重力加大铲土能力,坡度一般为 3°～9°,效率可提高 25%左右,但最大坡度不宜超过 15°;平坦的地形,可将取土地段的一端先铲低,然后保持一定的坡度向后延伸,人为地创造下坡铲土的有利条件。

②助铲法:自行式铲运机长距离铲运三、四类较坚硬土时,用推土机顶推铲运斗强制切土,可提高生产率 30%以上。

1. 环形路线

对于地形起伏不大,而施工地段较短(50～100 m)和填方不高(0.1～1.5 m)的路堤、基坑及场地平整,宜采用图1.23(a)所示的环形路线。当填挖交替,且相互之间距离不大时,则可采用图1.23(b)所示的大环形路线。这样,可进行多次铲土和卸土,从而减少铲运机的转弯次数。

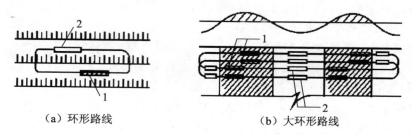

（a）环形路线　　　　　（b）大环形路线

图1.23　环形路线

1—铲土;2—卸土

2."8"字形路线

在地形起伏较大、施工地段狭窄的情况下,宜采用"8"字形路线(图1.24)。这种运行路线,铲运机在上下坡时斜向行驶,故坡度平缓;一个循环中两次转弯方向不同,故机械磨损均匀;一个循环完成两次铲土和卸土,减少了空车行驶距离,缩短了运行时间,提高了生产效率。

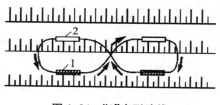

图1.24　"8"字形路线

1—铲土;2—卸土

（三）单斗挖土机

单斗挖土机按工作装置不同,可分为正铲、反铲、拉铲和抓铲四种(图1.25)。在建筑工程施工中,单斗挖土机可以挖掘基坑、沟槽,清理和平整场地;更换工作装置后,还可以进行装卸、起重、打桩等其他作业。

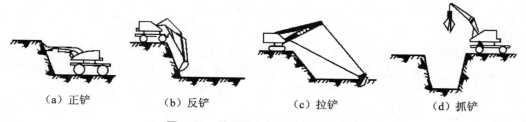

（a）正铲　　　　（b）反铲　　　　（c）拉铲　　　　（d）抓铲

图1.25　单斗挖土机工作装置的类型

单斗挖土机按其操纵机构的不同,可分为机械式和液压式两类。液压式单斗挖土机的优点是能无级调速且调速范围大;快速作业时,惯性小,并能高速反转;转动平稳,可减少强烈的冲击和振动;结构简单,机身轻,尺寸小;附有不同的装置,能一机多用;操纵省力,易实现自动化。目前液压传动已基本取代了机械传动。

1. 正铲挖土机

正铲挖土机的工作特点是前进行驶,铲斗由下向上强制切土,挖掘力大,生产效率高;适用于开挖含水量不大于27%的一至四类土和经爆破后的岩石与冻土碎块,需与自卸汽车配合完成整个挖掘运输作业;可以挖掘大型干燥基坑和土丘等。

正铲挖土机的开挖方式,根据开挖路线与运输车辆相对位置的不同,挖土和卸土的方式有以下两种:

①正向挖土,侧向卸土[图1.26(a)]:即挖土机向前进方向挖土,运输车辆位于正铲的侧面装土(可停在停机面上或高于停机面)。采用这种开挖方式,卸土时铲臂的回转角度一般小于90°,可避免汽车倒车和转弯较多的缺点,行驶方便,因而应用较多。

②正向挖土,反向卸土[图1.26(b)]:即挖土机向前进方向挖土,运输车辆停在挖土机后面装土,挖土机和运输车辆在同一工作面上。采用这种方式,挖土工作面较大,汽车不易靠近挖土机,往往是倒车开到挖土机后面装车。卸土时铲臂的回转角度大,一般在180°左右,生产率低,故一般很少采用。只有在基坑宽度较小、开挖深度较大的情况下才采用这种方式。

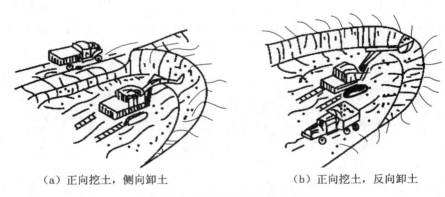

(a) 正向挖土,侧向卸土　　　　　　(b) 正向挖土,反向卸土

图1.26　正铲挖土机和卸土方式

当开挖较大面积或深度超过挖土机工作面高度的基坑时,应对挖土机的开行路线和进出口通道进行规划,绘出开挖平面图与剖面图,以便于挖土机开挖。当开挖深度小而面积较大的基坑时,只需布置一层通道即可[图1.27(a)]。第一次开行采用正向挖土、反向卸土;第二、三次可用正向挖土、侧向卸土,一次挖到坑底标高。当基坑宽度稍大于工作面宽度时,为了减少挖土机的开行路线,可采用加宽工作面的办法[图1.27(b)]。这时,挖土机按"之"字形路线开行。当基坑的深度较大时,通道可布置成多层[图1.27(c)],逐层下挖。

2. 反铲挖土机

反铲挖土机的工作特点是机械后退行驶,铲斗由上而下强制切土,用于开挖停机面以下的一至三类土,适用于挖掘深度不大于4 m的基坑、基槽、管沟,也适用于湿土、含水量较大的土壤及地下水位以下的土壤的开挖。

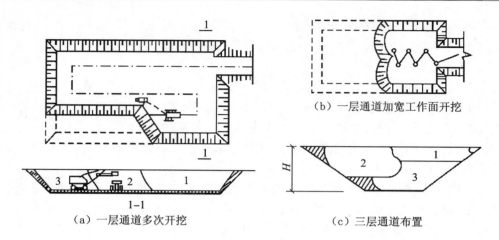

（b）一层通道加宽工作面开挖

（a）一层通道多次开挖

（c）三层通道布置

图 1.27　正铲开挖基坑

1、2、3—通道断面及开挖顺序

反铲挖土机的开行方式有沟端开挖和沟侧开挖两种。

①沟端开挖［图 1.28（a）］：反铲挖土机停在沟端，向后退着挖土。其优点是挖土方便，挖土深度和宽度较大，机身回转角度好，视线好，机身停放平稳。

②沟侧开挖［图 1.28（b）］：挖土机在沟槽一侧挖土，挖土机移动方向与挖土方向垂直，采用这种方式开挖要注意沟槽边坡的稳定性。挖土的深度和宽度均较小，但当土方允许就近堆在沟槽旁时，能弃土于距沟槽边缘较远的地方。

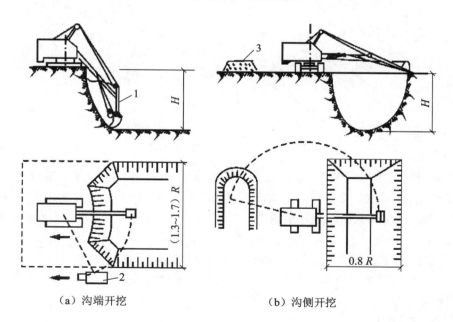

（a）沟端开挖

（b）沟侧开挖

图 1.28　反铲挖土机开挖方式

1—反铲挖土机；2—自卸汽车；3—弃土堆

3. 拉铲挖土机

拉铲挖土机工作时,利用惯性把铲斗甩出后靠收紧和放松钢丝绳进行挖土或卸土,铲斗由上而下,靠自重切土,可以开挖一、二类土壤的基坑、基槽和管沟等地面以下的挖土工程,特别适用于含水量大的水下松软土和普通土的挖掘。拉铲开挖方式与反铲相似,可沟端开挖,也可沟侧开挖。与反铲挖土机相比,拉铲的挖土深度、挖土半径和卸土半径都较大,但开挖的精确性差。拉铲挖土一般将土直接卸在基坑(槽)附近堆放,或配备自卸汽车装土运走,但工效较低。

4. 抓铲挖土机

抓铲挖土机主要用于开挖土质比较松软和施工面比较狭窄的基坑、沟槽、沉井等工程,特别适于水下挖土。土质坚硬时不能用抓铲施工。抓铲挖出的土可以直接装车运走,也可堆在坑(槽)旁边。

任务实施

一、土方机械的选择

(一) 选择原则

1. 土方工程施工中,应以某一施工过程为主导,按其工程量、土质条件及工期要求,结合土方施工机械的性能、特点和适用范围选择合适的施工机械。

2. 土方施工机械的选择应与工程实际情况相结合,就是要掌握工程的实际情况,包括施工场地大小和形状、地形土质、含水量、地下水位等,再进行机械的选择。

3. 主导施工机械确定后,要合理配备完成其他辅助施工过程的机械,尽可能地使土方工程各施工过程均实现机械化。主导机械与辅助机械所配备的数量和生产效率应尽可能协调一致,以充分发挥施工机械的效能。

4. 选择土方施工机械要考虑其他施工方法,辅助土方机械化施工。四类以上的各类土不能直接用挖土机械挖掘,可采用爆破的方法破碎成块后,采用机械化施工;地下水位较高的大型基坑开挖,可采用井点降水法将地下水降到坑底标高以下再进行施工;施工场地土的含水率大于30%时易陷车趴窝,施工前应采用明沟疏水,待场地干燥后再进行机械化施工。

(二) 土方开挖方式与机械选择

1. 平整场地常由土方的开挖、运输、填筑和压实等工序完成。

(1) 地势较平坦、含水量适中的大面积平整场地,选用铲运机较适宜。

(2) 地形起伏较大,挖方、填方量大且集中的平整场地,运距在1 000 m以上时,可选择正铲挖土机配合自卸汽车进行挖土、运土,在填方区配备推土机平整及压路机碾压施工。

(3) 挖填方高度均不大,运距在100 m以内时,采用推土机施工,灵活、经济。

2. 地面上的坑式开挖

单个基坑和中小型基础基坑开挖,在地面上作业时,多采用抓铲挖土机和反铲挖土机。抓铲挖土机适用于一、二类土质和较深的基坑；反铲挖土机适于四类以下土质、深度在4 m以内的基坑。

3. 长槽式开挖

这是指在地面上开挖具有一定截面、长度的基槽或沟槽，适于开挖大型厂房的柱列基础和管沟，宜采用反铲挖土机。

4. 整片开挖

对于大型浅基坑，若基坑土干燥，可采用正铲挖土机开挖，但需设上下坡道，以便运输车辆驶入坑内；若基坑内土潮湿，则采用拉铲或反铲挖土机，可在坑上作业，且运输车辆不驶入坑内，其工效比正铲挖土机低。

5. 对于独立柱基础的基坑及小截面条形基础基槽的开挖，则采用小型液压轮胎式反铲挖土机配以翻斗车来完成浅基坑（槽）的挖掘和运土。

土方施工开挖方式的确定与机械的选择都是相对的。选择时，要依据工程的实际情况编制多种方案，进行技术经济比较，选择效率高、费用低的方案施工。

二、基槽(坑)施工

(一) 房屋定位

房屋定位是在基础施工之前根据建筑总平面图设计要求，将拟建房屋的平面位置和零点标高在地面上固定下来。

定位一般用经纬仪、水准仪和钢尺等测量仪器，根据主轴线控制点，将外墙轴线的四个交点用木桩测设在地面上(图1.29)。

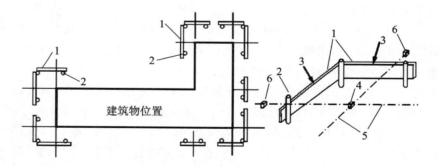

图 1.29　建筑物的定位

1—龙门板(标志板)；2—龙门桩；3—轴线钉；4—轴线桩(角桩)；5—轴线；6—控制桩(引桩、保险桩)

(二) 放线

房屋定位后，根据基础的宽度、土质情况、基础埋置深度及施工方法，计算确定基槽(坑)上口开挖宽度，拉通线后用石灰在地面上画出基槽(坑)开挖的上口边线，即放线(图1.30)。

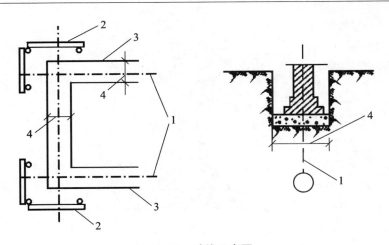

图 1.30 放线示意图
1—墙(柱)轴线;2—龙门板;3—白灰线(基槽边线);4—基槽宽度

基槽(坑)开挖宽度的计算:

(1)不放坡,不加挡土板支撑

当土质均匀且地下水位低于槽(坑)底,挖土深度不超过《土方与爆破工程施工及验收规范》(GB 50201—2012)的有关规定时,可不放坡和不加支撑,这时基础底边尺寸就是放灰线尺寸。在施工过程中,距离槽(坑)边沿 1 m 范围内不得堆置土方,应经常检查地表水、地下水及槽(坑)壁的稳定情况。

(2)不放坡,但要留工作面

浇筑基础混凝土时,为了控制断面尺寸,需在槽(坑)内支立模板,为此,必须留出一定的工作面。一般,当基槽(坑)底在地下水位以上时,每边留出工作面宽度为 300 mm(图 1.31),基槽(坑)放灰线尺寸为:

$$d = a + 2c \tag{1.15}$$

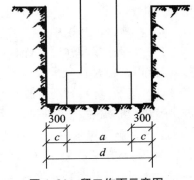

式中,d——基础放灰线宽,mm;

a——基础底宽,mm;

c——工作面宽度(一般取 300 mm)。

(3)留工作面并加支撑

图 1.31 留工作面示意图

当基础埋置较深,场地又狭窄不能放坡时,为防止土壁坍塌,必须设置支撑。此时,放灰线尺寸除应考虑基础底宽、工作面宽度外,还需加上支撑所需尺寸(一般为100 mm)。放灰线尺寸为:$d = a + 2c + 2 \times 100$(mm)

(4)放坡

如果基槽(坑)深度超过《土方与爆破工程施工及验收规范》(GB 50201—2012)的规定时,即使土质良好且无地下水,亦需根据挖土深度和土质情况,参照表 1.5 放坡。放灰线尺寸为(图 1.32):

$$d = a + 2c + 2b \tag{1.16}$$

式中,b——放坡宽度,$b=mh$;

m——坡度系数;

h——基槽开挖深度。

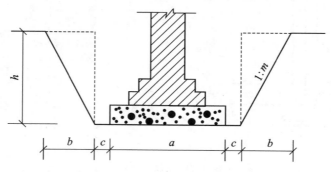

图 1.32　放坡基槽留工作面示意图

(三) 基槽(坑)土方开挖

基槽(坑)开挖有人工开挖和小型液压挖土机开挖两种形式。

当基槽(坑)较深、土方量大时,有条件的尽量利用机械挖土。人工沿灰线开挖时,有利于保证土壁的直立或土壁放坡要求及槽(坑)底面尺寸;采用机械施工时,应注意挖土深度必须比基底标高浅,然后组织人工加以清底,以免机械挖土时扰动基底。

1. 基槽(坑)开挖深度控制

当基槽(坑)挖到离坑底 0.5 m 左右时,根据龙门板上标高及时用水准仪抄平,在土壁上打上水平桩,作为控制开挖深度的依据。

2. 基槽(坑)开挖中的注意事项

(1) 在开挖基槽(坑)之前,应检查龙门板、轴线桩有无走动现象,并根据设计图纸校核基础轴线的位置、尺寸及水准点的标高等。

(2) 基槽(坑)、管沟的挖土应分层进行。挖方时不应碰撞或损伤支护结构、降水设施。基槽(坑)开挖应连续进行,尽快完成。

(3) 在施工过程中,基槽(坑)、管沟边堆置的土方量不应超过设计荷载。开挖基槽(坑)时,若土方量不大,应有计划地堆置在现场,满足基槽(坑)回填及室内回填的需要。若有余土,则应考虑好弃土地点,并及时将土运走。

(4) 基槽(坑)土方施工中及雨后,应对支护结构、周围环境进行观察和监测,如出现异常情况应及时处理,待恢复正常后方可继续施工。

(5) 基槽(坑)开挖时,要加强垂直高度方向的测量,防止超挖,防止搅动基底土层。挖至设计标高后,应对槽(坑)底进行保护,防止雨水侵蚀或阳光暴晒,经验槽合格后,及时进行垫层施工。

(6) 对特大型基坑,应分区分块挖至设计标高,分区分块及时浇筑垫层。必要时,可以加强垫层。

(7) 土方开挖施工中,若发现古墓及文物等,要保护好现场,并立即通知文物管理部门,经查看处理后方可施工。

3. 验槽(坑)

基槽(坑)挖至设计标高并清理好以后,应由施工单位会同勘察单位、设计单位、监理单位、建设单位及质量监督部门有关人员,一起进行现场检查并验收基槽,包括:核对地质资料,检查地基与工程地质勘察报告、设计图纸要求是否相符,有无破坏原状土结构或发生较大的扰动现象。

验槽(坑)的主要内容和方法如下:

(1) 核对基槽(坑)的位置、平面尺寸、坑底标高。

(2) 核对基槽(坑)土质和地下水情况。

(3) 空穴、古墓、古井、防空掩体及地下埋设物的位置、深度、形状。在进行观察时,可采用钎探和洛阳铲探查。

(4) 对整个基槽(坑)底进行全面观察,注意土的颜色是否一致,土的坚硬程度是否一样,有无软硬不一或弱土层,局部的含水量有无异常现象,走上去有无颤动的感觉等。

(5) 验槽的重点应选择在桩基、承重墙或其他受力较大的部位。

验槽后应填写验槽记录或检验报告。

三、填土与压实

(一) 填土的要求

为了保证填方工程的强度和稳定性要求,必须正确地选择土料和填筑方法。填土的土料应符合设计要求。含有大量有机物、石膏和水溶性硫酸盐(含量大于 5%)的土以及淤泥、冻土、膨胀土等,均不应作为填方土料;以黏土作为土料时,应检查其含水量是否在控制范围内,含水量大的黏土不宜做填土用;一般碎石类土、砂土和爆破石渣可做表层以下填料,其最大粒径不得超过每层铺垫厚度的 2/3。

填土应按整个宽度分层进行,当填方位于倾斜的山坡时,应将斜坡修筑成 1:2 的阶梯形边坡后再进行施工,以免填土横向移动,并尽量用同类土填筑。如采用不同类土填筑,应将透水性较大的土层填筑在下层,透水性较小的土层填筑在上层,不能将各种土混合使用。这样有利于水分的排出和基土稳定,并可避免在填方内形成水囊和发生滑移现象。

回填施工前,填方区的积水应采用明沟排水法排出,并清除杂物。由于土的可松性,回填高度的控制应预留一定的下沉高度,以备行车碾压、堆重和干湿交替自然因素的作用下土体逐渐沉落密实,其预留下沉高度(以填方高度为百分数计):砂土为 1.5%,亚黏土为 3%~3.5%。

(二) 土的压实方法

填土的压实方法一般有碾压、夯实、振动压实等几种。碾压法是依靠沿填筑面滚动的鼓筒或轮子的压力压实填土,适用于大面积填土工程。碾压机械有平碾(压路机)、羊足碾、振动碾和气胎碾。

碾压机械进行大面积填方碾压,宜采用"薄填、低速、多遍"的方法。机械的开行速度不宜过快,一般不应超过下列规定:平碾、振动碾 2 km/h;羊足碾 3 km/h。控制压实遍数:平碾 6~8 遍,羊足碾 8~16 遍。在边角、坡度等不易压实处,应用人力夯或小型夯实机具配合施工。

为了保证填土压实的均匀性和密实度的要求,提高碾压效率,宜先用轻型机械碾压,使其表面平整后,再用重型机械碾压。

夯实是利用夯锤自由下落的冲击力来夯实填土,适用于小面积填土的压实。其优点是可以夯实较厚的黏性土层和非黏性土层。夯实机械有夯锤、内燃夯土机和蛙式打夯机等。

为防止管道、基础轴线位移或管道损坏,常用人工回填,配合小型机具施工,直至管顶 0.5 m 以上,在不损坏管道的情况下,方可采用机械回填和压实。填方坡度根据填方高度、土的种类和其重要性在设计中加以规定。

(三) 填土压实的影响因素

1. 压实功的影响

填土压实后的密度与压实机械在其上所施加功的关系如图 1.33 所示。当土的含水量一定,在开始压实时,土的密度急剧增加;当接近土的最大密度时,虽经反复压实,压实功增加很多,但土的密度变化很小。实际施工中应根据土的种类、压实密度要求和不同的压实机械来决定填土压实遍数。砂土或黏性土需碾压或夯实 2~3 遍;亚砂土需 3~4 遍;亚黏土或黏土需 5~6 遍。松土先用轻碾,再用重碾压实,就会取得较好的压实效果。

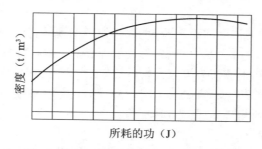

图 1.33 土的密度与压实功的关系示意图

2. 含水量的影响

填土含水量的大小直接影响碾压(或夯实)遍数和质量。较为干燥的土,由于摩阻力较大而不易压实;当土具有适当含水量时,土的颗粒之间因水的润滑作用而使摩阻力减小,在同样压实功作用下,得到最大的密实度,这时土的含水量称为最佳含水量(图1.34)。

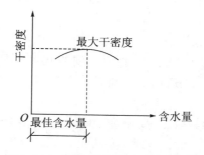

图 1.34 土的干密度与含水量的关系

各种土的最佳含水量和最大干密度见表1.7。现场黏性土最佳含水量的检测，一般以手握成团、落地开花为宜。填土压实施工中，当土的含水量较大时，一般采取翻松晾干、掺入同类干土或吸水性材料（生石灰）等措施；当土过干时，施工前应适当洒水润湿。

表 1.7 土的最佳含水量和最大干密度参考表

项次	土的种类	变动范围	
		最佳含水量（%） （质量比）	最大干密度 （g/cm³）
1	砂土	8～12	1.80～1.88
2	黏土	19～23	1.58～1.70
3	粉质黏土	12～15	1.85～1.95
4	粉土	16～22	1.61～1.80

注：①表中土的最大干密度应根据现场实际达到的数字为准；
②一般性的回填可不做此项测定。

3. 铺土厚度的影响

在压实功作用下，土中的应力随深度增加而逐渐减小（图1.35），其压实作用也随土层深度的增加而逐渐减弱。在压实过程中，土的密实度也是表层较大，随深度的增加而递减；超过一定深度后，即使经多次碾压，土的密实度也不会有明显变化。各种压实机械的压实影响深度与土的性质和含水量等因素有关。铺土厚度应小于压实机械的作用深度。铺得过厚，需增加压实遍数才能达到规定的密实度；铺得过薄，也需相应增加机械的总压实遍数。

对于重要的填方工程，其达到规定密实度所需的压实遍数、铺土厚度等，应根据土质和压实机械在施工现场的压实试验决定。若无试验依据，应符合表1.8的规定。

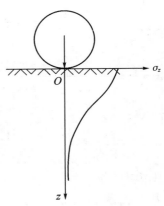

图 1.35 压实作用沿深度的变化

表 1.8 填土施工时的分层厚度及压实遍数

压实机具	分层厚度(mm)	每层压实遍数
平碾	250～300	6～8
振动压实机	250～350	3～4
柴油打夯机	200～250	3～4
人工打夯	<200	3～4

（四）填土质量检查

填土压实后必须达到密实度的要求，填土密实度以设计规定的控制干密度 ρ_d（或规定的压实系数 λ）作为检查标准。土的控制干密度与最大干密度之比称为压实系数。

一般场地平整，其压实系数为 0.9 左右；地基填土为 0.91～0.97，具体取值视结构类型和填土部位而定。

土的最大干密度一般在实验室由击实试验确定。土的最大干密度乘以规范规定或设计要求的压实系数，即可计算出填土控制干密度 ρ_d 的值。

土的实际干密度可用"环刀法"测定。其取样组数：基坑回填土每 $20\sim 50$ m³ 取样一组；基槽、管沟填土每层（长度）按 $20\sim 50$ m 取样一组；室内回填土每层按 $100\sim 500$ m² 取样一组；场地平整填土每层按 $400\sim 900$ m² 取样一组。取样部位应在每层压实后的下半部。试样取出后测出实际干密度。

填土压实后的实际干密度，应有90%以上符合设计要求，其余10%的最低值与设计值之差不得大于 0.08 g/cm³，且应分散不应集中。

填方施工结束后，应检查标高、边坡坡度、压实程度等，检验标准应符合表 1.9 的规定。

表 1.9　填土工程质量检验标准

项目	序号	检查项目	允许偏差或允许值（mm）					检查方法
			桩基基坑基槽	场地平整		管沟	地（路）面基础层	
				人工	机械			
主控项目	1	标高	−50	±30	±50	−50	−50	水准仪
	2	分层压实系数	设计要求					按规定方法
一般项目	1	回填土料	设计要求					取样检查或直观鉴别
	2	分层厚度及含水量	设计要求					水准仪及抽样检查
	3	表面平整度	20	20	30	20	20	用靠尺或水准仪

地基局部处理是指在浅基础开挖基槽（坑）的施工中或验槽（坑）时，发现基槽（坑）范围内有洞穴、软弱土层或岩基、墙基等局部异常地基的处理。查明异常地基的性质、范围及深浅后，由设计单位提出处理方案，施工单位进行处理。处理的方法和原则是将局部软弱层或硬物尽可能挖除，回填与天然土压缩性相近的材料，分层夯实；处理后的地基应保证建筑物各部位沉降量趋于一致，以减少地基的不均匀下沉。

任务评价

以上任务完成后，经过分析，需要进行地基局部处理及质量评定。

一、软松土坑（填土、墓穴、淤泥）的处理

将坑中的软松土、虚土全部挖除，使坑底及四周均见天然土，然后用与坑边天然土层相近的材料分层夯实回填至坑底标高处。常用回填材料有砂、砂砾石、天然土、3∶7 或 2∶8 的灰土。采用天然土分层夯实回填时，每层厚度 200 mm，如图 1.36(a)所示。

软松土坑范围较大，超过地槽的宽度时，应将该范围内的基槽适当加宽，挖至天然层，将部分基础加深，做成 1∶2 的踏步与两端相接，如图 1.36(c)所示。

对于范围和深度较大的软土坑，由于回填材料与天然地基密实度相差较大，会造成

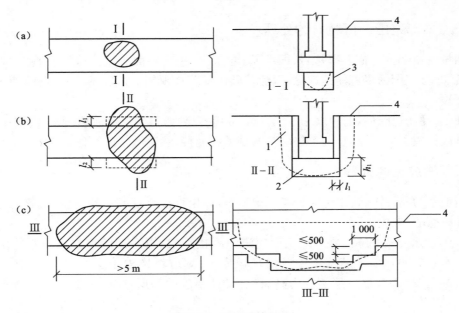

图 1.36 松土坑的处理
1—软弱土；2—2∶8 灰土；3—松土全部挖除后填以好土；4—天然地面

基础不均匀下沉，所以还要考虑加强上部结构的强度，在防潮层下设钢筋混凝土或钢筋砖圈梁(图 1.37)，以抵抗地基不均匀沉降而引起的内力。

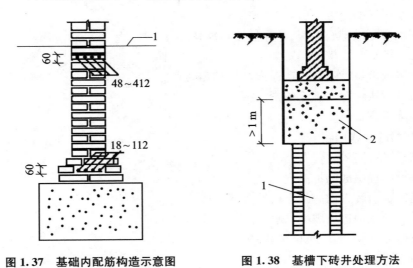

图 1.37 基础内配筋构造示意图
1—设计地面

图 1.38 基槽下砖井处理方法
1—砖井；2—回填土

二、砖井、枯井、土井的处理方法

当井在基槽范围内时，应将井的井圈拆至基槽下 1 m 以上，井内用中砂、砂卵石材料分层夯填处理，在拆除范围内用 2∶8 或 3∶7 的灰土分层回填夯实至槽底(图 1.38)。

三、局部范围内(硬物)的处理

当桩基或部分基槽下有基岩、旧墙基、老灰土、压实路面等硬土或坚硬物时,首先应在基坑、基槽范围内尽可能地挖除,以免基础局部落在硬物上造成不均匀沉降,使上部建筑物开裂。

硬土、硬物挖除后,若深度小于 1.5 m,可用砂、砂卵石或灰土回填;若长度大于 5 m,则将槽底做成 1∶2 的踏步灰土垫层与两端紧密连接,然后做落深基础。

四、橡皮土的处理

当地基为黏性土、含水量大且趋于饱和时,如果直接夯打或反复碾压,就容易形成有颤动弹性感的"橡皮土"。

对于含水量高的黏性土,施工中应避免直接夯拍,可采用晾槽或掺石灰粉的办法降低含水量后再压实。若施工中已出现橡皮土,则应将橡皮土层挖除,然后在适当加深槽底的情况下,铺垫一层承载力高、符合设计要求的垫层地基,如砂土或级配砂石垫层等。

五、质量标准及安全技术

(一)土方工程质量验收内容

1. 场地平整挖填方工程的验收内容

①平整区域的坐标、高程和平整度;

②挖填方区的中心位置、断面尺寸和标高;

③边坡坡度及边坡的稳定性;

④泄水坡度,水沟的位置、断面尺寸和标高;

⑤填方压实情况和填土的密实度;

⑥隐蔽工程记录。

2. 基槽的验收内容

①基槽(坑)的轴线位置、宽度;

②基槽(坑)底面的标高;

③基槽(坑)和管沟底的土质情况及处理;

④槽(坑)壁的边坡坡度;

⑤槽(坑)、管沟的回填情况和密实度。

(二)质量标准

土方开挖工程的质量检验标准应符合表 1.10 的规定。

表 1.10　土方开挖工程的质量检验标准

项目	序号	项　目	允许偏差或允许值（mm）					检查方法
			桩基基坑基槽	挖方场地平整		管沟	地（路）面基层	
				人工	机械			
主控项目	1	标高	−50	30	50	−50	−50	水准仪
	2	长度、宽度（由设计中心线向两边量）	+200 −50	+300 −100	+500 −150	+100	—	经纬仪，用钢尺量
	3	边坡	设计要求					观察或用坡度尺检查
一般项目	1	表面平整度	20	20	50	20	20	用 2 m 靠尺和楔形塞尺检查
	2	基底土性	设计要求					观察或土样分析

注：地（路）面基层的偏差只适用于直接在挖、填方区上做地（路）面的基层。

（三）安全技术

1. 施工前应进行场地清理，拆除施工区域内的房屋、古墓，拆除或改建通信和电力设备、上下管道、地下电缆等；迁移树木，清除树墩及含有大量有机物的草皮、耕植土和河塘淤泥等。

2. 基槽（坑）开挖时，人工操作间距应不小于 2.5 m；采用机械作业时，挖土机的间距应大于 10 m。挖土应由上而下逐层进行。

3. 基槽（坑）的开挖应严格按要求放坡。操作时，应随时注意土壁变动情况，如发现有裂纹或局部坍塌现象，应及时进行支撑，并注意支撑的稳定。

4. 尽量避免在槽（坑）边缘堆置大量土方、材料和机械设备。材料的堆放距槽（坑）边沿应有 1 m 以上的距离；用于吊土的起吊设备距槽（坑）边缘不得少于 1.5 m。

5. 运输道路应平整坚实，坡度和转弯半径应符合有关安全规定。

6. 深基坑上下应先挖好阶梯或设置靠梯，禁止踩踏支撑上下；坑的四周应设安全栏杆或悬挂危险标志。

7. 基槽（坑）设置的支撑应经常检查有无松动、变形等不安全迹象，特别是雨雪天气后要加强巡视检查。

8. 对滑坡地段的挖方不宜在雨期施工，并应遵循先整治后开挖和由上而下的开挖顺序，严禁先切除坡脚或在滑体上弃土。

9. 坑槽开挖后不宜久露，应立即进行基础或地下结构的施工。

思考与练习

1. 土的可松性在工程中有哪些应用？
2. 场地设计标高的确定方法有几种？它们有何区别？
3. 试述影响边坡稳定的因素有哪些，并说明原因。
4. 土壁支护有哪些形式？

5. 降水方法有哪些？其适用范围有哪些？
6. 简述流砂产生的原因及防治措施。
7. 轻型井点的设备包括哪些？
8. 轻型井点的设计包括哪些内容？其设计步骤如何？
9. 单斗挖土机有几种形式？分别适用于开挖何种土方？
10. 叙述影响填土压实的主要因素。
11. 填土的密实度如何评价？
12. 雨季施工为什么易塌方？

项目二 基础工程

项目需求

　　基础工程的设计与施工是房屋建筑工程中非常重要的一个环节,学习和掌握基础工程施工的相关理论和方法,是建筑工程相关专业学生的根本任务之一。然而工程实际中,地质条件及土性条件是非常复杂的,有较多的不确定性,因此建筑工程质量事故的发生,多与地基基础工程的质量有关,主要反映在地基的承载力不足、基础失稳变形或产生过大的基础沉降。如在地基内形成滑裂面,会使地基滑移造成建(构)筑物倒塌;土坡或边坡失稳,会使基础或坝体产生坍塌;地基变形超过规定限制会影响建筑物的正常使用,甚至使建筑物发生倒塌;另外地下水水位的骤然升降,可使地基中的有效应力发生变化而导致地基破坏。基础工程事故中,很多情况下都是地质勘察、设计及施工方面的原因所致,这更是需要相关专业学生学好本课程的原因之一。

项目工作场景

　　实训基地(有与工程实际相符的各种基础工程)、实际工程施工现场等。

方案设计

　　首先认识基础类型与特点,然后进行基础垫层施工,随后进行桩基础工程施工,最后是桩基础工程的施工质量要求及安全技术等。

相关知识和技能

　　1. 桩基础的形式、构造组成,按桩的受力特点进行的分类及施工控制要点;
　　2. 预制桩的施工工艺和技术要求;
　　3. 灌注桩的施工工艺和技术要求;
　　4. 预制桩、灌注桩施工中易出现的质量问题及处理方法;
　　5. 桩基础工程的施工质量要求及安全技术。
　　结合施工图和现场的情况能够进行施工准备的各项工作;确定钻孔灌注桩施工方案(干作业成孔或泥浆护壁成孔);进行桩基施工常见质量事故分析和处理;掌握灌注桩施工过程。

任务 1　基础垫层施工

　　垫层是钢筋混凝土基础与地基土的中间层,作用是使其表面平整以便于在上面绑扎钢筋,也起到保护基础的作用;都是素混凝土的,无需加钢筋。

一、基础的类型和特点

　　如果地基土层较好,可以直接将基础做在该土层上,这种地基称为"天然地基",如图2.1(a)所示;如果地基土层不好,需要进行加固提高承载力后才能施工基础的时候,通常称该地基为人工地基,如图 2.1(b)所示。根据基础的埋置深度差异和采用的施工方法不同,学术上通常将地基基础分为两类:浅基础和深基础。

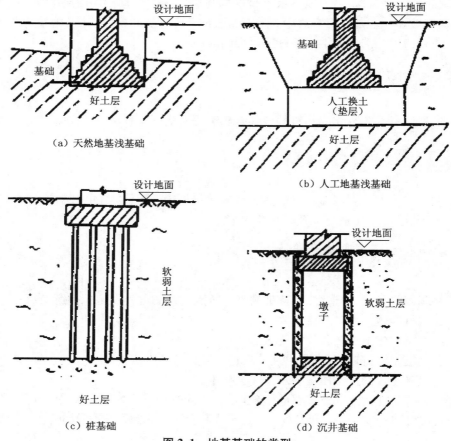

（a）天然地基浅基础

（b）人工地基浅基础

（c）桩基础

（d）沉井基础

图 2.1　地基基础的类型

(一)浅基础

位于天然地基上,埋置深度小于 5 m 的一般基础,指桩基或墙基;或者埋置深度超过5 m,但小于基础宽度的大尺寸基础,指箱形基础:两者统称为天然地基上的浅基础。

浅基础根据结构形式可分为扩展基础、联合基础、柱下条形基础、柱下交叉条形基础、筏形基础、箱形基础和壳体基础等。根据基础所用材料的性能又可分为无筋基础(刚性基础)与钢筋混凝土基础。墙下条形基础和柱下独立基础(单独基础)统称为扩展基础。扩展基础的作用是把墙或柱的荷载侧向扩展到土中,使之满足地基承载力以及变形的要求。扩展基础包括无筋扩展基础和钢筋混凝土扩展基础。

1. 无筋扩展基础

无筋扩展基础是指由砖、毛石、混凝土或毛石混凝土、灰土和三合土等材料组成的无钢筋的墙下条形基础或柱下独立基础(图 2.2)。无筋基础的材料都具有较好的抗压性能,但抗拉、抗剪强度都不高,为了使基础内产生的拉应力和剪应力不超过相应的材料强度设计值,设计时需要加大基础的高度。因此,这种基础发生挠曲变形的可能性很小,也因此称为刚性基础。无筋扩展基础适用于多层民用建筑和轻型厂房。

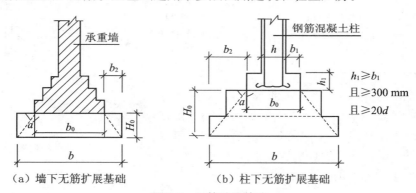

（a）墙下无筋扩展基础　　（b）柱下无筋扩展基础

图 2.2　无筋扩展基础

d—柱中纵向钢筋直径

2. 钢筋混凝土扩展基础

钢筋混凝土扩展基础又分为墙下钢筋混凝土条形基础和柱下钢筋混凝土独立基础。由于采用了钢筋混凝土结构,基础的抗弯等可通过配置钢筋来承担,基础的扩展宽度不受高宽比限制,比无筋扩展基础的扩展宽度大很多,特别适用于"宽基浅埋"的情况。如图 2.3、2.4 所示。

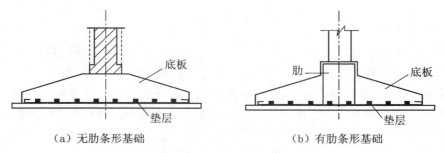

（a）无肋条形基础　　（b）有肋条形基础

图 2.3　柱下扩展条形基础

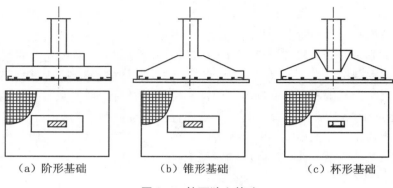

（a）阶形基础　　　　　　（b）锥形基础　　　　　　（c）杯形基础

图 2.4　柱下独立基础

3. 钢筋混凝土梁板基础

钢筋混凝土梁板基础分为柱下条形基础、柱下十字交叉基础、筏形基础和箱形基础。

（1）柱下钢筋混凝土条形基础

如果上部结构荷载较大、地基较软弱时，仍然采用柱下单独基础，基底面积可能很大以至于互相接近时，可以把同一排的柱基础做成连通的柱下钢筋混凝土条形基础，如图 2.5 所示。

（2）柱下十字交叉基础

如果上部荷载较大、地基土质较差，再采用条形基础就不能满足地基承载力的要求，或者需要增加基础的整体刚度来减少地基基础的不均匀沉降时，可以在柱网下设置纵横两个方向的钢筋混凝土条形基础，就形成了如图 2.6 所示的十字交叉基础。

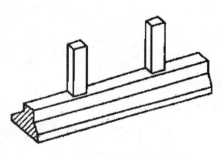

图 2.5　柱下单向条形基础

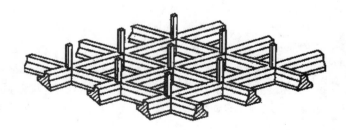

图 2.6　柱下十字交叉基础

（3）筏板基础

如果基础上部荷载大、地基特别软弱或有地下室时，可以采用钢筋混凝土筏板基础。该种基础像一个倒置的无梁楼盖，它能很好地适应上部结构荷载和调整地基的不均匀沉降，整体刚度较好。按构造的不同，筏板基础还可分为平板式和梁板式两类。

平板式筏板基础是柱子直接支承在钢筋混凝土底板上，像是倒置的无梁楼盖。平板式筏板基础是一厚度达 1～3 m 的钢筋混凝土平板，施工方便，建造速度快，但是混凝土用量较大，在国外高层建筑的基础中较为多见。按梁板的位置不同，梁板式可分为上梁式和下梁式,其中下梁式底板表面平整,可作为建筑物底层地面使用。梁板式基础的刚度较大,能承受更大的弯矩。当地质条件均匀和土质较软时,因为筏板基础减少了地基附加压力,埋深较浅,效果较为理想。但柱下筏板基础因为柱荷载为集中荷载,基底压力的分布受筏板厚度及柱间距离的影响,同时还要满足抗冲切要求,因此筏板厚度有时可达3 m。为了减少筏板厚度,就出现了加肋的筏板基础,如图2.7所示。

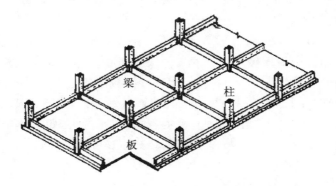

图 2.7 加肋的筏板基础

（4）箱型基础

当地基特别软弱、荷载又很大时,可采用箱型基础。这种基础是由钢筋混凝土整片底板、顶板和纵横交叉的隔板所组成,如图2.8所示。板的厚度由计算决定,箱型基础具有很大的刚性,因此整体性较好,不会因地基不均匀变形使上部结构产生较大的弯曲而造成开裂。箱基的高度一般为3~5 m,可根据具体设计而定,如果高度不能满足要求时,还可做成多层箱基。高层建筑的箱基往往与地下室结合考虑,它的地下空间可做人防、设备间、库房、商店以及污水处理等用途使用。

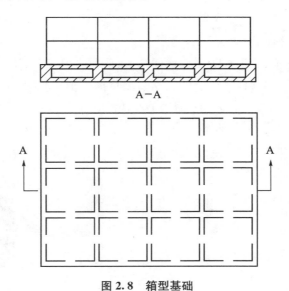

图 2.8 箱型基础

在地下水位较高的地区,箱基的施工受到一定的影响。降水是关键。其次还须对深基坑周围进行挡土支护,从而工程造价就会提高。再就是对于这种条件的箱型基础,防水问题较为困难,即便做好了防水,还会因地下土温低于室内温度而产生结露现象,使地下室过于潮湿而无法使用。由此可见,箱基设计将底层用作隔潮层,在边墙内设非承重内墙是非常必要的,这样对解决结露或渗漏现象也是行之有效的。箱型基础造价较高,设计时需要考虑地下空间的有效利用,方能取得较为理想的经济效果。

(二)深基础

1. 桩基础

桩基础是目前国内应用较为广泛的一种深基础形式,特别在软土地区,高层建筑几乎都采用桩基础。随着钢筋混凝土材料的出现和机械设备性能的提高,桩基的类型有很多,常见的有钢筋混凝土预制桩和灌注桩,其他还有钢管桩,由于其造价较高,很少在工程中使用。根据桩的受力与工作性能可分为群桩及单桩两类,如图2.9所示。单桩承载力由桩土间的摩擦力和桩尖阻力两部分组成,最大直径可达2 m以上。

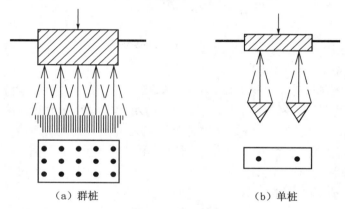

(a)群桩　　　　　　　　(b)单桩

图 2.9　群桩及单桩示意

2. 沉井和沉箱基础

沉井和沉箱为圆形、方形或矩形的格形结构,依靠自身重量,用边开挖边下沉的方法施工,沉到设计高程后再灌注混凝土。沉井和沉箱都属于深基础,沉井是开口的,依靠人工或机械将井筒内土挖出。而沉箱则属于闭口的,利用气压排除箱底水后再进行挖土,因此又称气压沉箱,如图2.10所示。

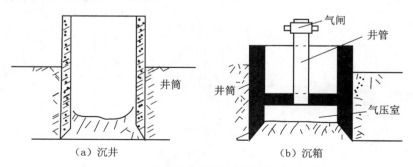

(a)沉井　　　　　　　　(b)沉箱

图 2.10　沉井和沉箱

3. 墩基础

墩是通过在地基中成孔后灌注混凝土形成的大口径深基础,墩基主要以混凝土及钢材作为主要材料。墩的断面形状一般为圆形,其直径大于等于 80 cm。墩的类型较多,按受力状况可分为端承墩及摩擦墩两种,如图 2.11 所示。

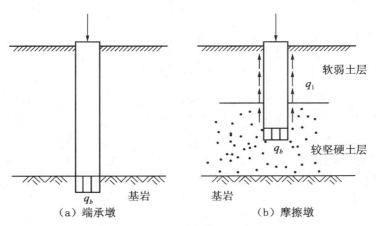

（a）端承墩　　　　　（b）摩擦墩

图 2.11　墩基分类

q_b—墩端阻力;q_1—墩身摩擦力

墩基的优点有:一是上部结构传来的荷载较大而集中并要求基础面积较小时,一个单墩即可代替群桩及承台;二是在密实砂层及卵石层地基中,打桩十分困难,而做墩基则较易于施工;三是桩基施工会造成打桩时由于振动和土的隆起先打入桩的侧移或向上浮起,还有可能造成邻近建筑物的损坏,而墩基施工就没有此类弊端;四是墩基不但具有较高的竖向承载力,也可承受较大的水平荷载;五是墩基施工机具简单,在同样的地基条件下,采用墩基会比其他深基础经济;六是墩基施工产生的噪音小,对环境影响不大;七是因为墩身断面尺寸较大,便于检查墩底和侧面土质情况。

当然了,墩基除了上述优点外,还存在一些缺点,如:①质量要求很高,尤其是单墩承受荷载时,一旦墩出现质量事故就会对整个建筑物造成严重损害;②与其他类型基础比较,墩基通常需要进行较为详细的地质勘查工作;③墩基的深层开挖也会引起附近建筑物的损坏;④墩基的载荷试验较为复杂且价格不菲。

4. 地下连续墙

地下连续墙(如图 2.12)是深基础的一种,是利用各种挖槽机械,借助于泥浆的护壁作用,在地下挖出窄而深的沟槽,并在其内浇筑适当的材料而形成一道具有防渗(水)、挡土和承重功能的连续的地下墙体。地下连续墙近年来应用广泛,最初用于坝体防渗、水库地下截流,而后推广到挡土墙、地下结构的一部分或全部。另外,房屋的深层地下室、地下停车场、地下街、地下铁道、地下仓库、矿井等均可使用。从国内外的使用情况和习惯考虑,地下连续墙主要有如下几种类型:按槽孔的形式可分为壁板式和桩排式两种;按开挖方式和机械分类,可分为抓斗冲击式、旋转式和旋转冲击式;按施工方法的不同可以分为现浇、预制和两者组合成墙等;按功能及用途分为做承重基础或地下构筑物的结构墙、挡土墙、防渗心墙、阻滑墙、隔震墙等;按墙体材料不同可分为钢筋混凝土、素混凝土、黏土、自凝泥浆混合墙体材料等。

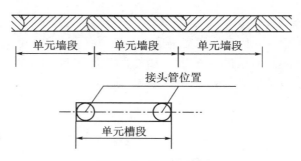

图 2.12　地下连续墙

　　地下连续墙的优点主要有以下几个方面:一是施工全盘机械化,速度快、精度高,并且振动小、噪声小,适用于城市密集建筑群及夜间施工。二是具有多功能用途,如防渗、截水、承重、挡土、防爆等,由于采用钢筋混凝土或素混凝土,强度可靠、承压力大。三是对开挖的地层适应性强,在我国除熔岩地质外,可适用于各种地质条件,无论是软弱地层或在重要建筑物附近的工程中,都能安全地施工。四是可以在各种复杂的条件下施工,如广州白天鹅宾馆基础施工,地下连续墙呈腰鼓状,两头狭中间宽,形状虽复杂也能施工。五是开挖基坑无需放坡,土方量小,浇混凝土无需支模和养护,并可在低温下施工,降低成本、缩短施工时间。六是用触变泥浆保护孔壁和止水,施工安全可靠,不会引起水位降低而造成周围地基沉降,保证施工质量。七是可将地下连续墙与"逆做法"施工结合起来,地下连续墙为基础墙,地下室梁板做支撑,地下部分施工可自上而下与上部建筑同时施工,将地下连续墙筑成挡土、防水和承重的墙,形成一种深基础多层地下室施工的有效方法。

　　当然了,除了上述优点外,地下连续墙还有部分缺点,如:一是每段连续墙之间的接头质量较难控制,往往容易形成结构的薄弱点;二是墙面虽可保证垂直度,但比较粗糙,尚需加工处理或做衬壁;三是施工技术要求高,无论是制槽机械选择、槽体施工、泥浆下浇筑混凝土、接头、泥浆处理等环节,均应处理得当,不容疏漏;四是制浆及处理系统占地较大,管理不善易造成现场泥泞和污染。

二、基础埋置深度的确定

　　基础埋置深度是指从基础底面至地面(一般指设计地面)的距离。选择埋置深度就是选择合适的地基持力层,以保证基础的安全可靠、施工的方便和工程造价的经济。选择基础埋置深度时影响的因素有房屋和结构特制用途,作用在地基上的荷载大小和性质,工程地质和水文地质条件,相邻建筑基础的埋深,以及土的冻结深度等。确定基础的埋置深度是地基基础设计的重要步骤,它关系到建筑物建成后的牢固、稳定和正常使用问题。在确定基础的埋置深度时,必须考虑把基础设置在压缩性较小、强度又比较大的持力层上,以保证地基满足强度要求,而且不会产生过大的沉降。此外还要使基础有足够的埋置深度,以保证基础的稳定性,确保基础的安全。

(一) 工程地质和水文地质条件

　　直接支承基础的土层称为持力层,其下的各土层称为下卧层。为了保证建筑物的安全,必须根据荷载的大小和性质给基础选择可靠的持力层。上层土的承载力大于下层土时应该尽量取上层土作为持力层以减少基础的埋深。而当上层土的承载力低于下层土时,若取下层土为持力层,所需的基础底面积较小但埋深较大;如果取上层土作为持力层则情况恰恰相反。到底选用哪一种方案,要从工程施工难度、材料用量等多方面综合考虑才能确定。

从工程地质条件出发选择地基合适的持力层是选择基础埋深的很重要的因素,为了保证地基的稳定和建筑物的安全必须有足够的强度、稳定可靠的地基作为持力层。

在深度方向地质均匀时,在满足地基承载力和变形的前提下,基础应尽量浅埋,这样施工方便,基础工程造价最低(一般基础面应埋入持力层 15 cm,距离设计地面不小于50 cm,基础顶面在设计地面以下 10 cm)。

上层土差、下层土好的地基,视上层土的厚度决定基础的埋深。如上层差的土层薄时,应将基础埋于下层较好的土上;如果上层土较厚,基础埋深时,需考虑施工是否方便、基础材料是否经济,否则应对上层土进行加固或用桩基将荷载付至较深的好土层上。

上层好、下层差的地基,此时基础应尽量浅埋,利用上层好土持力层,这种地基在我国沿海地区较为普遍,即地表有一层厚度约 2～3 m 的所谓"硬壳层",对于中小建筑是良好的持力层。

(二) 建筑物的形式

对于桥梁结构来说,上部结构的形式不同,对基础的要求也各异。对于中、小跨度的简支梁桥,其结构形式对确定基础埋深影响很小。但对超静定结构,即使基础发生较小的不均匀变形,也会使内力产生一定的变化。例如拱桥桥台为了减少可能产生的水平位移与沉降差值,有时将基础设置在埋藏较深的坚实土层上。对于某些需要具备特定功能的建筑物,建筑物的形式是确定基础埋深的首要条件。如必须设置地下室或设备层的建筑物、半埋式结构物、须建造带封闭侧墙的筏板基础或箱型基础的高层建筑、带有地下设施的建筑物等。

位于土质地基上的高层建筑,由于竖向荷载大还要承受风力和地震作用等水平荷载,其基础埋深应随建筑高度适当增大才能满足稳定性的要求。位于岩石地基上的高层建筑由于需要依靠基础侧面土体承担水平荷载,其基础埋深应满足抗滑要求。

(三) 建筑物的用途类型及荷载的大小性质

如有地下室、设备基础或地下设施时,基础埋深就要求局部或整个加深。对于由砖石材料砌筑的刚性基础、因要满足刚性角的构造要求,基础埋深就由基础构造高度决定。对于不均匀沉降较敏感的建筑物、多层框架结构,应将基础埋在较坚实的土层上。相邻建筑的基础有高差时,为保证原有建筑的安全和正常使用,较深的基础应与原有建筑基础保持一定的净距,根据荷载大小和土层条件,净距为两基底高差的 1～2 倍。如不能满足上述要求时,应采用必要的措施,如分段施工设临时加固支撑、打设板桩等。对于一土层而言,当基础荷载小时是很好的持力层当荷;而当荷载很大时,对地基承载力要求高,则可能不宜做持力层,而需另选可靠的持力层或对地基进行人工加固。作用有较大水荷载的基础,就有一定的埋深以保证有足够的稳定性。受有拔力的结构如输电塔基础,也要求有一定的埋深以保证有足够的抗拔阻力。当土层的厚薄不均或荷载轻重不同时,除可采用大小不同的基础底面外,有时可采用深浅不同的埋深以调整不均匀沉降。

(四) 土的冻胀影响

在寒冷地区,地面以下一定厚度的土层会处于摄氏零度以下,土中含有的水分则冻结形成冻土。根据土处于负温的情况又分为季节性冻土和多年冻土两类。季节性冻土层冬季冻结、夏季融化,每年冻融交替,该层以下的土常年处于正温状态。多年冻土层则不论冬夏常年均处于冻结状态,且冻结连续 3 年以上;而在多年冻土层上表面有一层季节性冻融层。

基础是否产生冻胀,这与土的类别、土内含水量的多少以及地下水位的高低有关。根据冻胀对建筑物危害的程度,地基规范将土的冻胀性分为不冻胀、弱冻胀、冻胀和强冻胀四类。对于不冻胀土,可不考虑冻结深度的影响,对弱冻胀、冻胀和强冻胀土基础的最小埋深,$D_{\min}=Z_0 M_t-k_d$。Z_0 为标准冻深(m),采暖建筑物 $M_t=0.7\sim0.8$,不采暖建筑物 $M_t=1.1$;k_d 是地基底下允许残留的冻土层厚度(m),k_d 大小与冻土深度 Z_0 有关。弱冻土和冻胀土计算式分别为:$k_d=0.17Z_0+0.26$ 和 $k_d=0.15Z_0$,标准冻深 Z_0 是气象站测量到的多年冻土深度的最大值(或者多年一遇的计算推算值),很多地方没有这个资料,这就需要估算。具体估算公式读者可查阅相关文献资料,本书不再赘述。

由上式可看出基础埋深不一定必须超过冻深,只要保证基础不受冻就可以了。这样既能减少挖方量,又能降低基础工程造价。但特别应注意地下水的影响,即冻后地下水位距冻结线一定要超过 2 米才允许基础浅埋。对于北方严寒地区,需要采取措施减少土的冻胀影响。编者根据自己的施工经验,总结了以下几条防冻胀措施:

一是适当填土。室外地面应高出自然地面标高 0.4~0.5 m,并做好散水坡,以减少房屋周围水分聚集。

二是基础形式。在强冻胀土中尽量采用现浇钢筋混凝土条型或钢筋混凝土柱下独立基础形式,基础侧面须用炉渣、中砂、砾石等材料回填,以减少冻切力的作用,这点尤为重要。

三是采用砂垫层。对基础采用砂垫层,砂垫层深度应不小于基础埋深要求,宽度应比基础边缘大 20 cm,砂垫层能切断毛细水上升,冻结时能将空隙水排到应力较小的下层或采暖房屋的内侧,以减小基础冻胀。

(五) 建筑场地土的性质对基础埋置深度的影响

基础的埋置深度受建筑场地土、建筑物类型、地基土的冻胀性、地下水等因素的影响,其影响最大的为场地土的性质对基础埋置深度的影响。下面主要分析场地土的性质对基础埋置深度的影响。主要分以下几种情况:

1. 地基压缩层范围内由均匀的压缩性较小的土层构成。这时基础埋置深度由地基土的冻胀性、工程类型、作用在地基上的荷载以及基础最小埋置深度等条件确定,一般采用天然浅基础。

2. 地基压缩层范围内土层由均匀的高压缩性的软土构成。如果对任何类型建筑物,地基均不能满足变形条件时,则需采用人工地基,必要时加强上部结构的刚度。这时,基础埋置深度仍由地基土的冻胀性、工程类型、作用在地基上的荷载以及基础最小埋置深度等条件确定,一般采用人工地基。

3. 地基压缩层范围内由两层土构成,上层是压缩性较大的软土,而下层是压缩性较小的好土。在这种情况下,基础埋置深度应根据上层软土厚度和建筑物的类型综合考虑确定:(1)如果软土厚度在 2 m 以内,这时,宜将基础埋到下面的好土层上面,一般采用天然浅基础。(2)如果软土厚度为 2~5 m,对于低小的轻型建筑物(荷载较小、类型简单),一般可将基础做在表层的软土内,采用天然浅基础,以避免开挖大量的土方,延长工期和增加工程造价。至于具体埋深,应根据决定基础埋深的其他条件综合考虑确定。如有必要时,可加强上部结构的刚度或采用人工地基。如果建筑物荷载较大、类型复杂、上层软土承载力不足,则应增加埋深,将基础埋到下面的好土层上面。(3)如果软土层厚度大于 5 m,对于类型简单、荷载较小的建筑物,应以利用表土为主,必要时加强上部结构的刚度或采用人工地基。如果建筑物类型复杂、荷载较大,一般采用桩基、人工地基。

4. 地基仍由两层构成,但上层是压缩性较小的好土,而下面是压缩性较大的软土。在这种情况下,应根据上层土的厚薄来确定埋深。如果上层土有足够的厚度时,那么就将基础尽可能地埋浅一些,采用天然浅基础,以减小压缩层范围内软土层的厚度。如果上层的好土很薄,按其他条件确定的埋置深度,下面好土层厚度所剩无几,那么就按第 2 种情况的地基考虑。

5. 地基由若干层交替的好土和软土构成。这时基础埋深应视各层土的厚度和压缩性质,根据减小基础沉降的原则,按上述几种情况综合决定。

任务实施

一、灰土垫层施工

(一)概况及材料要求

灰土垫层是将基础底面下要求范围内的软弱土层挖去,用一定比例的石灰与土,充分拌和,分层回填和压夯实而成。灰土垫层具有一定的强度、水稳定性和抗渗性,施工工艺简单、取材方便、造价较低,因此是一种应用较为广泛、经济和实用的地基加固方法,适用于加固深 1~4 m 厚的软弱土、湿陷性黄土、杂填土等,还可用作结构的辅助防渗层。

灰土地基是采用石灰与土料的拌和料经压实而成。灰土地基对材料的主要要求如下:

1. 土料

采用就地挖出的黏土及塑性指数大于 4 的粉土,不含有机杂质,土料应过筛,其颗粒不应大于 15 mm。严禁采用冻土、膨胀土、盐渍土等活动性较强的土料。

2. 石灰

应用Ⅲ级以上的块灰,含氧化钙 70% 以上,使用前 1~2 d 消解并过筛,其颗粒直径不大于 5 mm。

灰土的配合比采用体积比,除设计有特殊要求外,一般为 2:8 或 3:7。基础垫层灰土必须过标准斗,严格控制配合比。拌和时必须均匀一致,至少翻拌两次,拌和好的灰土颜色应一致。灰土土质、配合比、龄期对强度的影响见表 2.1。

表 2.1　灰土土质、配合比、龄期对强度的影响(MPa)

配合比		黏土	粉质黏土	粉土
7 d	4 : 6	0.507	0.411	0.311
	3 : 7	0.669	0.533	0.284
	2 : 8	0.526	0.537	0.163

(二) 施工准备

1. 技术准备

(1) 收集场地工程地质资料和水文地质资料。

(2) 编制施工方案,经审批后进行技术交底。

(3) 施工前应合理确定填料含水量控制范围、铺土厚度和夯打遍数等参数。重要灰土工程的参数应通过压实试验确定。

2. 机具准备

主要机械设备为蛙式打夯机、手扶式振动压路机、机动翻斗车等。主要工具为铁锹、铁耙、筛子、量斗、水桶、喷壶、手推胶轮车等。

3. 作业条件

(1) 基土已整平或回填完毕,密实度符合设计要求,并办理隐检手续。

(2) 上下水管道及地下埋设物已施工完成,门框等已安装,并办理中间交接验收手续。

(3) 根据设计对垫层厚度、干密度要求及现场土料情况、施工条件进行了必要的压实试验,已选定土料,确定了土料含水量控制范围、铺土厚度、夯实或碾压遍数等参数。

(4) 在室内墙面已弹好控制地面垫层标高和排水坡度的水平基准线或标志。

(5) 施工机具设备已备齐,经维修试用,可满足施工要求,水、电已接通。

(三) 工艺流程

灰土垫层施工的工艺流程如图 2.13 所示。

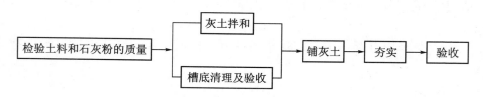

图 2.13　灰土垫层施工的工艺流程

(四) 施工要点

1. 对基槽(坑)应先验槽,消除松土,并打两遍底夯,要求平整干净,若有积水、淤泥应晾干;若局部有软弱土层或孔洞,应及时挖除后用灰土分层回填夯实。

2. 土应分层摊铺并夯实。灰土每层最大虚铺厚度可根据不同夯实机具按照表 2.2 选用。每层灰土的夯压遍数应根据设计要求的灰土干密度在现场试验确定,一般不少于 3 遍。

表 2.2　灰土最大虚铺厚度

夯实机具种类	质量(t)	虚铺厚度(mm)	说明
石夯、木夯	0.04~0.08	200~250	人力送夯,落距 400~500 mm,每夯搭接半夯,夯实后厚 80~100 mm
轻型夯实机械	0.12~0.4	200~250	蛙式打夯机或柴油打夯机,夯实后厚 100~150 mm
压路机	6~10	200~300	双轮

3. 垫层接缝。灰土分段施工时,不得在地面受荷重较大的部位接缝。上下两层灰土的接缝距离不得小于 500 mm。当灰土垫层标高不同时,应做成阶梯形。接槎时应将槎子垂直切齐。

4. 雨期施工。灰土应连续进行,尽快完成,施工中应有防雨排水措施。刚打完的或尚未夯实的灰土,如遭受雨淋浸泡,应将积水及松软灰土除去,并补填夯实;受浸湿的灰土,应晾干后再夯打密实。

5. 冬期施工。不得在基土受冻的状态下铺设灰土,土料不得含有冻块,应覆盖保温;当日拌和灰土,应当日铺垫夯完,夯完灰土的表面应用塑料膜或草袋覆盖保温。气温在 −10℃以下不宜施工。

6. 质量控制。灰土应逐层检验,用贯入仪检验,以达到控制压实系数所对应的贯入度为合格,或用环刀取样检验灰土干密度。检验点数,对大面积每 50~100 m² 应不少于 1 个,房间每间不少于 1 个。灰土最小干密度见表 2.3 所示。

表 2.3　灰土最小干密度表

项次	土料种类	灰土最小干密度(g/cm³)
1	粉土	1.55
2	粉质黏土	1.50
3	黏土	1.45

(五) 施工注意事项

1. 灰土垫层铺设,基土必须平整、坚实,并打底夯,局部松软土层或淤泥质土,应予挖除,填以灰土夯实;同时,避免受雨水浸泡,以防局部沉陷造成垫层破裂或下陷。

2. 灰土施工使用块灰必须充分熟化,按要求过筛,以免颗粒过大,熟化时体积膨胀将垫层胀裂,造成返工。

3. 灰土施工时,每层都应测定夯实后土的干密度,检验其压实系数和压实范围,符合设计要求后才能继续作业,避免出现干密度达不到设计要求的质量事故。

4. 室内地坪回填土必须注意找好标高,使表面平整、密实度均匀一致,以避免出现表面平整偏差过大、密度不匀,致使垫层过厚或过薄,造成开裂、空鼓返工。

5. 管道下部应注意按要求分层填土夯实,避免漏夯或夯填不实,造成管道下方空虚、垫层破坏、管道折断,引起渗漏塌陷事故。

6. 灰土铺设、粉化石灰和石灰过筛,操作人员应戴口罩、风镜、手套、套袖等劳保防护用品,并站在上风头处作业。

7. 夯填灰土前,应先检查打夯机电线绝缘是否良好,接地线、开关是否符合要求;使用打夯机应由两人操作,其中一人负责移动胶皮电线。

8. 操作夯机人员,必须戴胶皮手套,两台打夯机在同一作业面夯实,前后距离不得小于 5 m;夯打时严禁夯击电线,以防触电。

施工结束后,应检查灰土地基的承载力。灰土地基的质量验收标准应符合表 2.4 的规定。

表 2.4　灰土地基质量检验标准

项目	序号	检查项目	允许偏差或允许值	检查方法
主控项目	1	地基承载力	设计要求	按规定方法
	2	配合比	设计要求	按拌和时的体积比
	3	压实系数	设计要求	现场实测
一般项目	1	石灰粒径(mm)	≤5	筛分法
	2	土料有机质含量(%)	≤5	实验室焙烧法
	3	土颗粒粒径(mm)	≤15	筛分法
	4	含水量(与要求的最佳含水量比较)(%)	±2	烘干法
	5	分层厚度偏差(与设计要求比较)(%)	±50	水准法

(六) 工程案例

1. 工程概况

某工程为 10 层框架结构,钢筋混凝土筏板基础。

2. 工程地质条件

根据勘察报告,在深度 38 m 范围内可分为 18 个土层。与地基处理有关的是上面 7 层土。根据各层土的湿陷指标判定,场地为非自重湿陷性场地,湿陷等级为 Ⅱ～Ⅲ 级,湿陷土层底层为 -8.5 m,处于第 5 层土中。当基础置于地下 6.5 m 时,深度 6.5～8.5 m 范围的剩余湿陷量为 2.6～10 cm。

3. 处理方法

经设计,用厚度各 1 m 的灰土和素土垫层替换 2 m 厚的湿陷性土都能满足要求。

4. 质量检验

经沉降观察,自垫层回填开始到主体结构完成,最大沉降量为 16 mm,最小沉降量为 3 mm。

5. 方案比较

灰土垫层置换方案与挤密桩方案及压入预制桩方案比较,主要优越性在于具有较高的经济效益。

二、砂和砂石垫层施工

(一) 概述及材料要求

砂和砂石垫层系采用砂或砂砾石(碎石)混合物,经分层夯实,作为地基的持力层,提高基础下部地基强度,并通过垫层的压力扩散作用,降低地基的压应力,减小变形量。砂垫层还可起到排水作用,地基土中孔隙水可通过垫层快速地排出,能加速下部土层的沉降和固结。

砂、石宜用颗粒级配良好、质地坚硬的中砂、粗砂、砾砂、卵石或碎石、石屑,也可用细砂,但应同时掺入一定数量的卵石或碎石。人工级配的砂石垫层,应将砂石拌和均匀。砂砾中石子含量应在50%内,石子最大粒径不宜大于50 mm。砂、石子中都不得含有草根、垃圾等杂物,含泥量不应超过5%;用作排水垫层时,含泥量不得超过3%。

(二) 施工准备

1. 机具设备

木夯、蛙式打夯机或柴油打夯机、推土机、压路机、手拉车、标准斗、平头铁锹、喷水用胶皮管、2 m靠尺、小线或细铅丝、钢尺或木折尺等。

2. 作业条件

(1) 砂石地基铺筑前应验槽,包括轴线尺寸、水平标高、地质情况,若有孔洞、沟、井、墓穴等,应在未做地基前处理完毕并办理隐检手续。

(2) 设置控制铺筑厚度的标志,如水平标准木桩或标高桩,或在固定的建筑物墙上、槽和沟的边坡上弹上水平标高线。

(3) 在地下水位高于基坑(槽)底面的工程中施工时,应采取排水或降低地下水位的措施,使基坑(槽)保持无水状态。

(4) 敷设垫层前,应将基底表面浮土、淤泥、杂物清除干净,两侧应设一定坡度,防止振捣时塌方。

(三) 工艺流程

砂和砂石垫层施工的工艺流程如图2.14所示。

图2.14　砂石垫层施工的工艺流程

(四) 施工要点

1. 大面积软弱土层的基坑开挖,宜采用全面开挖形式,机械化施工方便,整体效果也很好。

2. 开挖时,四边要放坡。开挖后要求坑底浮土清除干净,低于地基的坑穴、暗沟、暗塘、古墓等要用砂石进行换填处理,并要求夯实。如果地下水位较高,应做相应的降水处理。

3. 同一基坑内,根据地基软土层厚度的差异,考虑经济实用的因素,可以分段换填,但不宜分段太多,以不超过2段为佳;各段间互相落差不宜大于0.5 m,分段处不宜突降,宜做成斜坡形;施工时,每层错开0.5~1 m,以免沉降量不均匀。

4. 房屋如有高低差或地基有高低差分段处,应请设计院进行刚度加固设计处理,以免高低差接缝处房屋不均匀沉降开裂。

5. 所填砂石材料要求级配良好,砂以中粗为宜,卵石或碎石的最大粒径不应大于50 mm,砂石比以1:1为宜,不得含有有机物,砂石含泥量不宜超过3%。

6. 基坑开挖后应及时验槽,不应暴露过久,不宜浸水和多次践踏坑底,验槽后应及时铺垫砂石。

7. 砂石垫层的第一层虚铺厚度,采用平振式震动器或夯式打夯机时,一般为 200～250 mm,采用压路机振动碾压激振,虚铺可达 600～1 100 mm 厚。垫层最优含水量控制在 10%左右,如不足,应适当洒水,以保持最佳含水量。在同一幢建筑下,应尽量保持垫层厚度相同,如基坑底平面有高低差分段,除防止该处垫层厚度突变外,施工时应按先深后浅的顺序从低段开始回填;碾压、振实后,上部再整体回填、碾压。在垫层较深部位施工时,应注意控制该部位的压实系数,以避免或减少由于地基处理厚度不同所引起的差异变形。

8. 虚铺砂石材料时,按设计宽度进行,如周外边临空,则该边应多宽出 0.5 m,再在外边采用优质土同厚度铺平,与砂石垫层同时压实,防止砂石垫层周边不稳塌陷。必要时可用适当宽度的混凝土实心砌块做挡土墙。

9. 如采用自重 10～12 t、激振力 20 t 的压路机施工,要以规定的行进路线行进,其行进速度不宜超过 1.7 km/h,其轮距搭接不小于 50 cm。边缘和转角处,应用小型机械或人工补夯密实。如虚铺厚度不大(600 mm 左右),则第一层头两遍应采用无激振平碾,后四遍可激振,但应适当调低激振力,以免扰动下卧软弱土层;如局部已扰动,应挖开处理后再回填压实。待第二层振动碾压时,再采用正常的激振力充分压实,每层压实结果经检查合格后,方可进行下一层摊铺。

10. 当进行每层碾压时,要求不断地进行整平工作,以保证压实厚度的均匀性、可靠性,完成压实后的垫层表面应平整密实,无坑洼、无隆起、无裂缝、无松散、无弹簧土现象、无明显轮迹。

(五) 砂石垫层的质量检验及标准

1. 砂石垫层的施工质量检验必须分层进行,每铺一层砂石垫层,应按规范要求检查(对大基坑多采用 50～100 m² 抽查不少于 1 点或每 100 m² 不少于 2 点,也可按 6 m×10 m 网格交汇点)。设一个纯砂检查点,深度同虚铺厚度,直径 0.3～0.5 m,注意此点不允许设在独立基础正下方。

2. 每层压实后,宜采用贯入测定法(采用环刀法检查难度较大)。在纯砂点上检查压实密实度(压实系数 λ_c=0.94～0.97),用直径为 20 mm、长 1 250 mm 的平头 I 级钢筋,距离砂点顶面 700 mm 垂直自由下落,贯入长度为 60 mm 以内为合格,经测试后,其 90%的砂点应满足规范要求,其余 10%的试样密度应不低于要求值的 80%。

3. 砂垫层沉降观测:沉降观测次数和时间应按设计要求,一般第一次观测在安设稳固后进行,以后每加高一层应观测一次,整个施工时间的观测不得少于四次,房屋竣工后的第一年,观测四次,第二年两次,第三年后每年一次,直至下沉稳定。

(六) 工程案例

山东临沂某小区 1,2,3,4 号楼均为多层混合结构住宅,地质条件原下卧层土质为杂填及粉土层,为提高承载力,全部采用级配较好的天然砂卵石对地基做出换填处理,自重 12 t 的压路机进行压实施工,大基坑长约 80 m、宽约 14 m,砂石垫层厚度 1～1.5 m 不等。砂石垫层上再做钢筋混凝土条基垫层,内置基础梁钢筋混凝土条基。经上述方法施工后效果很好,现正常使用 5 年,尚未发现不均匀沉降等不良现象。因此,在设计及施工中正确地运用砂石垫层技术处理软弱地基,可以充分利用地方材料的优势,不失为一种既经济又实用的处理方法。

三、粉煤灰垫层施工

(一) 概述及材料要求

粉煤灰地基是以粉煤灰为垫层,经压实而成的地基。粉煤灰可用于道路、堆场和小型建筑、构筑物等的地基换填。

1. 粉煤灰作为建筑物基础时应符合有关放射性安全标准的要求。

2. 大量填筑时应考虑对地下水和土壤的环境影响。

3. 可用电厂排放的硅铝型低钙粉煤灰,含 SiO_2、Al_2O_3、Fe_2O_3;总量越高越好,含 SO_2 宜小于 0.4%,以免对地下金属管道等产生腐蚀。

4. 颗粒粒径宜为 $0.001\sim2.00$ mm。

5. 粉煤灰中严禁混入植物、生活垃圾及其他有机杂质。

6. 粉煤灰进场,其含水量应控制在 $31\%\pm4\%$ 范围内。

(二) 施工准备

1. 技术准备

(1) 收集场地工程地质资料和水文地质资料。

(2) 施工前应合理确定粉煤灰含水量控制范围、铺土厚度和夯打遍数等参数。

2. 机具准备

平碾、平板振动器、振动碾或羊足碾、木夯、铁夯、石夯、蛙式打夯机或柴油打夯机、推土机、压路机(6～10 t)、手推车、筛子、标准斗、靠尺、耙子、铁锹、胶皮管、小线和钢尺等。

3. 作业条件

(1) 基坑(槽)内换填前,应先进行钎探并按要求处理完基层,办理验槽隐检手续。

(2) 当地下水位高于基坑(槽)底时,应采取排水或降水措施,使地下水位保持在基底以下 500 mm 左右,并在 3 d 之内不得被水浸泡。

(3) 基础外侧换填前,必须对基础、地下室墙和地下防水层、保护层进行检查,发现损坏应及时修补,并办理隐检手续。现浇的混凝土基础墙、地梁等均应达到规定的强度,施工中不得损坏混凝土。

(三) 工艺流程

粉煤灰工艺流程如图 2.15 所示。

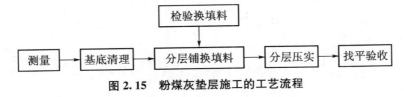

图 2.15　粉煤灰垫层施工的工艺流程

(四) 施工要点

1. 敷设前应先验槽,清除地基表面垃圾杂物。

2. 粉煤灰垫层应分层敷设与碾压,用机械夯敷设厚度为 200～300 mm,夯完后厚度为 150～200 mm;用压路机敷设厚度为 300～400 mm,压实后为 250 mm 左右。对于小面积基坑(槽)垫层,可用人工分层摊铺,用平板振动器或蛙式打夯机进行振(夯)实,每次振(夯)板应重叠 1/3~1/2 板,往复压实,由两侧或四侧向中间进行,夯实遍数不少于 3 次。大面积垫层应采用推土机摊铺,先用推土机预压两次,然后用 8t 压路机碾压,施工时压轮重叠 1/3~1/2 轮宽,往复碾压,一般碾压 4~6 次。

3. 粉煤灰敷设含水量应控制在最佳含水量 31%±4%范围内。

4. 每层铺完经检测合格后,应及时铺筑上层,以防干燥、松散、起尘、污染环境,并应严禁车辆在其上行驶。

5. 全部粉煤灰垫层敷设完并经验收合格后,应及时进行混凝土垫层浇筑,以防日晒、雨淋破坏。

6. 夯实或碾压时,若出现"橡皮土"现象,应暂停压实,可采取将垫层开槽、翻松、晾晒或换灰等办法处理。

7. 在软弱地基上填筑粉煤灰垫层时,应先敷设 200 mm 的中砂、粗砂或高炉干渣,以免下卧软土层表面受到扰动,同时有利于下卧软土层的排水固结,并切断毛细水的上升。

8. 冬期施工,最低气温不得低于 0 ℃,以免粉煤灰含水冻胀。

(五) 质量检验

1. 施工前应检查粉煤灰材料,并对基槽清底状况、地质条件予以检验。

2. 施工质量检验必须分层进行。

3. 施工过程中应检查铺筑厚度、碾压遍数、施工含水量控制、搭接区碾压程度、压实系数等,并在符合设计要求后铺垫上层土。

4. 粉煤灰垫层顶面标高允许偏差为±15 mm,用水准仪或拉线和尺量检查。表面平整度为 15 mm,用 2 m 靠尺和楔形塞尺检查。

5. 检验点数量:对于大基坑,每 50~100 m² 不少于 1 个检验点,每一独立基础下至少应有 1 点,基槽每 10~20 m 不应少于 1 个检验点。采用贯入仪或动力触探检验垫层的施工质量时,每分层检验点的间距应小于 4 m;采用环刀法检验垫层的施工质量时,取样点应位于每层厚度的 2/3 处。

6. 施工结束后,应检验地基的承载力。

7. 粉煤灰地基质量检验标准应符合表 2.5 的规定。

表 2.5　粉煤灰地基质量检验标准

项目	序号	检查项目	允许偏差或允许值	检查方法
主控项目	1	压实系数	设计要求	现场检测
	2	地基承载力	设计要求	按规定方法
一般项目	1	粉煤灰粒径(mm)	0.001~2.000	过筛法
	2	氧化铝及二氧化硅含量(%)	≥70	实验室化学分析
	3	烧失量(%)	≤12	实验室烧结法
	4	每层铺筑厚度(mm)	±50	水准仪
	5	含水量(与最佳含水量比较)(%)	±2	取样后实验室确定

(六) 工程案例

山东临沂某商住综合楼建筑总面积约 4 583 m²,建筑高度 26.9 m。底层为车库,层高 2.1 m;二层为商铺,层高 3.6 m;三层为仓库,层高 2.1 m;其余六层为住宅,层高 3 m。所有横墙落地,底层无内纵墙,该建筑所有荷载(包括内纵墙自重)都通过横墙传到基础。

本工程采用费县电厂湿排粉煤灰,调湿灰作为填筑材料,根据室内击实试验结果得出:粉煤灰最大容重是 11.6 kN/m³,最优含水量是 31%,设计要求压实系数≥0.93,最优含水量控制范围 31%±4%,采用 10 t 压路机碾压,每层虚铺厚度约 300 mm,碾压 5～6 次,碾压密实厚度约 200 mm,碾压至压实系数≥0.93 或最大密度≥10.8 kN/m³ 为止。

垫层质量检验:垫层分层质量检验采用 200 cm³ 环刀取样进行检测,检测结果反映,每层抽样点平均压实系数和整个垫层抽样点平均压实系数均大于设计要求。由于条件限制,本工程未进行垫层静载试验,由质检站进行了轻型动力触探试验。试验深度为 0.5 m 和 1.0 m,触探锤击数 N_{10}＝47～55。

任务评价

1. 灰土垫层是将基础底面下要求范围内的软弱土层挖去,用一定比例的石灰与土,充分拌和,分层回填和压夯实而成。灰土垫层具有一定的强度、水稳定性和抗渗性,施工工艺简单、取材方便、造价较低,因此是一种应用较为广泛、经济和实用的地基加固方法,适用于加固深 1～4 m 厚的软弱土、湿陷性黄土、杂填土等,还可用作结构的辅助防渗层。

2. 砂和砂石垫层系采用砂或砂砾石(碎石)混合物,经分层夯实,作为地基的持力层,提高基础下部地基强度,并通过垫层的压力扩散作用,降低地基的压应力,减小变形量。砂垫层还可起到排水作用,地基土中孔隙水可通过垫层快速地排出,能加速下部土层的沉降和固结。

3. 粉煤灰地基是以粉煤灰为垫层,经压实而成的地基。粉煤灰可用于道路、堆场和小型建筑、构筑物等的地基换填。

思考与练习

1. 什么是灰土地基?
2. 灰土地基的主要优点和适用范围是什么?
3. 砂地基和砂石地基的概念和适用范围是什么?
4. 砂地基和砂石地基对材料的主要要求有哪些?
5. 砂地基和砂石地基的压实一般采用何种方法?
6. 施工时当地下水位较高或在饱和的软弱地基上施工时应采取什么措施?
7. 粉煤灰地基敷设时对粉煤灰的含水量有何要求?

任务 2　桩基础工程施工

任务描述 ▎▎▎▎

桩基础是深基础应用最多的一种基础形式,它由若干个沉入土中的桩和连接桩顶的承台或承台梁组成。结合施工图和现场的情况能够进行施工准备的各项工作;确定钻孔灌注桩施工方案(干作业成孔或泥浆护壁成孔);进行桩基施工常见质量事故分析和处理;掌握灌注桩施工过程。

知识准备 ▎▎▎▎

桩基础是深基础应用最多的一种基础形式,它由若干个沉入土中的桩和连接桩顶的承台或承台梁组成。桩的作用是将上部建筑物的荷载传递到深处承载力较强的土层上,或将软弱土层挤密实以提高地基土的承载能力和密实度。桩基础可应用于各种地质条件和各种类型的工程,尤其适用于在软弱土层上建造上部结构荷载很大的建筑物。桩基础具有承载能力强、稳定性好、沉降量小而均匀等优点。同时,当软弱土层较厚时,采用桩基础施工可省去大量土方、支撑、排水和降水设施,降低了费用,可取得较好的经济效果。

桩按施工方法分为预制桩和灌注桩两种。预制桩根据沉入土中的方法,可分为打入桩、水冲沉桩、振动沉桩和静力压桩等。灌注桩是在桩位处成孔,然后放入钢筋骨架,再浇筑混凝土而成的桩。灌注桩按成孔方法不同,有钻孔灌注桩、挖孔灌注桩、冲孔灌注桩、套管成孔灌注桩及爆扩成孔灌注桩等。

桩按受力情况分为端承桩和摩擦桩两种(图 2.16)。

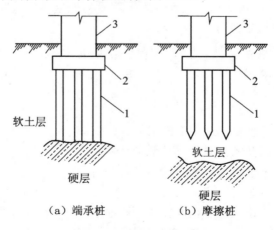

图 2.16　端承桩与摩擦桩

1—桩;2—承台;3—上部结构

任务实施

一、钢筋混凝土预制桩施工

（一）桩的制作、运输和堆放

1. 桩的制作

钢筋混凝土预制桩是目前应用最广泛的一种桩基础施工方式。钢筋混凝土预制桩分实心桩和空心管桩两种。为了便于施工，实心桩大多做成方形断面，截面边长一般为300～500 mm。现场预制桩的单根桩的最大长度主要取决于运输条件和打桩架的高度，一般不超过 30 m。如桩长超过 30 m，可将桩分成几段预制，在打桩过程中进行接桩处理。较短的桩多在预制厂生产，较长的桩一般在打桩现场附近或打桩现场就地预制。预制场地应平整夯实，并防止浸水沉陷，以保证桩身平直。

（1）制作程序

现场制作场地压实整平→场地地坪做三七灰土或浇筑混凝土→支模→绑扎钢筋骨架、安设吊环→浇筑混凝土→养护至 30%强度拆模→支间隔端头模板、刷隔离剂、绑钢筋→浇筑间隔桩混凝土→同法间隔重叠制作第二层桩→养护至 70%强度起吊→达100%强度后运输堆放。

（2）制作方法

混凝土预制桩可在工厂或施工现场顶制。现场预制多采用工具式木模板或钢模板，支在坚实平整的地坪上，模板应平整牢靠、尺寸准确。用间隔重叠法生产，重叠层数应根据地面允许荷载和施工条件确定，但不宜超过 4 层。桩与桩间应做好隔离层，上层桩或邻桩的浇筑，应在上层桩或邻桩混凝土达到设计强度的 30%以后方可进行。

桩分节制作时，单节长度确定，应满足桩架的有效高度、制作场地条件、运输与装卸能力的要求，同时应避免桩尖接近硬持力层或桩尖处于硬持力层中接桩。上节桩和下节桩应尽量在同一纵轴线上预制，使上下节钢筋和桩身减少偏差。预制桩的混凝土常用C30～C40，宜用机械搅拌、机械振捣。由桩顶向桩尖连续浇筑捣实，一次完成；制作完成后，应洒水养护不少于 7 d。混凝土的粗骨料应采用碎石或碎卵石，粒径宜为 5～40 mm。

制桩时，应做好浇筑日期、混凝土强度、外观检查、质量鉴定等记录，以供验收时查用。每根桩上要标明编号、制作日期，如不预埋吊环，则应标明绑扎位置。

（3）预制桩的允许偏差

横截面边长＋5 mm，保护层厚度±5 mm，桩顶对角线之差 10 mm；桩顶平面对桩中心线的位移 10 mm；桩身弯曲矢高不大于 0.1%的桩长，且不大于 20 mm；桩顶平面对桩中心线的倾斜为 30 mm。桩的表面应平整、密实，掉角的深度不应超过 10mm，且局部蜂窝和掉角的缺损总面积不得超过该桩表面全部面积的 0.5%，并不得过分集中；由于混凝土收缩产生的裂缝，深度不得大于 20 mm，宽度不得大于 0.25 mm，横向裂缝长度不得超过边长的 1/2（管桩、多角形桩不得超过直径或对角线的 1/2）；桩顶或桩尖处不得有蜂窝、麻面、裂缝和掉角。

2. 桩的运输

混凝土预制桩达到设计强度的 70% 方可起吊,达到设计强度的 100% 后方可进行运输。如提前吊运,必须验算合格。桩在起吊和搬运时,吊点应符合设计规定,如无吊环,设计又未做规定,绑扎点的数量及位置按桩长而定,应符合起吊弯矩最小的原则,按图 2.17 所示位置捆绑。钢丝绳与桩之间应加衬垫,以免损坏棱角。起吊时应平稳提升,吊点同时离地。如要长距离运输,应采用平板拖车或轻轨平板车。长桩搬运时,桩下要设置活动支座。

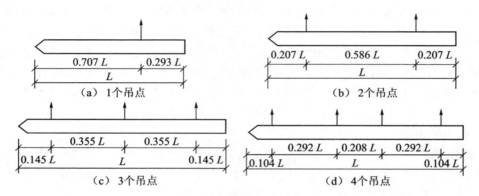

图 2.17　吊点的合理位置

3. 桩的堆放

桩堆放时,地面必须平整、坚实,不同规格的桩,应分别堆放。垫木间距应根据吊点确定,各层垫木应位于同一垂直线上,最下层垫木应适当加宽,堆放层数不宜超过 4 层。

(二) 打桩前的准备

桩基础工程在施工前,应根据工程规模的大小和复杂程度编制整个分部工程施工组织设计或施工方案。

打桩前,可向城市管理、供水、供电、煤气、电信、房管等有关单位提出要求,认真处理高空、地上和地下的障碍物。然后对现场周围(一般为 10 m 以内)的建筑物、地下管线等做全面检查,必须予以加固或采取隔振措施或拆除,以免打桩中由于振动的影响可能引起倒塌等。打桩场地必须平整、坚实,必要时要敷设道路,经压路机碾压密实,场地四周应挖排水沟以利排水。

在打桩现场附近设水准点,其位置应不受打桩影响,数量不得少于两个,用以抄平场地和检查桩的入土深度。要根据建筑物的轴线控制桩且定出桩基础的每个桩位,可用小木桩标记。正式打桩之前,应对校基的轴线和桩位复查一次,以免因小木桩挪动、丢失而影响施工。桩位放线允许偏差为 20 mm。

检查打桩机设备及起重工具,敷设水电管网,进行设备架立组装和试打桩。在桩架上设置标尺或在桩的侧面画上标尺,以便能观测桩身入土深度。施工前应做数量不少于 2 根桩的打桩工艺试验,用以了解桩的沉入时间、最终沉入度、持力层的强度、桩的承载力以及施工过程中可能出现的各种问题和反常情况等,以便检验所选的打桩设备和施工工艺是否符合设计要求。

（三）锤击沉桩(打入桩)施工

锤击沉桩也称打入桩,是利用桩锤锤下落产生的冲击能量将桩沉入土中,它是混凝土预制桩最常用的沉桩方法。该法施工速度快、机械化程度高、适应范围广,但施工时有噪音污染和振动,对城市中心和夜间施工有所限制。

1. 打桩设备及选择

打桩所用的机具设备,主要包括桩锤、桩架及动力装置三部分。

（1）桩锤

桩锤是把桩打入土中的主要机具,有落锤、汽锤(图 2.18)、柴油桩锤、振动桩锤等。桩锤的类型应根据施工现场情况、机具设备条件及工作方式和工作效率等条件来选择。

落锤的作用是对桩施加冲击力,将桩打入土中。一般由铸铁制成,构造简单、使用方便、能随意调整落锤高度,适合于在普通黏土和含砾石较多的土层中打桩,但打桩速度较慢(6~12 次每分钟),效率不高,贯入能力低,对桩的损伤较大。落锤有穿心锤和龙门锤两种,质量一般为 0.5~1.5 t,适于打细长尺寸的混凝土桩,在一般土层及黏土和含有砾石的土层中均可使用。

汽锤是以高压蒸汽或压缩空气为动力的打桩机械,有单动汽锤和双动汽锤两种,如图 2.18 所示。单动汽锤:结构简单、落距小、对设备和桩头不易造成损坏,打桩速度及冲击力较落锤大,效率较高、冲击力较大,打桩速度较落锤快,每分钟锤击 60~80 次,一般适用于各种桩在各类土中施工,最适于套管法打就地浇筑混凝土桩,锤重 0.5~15 t。双动汽锤:打桩速度快,冲击频率高,每分钟达 100~120 次,一般打桩工程都可使用,并能用于打钢板桩、水下桩、斜桩和拔桩,但设备笨重、移动较困难,锤重为 0.6~6.0 t。柴油桩锤:利用燃油爆炸来推动活塞往返运动进行锤击打桩。柴油桩锤与桩架、动力设备配套组成柴油打桩机。柴油桩锤分导杆式和筒式两种,锤重 0.6~0.7 t,设备轻便、打桩迅速,每分钟锤击 40~80 次,常用于打木桩、钢板桩和混凝土预制桩,是目前应用较广的一种桩锤,但在松软土中打桩时易熄火。

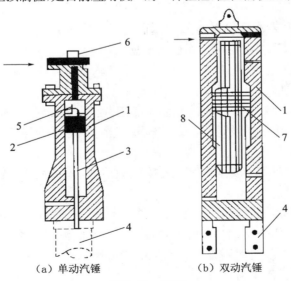

（a）单动汽锤　　　　（b）双动汽锤

图 2.18　汽锤

1—气缸;2—活塞;3—活塞杆;4—桩;5—活塞上部;6—换向阀门;7—锤的垫座;8—冲击部分

振动桩锤是利用机械强迫振动,通过桩帽传到桩上使桩下沉。振动桩锤沉桩速度快、适用性强、施工操作简便安全,能打各种桩,并能帮助卷扬机拔桩,但不适于打斜桩,适于打钢板桩、钢管桩,长度在 15 m 以内的打入灌注桩。适于粉质黏土、松散砂土和软土,不宜用于岩石、砾石和密实的黏性土地基,在砂土中打桩最有效。

锤重的选择,在做功相同即锤重与落距乘积相等的情况下,宜选用重锤低击。因为这样的桩锤对桩头的冲击小,回弹也小,桩头不易损坏,大部分能量都用在克服桩身与土的摩阻力和桩尖阻力上,桩就能较快地沉入土中。桩锤过重,所需动力设备大,能源消耗大,不经济;桩锤过轻,施打时必定增大落距,使桩身产生回弹,桩不宜沉入土中,常常打坏桩头或使混凝土保护层脱落,严重者甚至使桩身断裂。

(2)桩架

桩架是支持桩身和桩锤在打桩过程中引导桩的方向及维持桩的稳定,并保证桩锤沿着所要求方向冲击的设备。桩架一般由底盘、导向杆、起吊设备、撑杆等组成。桩架的高度应由桩的长度、桩锤高度、滑轮组高、桩帽厚度以及桩锤的工作余地高度来确定,即:桩架高度=桩长+桩锤高度+滑轮组高+桩帽厚度+1~2 m 的桩锤的工作余地高度。

桩架的形式多种多样,常用的桩架有两种基本形式:一种是沿轨道行驶的多功能桩架,另一种是装在履带底盘上的履带式桩架。

多功能桩架(见图 2.19)是由定柱、斜撑、回转工作台、底盘及传动机构组成的。它的机动性和适应性很大,在水平分向可做 360°回转,导架可以伸缩和前后倾斜,底座下装有铁轮,底盘在轨道上行走。这种桩架可适用于各种预制桩施工及灌注桩施工。缺点是机构较庞大,现场组装和拆迁比较麻烦。

履带式桩架(见图 2.20)以履带式起重机为主机,并配备桩架工作装置。它操作灵活、移动方便,适用于各种预制桩和灌注桩的施工,目前应用最多。

(3)动力装置

打桩机械的动力装置是根据所选桩锤而定的。当采用空气锤时,应配备空气压缩机;当选用蒸汽锤时,则要配备蒸汽锅炉和绞盘。

2. 打桩工艺

(1)确定打桩顺序

打桩顺序直接影响到桩基础的质量和施工速度,应根据桩的密集程度(桩距大小)、桩的规格和长短、桩的设计标高、工作面布置、工期要求等综合考虑,合理确定打桩顺序。

根据基础的设计标高和桩的规格,宜按先深后浅、先大后小、先长后短的顺序进行打桩。

根据桩的密集程度,打桩顺序一般分为逐排打设、自中部向四周打设和由中间向两侧打设三种,如图 2.21 所示。当桩的中心距不大于 4 倍桩的直径或边长时,应由中间向两侧对称施打,或由中间向四周施打。当桩的中心距大于 4 倍桩的边长或直径时,可采用上述两种打法,或逐排单向打设。

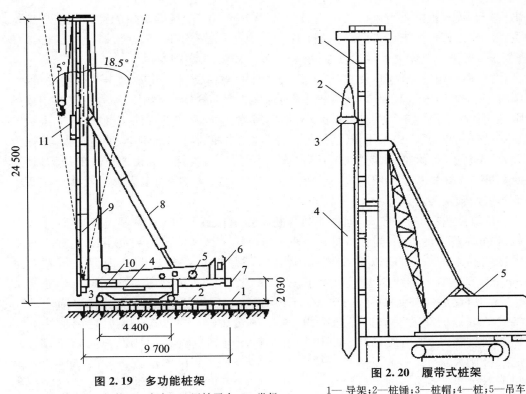

图 2.19 多功能桩架

1— 枕木;2—钢轨;3—底盘;4—回转平台;5—卷扬机;6—司机室;7—平衡重;8—撑杆;9—挺杆;10—水平调整装置;11—桩锤与桩帽

图 2.20 履带式桩架

1— 导架;2—桩锤;3—桩帽;4—桩;5—吊车

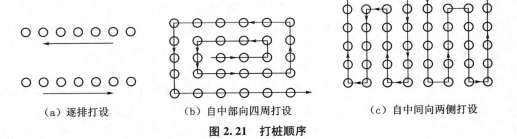

（a）逐排打设　　　　　（b）自中部向四周打设　　　　　（c）自中间向两侧打设

图 2.21 打桩顺序

（2）打桩程序

打桩程序包括:吊桩、插桩、打桩、接桩、送桩、截桩头。

①吊桩:按既定的打桩顺序,先将桩架移动至设计所定的桩位处并用缆风绳等稳定,然后将桩运至桩架下,一般利用桩架附设的起重钩借桩机上的卷扬机吊桩就位,或配一台履带式起重机送桩就位,并用桩架上夹具或落下桩锤借桩帽固定位置。桩提升为直立状态后,对准桩位中心,缓缓放下插入土中,桩插入时垂直度偏差不得超过 0.5%。

②插桩:桩就位后,在桩顶安上桩帽,然后放下桩锤轻轻压住桩帽。桩锤、桩帽和桩身中心线应在同一垂直线上。在桩的自重和锤重的压力下,桩便会沉入一定深度,等桩下沉达到稳定状态后,再一次复查其平面位置和垂直度,若有偏差应及时纠正,必要时要

拔出重打。校核桩的垂直度可采用垂直角,即用两个方向(互成 90°)的经纬仪使导架保持垂直。校正符合要求后,即可进行打桩。为了防止击碎桩顶,应在混凝土桩的桩顶和桩帽之间、桩锤与桩帽之间放上硬木、麻袋等弹性衬垫做缓冲层。

③打桩:桩锤连续施打,使桩均匀下沉。宜用"重锤低击":重锤低击获得的动量大,桩锤对桩顶的冲击小,其回弹也小,桩头不易损坏,大部分能量都用以克服桩周边土壤的摩阻力而使桩下沉。正因为桩锤落距小、频率高,对于较密实的土层,如砂土或黏土也能容易穿过,一般在工程中采用重锤低击。而轻锤高击所获得的动量小、冲击力大,其回弹也大,桩头易损坏,大部分能量被桩身吸收,桩不易打入,且轻锤高击所产生的应力,还会促使距桩顶 1/3 桩长度范围内的薄弱处产生水平裂缝,甚至使桩身断裂。在实际工程中一般不采用轻锤高击。

④接桩:当设计的桩较长,但由于打桩机高度有限或预制、运输等因素,只能采用分段预制、分段打入的方法,需在桩打入过程中将桩接长。接长预制钢筋混凝土桩的方法有焊接法和浆锚法,目前以焊接法应用最多。接桩时,一般在距离地面 1 m 左右进行,上、下节桩的中心线偏差不得大于 10 mm,节点弯曲矢高不得大于 0.1‰的两节桩长。在焊接后应使焊缝在自然条件下冷却 10 min 后方可继续沉桩。浆锚法接头是将上节桩锚筋插入下节桩锚筋孔内,再用硫黄胶泥锚固,硫黄胶泥是一种热塑冷硬性胶结材料,它是由胶结料、细骨料、填充料和增韧剂熔融搅拌混合配制而成。其质量配合比为:硫黄:水泥:砂:聚硫橡胶=44:11:44:1(硫黄胶泥灌注后停歇时间不得小于 7 min),即可继续沉桩施工。浆锚法接桩可节约钢材,操作简便,接桩时间比焊接法大为缩短,但不宜用于坚硬土层中。送桩:如桩顶标高低于自然土面,则需用送桩管将桩送入土中。桩与送桩管的纵轴线应在同一直线上,拔出送桩管后,桩孔应及时回填或加盖。

⑤截桩头:如桩底到达了设计深度,而配桩长度大于桩顶设计标高时需要截去桩头。截桩头宜用锯桩器截割,或用手锤人工凿除混凝土,钢筋用气割割齐。严禁用大锤横向敲击或强行扳拉截桩。

(3)打桩控制

打桩时主要控制两个方面的要求:一是能否满足贯入度及桩尖标高或入土深度要求,二是桩的位置偏差是否在允许范围之内。在打桩过程中,必须做好打桩记录,以作为工程验收的重要依据。应详细记录每打入 1 m 的锤击数和时间、桩位置的偏斜、贯入度(每 10 击的平均入土深度)和最后贯入度(最后 3 阵、每阵 10 击的平均入土深度)、总锤击数等。打桩的控制原则是:当(端承型桩)桩尖位于坚硬、硬塑的黏土、碎石土、中密以上的砂土或风化岩等土层时,以贯入度控制为主,桩尖进入持力层深度或桩尖标高可做参考;当贯入度已达到,而桩尖标高未达到时,其贯入度不应大于规定的数值;当(摩擦型桩)桩尖位于其他软土层时,以桩尖设计标高控制为主,贯入度可做参考。打桩时,如控制指标已符合要求,而其他的指标与要求相差较大时,应会同监理、设计单位研究处理。当遇到贯入度剧变,桩身突然发生倾斜、移位或有严重回弹,桩顶或桩身出现严重裂缝、破碎等情况时,应暂停打桩,并分析原因,采取相应措施。

(四) 静力压桩施工

静力压桩是利用无震动、无噪音的静压力将预制桩压入土中的沉桩方法。静力压桩的方法较多,有锚杆静压,液压千斤顶加压、绳索系统加压等,凡非冲击力沉桩均按静力压桩考虑。静力压桩适用于软土、淤泥质土,沉桩截面小于 400 mm×400 mm,桩长 30～35 m 的钢筋混凝土实心桩或空心桩。与普通打桩相比,可以减少挤土、振动对地基和邻近建筑物的影响,桩顶不易损坏,不易产生偏心沉桩,节约制桩材料和降低工程成本,且能在沉桩施工中测定沉桩阻力,为设计、施工提供参数,并预估和验证桩的承载能力。静力压桩施工中,一般是采用分段预制、分段压入、逐段接长(可用焊接、硫化胶泥接桩)的方法。

1. 静压桩沉桩机理

静压预制桩主要应用于软土、一般黏性土地基。在桩压入土过程中,以桩机本身的重量(包括配重)作为反作用力,以克服压桩过程中的桩侧摩阻力和桩端阻力。当预制桩在竖向静压力作用下沉入土中时,桩周土体发生急速而激烈的挤压,土中孔隙水压力急剧上升,土的抗剪强度大大降低,从而使桩身很快下沉。

2. 压桩机具设备

静压力桩机分为机械式和液压式两种。前者是用桩架、卷扬机、加压钢丝绳、滑轮组和活动压梁等部件组成,施压部分在桩顶端面,施加静压力为 600～2 000 kN,这种桩机设备高大笨重、行走移动不便、压桩速度较慢,但装配费用较低,只有少数地区还在应用;后者由压拔装置、行走机构及起吊装置等组成(图 2.22),采用液压操作,自动化程度高、结构紧凑、行走方便快速,施压部分不在桩顶面,而在桩身侧面,它是当前国内较广泛采用的一种新型压桩机械。

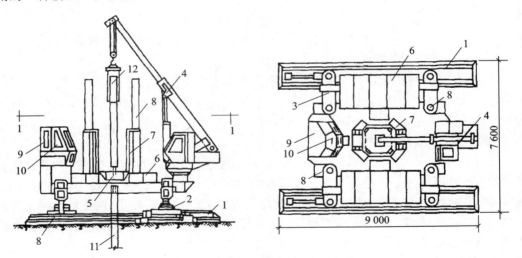

图 2.22 全液压式静力压桩机压桩

1—长船行走机构;2—短船行走及回转机构;3—支腿式底盘结构;4—液压起重机;5—夹持与压板装置;6—配重铁块;7—导向架;8—液压系统;9—电控系统;10—操纵室;11—已压入下节桩;12—吊入上节桩

3. 施工工艺方法要点

（1）静压预制桩的施工，一般都采取分段压入、逐段接长的方法。其施工程序为：测量定位→压桩机就位→吊桩、插桩→桩身对中调直→静压沉桩→接桩→再静压沉桩→送桩→终止压桩→切割桩头。静压预制桩施工前的准备工作、桩的制作、起吊、运输、堆放、施工流水、测量放线、定位等均同锤击法打（沉）预制桩。压桩的工艺程序如图 2.23。

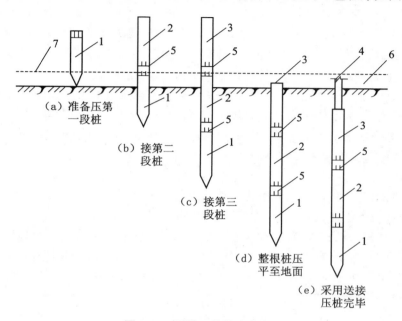

图 2.23　压桩工艺程序示意图

1—第一段桩；2—第二段桩；3—第三段桩；4—送桩；5—桩接头处；6—地面线；7—压桩架操作平台线

（2）压桩时，桩机就位系利用行走装置完成。它是由横向行走（短船行走）和回转机构组成。把船体当做铺设的轨道，通过横向和纵向油缸的伸程和回程使桩机实现步履式的横向和纵向行走。当横向两油缸一只伸程，另一只回程，可使桩机实现小角度回转，这样可使桩机达到要求的位置。

（3）静压预制桩每节长度一般在 12 m 以内，插桩时先用起重机吊运或用汽车运至桩机附近，再利用桩机上自身设置的工作吊机将预制混凝土桩吊入夹持器中，夹持油缸将桩从侧面夹紧，即可开动压桩油缸，先将桩压入土中 1 m 左右后停止，调正桩在两个方向的垂直度后，压桩油缸继续升程把桩压入土中，升程完后，夹持油缸回程松夹，压桩油缸回程，重复上述动作可实现连续压桩操作，直至把桩压入预定深度土层中。在压桩过程中要认真记录桩入土深度和压力表读数的关系，以判断桩的质量及承载力。当压力表读数突然上升或下降时，要停机对照地质资料进行分析，判断是否遇到障碍物或产生断桩现象等。

（4）压桩应连续进行，如需接桩，可压至桩顶离地面 0.8～1.0 m 用硫黄砂浆锚接，一般在下部桩留 $\phi 50$ mm 锚孔，上部桩顶伸出锚筋，长 1.5～2.0 m，硫黄砂浆接桩材料和锚接方法同锤击法，但接桩时避免桩端停在砂土层上，以免再压桩时阻力增大压入困难。

再用硫黄胶泥接桩间歇不宜过长(正常气温下为 10～18 min);接桩面应保持干净,浇筑时间不超过 2 min;上下桩中心线应对齐,节点矢高不得大于 0.1%桩长。

(5)当压力表读数达到预先规定值,便可停止压桩。如果桩顶接近地面,而压桩力尚未达到规定值,可以送桩。静力压桩情况下,只需用一节长度超过要求送桩深度的桩,放在被送的桩顶上便可以送桩,不必采用专用的钢送桩。如果桩顶高出地面一段距离,而压桩力已达到规定值时则要截桩,以便压桩机移位。

(6)压桩应控制好终止条件,一般可按以下进行控制:

①对于摩擦桩,按照设计桩长进行控制,但在施工前应先按设计桩长试压几根桩,待停置 24 h 后,用与桩的设计极限承载力相等的终压力进行复压,如果桩在复压时几乎不动,即可以此进行控制。

②对于端承摩擦桩或摩擦端承桩,按终压力值进行控制:

A. 对于桩长大于 21 m 的端承摩擦桩,终压力值一般取桩的设计极限承载力。当桩周土为黏性土且灵敏度较高时,终压力可按设计极限承载力的 0.8～0.9 倍取值;

B. 当桩长小于 21 m,而大于 14 m 时,终压力按设计极限承载力的 1.1～1.4 倍取值;或桩的设计极限承载力取终压力值的 0.7～0.9 倍;

C. 当桩长小于 14 m 时,终压力按设计极限承载力的 1.4～1.6 倍取值;或设计极限承载力取终压力值 0.6～0.7 倍,其中对于小于 8 m 的超短桩,按 0.6 倍取值。

③超载压桩时,一般不宜采用满载连续复压法,但在必要时可以进行复压,复压的次数不宜超过 2 次,且每次稳压时间不宜超过 10 s。

4. 静力压桩常遇问题及防治、处理方法

(1)静力压桩常遇问题及产生原因

①液压缸活塞动作迟缓(YZY 型压桩机)。产生原因:油压太低,液压缸内吸入空气;液压油黏度过高;滤油器或吸油管堵塞;液压泵内泄漏,操纵阀内泄漏过大。

②压力表指示器不工作。产生原因:压力表开关未打开;油路堵塞;压力表损坏。

③桩压不下去。产生原因:桩端停在砂层中接桩,中途间断时间过长;压桩机部分设备工作失灵,压桩停歇时间过长;施工降水过低,土体中孔隙水排出,压桩时失去超静水压力的"润滑作用";桩尖碰到夹砂层,压桩阻力突然增大,甚至超过压桩机能力而使桩机上抬。

④桩达不到设计标高。产生原因:桩端持力层深度与勘察报告不符;桩压至接近设计标高时过早停压,在补压时压不下去。

⑤桩架发生较大倾斜。产生原因:当压桩阻力超过压桩能力或者来不及调整平衡。

⑥桩身倾斜或位移。产生原因:桩不保持轴心受压;上下节桩轴线不一致;遇横向障碍物。

(2)静力压桩常遇问题的防治及处理方法

①液压缸活塞动作迟缓(YZY 型压桩机)。防治及处理方法:提高溢流阀卸载压力;添加液压油使油箱油位达到规定高度;修复或更换吸油管;按说明书要求更换液压油;拆下清洗、疏通、检修或更换。

②压力表指示器不工作。防治及处理方法:打开压力表开关;检查和清洗油路;更换

压力表。

③桩压不下去。防治及处理方法:避免桩端停在砂层中接桩;及时检查压桩设备;适当降低水位;以最大压桩力作用在桩顶,采取停车再开、忽停忽开的办法,使桩有可能缓慢下沉穿过砂层。

④桩达不到设计标高。防治及处理方法:变更设计桩长;改变过早停压的做法。

⑤桩架发生较大倾斜。防治及处理方法:立即停压并采取措施、调整,使保持平衡。

⑥桩身倾斜或位移。防治及处理方法:及时调整;加强测量;障碍物不深时,可挖除回填后再压;歪斜较大,可利用压桩油缸回程,将土中的桩拔出,回填后重新压桩。

5. 质量控制

(1) 施工前应对成品桩做外观及强度检验,接桩用焊条或半成品硫黄胶泥应有产品合格证书,或送有关部门检验,压桩用压力表、锚杆规格及质量也应进行检查。硫黄胶泥半成品应每 100 kg 做一组试体(3 件),进行强度试验。

(2) 压桩过程中应检查压力、桩垂直度、接桩间歇时间、桩的连接质量及压入深度。重要工程应对电焊接桩的接头做 10% 的探伤检查。对承受反力的结构(对锚杆静压桩)应加强观测。

(3) 施工结束后,应做桩的承载力及桩体质量检验。

(五) 锚杆静压桩施工

锚杆静力压桩法,是近年开发的一项地基加固新技术,在老厂或旧有建筑物改造、已有建筑物基础托换加固以及新建工程中得到较为广泛的应用,取得了良好的技术经济效益。

1. 基本原理与性能

锚杆静压法沉桩,系利用建(构)筑物的自重作为压载,先在基础上开凿出压桩孔和锚杆孔,然后埋设锚杆或在新建(构)筑物基础上预留压桩孔、预埋钢锚杆,借锚杆反力,通过反力架,用液压压桩机将钢筋混凝土预制短桩逐段压入基础中开凿或预留的桩孔内,当压桩力达到 1.5 Pa(Pa——桩的设计承载力)和满足设计桩长时,便可认为满足设计要求,再将桩与基础连接在一起,卸去液压压桩机后,该桩便能立即承受上部荷载,从而可减少地基土的压力,及时阻止建(构)筑物继续产生不均匀沉降。

锚杆静压装置如图 2.24 所示;锚杆静力压桩时的力系平衡简图见图 2.25。

(1) 抗拔锚杆的基本性能

锚杆的形式,新浇基础一般采用预埋爪式锚杆螺栓;在旧有基础上,采用先凿孔,后埋设带镦粗头的直杆螺栓;后埋式锚杆与混凝土基础的黏结一般采用环氧树脂或硫黄胶泥砂浆,经固化或冷却后,能承受压桩时很大的抗拔力;锚杆埋深为 $8\sim10d$(d——锚杆直径),端部镦粗或加焊钢筋箍,亦可采用螺栓锚杆。

(2) 压桩阻力与单桩承载力

将桩压入土中时,要克服土体对桩的阻力 P_P,压桩阻力 P_P 由桩侧阻力和桩尖阻力两部分组成,可按下式计算:

$$P_P = U\sum h_i f_i + Ag_i \tag{2.1}$$

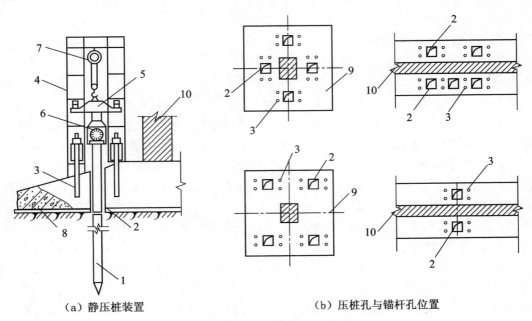

(a) 静压桩装置   (b) 压桩孔与锚杆孔位置

图 2.24 锚杆静压法沉桩装置

1—桩;2—压桩孔;3—锚杆;4—钢结构及反力架;5—活动横梁;6—千斤顶;7—电动葫芦;8—基础;9—柱基;10—砖墙

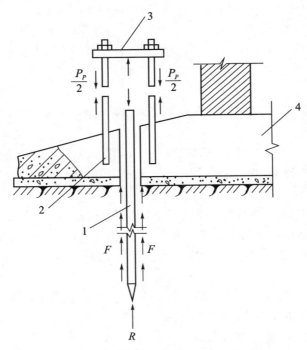

图 2.25 锚杆静压法沉桩时力系平衡简图

1—桩;2—锚杆;3—反力架;4—基础;

R—桩尖阻力;F—桩侧阻力

式中 U——桩周长，m；

h_i——各土层的厚度，m；

f_i——各土层的桩侧阻力，kPa；

A——桩尖面积，m^2；

g_i——桩尖阻力，kPa。

在压桩过程中，由于挤土的作用，在桩周一定范围内出现重塑区，土的黏结力被破坏，土中超孔隙水压力增大，土的抗剪强度大大降低，故此桩侧摩阻力明显减小，压桩即利用此特性，能用较小的压桩力将桩压入到较深的土层中去，随着时间的推移，超孔隙水压力逐渐消散，土体逐渐压密固结，抗剪强度也随之提高，土的结构强度得到恢复，桩的侧向摩阻力也明显增大。根据实践，当在桩力为 $1.3\sim1.5$ Pa 时，经三周后，黏土的单桩承载力得到明显恢复，其安全度 K 达到 2，可满足设计要求。

2. 特点及适用范围

锚杆静压桩的特点是：对于加固已沉裂、倾斜的建（构）筑物，可以迅速得到稳定，可在不停产、不搬迁的情况下进行基础托换加固；对于新建工程可与上部建筑同步施工，不占绝对工期；加固过程中无振动、无噪声、无环境污染，侧向挤压小；在压桩过程中可直接测得压桩力和桩的入土深度，可保证桩基质量；施工机具设备结构简单、轻便、移动灵活，操作技术易于掌握，可自行制造，可在狭小空间场地应用；锚杆静压法沉桩受力明确、简便，单桩承载力高（250～300 kN），加固效果显著；不用大型机具，施工快速（新建工程每台班可压桩 60～80 延长米），节省加固费用，做到现场文明施工。

适用于加固黏性土、淤泥质土、人工填土、黄土等地基，特别适用于建筑物加层；已沉裂、倾斜建（构）筑物的纠偏加固；老厂房技术改造柱基及设备基础的托换加固；新建工程先建房后压桩的工程。

3. 机具设备

（1）YJ - 150 型液压压桩机，由反力架、活动横梁、油压千斤顶、高压油泵、电动葫芦等部件组成，压桩力 500 kN，可自行制造。

（2）配套机具，包括电焊机、切割机、空气压缩机、风钻、风镐、配制环氧树脂胶泥（砂浆）及熬制硫黄胶泥（砂浆）用的器具等。

4. 桩段制作要求

桩段采用钢筋混凝土，截面形状为方形，桩的截面边长为 180～300 mm，桩段长一般为 1.0～3.0 m 不等，钢筋采用Ⅰ级钢和Ⅱ级钢，混凝土强度不小于 C30。桩制作多采用无底模板间隔、重叠法生产，压桩时强度要求达到 100%。

5. 施工要点

（1）锚杆静压法沉桩程序是：清理基础顶面覆土→凿压桩孔和锚杆孔→埋设锚杆螺栓→安装反力架→吊桩段就位、进行压桩施工→接桩→压到设计深度和要求压桩力→封桩、将桩与基础连接→拆除压桩设备。

（2）开凿压桩孔可采用风镐或钻机成孔，压桩孔凿成上小下大截头锥形体，以利于基础承受冲剪；凿锚杆孔可采用风钻或钻机成孔，孔径为 $\phi42$ mm，深度为 10～12 倍锚杆直径，并清理干净，使干燥。

（3）埋设锚杆应与基础配筋扎在一起，可采用环氧胶泥（砂浆）黏结，环氧胶泥（砂浆）可加热（40 ℃左右）或冷作业，硫黄砂浆要求热作业，填灌密实，使混凝土与混凝土黏结在一起，采取自然养护 16 h 以上。

（4）反力架安装应牢固，不能松动，并保持垂直；桩吊入压桩孔后，亦要保持垂直。压桩时，要使千斤顶与桩段轴线保持垂直，并在一条直线上，不得偏压。

（5）每沉完一节桩，吊装上一段桩，桩间用硫黄胶泥连接。接桩前应检查插筋长度和插筋孔深度，接桩时应围好套箍，填塞缝隙，倒入硫黄胶泥，再将上节桩慢慢放下，接缝处要求浆液饱满，待硫黄胶泥冷却结硬后才可开始压桩。

（6）压桩施工应对称进行，防止基础受力不平衡而导致倾斜；几台压桩机同时作业时，总压桩力不得大于该节点基础上的建筑物自重，防止基础被抬起。

（7）压桩应连续进行，不得中途停顿，以防因间歇时间过长使压桩力骤增，造成桩压不下去或把桩头压碎等质量事故。

（8）封桩必须认真进行，应砍去外露桩头，清除桩孔内的泥水杂物，清洗孔壁，焊好交叉钢筋，湿润混凝土连接面，浇筑 C30 微膨胀早强混凝土并加以捣实，使桩与桩基承台结合成整体，湿养护 7 d 以上。

6. 质量控制

质量控制同静力压桩施工质量控制。

（六）振动沉桩施工方法

振动沉桩与锤击沉桩的施工方法基本相同，其不同之处是用振动桩机代替捶打桩机施工。振动桩机主要由桩架、振动锤、卷扬机和加压装置等组成。

1. 振动锤

振动锤是一个箱体，内装有左右两根水平轴，轴上各有一个偏心块，电动机通过齿轮带动两轴旋转，两轴的旋转方向相反但转速相同。利用振动锤沉桩的工作原理是：沉桩时当启动电动机后，由于偏心块的转动产生离心力，其水平分力相互抵消，垂直分力则相互叠加，形成垂直振动力。由于振动锤与桩顶为刚性固定连接，当锤振动时，迫使桩和桩四周的土也处于振动状态，因此土被扰动，从而使桩表面摩阻力降低，在锤和桩的自重作用下，使桩能顺利地沉入土中。

2. 振动沉桩方法

振动沉桩施工方法是在振动桩机就位后，先将桩吊升并送入桩架导管内，再落下桩身直立插入桩位中。然后在桩顶扣好桩帽，校正好垂直度和桩位，除去吊钩，把振动锤放置于桩顶上并粘牢。此时，由于在桩自重和振动锤重力作用下，桩便自行沉入土中一定深度，待稳定并经再校正桩位和垂直度后，即可启动振动锤开始沉桩。振动锤启动后产生振动力，通过桩身将此振动力传给土壤，迫使土体产生强迫振动，导致土壤颗粒彼此间发生位移，因而减少了桩与土壤间的摩擦阻力，使桩在自重和振动力共同作用下沉入土中，直至沉至设计要求位置。振动沉桩一般控制最后 3 次振动（每次振动 10 min），测出每分钟的平均贯入度，或控制沉桩深度，当不大于设计规定的数值时即认为符合要求。

振动沉桩具有噪声小、不产生废气污染环境、沉桩速度快、施工简便、操作安全等优点。振动沉桩法适用于在砂质黏土、砂土和软土区施工，但不宜用于砾石和密实的黏土层中施工。如用于砂砾石和黏土层中时,则需配以水冲法辅助施工。

二、混凝土灌注桩施工

混凝土灌注桩是直接在施工现场桩位上成孔,然后放入钢筋笼,再浇筑混凝土而成形成的桩。与预制桩相比,可节省钢材、木材和水泥,降低成本;对邻近建筑物及周围环境的有害影响小;桩长和直径可按设计要求变化自如;桩端可进入持力层或嵌入岩层;单桩承载力大等。但灌注桩成桩工艺较复杂,操作要求较严,易发生质量事故,且技术间隔时间长,不能立即承受荷载,冬季施工困难较多。灌注桩按成孔方法分为干作业成孔灌注桩、泥浆护壁成孔灌注桩、沉管灌注桩、爆破成孔灌注桩和人工挖孔灌注桩等,以干作业成孔灌注桩、泥浆护壁成孔灌注桩应用较广。

(一)灌注桩施工准备工作

1. 确定成孔施工顺序

对土有挤密作用和振动影响的锤击(或振动)沉管灌注桩,一般可结合现场施工条件,采用下列方法确定成孔顺序:间隔1个或2个桩位成孔;在邻桩混凝土初凝前或终凝后成孔;一个承台下桩数在5根以上者,中间的桩先成孔,外围的桩后成孔。

2. 成孔深度的控制

摩擦桩以设计桩长控制成孔深度;端承摩擦桩必须保证设计桩长及桩端进入持力层深度;当采用锤击沉管法成孔时,桩管入土深度以标高控制为主,以贯入度控制为辅。

端承桩采用锤击法成孔时,沉管深度控制以贯入度为主,设计持力层标高对照为辅。

3. 钢筋笼的制作

制作钢筋笼时,要求主筋环向均匀布置,箍筋的直径及间距、主筋的保护层、加劲箍的间距等均应符合设计要求。箍筋和主筋之间一般采用电焊。

钢筋笼吊放入孔时,不得碰撞孔壁。灌注混凝土时应采取措施固定钢筋笼的位置,避免钢筋笼受混凝土上浮力的影响而上浮。也可待浇筑完混凝土后,将钢筋笼用带帽的平板振动器振入混凝土灌注桩内。

4. 混凝土的配制

配制混凝土所用的材料与性能要进行选用。灌注桩混凝土所用粗骨料可选用卵石或碎石,其粒径不得大于钢筋净距的1/3,对于沉管灌注桩还不宜大于50 mm;对于素混凝土,不得大于桩径的1/4,一般不宜大于70 mm,混凝土强度等级不应低于C15;水下灌注混凝土具有无振动、无排污的优点,又能在流沙、卵石、地下水、易塌孔等复杂地质条件下顺利成桩,而且由于其水泥浆扩散渗透而大大提高了桩体质量,承载力为一般灌注桩1.5～2倍。

(二)混凝土和钢筋混凝土钻孔灌注桩

1. 干作业成孔灌注桩

干作业成孔灌注桩适用于地下水位较低、在成孔深度内无地下水的土质,无需护壁可直接取土成孔。目前常用有螺旋钻机成孔,也有用洛阳铲成孔的。

螺旋钻成孔灌注桩是利用动力旋转钻杆,使钻头的螺旋叶片旋转削土,土块沿螺旋叶片上升排出孔外（图 2.26）。螺旋钻成孔灌注桩是利用动力旋转钻杆，使钻头的螺旋叶片旋转削土，土块沿螺旋叶片上升排出孔外。施工时，要根据实际情况，确定相应的钻进转速及钻压；在软塑土层，含水量大时，可用疏纹叶片钻杆，以便较快地钻进；在可塑或硬塑黏土中，或含水量较小的砂土中应用密纹叶片钻杆，缓慢地均匀地钻进。全叶片螺旋钻机成孔直径一般为 300～600 mm，钻孔深度 8～12 m。

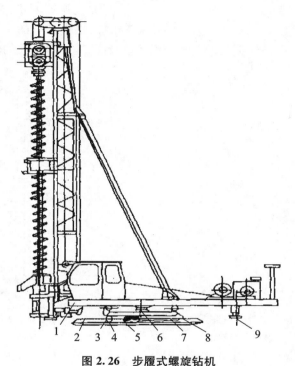

图 2.26　步履式螺旋钻机
1—上盘；2—下盘；3—回转滚轮；4—行车滚轮；5—钢
丝滑轮；6—回转中心轴；7—行车油缸；8—中盘；9—支盘

钢筋笼应一次绑扎完成，放入孔内之后再次测量孔内虚土厚度。混凝土应随浇随振，每次浇筑高度不得大于 1.5 m。

如为扩底桩，则需于桩底部应用扩孔刀片切削扩孔，扩底直径应符合设计要求，且孔底虚土厚度对以摩擦力为主的桩，不得大于 300 mm；对以端承力为主的桩，则不得大于100 mm。

如成孔时发生塌孔，宜钻至塌孔处以下 1～2 m 时，用低强度等级的混凝土填至塌孔以上 1 m 左右，待混凝土初凝后再继续下钻，钻至设计深度，也可用 3∶7 的灰土夯实代替填筑混凝土。

2. 泥浆护壁成孔灌注桩

泥浆护壁成孔是用泥浆保护孔壁，防止孔壁坍塌。通常在孔内注入高塑性黏土或膨润土和水拌和的泥浆，或者利用钻削下来的黏性土与水混合形成泥浆保护孔壁。对不论地下水位高或低的土层皆适用，多用于含水量高的软土地区。

成孔机械有回转钻机、潜水钻机、冲击钻等，其中以回转钻机最多。

（1）回转钻机成孔

回转钻机是由动力装置带动钻机回转装置转动,从而带动有钻头的钻杆转动,由钻头切削土壤。根据泥浆循环方式不同,分为正循环回转钻机和反循环回转钻机。

正循环回转钻孔成孔的工艺如图 2.27 所示。泥浆或高压水由空心钻杆内部通入,从钻杆底部喷出,携带钻下的土渣沿孔壁向上流动,由孔口将土渣带出并流入泥浆池。

反循环回转钻孔成孔的工艺如图 2.28 所示。它是泥浆或清水由钻杆与孔壁间的环状间隙流入钻孔,由吸泥泵等在钻杆内形成真空,使之携带钻下的土渣由钻杆内腔返回地面而流向泥浆池。反循环工艺的泥浆上流速度较高,能携带较大的土渣。

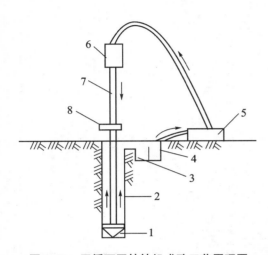

图 2.27 正循环回转钻机成孔工艺原理图

1—钻头;2—泥浆护壁方向;3—沉淀池;4—泥浆池;5—泥浆泵;6—水龙头;7—钻杆;8—钻机回转位置

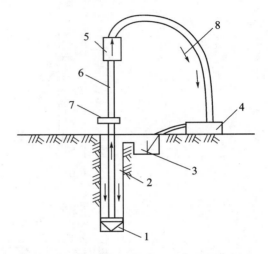

图 2.28 反循环回转钻机成孔工艺原理图

1—钻头;2—新泥浆流向;3—沉淀池;4—砂石泵;5—水龙头;6—钻杆;7—钻机回转位置;8—混合液流向

在杂填土或松软土层中钻孔时,应在桩位处理设护筒以起定位、保护孔口、维持水头等作用。护筒用钢板制作,内径应比钻头直径大 10 cm,埋入土中深度通常不宜小于1.0～1.5 m,特殊情况下埋深需要更大。在护筒顶部应开设 1～2 个溢浆口。在钻孔过程中,应保持护筒内泥浆液面高于地下水位。在黏土中钻孔,可采用自造泥浆护壁;在砂土中钻孔,则应注入制备泥浆。注入的泥浆比重控制在 1.1 左右,排出泥浆的比重宜为1.2～1.4。钻孔达到要求的深度后,测量沉渣厚度,进行清孔。以原土造浆的钻孔,清孔可用射水法,此时钻具只转不进,待泥浆比重降到 1.1 左右即认为清孔合格;注入制备泥浆的钻孔,可采用换浆法清孔,至换出泥浆的比重小于 1.15 时方为合格,在特殊情况下泥浆比重可以适当放宽。

钻孔灌注桩的桩孔钻成并清孔后,应尽快吊放钢筋骨架并灌注混凝土。在无水或少水的浅桩孔中灌注混凝土时,应分层浇筑振实,每层高度一般为 0.5～0.6 m,不得大于1.5 m。混凝土坍落度在一般黏性土中宜用 50～70 mm;砂类土中用 70～90 mm;黄土中用 60～90 mm。水下灌注混凝土时,常用垂直导管灌注法进行水下施工,施工方法见第三章有关内容。水下灌注混凝土至桩顶时,应适当超过桩顶设计标高,以保证在凿除含有泥浆的桩段后,桩顶标高和质量能符合设计要求。

钻进过程中,如发现排出的泥浆中不断出现气泡,或泥浆突然漏失,表示有孔壁坍陷迹象。其主要原因是土质松散,泥浆护壁不好,护筒周围未用黏土紧密填封以及护筒内水位不高。钻进中如出现缩颈、孔壁坍陷现象,首先应保持孔内水位并加大泥浆比重以稳孔护壁。如孔壁坍陷严重,应立即回填黏土,待孔壁稳定后再钻。

钻杆不垂直、土层软硬不匀或碰到孤石时,都会引起钻孔偏斜。钻孔偏斜时,可提起钻头,上下反复扫钻几次,以便削去硬土,如纠正无效,应于孔中局部回填黏土至偏孔处0.5 m以上,重新钻进。

施工后的灌注桩的平面位置及垂直度都需满足规范的规定。灌注桩在施工前,宜进行试成孔。

(2)潜水钻机成孔

潜水钻机是一种旋转式钻孔机械,其动力、变速机构和钻头连在一起,加以密封,因而可以下放至孔中地下水位以下进行切削土壤成孔(图2.29)。用正循环工艺输入泥浆,进行护壁和将钻下的土渣排出孔外。

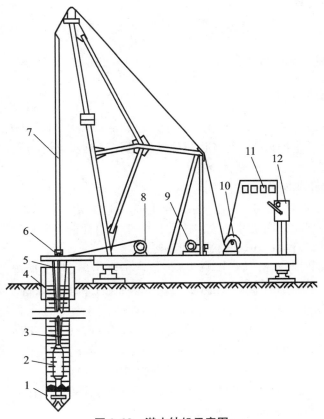

图2.29 潜水钻机示意图

1—钻头;2—潜水钻机;3—电缆;4—护筒;5—水管;6—滚轮支点;7—钻杆;8—电缆盘;9—卷扬机;10—控制箱;11—电流电压表;12—起动开关

潜水钻机成孔,亦需先埋设护筒,其他施工过程皆与回转钻机成孔相似。

（3）冲击钻成孔

冲击钻主要用于在岩土层中成孔,成孔时将冲锥式钻头提升一定高度后以自由下落的冲击力来破碎岩层,然后用掏渣筒来掏取孔内的渣浆(图 2.30)。

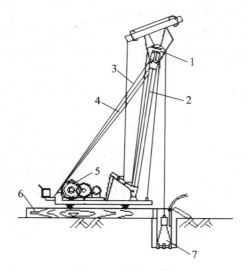

图 2.30　冲击钻机成孔示意图
1—滑轮；2—主杆；3—拉索；4—斜撑；
5—卷扬机；6—垫木；7—钻头

图 2.31　冲抓锥

还有一种冲抓锥(图 2.31),锥头内有重铁块和活动抓片,下落时松开卷扬机刹车,抓片张开,锥头自由下落冲入土中,然后开动卷扬机拉升锥头,此时抓片闭合抓土,将冲抓锥整体提升至地面卸土,依次循环成孔。

(三) 人工挖孔和挖孔扩底灌注桩

人工挖孔灌注桩是用人工挖土成孔,浇筑混凝土成桩。挖孔扩底灌注桩,是在挖孔灌注桩的基础上,扩大桩底尺寸而成。这类桩由于受力性能可靠、不需要大型机具设备、施工操作工艺简单等特点,在各地应用较为普遍。

挖孔及挖孔扩底灌注桩的特点是:单机承载力高,结构传力明确,沉降量小,可直接检查桩直径、垂直度和持力土层情况,桩质量可靠;施工机具设备较简单,施工工艺操作简便,占场地小;施工无振动、无噪声、无环境污染,对周围建筑物无影响。

挖孔及挖孔扩底灌注桩适用于桩径 800 mm 以上,无地下水或地下水较少的黏土、粉质黏土中,特别适用于黄土层,深度一般在 20 m 左右,可用于高层建筑、公用建筑、水下结构(如泵站,桥墩,做支撑、抗滑、挡土锚拉桩之用)。对有流沙、地下水位较高、涌水量大的冲积地带及近代沉积的含水量高的淤泥及淤泥质土不宜采用。

1. 施工工艺方法要点有以下几点:

（1）挖孔灌注桩的施工程序是:场地整平→放线、定桩位→挖第一节桩孔土方→支模浇筑第一节混凝土护壁→在护壁上二次投测标高及桩位十字轴线→安装活动井盖、垂直运输架、起重电动葫芦或卷扬机、活底吊土桶、排水、通风照明设施等→第二节桩身挖土→清理桩孔四壁、校核桩孔和垂直度和直径→拆上节模板、支第二节模板,浇筑第二节混凝土护壁→重复第二节挖土、支模、浇筑第二节混凝土护壁工序,循环作业直至设计深度→检查持力层后进行扩底→清理虚土、排除积水、检查尺寸和持力层→吊放钢筋笼就位→浇筑桩身混凝土。当桩孔不设支护和不扩底时,则无此两道工序。

(2)挖孔由人工自上而下逐层用镐、锹进行,遇坚硬土层用锤、钎破碎;挖土次序为先挖中间部分后挖周边,允许尺寸误差3 cm,扩底部分采取先挖桩身圆柱体,再按护底尺寸从上到下削土修成扩底形。弃土装入活底吊桶或笋筐内。垂直运输,在孔上口安支架、工字轨道、电葫芦或搭三木搭,用1~2慢速卷扬机提升,吊至地面上后,用机动翻斗车或手推车运出。人工挖孔桩底部如为基岩,一般应伸入岩面150~200 mm,底面应平整不带泥沙。

(3)混凝土用粒径小于50 mm石子,水泥用42.5号普通水泥或矿渣水泥,坍落度4~8 cm,用机械拌制。混凝土用翻斗汽车,机动车或手推车向桩孔内浇筑。混凝土下料采用串桶,深桩孔用混凝土溜管;如地下水大,就采用混凝土导管水中浇筑混凝土工艺。混凝土要垂直灌入桩孔内,并应连续分层浇筑,每层厚不超过1.5 m。小直径桩孔,6 m以下利用混凝土的大坍落度和下冲力使密实;6 m以内分层捣实。大直径桩应分层捣实,或用卷扬机吊导管上下插捣。对直径小、深度大的桩,人工下井振捣有困难的,可在混凝土中掺水泥用量0.25%木钙减水剂,使混凝土坍落度增至13~18 cm,利用混凝土大坍落度下沉力使之密实,但桩上部钢筋部位应用振捣器振捣密实。

(4)桩混凝土的养护:当桩顶标高比自然场地标高低时,在混凝土浇筑12 h后进行湿养护,当桩顶标高比场地标高时,混凝土浇筑12 h后覆盖草袋,并湿水养护,养护时间不少于7 d。

2. 桩挖孔时,如地下水丰富、渗水或涌水量较大时,可根据情况分别采取以下措施:

(1)少量渗水可在桩孔内挖小集水坑,随挖土随用吊桶,将泥水一起吊出;

(2)渗水量较大时,如桩较密集,可将一桩超前开挖,使附近地下水汇集于此桩孔内,用1~2台泥浆泵将地下水抽出,起到深井降水的作用,将附近桩孔地下水位降低;

(3)渗水量较大,井底地下水难以排干时,底部泥渣可用压缩空气清孔方法清孔。

(四)锤击沉管灌注桩

锤击沉管灌注桩是用锤击打桩机,将带活瓣桩尖或设置钢筋混凝土预制桩尖(靴)的钢管锤击沉入土中,然后边浇筑混凝土边用卷扬机拔桩管成桩。其工艺特点是:可用小桩管打较大截面桩,承载力大;可避免坍孔、瓶颈、断桩、移位、脱空等缺陷;可采用普通锤击打桩机施工,机具设备和操作简便,沉桩速度快。但桩机较笨重,劳动强度较大,且要特别注意安全。适于黏性土、淤泥、淤泥质土、稍密的砂土及杂填土层中使用,但不能用于密实的中粗砂、砂砾石、漂石层。

其主要设备为一般锤击打桩机,如落锤、柴油锤、蒸汽锤等。由桩架、桩锤、卷扬机、桩管等组成,桩管直径可达500 mm,长8~15 m。

锤击沉管灌注桩桩身混凝土强度等级不低于C20;混凝土坍落度,当配筋时宜为80~

100 mm,当为素混凝土时宜为 60～80 mm。碎石粒径在配有钢筋时不大于 25 mm,无筋时不大于 40 mm。预制钢筋混凝土桩尖的强度等级不得低于 C30。混凝土充盈系数(实际灌注混凝土体积与按设计桩身直径计算体积之比)不得小于 1.0,成桩后的桩身混凝土顶面标高应至少高出设计标高 500 mm。

锤击沉管灌注桩施工过程中易发生断桩、瓶颈桩、吊脚桩、桩尖进水进泥等问题,就其发生的原因及处理方法简述如下:

1. 断桩

断桩的裂缝为水平或略带倾斜,一般都贯通整个截面,常常出现于地面以下 1～3 m 软硬土层交接处。

断桩原因主要有:桩距过小,邻桩施打时土的挤压产生的水平推力和隆起上拔力的影响;软硬土层传递水平力不同,对桩产生剪应力;桩身混凝土终凝不久;强度弱,承受不了外力的影响。

避免断桩的措施如下:

(1) 布桩应坚持少桩疏排的原则,桩与桩之间中心距不宜小于 3.5 倍桩径。

(2) 桩身混凝土强度较低时,尽量避免振动和外力的干扰,因此要合理确定打桩顺序和桩架行走路线。

(3) 采用跳打法或控制时间法以减少对邻桩的影响。控制时间法指在邻桩混凝土初凝以前,必须把影响范围内的桩施工完毕。

断桩的检查与处理:在浅层(2～3 m)发生断桩,可用重锤敲击桩头侧面,同时用脚踏在桩头上,如桩已断,会感到浮振;深处断桩目前常用动测或开挖的办法检查。断桩一经发现,应将断桩段拔出,将孔清理后,略增大面积或加上铁箍连接,再重新浇混凝土补做桩身。

2. 缩颈桩

缩颈桩又称瓶颈桩,是指部分桩径缩小、桩截面积不符合设计要求。

缩颈桩产生的原因是:拔管过快,管内混凝土存量过少,混凝土本身和易性差,出管扩散困难造成缩颈;在含水量大的黏性土中沉管时,土体受到强烈扰动和挤压,产生很高的孔隙水压力,拔管后,这种水压力便作用到新浇筑的混凝土桩上,使桩身发生不同程度的缩颈现象。

防治措施:在容易产生缩颈的土层中施工时,要严格控制拔管速度,采用“慢拔密击”;混凝土坍落度要符合要求且管内混凝土必须略高于地面,以保持足够的压力,使混凝土出管扩散正常。

施工时可设专人随时测定混凝土的下落情况,遇有缩颈现象,可采取复打处理。

3. 桩尖进水、进泥沙

桩尖进水、进泥沙常见于地下水位高、含水量大的淤泥和粉砂土层,是由于桩管与桩尖接合处的垫层不紧密或桩尖被打破所致。处理办法:可将桩管拔出,修复改正桩靴缝隙或将桩管与预制桩尖接合处用草绳、麻袋垫紧后,用砂回填桩孔后重打;如果只受地下水的影响,则当桩管沉至接近地下水位时,用水泥砂浆灌入管内约 0.5 m 做封底,并再灌 1 m 高的混凝土,然后继续沉桩。若管内进水不多(小于 200 mm)时,可不做处理,只在灌第一槽混凝土时酌情减少用水量即可。

4. 吊脚桩

吊脚桩即桩底部的混凝土隔空,或混凝土中混进了泥沙而形成松软层。形成吊脚桩的原因是由于混凝土桩尖质量差,强度不足,沉管时被打坏而挤入桩管内,且拔管时冲击振动不够,桩尖未及时被混凝土压出或活瓣未及时张开。

为了防止出现吊脚桩,要严格检查混凝土桩尖的强度(应不小于 C30),以免桩尖被打坏而挤入管内。沉管时,用吊砣检查桩尖是否有缩入管内的现象。如果有,应及时拔出纠正并将桩孔填砂后重打。

任务评价

桩根据成桩方法分,有预制桩和灌注桩;根据基础传力方式分,有摩擦型桩和端承型桩;根据桩身材料分,有混凝土桩、钢桩和组合材料桩;按照直径大小分,有小直径桩、中等直径桩和大直径桩;按照截面形状分,有空腹型桩和实腹型桩;按设置效应分,有挤土桩、非挤土桩和部分挤土桩等。桩基础由若干根桩和承台两部分组成。桩身可由钢筋混凝土、钢管、型钢等制成,平面排列方式可以是一排或几排。桩身可全部或部分埋入土中,当桩身露在地面上较高时,在桩之间应加横系梁以加强各桩的横向联系。在所有桩的顶部由承台连成一个整体,在承台上再修建上部结构。

思考与练习

1. 简述桩基的作用和分类。
2. 静压力桩有何特点? 适用范围如何? 施工时应注意哪些问题?
3. 现浇混凝土桩的成孔方法有哪些? 试述各种方法的特点和适用范围。
4. 灌注桩常易发生哪些质量问题? 如何预防和处理?
5. 简述人工挖孔灌注桩的施工工艺和施工中应注意的主要问题。

拓展训练

桩基础实训

将学生分为若干小组,由教师或工程技术人员带领学生到实践教学基地或者施工单位,在一个具体的桩基础施工现场,指导学生熟悉并参与施工过程的每一个细节,学会用有关规范来指导施工。

学生在施工现场应熟悉图纸,了解建筑场地的工程地质资料和水文资料,结合有关规范了解施工工艺和方法,熟悉施工流程和所使用的施工机械及工作性能,了解施工现场的组织机构和人员情况、施工质量控制措施等。

成果整理:现场工作完成后,应对现场收集的有关资料进行整理,写出实训报告。

成果交流:各小组完成后,相互交流成果,并进行讨论,由教师做讲评,以提高学生实际工作能力。

项目三　砌筑工程

项目需求

　　砌筑工程是指普通砖、石和各类砌块的砌筑。砖砌体在我国有悠久的历史,它取材容易、造价低、施工简单,目前在中小城市、农村仍为建筑施工中的主要工种工程之一。其缺点是自重大、劳动强度高、生产效率低,且烧砖多占用农田,难以适应现代建筑工业化的需要,是墙体材料改革的重点。砌筑工程是一个综合的施工过程,它包括材料的准备与运输、脚手架的搭设和砌体砌筑等。

项目工作场景

　　实训基地(有与工程实际相符的各种砌筑工程)、实际工程施工现场等。

方案设计

　　首先了解砌筑脚手架,然后熟悉垂直运输设施,随后进行砖砌体施工、石砌体施工等,最后是砌筑工程的安全技术等。

相关知识和技能

　　1. 钢管扣件脚手架构造要求及保证其稳定支撑系统的要求;
　　2. 砖、小型空心砌块砌筑施工工艺和技术要求;
　　3. 砌筑工程的安全技术;
　　4. 检查砖、中小型空心砌块砌体的质量;
　　5. 为提高墙体的整体性和刚度采取的措施;
　　6. 编写多层砖房抗震构造措施及施工要求的施工方案。

任务 1　砖砌体施工

　　通过对砌筑材料、砖砌体施工的学习,使学生了解砌筑材料及其特点;砖砌体施工的特点与工艺流程以及检验方法和标准;通过后续思考与练习和拓展训练,使学生学以致用,真正把理论知识融入实训实践中,切实提高学生分析、处理、解决问题的能力。

一、砌筑材料

(一) 墙体砖

1. 烧结砖

　　砖是砌筑用的小型块材,按生产工艺可分为烧结砖和非烧结砖;按砖的规格孔洞率、孔的尺寸大小和数量又可分为普通砖、多孔砖和空心砖。烧结砖是以黏土、页岩、粉煤灰、煤矸石等为主要原料,经焙烧制成的砖。常结合主要原料命名,如烧结黏土砖(N)、烧结页岩砖(Y)、烧结粉煤灰砖(F)、烧结煤矸石砖(M)等。煤矸石烧结标砖与全煤矸石烧结空心砖如图 3.1 所示。

(a) 煤矸石烧结标砖　　　　　　　　　　(b) 全煤矸石烧结空心砖

图 3.1　烧结砖示意图

(1) 烧结普通砖

　　烧结普通砖是以黏土、页岩、煤矸石、粉煤灰为主要原料,经焙烧而成的普通砖。根据《烧结普通砖》(GB/T 5101—2003)规定,烧结普通砖按抗压强度分为 MU30、MU25、MU20、MU15、MU10 五个强度等级。强度、抗风化性能、放射性物质合格的砖根据砖的尺寸偏差、外观质量、泛霜和石灰爆裂的程度将其分为优等品(A)、一等品(B)和合格品(C)三个质量等级。优等品适用于清水墙和装饰墙,一等品、合格品可用于混水墙。中等泛霜的砖不能用于潮湿部位。

①外观质量和尺寸偏差:烧结普通砖的外形为矩形体,长 240 mm,宽 115 mm,厚 53 mm。其中 240 mm×115 mm 的面称为大面,240 mm×53 mm 的面称为条面,115 mm×53 mm 的面称为顶面。如图 3.2 所示。

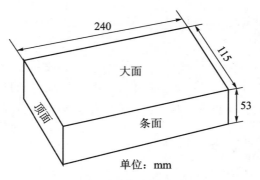

图 3.2　烧结普通砖外观尺寸图

烧结普通砖的优等品必须颜色基本一致,外观质量和尺寸偏差应符合下表的要求。烧结普通砖外观质量要求如表 3.1。

表 3.1　烧结普通砖外观质量要求

项　　目	优 等 品		一 等 品		合 格 品	
	样本平均偏差	样本极差≤	样本平均偏差	样本极差≤	样本平均偏差	样本极差≤
(1) 尺寸偏差(mm) 　　长度 240 　　宽度 115 　　高度 53	±2.0 ±1.5 ±1.5	8 6 4	±2.5 ±2.0 ±1.6	8 6 5	±3.0 ±2.5 ±2.0	8 6 5
(2) 两条面高度差,不大于(mm)	2		3		5	
(3) 弯曲,不大于(mm)	2		3		5	
(4) 杂质凸出高度,不大于(mm)	2		3		5	
(5) 缺棱掉角的三个破坏尺寸,不得同时大于(mm)	15		20		30	
(6) 裂纹长度,不大于(mm) ①大面上宽度方向及其延伸至条面的长度 ②大面上长度方向及其延伸至顶面的长度或条、顶面上水平裂纹长度	70 100		70 100		110 150	
(7) 完整面	一条面和一顶面		一条面和一顶面		—	
(8) 颜色	基本一致		—		—	

②强度等级:烧结普通砖按抗压强度分为 MU30、MU25、MU20、MU15、MU10 五个强度等级。各强度等级应符合表 3.2 所列数值。

表 3.2 烧结普通砖强度等级(MPa)

强度等级	抗压强度平均值(不低于)	变异系数 $\delta \leqslant 0.21$	变异系数 $\delta > 0.21$
		抗压强度标准值(不低于)	单块最小抗压强度值(不低于)
MU30	30.0	22.0	25.0
MU25	25.0	18.0	22.0
MU20	20.0	14.0	16.0
MU15	15.0	10.0	12.0
MU10	10.0	6.5	7.5

(2) 烧结多孔砖

烧结多孔砖通常指内孔径不大于 22 mm(非圆孔内切圆直径不大于 15 mm)、孔洞率不小于 15%、孔的尺寸小而数量多的烧结砖。砖的外形为直角六面体,其长度、宽度、高度尺寸应符合下列要求(mm):290、240、190、180、175、140、115、90。详见图 3.3 所示。

图 3.3 烧结多孔砖示意图

强度等级根据《烧结多孔砖》(GB 13544—2000)的规定,烧结多孔砖的强度等级以十块多孔砖试验,根据抗压强度将多孔砖分为 MU30、MU25、MU20、MU15、MU10 五个强度等级。强度检测评定方法同烧结普通砖。详见表 3.3。

表 3.3 烧结多孔砖强度等级(MPa)

强度等级	抗压强度平均值(不低于)	变异系数 $\delta \leqslant 0.21$	变异系数 $\delta > 0.21$
		抗压强度标准值(不低于)	单块最小抗压强度值(不低于)
MU30	30.0	22.0	25.0
MU25	25.0	18.0	22.0
MU20	20.0	14.0	16.0
MU15	15.0	10.0	12.0
MU10	10.0	6.5	7.5

强度和抗风化性能合格的烧结多孔砖,根据尺寸偏差、外观质量、孔形及孔洞排列、泛霜、石灰爆裂分为优等品(A)、一等品(B)和合格品(C)三个质量等级。

（3）烧结空心砖

烧结空心砖是以黏土、页岩、煤矸石等为主要原料,经焙烧而成的空心砖。在与砂浆的接合面上应设有增加结合力的深度 1 mm 以上的凹线槽,如图 3.4 所示。

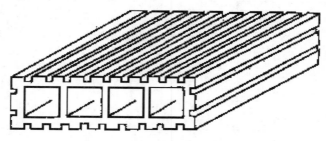

图 3.4　烧结空心砖示意图

烧结空心砖的长度为：290 mm,240 mm,190 mm；宽度为：240 mm,190 mm,180 mm,175 mm,140 mm；高度为：90 mm。烧结空心砖根据密度分为 800、900、1 000 三个密度级别。每个密度级别根据孔洞及其排数、尺寸偏差、外观质量、强度等级和物理性能分为优等品、一等品和合格品三个等级。

（4）蒸压灰砂空心砖

蒸压灰砂空心砖以石灰、砂为主要原料,经坯料制备、压制成型、蒸压养护而制成的孔洞率大于 15% 的空心砖。孔洞采用圆形或其他孔形,孔洞应垂直于大面。根据抗压强度分为 MU25、MU20、MU15、MU10、MU7.5 五个强度等级。根据强度等级、尺寸允许偏差和外观质量分为优等品、一等品和合格品三个等级。

（二）砌筑用石

天然石材在地壳表面分布广、蕴藏丰富、便于就地取材,加之石材具有相当高的强度、良好的耐磨性和耐久性,因此,石材在土木工程中仍得到了广泛的应用。

1. 石材的分类

天然石材是采自地壳表层的岩石。天然石材根据生成条件,按地质分类法可分为火成岩、沉积岩和变质岩三大类。砌筑用石分为毛石和料石两类。毛石未经加工,厚度不小于 150 mm,体积不小于 0.01 m³,分为乱毛石和平毛石。乱毛石是指形状不规则的石块,平毛石是指形状不规则,但有两个平面大致平行的石块。料石经加工,外观规则,尺寸均不小于 200 mm,按其加工面的平整程度分为细料石、半细料石、粗料石和毛料石四种。石料按其质量密度大小分为轻石和重石两类：表观密度不大于 1 800 kg/m³ 者为轻石,表观密度大于 1 800 kg/m³ 者为重石。

2. 石材的等级

根据石料的抗压强度值,将石料分为 MU10、MU15、MU20、MU30、MU40、MU50、MU60、MU80、MU100 九个强度等级。

（三）砌块

1. 砌块的种类

砌块代替黏土砖作为墙体材料,是建筑材料节能的一个重要途径。砌块按形状来分有实心砌块和空心砌块两种；按制作原料分为粉煤灰、加气混凝土、混凝土、硅酸盐、石膏砌块等多种；按规格来分有小型砌块、中型砌块和大型砌块，砌块高度在 115~380 mm 的称小型砌块，高度在 380~980 mm 的称中型砌块，高度大于 980 mm 的称大型砌块。

2. 砌块的规格

砌块的规格、型号与建筑的层高、开间和进深有关。因为建筑的功能要求、平面布置和立面体型各不相同，这就需要选择一组符合统一模数的标准砌块，以适应不同建筑平面的变化。

由于砌块的规格、型号与砌块幅面尺寸的大小有关，砌块幅面尺寸大，规格、型号就多；砌块幅面尺寸小，规格、型号就少。因此，合理地制定砌块的规格有助于促进砌块生产的发展，加速施工进度，保证工程质量。普通混凝土小型空心砌块主规格尺寸为 390 mm×190 mm×190 mm，辅助规格尺寸为 290 mm×190 mm×190 mm。

3. 砌块的等级

普通混凝土小型空心砌块按其强度分为 MU3.5、MU5、MU7.5、MU10、MU15、MU20。轻骨料混凝土小型空心砌块按其强度分为 MU1.5、MU2.5、MU3.5、MU5、MU7.5、MU10。

(四) 砌筑砂浆

1. 砂浆的种类

砌筑砂浆有水泥砂浆、石灰砂浆和混合砂浆。

2. 砂浆的原材料要求

(1) 水泥：砌筑砂浆使用的水泥品种及强度等级应根据砌体部位和所处环境来选择。水泥进场使用前，应分批对其强度、安定性进行复验。检验批应以同一生产厂家、同一编号为一批。水泥砂浆采用的水泥，其强度等级不宜大于 32.5 级，水泥混合砂浆采用的水泥，其强度等级不宜大于 42.5 级。

(2) 砂：砂宜用中砂，其中毛石砌体宜用粗砂。砂的含泥量：对于水泥砂浆和强度等级不小于 M5 的水泥混合砂浆，不应超过 5%；对于水泥砂浆和强度等级小于 M5 的水泥混合砂浆，不应超过 10%。

(3) 石灰膏：生石灰熟化成石灰膏时，应用孔径不大于 3 mm×3 mm 的网过滤，熟化时间不得少于 7 d，磨细生石灰粉的熟化时间不得小于 2 d。沉淀池中贮存的石灰膏，应采取防止干燥、冻结和污染的措施。配制水泥石灰砂浆时，不得采用脱水硬化的石灰膏。

(4) 黏土膏：采用黏土或粉质黏土制备黏土膏时，宜用搅拌机加水搅拌，通过孔径不大于 3 mm×3 mm 的网过筛。用比色法鉴定黏土中的有机物含量时应浅于标准色。

(5) 水与外加剂：水质应符合现行行业标准《混凝土拌合用水标准》(JGJ 63—2006) 的规定。外加剂：凡是在砂浆中掺入有机塑化剂、早强剂、缓凝剂、防冻剂等，应经检验和试配合格后，方可使用。

3. 砂浆的质量要求

砌筑砂浆的强度等级宜采用 M20、M15、M10、M7.5、M5、M2.5。水泥砂浆拌和物的密度不宜小于 1 900 kg/m³，水泥用量不应小于 200 kg/m³，水泥混合砂浆拌和物的密度不宜小于 1 800 kg/m³，水泥和掺加料总量宜为 300~350 kg/m³。具有冻融循环次数要求的砌筑砂浆,经冻融试验后,质量损失率不得大于 5%,抗压强度损失率不得大于 25%。砌筑砂浆的稠度应按表 3.4 的规定选用,分层度不得大于 30 mm。

表 3.4　砌筑砂浆的稠度

砌体种类	砂浆稠度(mm)	砌体种类	砂浆稠度(mm)
烧结普通砖砌体	70～90	烧结普通砖平拱式过梁	
轻骨料混凝土小型空心砌块	60～90	空斗墙、简拱	50～70
砌体烧结多孔砖、空心砖砌体	70～80	普通混凝土小型空心砌块	
石砌体	30～50	加气混凝土砌块	

4. 砂浆的选择

要根据设计要求,选择砂浆种类及其等级。要求如下:

(1) 水泥砂浆具有较高的强度和耐久性,但和易性差。其多用于高强度和潮湿环境的砌体中。

(2) 水泥混合砂浆具有一定的强度和耐久性,且和易性和保水性好。其多用于一般墙体中。

(3) 非水泥砂浆强度低且耐久性差,可用于简易或临时建筑的砌体中,不宜用于潮湿环境的砌体及基础。

5. 砂浆的制备与使用

(1) 对砂浆制备的要求

①拌制砂浆用水,水质应符合国家现行标准《混凝土用水标准》(JGJ63—2006)的规定。

②砌筑砂浆使用的水泥品种及标号,应根据砌体部位和所处环境来选择。水泥进场使用前,应分批对其强度、安定性进行复验。检验批应以同一生产厂家、同一编号为一批。

③砂浆用砂的含泥量应满足下列要求:对水泥砂浆和强度等级不小于 M5 的水泥混合砂浆,不应超过 5%;对强度等级小于 M5 的水泥混合砂浆,不应超过 10%;人工砂、山砂及特细砂,应经试配能满足砌筑砂浆技术条件要求。

④用块状生石灰熟化成石灰膏时,其熟化时间不得少于 7 d。

⑤砂浆现场拌制时,其配合比应事先通过计算和试验确定,各组成部分材料应采用质量计量。

⑥砌筑砂浆应采用机械搅拌,自投料完算起,搅拌时间应符合下列规定:水泥砂浆和水泥混合砂浆不得少于 2 min;水泥粉煤灰砂浆和掺用外加剂的砂浆不得少于 3 min;掺用有机塑化剂的砂浆,应为 3～5 min。

(2) 对砂浆使用的要求

①砂浆拌成后应盛入贮灰器中,如砂浆出现泌水现象,应在砌筑前再次拌和。

②砂浆应随拌随用,水泥砂浆和水泥混合砂浆必须分别在拌成后 3 h 和 4 h 内使用完毕;若施工期间最高气温超过 30 ℃时,必须分别在拌成后 2 h 和 3 h 内使用

完毕。

6. 砂浆强度检验

砂浆应进行强度检验。砌筑砂浆试块强度验收时,其强度合格标准必须符合下列规定:

(1)同一验收批砂浆试块抗压强度平均值必须大于或等于设计强度等级所对应的立方体抗压强度。

(2)同一验收批砂浆试块抗压强度的最小一组平均值必须大于或等于设计强度等级所对应的立方体抗压强度的 0.75 倍。

(3)砂浆强度应以标准养护龄期为 28 d 的试块抗压试验结果为准。

(4)抽检数量:每一检验批且不超过 250 m³ 砌体中的各种类型及强度等级的砌筑砂浆,每台搅拌机应至少抽查一次。

(5)检验方法:在砂浆搅拌机出料口随机取样制作砂浆试块(同盘砂浆只应制作一组试块),最后检查试块强度试验报告单。

二、脚手架

(一)外脚手架

外脚手架是指搭设在外墙外面的脚手架。其主要结构形式有钢管扣件式、碗扣式、门型、方塔式、附着式升降脚手架和悬吊脚手架等。在建筑施工中要大力推广碗扣式脚手架和门型脚手架。

1. 钢管扣件式脚手架

钢管扣件式脚手架目前应用最广泛,其周转次数多,摊销费用低,装拆方便,搭设高度大,适应建筑物平立面的变化。

(1)钢管扣件式脚手架的构造要求

钢管扣件式脚手架主要由钢管和扣件组成。主要杆件有立杆、大横杆、小横杆、斜杆和底座等。

钢管扣件式脚手架的基本形式有双排式和单排式两种,其构造如图 3.5 所示。

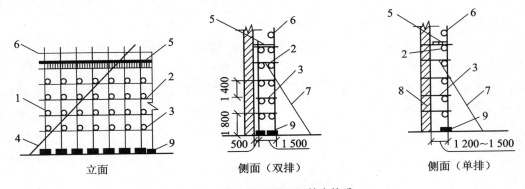

图 3.5　多立杆式脚手架基本构造

1—立杆;2—大横杆;3—小横杆;4—斜撑;5—脚手板;6—栏杆;7—抛撑;8—砖墙;9—底座

扣件用于钢管之间的连接,基本形式有三种,如图3.6所示。

对接扣件:用于两根钢管的对接连接;

旋转扣件:用于两根钢管呈任意角度交叉的连接;

直角扣件:用于两根钢管呈垂直交叉的连接。

 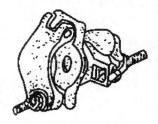 

(a) 对接扣件 　　　　(b) 旋转扣件 　　　　(c) 直角扣件

图3.6　扣件形式

①立杆间距:大横杆步距和小横杆间距可按表3.5选用,最下一层步距可放大到1.8 m,便于底层施工人员的通行和运输。

为了保证脚手架的整体稳定性,必须按规定设置支撑系统。支撑系统由剪刀撑、横向支撑和抛撑组成。为了防止脚手架内外倾覆,还必须设置承受压力和拉力的连墙杆,使脚手架与建筑物之间有可靠的连接。

表3.5　扣件式钢管脚手架构造尺寸和施工要求

用途	构造形式	里立杆离墙面的距离(m)	立杆间距(m)		操作层小横杆间距(m)	大横杆步距(m)	小横杆挑向墙面的悬(m)
			横向	纵向			
砌筑	单排	—	1.2～1.5	2	0.67	1.2～1.4	—
	双排	0.5	1.5	2	1	1.2～1.4	0.45
装饰	单排	—	1.2～1.5	2.2	1.1	1.6～1.8	—
	双排	0.5	1.5	2.2	1.1	1.6～1.8	0.45

注:单排脚手架立杆横向间距指立杆离墙面的距离。

②剪刀撑:设置在脚手架两端的双跨内和中间每隔30 m净距的双跨内,仅在架子外侧与地面呈45°布置。

③连墙杆:每3步5跨设置一根,其作用不仅是防止架子外倾,同时增加立杆的纵向刚度,如图3.7所示。

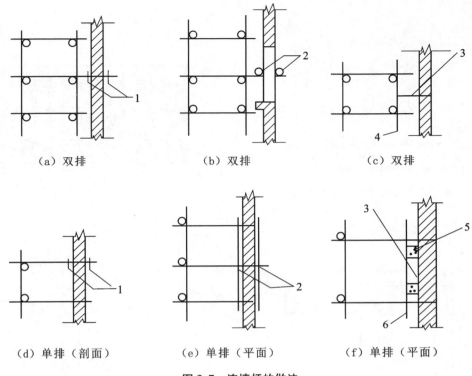

（a）双排　　　　　　（b）双排　　　　　　（c）双排

（d）单排（剖面）　　（e）单排（平面）　　（f）单排（平面）

图 3.7　连墙杆的做法

1—扣件；2—短钢管；3—铅丝与墙内埋设的钢筋环拉住；4—顶墙横杆；5—木楔；6—短钢管

（2）钢管扣件式脚手架的搭设和拆除

脚手架搭设范围内的地基要夯实找平,做好排水处理。立杆底座须在底下垫以木板或垫块。杆件搭设时应注意立杆垂直,竖立第一节立杆时,每 6 跨应暂设一根抛撑(垂直于大横杆,一端支承在地面上),直至固定件架设好后方可根据情况拆除。剪刀撑搭设时应将一根斜杆扣在小横杆的伸出部分,同时随着墙体的砌筑,设置连墙杆与墙锚拉,扣件要拧紧。

脚手架的拆除应按由上而下逐层向下的顺序进行,严禁上下同时作业。严禁将整层或数层固定件拆除后再拆脚手架。严禁抛扔,卸下的材料应集中。严禁行人进入施工现场,要统一指挥,上下呼应,保证安全。

2. 门型脚手架

门型脚手架又称多功能门型脚手架,是目前国际上应用极普遍的脚手架之一。

（1）门型脚手架的构造及主要部件

门型脚手架由门式框架、剪刀撑和水平梁架或脚手板等构成基本单元,如图 3.8 所示。将基本单元连接起来即构成整片脚手架,如图 3.9 所示。

门型脚手架的主要部件如图 3.10 所示。

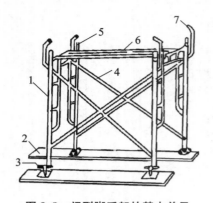

图 3.8　门型脚手架的基本单元

1—门架;2—平板;3—螺旋基脚;4—剪刀撑;

5—连接棒;6—水平梁架;7—锁臂

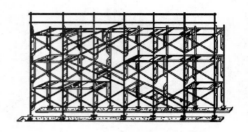

图 3.9　整片门型脚手架

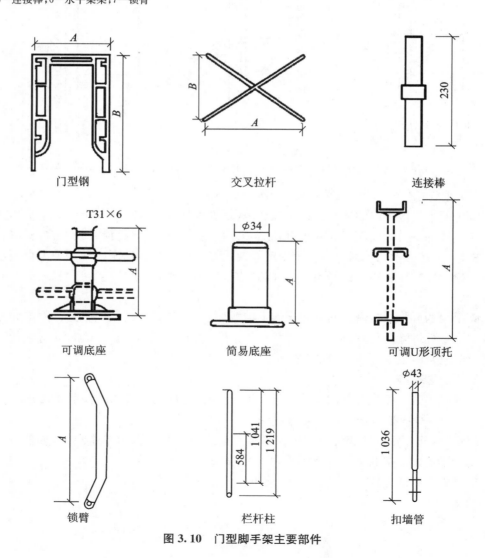

门型钢　　　　　　　交叉拉杆　　　　　　　连接棒

可调底座　　　　　　简易底座　　　　　　可调U形顶托

锁臂　　　　　　　　栏杆柱　　　　　　　扣墙管

图 3.10　门型脚手架主要部件

门型脚手架各主要部件之间的连接采用的是方便可靠的自锚结构,常用形式有制动片式和偏重片式两种,如图 3.11 所示。

①制动片式:如图 3.11(a)所示,在挂扣的固定片上,铆有主制动片和被制动片。

②偏重片式:如图 3.11(b)所示。

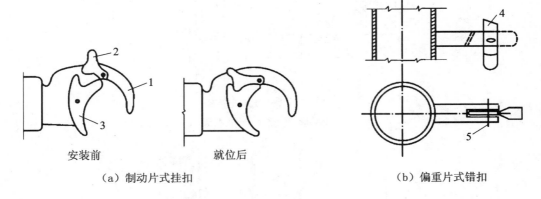

安装前　　　　就位后

（a）制动片式挂扣　　　　　　　（b）偏重片式错扣

图 3.11　门型脚手架连接形式
1—固定片;2—主制动片;3—被制动片;4—ϕ10 圆钢偏重片;5—铆钉

（2）门型脚手架的搭设程序

门型脚手架一般按以下程序搭设:铺放垫木(板)→拉线、放底座→自一端起立门架并随即装剪刀撑→装水平梁架(或脚手板)→装梯子→需要时,装设通长的纵向水平杆→装设连墙杆→照上述步骤,逐层向上安装→装设加强整体刚度的长剪刀撑→装设顶部栏杆。

（3）门型脚手架的搭设与拆除

搭设门型脚手架时,基底必须先平整夯实。首层门型脚手架垂直度偏差(门架竖管轴线的偏移)不大于 2 mm;水平度(门架平面方向和水平方向)偏差不大于 5 mm。

外墙脚手架必须通过扣墙管与墙体拉结,并用扣件把钢管和处于相交方向的门架连接起来,如图 3.12 所示。整片脚手架必须适量放置水平加固杆(纵向水平杆),以防止脚手架的不均匀沉降,前三层每层都要设置(图 3.13),三层以上则每隔三层设一道。

拆除架子时应自上而下进行,部件拆除顺序与安装顺序相反。严禁将拆除的部件直接从高空抛下,而应将拆下的部件分品种捆绑后,使用垂直吊运设备运至地面,集中堆放。

(二) 里脚手架

里脚手架常用于楼层上砌砖、内粉刷等工程施工。由于使用过程中不断转移施工地点,装拆较频繁,故其结构形式和尺寸应力求轻便灵活和装拆方便。

里脚手架的形式很多,按其构造可分为折叠式里脚手架和门架式里脚手架,如图 3.14 所示。

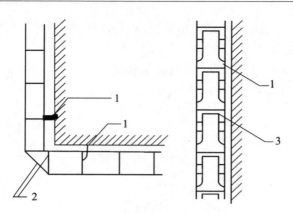

图 3.12 门架扣墙示意图

1—扣墙管;2—钢管;3—门型架

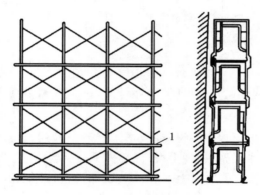

图 3.13 防不均匀沉降的整体加固做法

1—水平加固杆

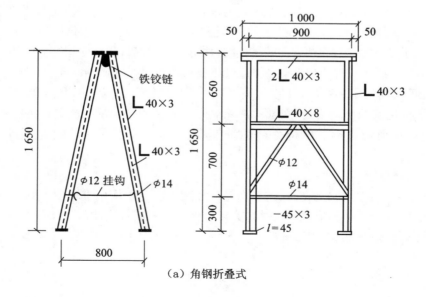

（a）角钢折叠式

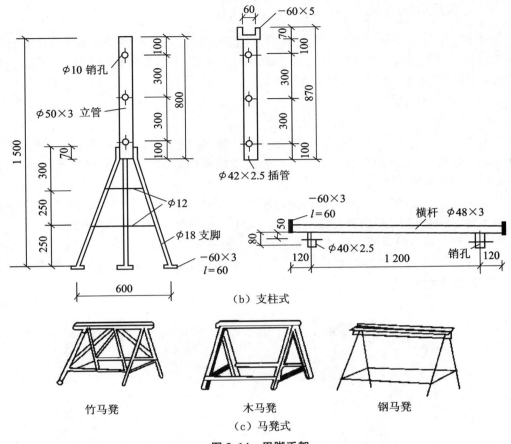

（b）支柱式

竹马凳　　　　　木马凳　　　　　钢马凳

（c）马凳式

图 3.14　里脚手架

（三）脚手架的安全措施

为了确保脚手架施工的安全，脚手架应具备足够的强度、刚度和稳定性。一般情况下，对于多立杆式外脚手架，施工均布荷载标准规定：维修脚手架为 1 kN/m²；装饰脚手架为 2 kN/m²；结构脚手架为 3 kN/m²。若需超载，则应采取相应措施，并经验算方可使用。

使用脚手架时必须沿外墙设置安全网，以防材料下落伤人和高空操作人员坠落。

施工过程中要经常对安全网进行检查和维修，严禁向安全网内扔木料和其他杂物。

安全网要随楼层施工进度逐层上升。高层建筑除应有随楼层逐步上升的安全网外，尚应有在第二层和每隔三～四层加设固定的安全网。

在无窗口的山墙上，可在墙角设立杆来挂安全网，也可在墙体内预埋钢筋环以支撑斜杆，还可以用短钢管穿墙，用回转扣件来支设斜杆。

钢脚手架（包括钢井架、钢龙门架、钢独脚拔杆提升架等）不得搭设在距离 35 kV 以上的高压线路 4.5 m 以内和 1～10 kV 高压线路 2 m 以内的区域，否则使用期间应断电或拆除电源。

过高的脚手架必须有防雷设施，钢脚手架的防雷措施是用接地装置与脚手架连接，一般每隔 50 m 设置一处。最远点到接地装置脚手架上的过渡电阻不应超过 10 Ω。

三、垂直运输设施

垂直运输设施是指担负垂直输送材料和施工人员上下的机械设备和设施。在砌筑施工过程中,各种材料(砖、砂浆)、工具(脚手架、脚手板)及各层楼板安装时,垂直运输量较大,都需要用垂直运输机具来完成。

(一) 井字架、龙门架

1. 井字架

在垂直运输过程中,井字架的特点是稳定性好、运输量大、可以搭设较大的高度,是施工中最常用、最简便的垂直运输设施。除用型钢或钢管加工的定型井架外,还有用脚手架材料搭设而成的井架。

井架多为单孔井架,但也可构成两孔或多孔井架。井架内设吊盘(也可在吊盘下加设混凝土料斗),两孔或三孔井架可分别设吊盘和料斗,以满足同时运输多种材料的需要。

井架上还可设小型拔杆,供吊运长度较大的构件,其起重量为5～15 kN,工作幅度可达10 m。为保证井架的稳定性,必须设置缆风绳或附墙拉结杆。图3.15所示是用角钢制作的井架构造图。

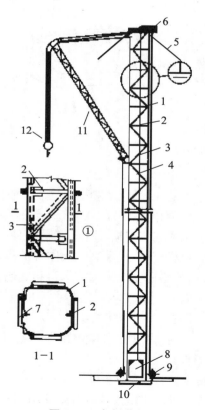

图3.15 角钢井架

1—立柱;2—平撑;3—斜撑;4—钢丝绳;5—缆风绳;6—天轮;7—导轨;8—吊盘;9—地轮;10—垫木;11—摇臂拔杆;12—滑轮组

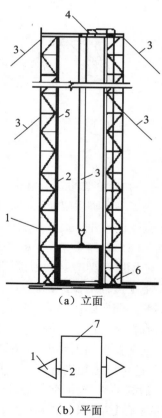

(a) 立面

(b) 平面

图3.16 龙门架的基本构造形式

1—立杆;2—导轨;3—缆风绳;4—天轮;5—吊盘停车安全装置;6—地轮;7—吊盘

2. 龙门架

龙门架是由两立柱及天轮梁(横梁)构成。立柱是由若干个格构柱用螺栓拼装而成,而格构柱是用角钢及钢管焊接而成或直接用厚壁钢管构成门架。

龙门架设有滑轮、导轨、吊盘、安全装置以及起重索、缆风绳等,其构造如图 3.16 所示。

(二) 建筑施工电梯

目前,在高层建筑施工中常采用人货两用的建筑施工电梯,它的吊笼装在井架外侧,沿齿条式轨道升降,附着在外墙或其他建筑物结构上,可载重货物 1.0～1.2 t,亦可容纳 12～15 人,其高度随着建筑物主体结构施工而接高,可达 100 m,如图 3.17 所示。它特别适用于高层建筑,也可用于高大建筑、多层厂房和一般楼房施工中的垂直运输。

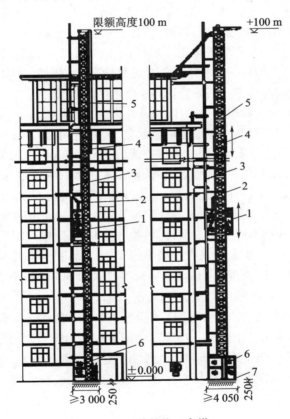

图 3.17 建筑施工电梯

1—吊笼;2—小吊杆;3—架设安装杆;4—平衡箱;5—导轨架;6—底笼;7—混凝土基础

任务实施

一、材料要求

砌筑砂浆使用的水泥品种及标号,应根据砌体部位和所处环境来选择。水泥进场使用前,应分批对其强度、安定性进行复验。检验批应以同一生产厂家、同一编号为一批。当在使用中对水泥质量有怀疑或水泥出厂日期超过 3 个月(快硬硅酸盐水泥超过 1 个月)时,应进行复查试验,并按其结果使用。不同品种水泥不得混合使用。

砂浆用砂不得含有有害杂物。砂浆用砂的含泥量应满足下列要求:对水泥砂浆和强度等级不小于 M5 的水泥混合砂浆,不应超过 5%;对强度等级小于 M5 的水泥混合砂浆,不应超过 10%;人工砂、山砂及特细砂,应经试配并能满足砌筑砂浆技术条件要求。配制水泥石灰砂浆时,不得采用脱水硬化的石灰膏。消石灰粉不得直接用于砌筑砂浆中。砌筑砂浆应通过试配确定配合比。当砌筑砂浆的组成材料有变更时,其配合比应重新确定。施工中当采用水泥砂浆代替水泥混合砂浆时,应重新确定砂浆强度等级。凡在砂浆中掺入有机塑化剂、早强剂、缓凝剂、防冻剂等,应经检验和试配符合要求后,方可使用。有机塑化剂应有砌体强度的形式检验报告。

拌制砂浆所用的水,水质应符合国家现行标准《混凝土用水标准》(JGJ 63—2006)的规定。砂浆现场拌制时,各组分材料应采用质量计量。砌筑砂浆应采用机械搅拌,自投料完算起,搅拌时间应符合下列规定:水泥砂浆和水泥混合砂浆不得少于 2 min;水泥粉煤灰砂浆和掺用外加剂的砂浆不得少于 3 min;掺用有机塑化剂的砂浆,应为 3~5 min。砂浆应随拌随用,水泥砂浆和水泥混合砂浆必须分别在拌和后 3 h 和 4 h 内使用完毕;如施工期间最高气温超过 30 ℃,必须分别在拌成后 2 h 和 3 h 内使用完毕。

砌筑砂浆试块强度验收时,其强度合格标准应符合下列规定:同一验收批砂浆试块强度平均值应大于或等于设计强度等级值的 1.10 倍;同一验收批砂浆试块抗压强度中最小一组的平均值应大于或等于设计等级强度值的 85%。砌筑砂浆试块验收批,同一类型、强度等级的砂浆试块不应少于 3 组;同一验收批只有 1 组或 2 组试块时,每组试块抗压强度平均值应大于或等于设计强度等级值的 1.10 倍。砂浆强度应以标准养护龄期为 28 d 的试块抗压试验结果为准。抽检数量:每一检验批且不超过 250 m³ 砌体中的各种类型及强度等级的砌筑砂浆,每台搅拌机应至少抽查一次。

检验方法:在砂浆搅拌机出料口随机取样制作砂浆试块(同盘砂浆只应制作一组试块),最后检查试块强度试验报告单。当施工中或验收中出现下列情况,可采用现场检验方法对砂浆和砌体强度进行原位检测或取样检测,并判定其强度:砂浆试块缺乏代表性或试块数量不足;对砂浆试块的试验结果有怀疑或有争议;砂浆试块的试验结果不能满足设计要求。

二、施工准备

(一) 砖的准备

用于清水墙、柱表面的砖,尚应边角整齐、色泽均匀。无出厂证明的要送试验室鉴定。砌筑砖砌体时,砖应提前 1~2 d 浇水湿润,以免砌筑时因干砖吸收砂浆中的大量水分,而使砂浆流动性降低,砌筑困难,并影响砂浆的黏结力和强度。

一般要求砖处于半干湿状态(将水浸入砖表面下 10 mm 左右),含水率为 10%~15%。不应在脚手架上给砖浇水。

(二) 机具准备

砌筑前,必须按施工组织设计的要求组织垂直和水平运输机械、砂浆搅拌机进场、安装、调试等工作。同时,还应准备脚手架、砌筑工具(如皮数杆、托线板)等。

(三) 组砌形式

砖墙根据其厚度不同,可采用全顺、两平一侧、全丁、一顺一丁、梅花丁或三顺一丁的砌筑形式(如图 3.18、图 3.19 所示)。

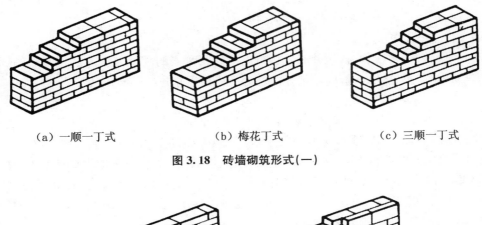

　(a) 一顺一丁式　　　　　　　　(b) 梅花丁式　　　　　　　　(c) 三顺一丁式

图 3.18　砖墙砌筑形式(一)

　　　(a) 全顺式　　　　　　　　　　　(b) 两平一侧式

图 3.19　砖墙砌筑形式(二)

全顺:各皮砖均顺砌,上下皮垂直灰缝相互错开半砖长(120 mm),适合砌半砖厚(115 mm)墙。

两平一侧:两皮顺砖与一皮侧砖相间,上下皮垂直灰缝相互错开 1/4 砖长(60 mm)以上,适合砌 3/4 砖厚(178 mm)墙。

全丁:各皮砖均丁砌,上下皮垂直灰缝相互错开 1/4 砖长,适合砌一砖厚(240 mm)墙。

一顺一丁:一皮顺砖与一皮丁砖相间,上下皮垂直灰缝相互错开 1/4 砖长,适合砌一砖及一砖以上厚墙。

梅花丁:同皮中顺砖与丁砖相间,丁砖的上下均为顺砖,并位于顺砖中间,上下皮垂直灰缝相互错开 1/4 砖长,适合砌一砖厚墙。

三顺一丁:三皮顺砖与一皮丁砖相间,顺砖与顺砖上下皮垂直灰缝相互错开 1/2 砖长,顺砖与丁砖上下皮垂直灰缝相互错开 1/4 砖长,适合砌一砖及一砖以上厚墙。

砖墙的水平灰缝厚度和垂直灰缝宽度宜为 10 mm,但不应小于 8 mm,也不应大于 12 mm,砖墙的水平灰缝砂浆饱满度不得小于 80%,垂直灰缝宜采用挤浆方法或加浆方法,不得出现透明缝、瞎缝和假缝。

一砖厚承重墙的每层墙的最上一皮砖、砖墙的阶台水平面上及挑出层应整砖丁砌。

砖墙的转角处、交接处为错缝需要加砌配砖。

砖墙工作段的分段位置宜设在变形缝、构造柱或门窗洞口处;相邻工作段的砌筑高度不得超过一个楼层高度,也不宜大于 4 m,每日砌筑高度不得超过 1.8 m。

(四) 砌筑方法

砖砌体的砌筑方法有"三一"砌砖法、"二三八一"砌砖法、挤浆法、刮浆法和满口灰法。其中,"三一"砌砖法和挤浆法最为常用。

1. "三一"砌砖法

即一块砖、一铲灰、一揉压并随手将挤出的砂浆刮去的砌筑方法。这种砌法的优点:灰缝容易饱满,黏结性好,墙面整洁。故实心砖砌体宜采用"三一"砌砖法。

2. "二三八一"砌砖法

即由二种步法(丁字步和并列步)、三种身法(丁字步与并列步的侧身弯腰、丁字步的正弯腰和并列步的正弯腰)、八种铺灰手法(砌条砖用的甩、扣、泼、溜和砌丁砖时的扣、溜、泼,一带二)和一种挤浆动作(砌砖时利用手指揉动,使落在灰槽上的砖产生轻微颤动,砂浆受振以后液化,砂浆中的水泥浆颗粒充分进入到砖的表面,产生良好吸附黏结作用)所组成的一套符合人体正常活动规律的先进砌砖工艺。"二三八一"砌砖法具有以下特点:

采用此法能较好地保证砌筑质量,它是基于"三一"砌砖法,而且动作连贯不间断,避免了铺灰时间长而影响砂浆的黏结强度。操作过程中对步法、身法和手法等都做了优化,明确规定远、近、高、低等不同操作面和操作位置应做的动作,消除了多余动作,提高了砌筑速度。使用这种方法,使现场操作平面的布置和材料的堆放,能够达到布置合理、作业规范、文明施工。符合人体生理和运行特点,能够大大减轻操作人员的疲劳强度,对防止与消除工人职业性腰肌劳损具有一定的积极作用。操作方法简单易学,一般一个新工人通过两三个月的强化训练即可掌握要领。

3. 挤浆法

即用灰勺、大铲或铺灰器在墙顶上铺一段砂浆,然后双手拿砖或单手拿砖,用砖挤入砂浆中一定厚度之后把砖放平,达到下齐边、上齐线、横平竖直的要求。这种砌法的优点:可以连续挤砌几块砖,减少烦琐的动作;平推平挤可使灰缝饱满;效率高;保证砌筑质量。

三、施工工艺

(一) 抄平

砌墙前应在基础防潮层或楼面上定出各层标高,并用 M7.5 水泥砂浆或 C10 细石混凝土找平,使各段砖墙底部标高符合设计要求。找平时,应使上下两层外墙之间不致出现明显的接缝。

(二) 放线

根据龙门板上给定的轴线及图纸上标注的墙体尺寸,在基础顶面上用墨线弹出墙的轴线和墙的宽度线,并定出门窗洞口位置线。在楼层上,可以用经纬仪或锤球将墙的轴线引上,并弹出各墙的宽度线,画出门窗洞口位置线。

(三) 摆砖

摆砖是指在放线的基面上按选定的组砌方式用干砖试摆。一般在房屋外纵墙方向摆顺砖,在山墙方向摆丁砖,摆砖由一个大角摆到另一个大角,砖与砖之间留 10 mm 缝隙。摆砖的目的是为了核对所放的墨线在门窗洞口、附墙垛等处是否符合砖的模数,以尽可能减少砍砖。

(四) 立皮数杆

皮数杆是指在其上画有每皮砖和砖缝厚度以及门窗洞口、过梁、楼板、梁底、预埋件等标高位置的一种木制标杆,如图 3.20 所示。

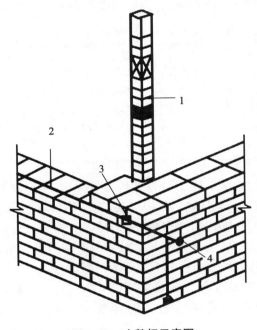

图 3.20　皮数杆示意图
1—皮数杆;2—准线;3—竹片;4—圆铁钉

(五) 挂线

为保证砌体垂直平整,砌筑时必须挂线,一般二四墙可单面挂线,三七墙及以上的墙则应双面挂线。

(六) 砌砖

砌砖的操作方法很多,常用的是"三一"砌砖法和挤浆法。砌砖时,先挂上通线,按所排的干砖位置把第一皮砖砌好,然后盘角。盘角又称立头角,指在砌墙时先砌墙角,然后从墙角处拉准线,再按准线砌中间的墙。每次盘角不得超过六皮砖,在盘角过程中应随时用托线板检查墙角是否平整垂直,砖层灰缝是否符合皮数杆标志,然后在墙角安装皮数杆,以后即可挂线砌第二皮以上的砖。砌筑过程中应三皮一吊、五皮一靠,保证墙面垂直平整。

(七) 勾缝、清理

清水墙砌完后,要进行墙面修正及勾缝。墙面勾缝应横平竖直,深浅一致,搭接平整,不得有丢缝、开裂和黏结不牢等现象。砖墙勾缝宜采用凹缝或平缝,凹缝深度一般为 4～5 mm。勾缝完毕后,应进行墙面、柱面和落地灰的清理。

 任务评价

一、砌砖的技术要求

(一)砖基础的技术要求

砌筑砖基础前,应校核放线尺寸,允许偏差应符合表 3.6 的规定。

表 3.6　放线尺寸的允许偏差

长度 L、宽度 B(m)	允许偏差
L(或 B)≤30	±5
30<L(或 B)≤60	±10
60<L(或 B)≤90	±15
L(或 B)>90	±20

砖基础砌筑前,应检查垫层施工是否符合质量要求,然后清扫垫层表面。按龙门板的标志弹出基础线。为保证基础底标高的准确,应在垫层转角、交接处及高低踏步处,预先立好基础皮数杆,先砌几皮转角及交接处部分的砖,然后在其间拉准线砌中间部分的砖。若砖基础不在同一深度,则应先在最低处砌筑。在砖基础高低台阶接头处,下面台阶要砌一定长度实砌体,砌到上面后和上面的砖一起退台。

基础墙的防潮层,若设计无具体要求,宜用 1：2.5 水泥砂浆加适量的防水剂铺设,其厚度一般为 20 mm。抗震设防区的建筑物,不得用油毡做基础墙的水平防潮层。

(二)砖墙的技术要求

1. 砖的强度等级必须符合设计要求。抽检数量:每一生产厂家的砖到现场后,按烧结砖 15 万块、多孔砖 5 万块、灰砂砖及粉煤灰砖 10 万块各为一验收批,抽检数量为一组。检验方法:查砖的试验报告。

2. 砖砌体的水平灰缝厚度和竖缝厚度一般为 10 mm,且不小于 8 mm,也不大于 12 mm。其水平灰缝的砂浆饱满度不应低于 80%,每一检验批抽查不应少于 5 处。用百格网检查砖底面与砂浆的黏结痕迹面积,每处检验 3 块砖,取其平均值。

3. 砖砌体的转角处和交接处应同时砌筑,严禁无可靠措施的内外墙分砌施工。对不能同时砌筑而又必须留置的临时间断处,应砌成斜槎,斜槎水平投影长度应不小于高度的 2/3。抽检数量:每一检验批抽 20% 接槎,且不应少于 5 处。检验方法:观察检查。如图 3.21 所示。

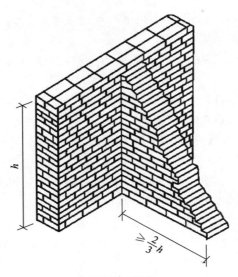

图 3.21 斜槎

4. 非抗震设防及抗震设防烈度为 6 度、7 度地区的临时间断处,当不能留斜槎时,可留直槎,但直槎必须做成凸槎。

抽检数量:每一检验批抽 20% 接槎,且不应少于 5 处。检验方法:观察和尺量检查。合格标准:留槎正确,拉结钢筋设置数量、直径正确,竖向间距偏差不超过 100 mm,留置长度基本符合规定。如图 3.22 所示。

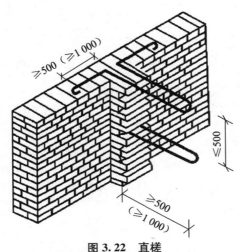

图 3.22 直槎

注:括号数字为抗震强度为 6 度、7 度地区的要求

5. 在墙上留置的临时施工洞口,其侧边离交接处的墙面不应小于 500 mm,洞口净宽度不应超过 1 m。抗震设防烈度为 9 度地区建筑物的临时施工洞口的位置,应会同设计单位研究决定。临时施工洞口应做好补砌。

6. 不得在下列墙体或部位设置脚手眼:

①120 mm 厚墙、料石清水墙和独立柱;

②过梁上与过梁成 60°角的三角形范围内及过梁净跨度 1/2 的高度范围内；

③宽度小于 1 m 的窗间墙；

④砌体门窗洞口两侧 200 mm（石砌体为 300 mm）和转角处 450 mm（石砌体为 600 mm）的范围内；

⑤梁或梁垫下及其左右 500 mm 的范围内；

⑥设计不允许设置脚手架的部位。

施工脚手眼补砌时，灰缝应填满砂浆，不得用干砖填塞。外墙脚手眼补砌时，要采取防渗漏措施。

7. 每层承重墙最上一皮砖、梁或梁垫下面的砖应用丁砖砌筑。隔墙和填充墙的顶面与上部结构接触处宜用侧砖或立砖斜砌挤浆。

8. 砌体相邻工作段的高度差，不得超过一个楼层的高度，也不宜大于 4 m。工作段的分段位置宜设在伸缩缝、沉降缝、防震缝或门窗洞口处，砌体临时间断处的高度差不得超过一步脚手架的高度。

9. 砖砌体的位置及垂直度允许偏差应符合表 3.7 的规定。

抽检数量：轴线查全部承重墙柱；外墙垂直度全高查阳角，不应少于 4 处，每层每 20 m 查一处；内墙按有代表性的自然间抽 10%，且不应少于 2 处，柱不少于 5 根。

10. 砖砌体的一般尺寸允许偏差应符合表 3.8 的规定。

表 3.7　砖砌体的位置及垂直度允许偏差

项次	项目		允许偏差（mm）	检验方法
1	轴线位置偏依		10	用经纬仪和尺检查或其他测量仪器检查
2	垂直度	每层	5	用 2 m 托线板检查
		全高 ≤10 m	10	用经纬仪、吊线和尺检查，或用其他测量仪器检查

表 3.8　砖砌体的一般尺寸允许偏差

项次	项目		允许偏差（mm）	检验方法	抽检数量
1	基础顶面和楼面标高		±15	用水平仪和尺检查	不应少于 5 处
2	表面平整度	清水墙、柱	5	用 2 m 靠尺和楔形塞尺检查	有代表性自然间 10%，但不应少于 3 间，每间不应少于 2 处
		混水墙、柱	8		
3	门窗洞口高、宽（后塞口）		±5	用尺检查	检验批洞口的 10%，且不应少于 5 处
4	外墙上下窗口偏移		20	以底层窗口为准，用经纬仪或吊线检查	检验批的 10%，且不应少于 5 处
5	水平灰缝平直度	清水墙	7	拉 10 m 线和尺检查	有代表性自然间 10%，但不应少于 3 间，每间不应少于 2 处
		混水墙	10		
6	清水墙游丁走缝		20	吊线和尺检查，以每层第一皮砖为准	有代表性自然间 10%，但不应少于 3 间，每间不应少于 2 处

二、应注意的质量问题

砂浆配合比不准:散装水泥和砂都要车车过磅,计量要准确,搅拌时间要达到规定的要求。冬期不得使用无水泥配制的砂浆。基础墙身位移:大放脚两侧边收退要均匀,砌到基础墙身时,要拉线找正墙的轴线和边线;砌筑时保持墙身垂直。墙面不平:一砖半墙必须双面挂线,一砖墙反手挂线;舌头灰要随砌随刮平。水平灰缝不平:盘角时灰缝要掌握均匀,每层砖都要与皮数杆对平,通线要绷紧穿平。砌筑时要左右照顾,避免接槎处接得高低不平。皮数杆不平:抄平放线时,要细致认真;钉皮数杆的木桩要牢固,防止碰撞松动。皮数杆立完后,要复验,确保皮数杆标高一致。埋入砌体中的拉结筋位置不准:应随时注意正在砌的皮数,保证按皮数杆标明的位置放拉结筋,其外露部分在施工中不得任意弯折;并保证其长度符合设计要求。留槎不符合要求:砌体的转角和交接处应同时砌筑,否则应砌成斜槎。有高低台的基础应先砌低处,并由高处向低处搭接,如设计无要求,其搭接长度不应小于基础扩大部分的高度。砌体临时间断处的高度差过大:一般不得超过一步架的高度。

三、质量记录

材料(砖、水泥、砂、钢筋等)的出厂合格证及复试报告。砂浆试块试验报告。分项工程质量检验评定。隐检、预检记录。冬期施工记录。设计变更及洽商记录。其他技术文件。

四、安全标准

在操作之前必须检查操作环境是否符合安全要求、道路是否畅通、机具是否完好牢固、安全设施和防护用品是否齐全,经检查符合要求后才可施工。砌基础时,应检查和经常注意基坑土质变化情况,有无崩裂现象,堆放砖块材料应离开坑边 1 m 以上,当深基坑装设挡板支撑时,操作人员应设梯子上下,不得攀跳,运料不得碰撞支撑,也不得踩踏砌体和支撑上下。墙身砌体高度超过地坪 1.2 m 以上时,应搭设脚手架,在一层以上或高度超过 4 m 时,采用里脚手架必须支搭安全网,采用外脚手架应设护身栏杆和挡脚板后方可砌筑。脚手架上堆料量不得超过规定荷载,堆砖高度不得超过 3 皮侧砖,同一块脚手板上的操作人员不应超过 2 人。在楼层(特别是预制板面)施工时,堆放机械、砖块等物品不得超过使用荷载,如超过荷载时,必须经过验算采取有效加固措施后方可进行堆放和施工。不准站在墙顶上做划线、刮缝和清扫墙面或检查大角垂直等工作。

不准用不稳固的工具或物体在脚手板面垫高操作,更不准在未经过加固的情况下,在一层脚手架上随意再叠加一层,脚手板不允许有空头现象,不准用 50 mm×100 mm 木料或钢模做立人板。砍砖时应面向内打,注意碎砖跳出伤人。使用于垂直运输的吊笼、绳索具等,必须满足负荷要求,牢固无损,吊运时不得超载,并须经常检查,发现问题及时修理。用起重机吊砖应用砖笼,吊砂浆的料斗不能装得过满,吊件回转范围内不得有人停留。

砖料运输车辆车前后距离平道上不小于 2 m,坡道上不小于 10 m,装砖时要先取高处后取低处,防止倒塌伤人。砌好的山墙,应临时系联系杆(如檩条等),放置各跨山墙上,使其联系稳定,或采取其他有效的加固措施。

冬期施工时,脚手板上有冰霜、积雪,应先清除后才能上架子进行操作。如遇雨天及每天下班时,要做好防雨措施,以防雨水冲走砂浆,使砌体倒塌。在同一垂直面内上下交叉作业时,必须设置可靠的安全隔离措施,下方操作人员必须戴好安全帽。人工垂直向上或往下(深坑)传递砖块,架子上的站人板宽度应不小于 60 cm。

五、环保措施

砌筑砂浆不得遗撒污染作业面。

施工垃圾应每天清理,堆放在指定的地点。

现场的砂、砖、水泥等料要用帆布覆盖,水泥棚应维护严密。

 思考与练习

1. 砌筑工程中的砌筑材料主要有哪些?
2. 简述砖砌体施工的工艺流程及施工要点。
3. 何为"三一砌筑法"? 其优点是什么?

 拓展训练

砖基础的砌筑。

1. 提供砖基础施工图一张,操作场地一块。
2. 材料及主要机具的使用。
3. 作业条件:基槽混凝土或灰土地基均已完成。
4. 操作工艺流程:确定组砌方法→砖浇水→拌制砂浆→排砖撂底→立皮数杆、砌砖基础→验收。
5. 确定并编写施工方案。
6. 填写砖基础工程质量验收记录表。

任务 2 石砌体施工

任务描述

通过对砌筑材料、石砌体施工的学习,学生了解砌筑材料及其特点,石砌体施工的特点与工艺流程以及检验方法和标准;通过后续思考与练习和拓展训练,学生学以致用,真正把理论知识融入实训实践中,切实提高分析、处理、解决问题的能力。

知识准备 ▌▌▌▌

石砌体采用的石材应质地坚实,无风化剥落和裂纹。用于清水墙、柱表面的石材,尚应色泽均匀。石材表面的泥垢、水锈等杂质,砌筑前应清除干净。

石材及砌筑砂浆的强度等级应符合设计要求。砂浆常用水泥砂浆或水泥混合砂浆,砂浆饱满度应不少于80%,每步架抽查不应少于1处。

任务实施 ▌▌▌▌

一、毛石基础砌体施工

(一) 施工准备

1. 技术准备

(1) 组织技术人员熟悉施工图纸,编制详细作业指导书;针对图纸中的重点、难点对现场人员进行详细交底;

(2) 根据施工图纸及提供的控制点,进行标高点和轴线的引测,放出毛石墙体的轴线及基础控制边线;

(3) 根据设计要求,进行砂浆试配,按规定对进场水泥、毛石进行取样检测。

2. 材料要求

(1) 毛石:其品种、规格、颜色必须符合设计要求和有关施工规范的规定,应有出厂合格证和抽样检测报告。

(2) 砂:宜用粗、中砂,用 5 mm 孔径筛过筛;配置小于 M5 的砂浆,砂的含泥量不得超过 10%;配置等于或大于 M5 的砂浆,砂的含泥量不得超过 5%,不得含有草根等杂物。

(3) 水泥:一般采用 32.5 级或 42.5 级普通硅酸盐水泥或矿渣硅酸盐水泥,有出厂证明和复试单。如出厂日期超过三个月,应按复验结果使用。

(4) 水:应用自来水或不含有害物质的洁净水。

(5) 其他材料:拉结筋、预埋件应做防腐处理;石灰膏的熟化时间不得少于 7 d。

3. 机具准备

主要工具:台秤、筛子、铁锹、小手锤、大铁锹、托线板、线坠、小白线、半截大桶、扫把、工具袋、手推车、水平尺、钢卷尺、皮数杆、百格网、砂浆试模等。

4. 作业条件

(1) 基槽或垫层已经完成,验收合格并办理隐检手续,混凝土垫层强度达到 1.2 MPa;

(2) 基础和墙身轴线、基础边轮廓线及洞口位置等已经标示,皮数杆已经立定;

(3) 砂浆试配已经完成,毛石抽样试验已经合格;

(4) 对不良地基已经进行处理;

(5) 基础砌筑前,应拉线检查垫层表面,标高尺寸是否符合设计要求,如第一皮水平灰缝厚度超过 20 mm 时,应用细石混凝土找平,不得用砂浆掺石子代替;

(6) 主要仪器及机械设备:经纬仪、水准仪、砂浆搅拌机、淋灰机等;

(7) 安全措施、防地基浸泡及排水措施已经落实。

5. 施工组织及人员准备

(1) 编制施工作业计划,划分施工作业段,确定施工方法;

(2) 编制材料、机械设备计划,并组织材料进场及设备就位;

(3) 根据施工作业计划、工程量及质量控制等级的要求,编制人力资源计划;

(4) 对进场工人进行技术、质量、安全等方面的交底。

(二) 质量、安全与环境保护控制要点

1. 材料的关键要求

(1) 基础毛石应质地坚硬,无风化剥落和裂纹,无细长扁薄和尖锥、有水锈的石块,毛石应呈块状,其中部厚度不宜小于 200 mm;

(2) 水泥必须经过复试合格,方可使用。

2. 技术的关键要求

(1) 毛石基础应采取分段流水施工。合理安排机具及劳动力,搞好综合平衡,保证工程进度;

(2) 测定砂子的含水率,计算砌筑砂浆施工配合比,并严格材料计量,以保证砌筑砂浆强度;

(3) 认真做好基础的测量放线的技术复核工作,将误差严格控制在允许偏差的范围之内;

(4) 皮数杆制作应精确、规范,标识清楚;

(5) 毛石墙拉结石每 0.7 m 墙面不应少于 1 块;

(6) 基础墙砌筑时应注意留槎,不得留直槎。

3. 质量关键要求

(1) 石材及砂浆强度等级必须符合设计要求;

(2) 砂浆饱满度不应小于 80%。

4. 职业健康安全关键要求

(1) 搬运水泥和操作搅拌机的工人应佩戴防护面具;

(2) 操作人员应佩戴安全帽和帆布手套;

(3) 施工过程中,应防止基槽边坡土方滑移、坍塌;

(4) 不能向下(基槽)直接抛石,基槽边缘不能码石过高;

(5) 施工用电必须实行三相五线制,三级配电;

(6) 超过 2 m 的基坑,应设梯或坡道,不得攀跳槽、沟、坑,不得站在墙上操作。

5. 环境关键要求

(1) 施工现场应勤洒水,控制扬尘;

(2) 切割或打磨料石时应防止粉尘飞扬;

(3) 石屑、石块不得乱倒;

(4) 应在搅拌机附近设置沉淀池,废水及泥浆水必须经过二次沉淀后才能排入市政管网或河流。

(三) 施工工艺

毛石基础砌体施工工艺流程如图 3.23 所示。

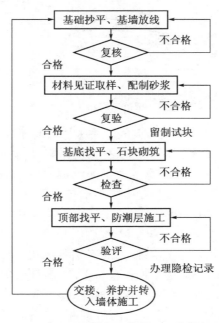

图 3.23　毛石基础砌体施工工艺流程

(四) 操作工艺

1. 砌筑砂浆应用机械搅拌;拌和时间自投料完算起不得少于 90 s;水泥、有机塑化剂和冬期施工掺用的氯盐等的配料精确度应控制在±2%以内,其他配料精确度应控制在±5%以内。

2. 砂浆应随拌随用。水泥砂浆和水泥混合砂浆必须分别在拌成后 3 h 和 4 h 内使用完毕;如施工期间最高气温超过 30 ℃,分别必须在拌成后 2 h 和 3 h 内用完。

3. 砌筑前,应检查基槽(坑)的土质、轴线、尺寸和标高,清除杂物,打好底夯。地基过湿时,应铺 10 cm 厚的砂子、矿渣或砂砾石或碎石填平夯实。

4. 根据设置的龙门板或中心桩放出基础轴线及边线,抄平,在两端立好皮数杆,划出分层砌石高度,标出台阶收分尺寸。

5. 毛石砌体的灰缝厚度宜为 20～30 mm,砂浆应饱满,石块间较大的空隙应先填塞砂浆后用碎石块嵌实,不得采用先摆碎石后塞砂浆或干填碎石块的方法。

6. 砌筑毛石基础应双面拉准线,见图 3.24。第一皮按所放的基础边线砌筑,以上各皮按准线砌筑。

7. 砌第一皮毛石时,应选用有较大平面的石块,先在基坑底铺设砂浆,再将毛石砌上,并使毛石的大面向下。

8. 砌第一皮毛石时,应分皮卧砌,并应上下错缝、内外搭砌,不得采用先砌外面石块后中间填心的砌筑方法。石块间较大的空隙应先填塞砂浆后用碎石嵌实,不得采用先摆碎石后塞砂浆或干填碎石的方法。

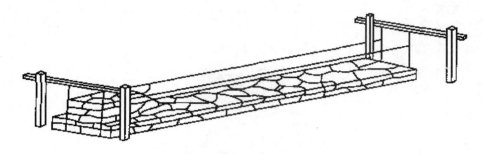

图 3.24　砌筑毛石基础拉线示意

9. 毛石基础每 0.7 m 且每皮毛石内间距不大于 2 m 设置一块拉结石,上下两皮拉结石的位置应错开,立面砌成梅花形。拉结石宽度:如基础宽度等于或小于 400 mm,拉结石宽度应与基础宽度相等;如基础宽度大于 400 mm,可用两块拉结石内外搭接,搭接长度不应小于 150 mm,且其中一块长度不应小于基础宽度的 2/3。

10. 阶梯形毛石基础,上阶的石块应至少压砌下阶石块的 1/2(图 3.25 所示);相邻阶梯毛石应相互错缝搭接。

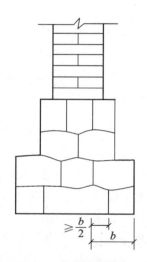

图 3.25　阶梯形毛石基础

另外,毛石基础最上一皮,宜选用较大的平毛石砌筑。转角处、交接处和洞口处应选用较大的平毛石砌筑;有高低台的毛石基础,应从低处砌起,并由高台向低台搭接,搭接长度不小于基础高度;毛石基础转角处和交接处应同时砌起,如不能同时砌起又必须留槎时,应留成斜槎,斜槎长度应不小于斜槎高度,斜槎面上毛石不应找平,继续砌时应将斜槎面清理干净,浇水湿润;毛石基础每个工作日砌筑高度不得超过 1.2 m;当超过 1.2 m 时,应搭设脚手架;每天砌完应在当天砌的砌体上铺一层灰浆,表面应粗糙。夏季施工时,对刚砌完的砌体,应用草袋覆盖养护 5~7 d,避免风吹、日晒、雨淋。毛石基础全部砌完,要及时在基础两边均匀分层回填土,分层夯实;基础砌筑至底层室内地面 -0.06 m 处,进行防潮层施工。

二、料石基础砌体施工

(一) 施工准备

1. 技术准备

(1) 审查施工图,查阅相关标准和质量验收规范,编制砌体分项工程施工方案。

(2) 根据基础类型、断面形状及尺寸,确定基础砌筑形式,绘制基础组砌图。

(3) 基础垫层验收合格后,根据轴线控制桩,放出基础的轴线和边线;根据标高控制点,测出水平标高。

(4) 根据基础每皮料石的高度及灰缝厚度,制作数量适宜的皮数杆。

(5) 对进场的料石、水泥、砂等材料进行质量验收,并按规范要求见证取样试验。

(6) 由试验室根据设计要求和现场实际材料,通过试验确定出砌筑砂浆的配合比。

2. 材料要求

(1) 条(料)石

①料石基础主要采用毛料石或粗料石。选用的石材的品种、规格必须符合设计要求,其材质必须质地坚实,无风化剥落和裂纹。

②料石应六面方整,四角齐全,边棱整齐。料石的宽度、厚度均不宜小于 200 mm,长度不宜大于厚度的 4 倍。料石加工的要求和允许偏差应符合表 3.9 和表 3.10 的要求。

表 3.9　料石各面的加工要求

项次	料石种类	外露面及相接周边的表面凹入深度	叠砌面和接砌面的表面凹入深度
1	细料石	不大于 2 mm	不大于 10 mm
2	粗料石	不大于 20 mm	不大于 20 mm
3	毛料石	稍加修整	不大于 25 mm

注:相接周边的表面是指叠砌面、接砌面与外露面相接处 20~30 mm 范围内的部分。

表 3.10　料石加工允许偏差

项次	料石种类	加工允许偏差(mm)		
		宽度	厚度	长度
1	细料石	±3	±3	±5
2	粗料石	±5	±5	±7
3	毛料石	±10	±10	±15

注:如设计有特殊要求,应按设计要求加工。

(2) 砌筑砂浆

料石基础的砌筑砂浆宜采用水泥砂浆或水泥混合砂浆,砂浆的强度等级不应低于 M5。

①水泥:一般采用 32.5 级、42.5 级普通硅酸盐水泥或矿渣硅酸盐水泥,应有出厂合格证及复试报告。如出厂日期超过 3 个月,应按复试结果使用。不同品种的水泥,不得混合使用。

②砂:宜用中砂,并应用 5 mm 孔径筛过筛。配制 M5(含 M5)以上砂浆,砂的含泥量不应超过 5%,不得含有草根等杂物。

③掺和料:有石灰膏、磨细生石灰粉、电石膏和粉煤灰等,石灰膏的熟化时间不应少于 7 d,严禁使用冻结或脱水硬化的石灰膏。

④水:应用自来水或不含有害物质的洁净水。

3. 机具准备

应备有 200 L 倾翻卸料式砂浆搅拌机、石材切割机及石材打磨机等。主要工具:应备有大铁锹、瓦刀、手锤、手凿,托线板、线坠、角尺、水平尺、钢卷尺、皮数杆、小白线,铁锹、筛子、扫帚、灰桶或存灰槽、勾缝条,手推胶轮车和磅秤等。

4. 作业条件

(1) 基础垫层已施工完毕,并通过验收,办完隐检手续。

(2) 放好基础的轴线和边线,测出水平标高,立好皮数杆。皮数杆间距不大于15 m 为宜,在料石基础的转角处和交接处均应设置皮数杆。

(3) 砌筑前,应将基础垫层上的泥土、杂物等清除干净,并浇水湿润。

(4) 拉线检查基础垫层表面标高是否符合设计要求。如第一皮水平灰缝厚度超过 20 mm时,应用细石混凝土找平,不得用砂浆或在砂浆中掺碎砖或碎石代替。

(5) 常温施工时,砌石前一天应将料石浇水湿润。

(6) 选择好施工机械,包括垂直运输、水平运输、料石修改等施工机械,尽量减少人工 搬运等笨重体力劳动,以提高功效。

(7) 校好计量设备,备好砂浆试模。

(8) 确保基槽边坡土体稳定,无坍塌危险。

5. 施工组织及人员准备

(1) 根据料石基础砌体工程量、作业面及工期要求组建作业班组,每一班组以 20～ 30 人为宜,其中高、中级工不应少于70%。

(2) 以每个技工负责 3 m 长砌体安排工作面。以自然间为界,每一段基础安排两个 技工作业,每两个技工配一个普工。其中,盘角应由高级技工进行操作。

(3) 根据现场实际情况,另行组织砂浆搅拌和运输及料石搬运和修改(二次加工)人 员,人员安排应能保证一线砌筑需要。其中,料石修改应由专业技工进行操作。

(4) 配备施工员一名,负责测量放线和砌筑过程中的作业指导。配备专职质检员一 名,负责砌筑工程的质量检查和验收。配备专职安全员一名,负责砌筑过程中的安全检 查。配备试验员一名,负责水泥、砂、料石、砂浆的取样、送检等。

(二) 质量、安全与环境保护控制要点

1. 材料关键要求

(1) 条(料)石

①料石表面的泥垢、水锈等杂质,砌筑前应清刷(洗)干净。

②进行现场修改(二次加工)后的料石,其加工的要求和允许偏差应符合表 3.9 和表 3.10 的要求。

③在搬运和施工过程中,料石断裂或棱角受损严重,不得使用。

④在基槽深度超过 2 m 时,料石应用溜槽或滑板轻轻放下,禁止直接抛掷。

(2) 砌筑砂浆

①必须严格材料计量,保证配合比准确。

②采用机械搅拌,按"砂子→水泥→掺合料→水"的顺序投料。砂浆应搅拌充分、均 匀,稠度符合要求。

③砂浆应随拌随用,常温下拌好的水泥砂浆和水泥混合砂浆必须在拌和后 3～4 h 内 用完;当最高气温超过 30 ℃时,必须在拌和后 2～3 h 内用完。严禁使用过夜砂浆。

④砂浆在运输过程中可能产生离析、泌水现象,在使用前,应人工二次拌和。

⑤混合砂浆中,不得含有块状石灰膏或未熟化的石灰颗粒。

2．技术关键要求

（1）料石基础应采取分段流水施工。合理安排机具及劳动力，搞好综合平衡，保证工程进度。

（2）测定砂子的含水率，计算砌筑砂浆施工配合比，并严格材料计量，以保证砌筑砂浆强度。

（3）认真做好基础的测量放线的技术复核工作，将误差严格控制在允许偏差的范围之内。

（4）皮数杆制作应精确、规范，标识清楚。料石基础组砌正确，灰缝厚度符合要求。

（5）料石基础的转角处和交接处应同时砌筑，如不能同时砌筑应留置斜槎。

3．质量关键要求

（1）料石材质与加工常见质量通病有：料石材质差，料石偏差大、表面污染。其原因分析及防治措施见表 3.11。

表 3.11　料石材质与加工常见质量通病的原因及防治

项次	质量通病	现象	原因分析	防治措施
1	料石材质差	1. 石材的岩种和强度等级不符合设计要求 2. 石材外表有风化层，内部有隐裂纹	不按规定检查材质证明优劣混杂，以劣充优； 外观质量检查马虎，以致混入风化石等不合格品	认真按规定查验材质证明或试验报告，并抽样复试； 强度等级不符合要求或质地疏松的石材应予以更换； 加强石材外观质量的检查验收，风化石等不合格品不准进场
2	料石偏差大，表面污染	1. 料石表面凹入深度大于施工规范的规定 2. 料石长度太小；料石表面有泥浆或油污	没有按照石材质量标准和施工规范的要求验收； 运输、装卸方法和保管不当	按标准规定的质量采购、订货，料石进场应认真检查验收，杜绝不合格品进场； 为避免料石在运输过程中损坏，料石应规则叠放，并用竹木片或草绳隔开； 储存料石的堆放应坚实，排水良好，防止泥浆污染； 少量形状、尺寸不良的料石在砌筑前应进行二次加工，清洗被泥浆污染的料石，清除料石表面的水锈

（2）基础工程常见质量通病有：砂浆强度不稳定，竖缝宽窄不一，料石与砂浆黏结不牢，水平灰缝不平直，基础标高偏差大。其原因分析及防治措施参见表 3.12。

表 3.12　基础工程常见质量通病的原因及防治措施

项次	质量通病	现象	原因分析	防治措施
1	砂浆强度不稳定	砂浆强度波动性大,匀质性差	1. 材料计量不准确 2. 砂浆搅拌不均匀 3. 掺和料材质不佳 4. 试块制作、养护不符合规定	1. 根据砂子含水率,随时调整砂浆施工配合比 2. 严格材料计量,控制好水泥、砂子、掺和料及水的每盘用量 3. 砂浆搅拌时间要充足,必须达到规定时间 4. 按规定要求取样、制作、养护试块
2	料石与砂浆粘不牢	1. 个别石块出现松动 2. 石块叠砌面的粘灰面积(砂浆饱满度)小于80% 3. 出现空缝、亮缝	1. 料石表面有风化剥落层或有泥垢、水锈 2. 砂浆不饱满或灰缝过大,砂浆收缩后形成缝隙 3. 砌筑砂浆混固后,碰撞或移动已砌筑的料石	1. 所用石材应质地坚实,无风化剥落和裂纹 2. 料石表面的泥垢和水锈等杂质应清除干净 3. 料石采用铺浆法砌筑,不准采用先铺浆后加垫或先加垫后塞浆的方法砌筑 4. 按施工规范要求控制铺浆厚度。砂浆必须饱满,其饱满度应大于80% 5. 在砌筑过程中,采用灌浆法使竖缝砂浆饱满 6. 砂浆混固后,不得再移动或碰撞已砌筑的石块
3	水平灰缝不平直	1. 水平灰缝倾斜或呈波浪形 2. 水平灰缝宽窄不一	1. 皮数杆固定不牢,标高不一致 2. 皮数杆间距过大或准线未拉紧,致使准线中间下坠 3. 料石厚度偏差大 4. 料石未跟线砌筑	1. 皮数杆固定牢固,将标高控制一致 2. 皮数杆间距以不大于15 m为宜,将准线拉紧,中间可用托线板将准线托平 3. 厚度超标的料石应进行二次加工 4. 料石必须跟线砌筑
4	竖缝宽窄不一	1. 竖缝过窄或过宽 2. 竖缝出现通缝、瞎缝、爬缝	料石组砌形式不当	1. 根据基础类型、断面形状及尺寸,确定正确的砌筑形式 2. 砌筑前,先按照组砌图试排料石,将竖缝排匀 3. 根据上下皮的错缝要求,转角处及交接处需要进行二次加工的料石必须控制好加工尺寸
5	基础标高偏差大	基础顶面标高不在同一水平面,其偏差明显超过施工规范的规定	1. 基层标高偏差大 2. 砌基础不设皮数杆 3. 基础大放脚宽大,皮数杆不能贴近,不易观察砌筑层与皮数杆的标高差 4. 料石的上下面未经必要的打凿、找平	1. 准确控制基础垫层的顶面标高,宜在允许的负偏差范围内 2. 砌筑基础前,应普查基层标高,局部低注处,可用细石混凝土找平 3. 基础砌筑必须设置皮数杆,并根据设计要求、块材规格及灰缝厚度在皮数杆上标明皮数及竖向构造的变化部位 4. 砌筑基础大放脚石,应双面挂线保持横向水平,每砌一皮,应用水准尺校对水平 5. 对上下面偏差大的料石,进行二次加工

注:①先铺浆后加垫砌筑方法是指先按灰缝厚度铺上砂浆,再砌石块,最后用垫片来调整石块的位置。

②先加垫后塞浆砌筑方法是指用先垫片按灰缝厚度将料石垫平,再将砂浆塞入灰缝内。

4. 职业健康安全关键要求

(1) 搬运水泥和操作搅拌机的工人应佩戴防护面具。

(2) 操作人员应佩戴安全帽和帆布手套。

(3) 施工过程中,应防止基槽边坡土方滑移、坍塌。

(4) 不能向下(基槽)直接抛石,基槽边缘不能码石过高。

5. 环境关键要求

(1) 搅拌机的清洗水不得无序排放。

(2) 切割或打磨料石时应防止粉尘飞扬。

(3) 石屑、石块不得乱倒。

(三) 施工工艺

1. 工艺流程

料石基础砌筑工艺流程如图 3.26 所示。

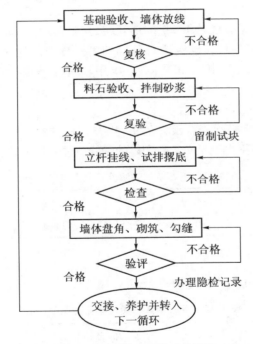

图 3.26 料石基础砌筑工艺流程

2. 操作工艺

(1) 放出基础的轴线和边线,测出水平标高,立好皮数杆,拉上准线。

(2) 料石基础砌筑前,应组织有关人员对基础垫层进行验收。

(3) 料石基础有墙下条形基础和柱下独立基础两种。其断面形状有矩形和阶梯形等。阶梯形基础每阶挑出宽度不大于 200 mm,每阶为一皮或二皮料石。

(4) 料石基础砌筑形式有丁顺叠砌和丁顺组砌。丁顺叠砌是一皮顺石与一皮丁石相隔砌成,上下皮竖缝相互错开 1/2 石宽;丁顺组砌是同皮内 1～3 块顺石与 1 块丁石相隔砌成,丁石中距不大于 2 m,上下皮丁石坐中于下皮顺石,上下皮竖缝相互错开 1/2 石宽。

（5）砌筑前，先根据组砌图试排料石，再盘角挂线。

（6）料石基础应双面拉准线砌筑，先砌转角处和交接处，后砌中间部分。

（7）第一皮料石应采用坐浆丁砌。上级阶梯的料石至少压砌下级阶梯料石1/3。

（8）灰缝厚度不宜大于20 mm。砌筑时，料石要放置平稳，砂浆铺设厚度略高于规定灰缝厚度，一般高出厚度为6～8 mm。

（9）料石的转角处和交接处应同时砌筑，如不能同时砌筑应留置斜槎。

（10）料石基础每天砌筑高度不应超过1.2 m。

任务评价

一、毛石砌体

（一）质量标准

毛石基础的灰缝厚度不宜大于20 mm。砂浆初凝后，如移动已砌筑的石块，应将原砂浆清理干净，重新铺浆砌筑。砌筑毛石基础的第一皮石块应坐浆，并将大面向下。毛石基础的第一皮及转角处、交接处和洞口处，应用较大的平毛石砌筑；基础的最上一皮，宜用较大的毛石砌筑。

1. 主控项目

石材及砂浆强度等级必须符合设计要求，检查石材试验报告。砂浆饱满度不应小于80%。观察检查，每步架不少于1处。石砌体的轴线位置允许偏差应符合表3.13的要求。

表3.13　毛石基础轴线位置允许偏差（mm）

项次	项目	允许偏差	检验方法
1	轴线偏差	20	用经纬仪和尺检查，或者用其他测量仪器检查

2. 一般项目

毛石砌体的一般尺寸允许偏差应符合表3.14的要求；

表3.14　毛石砌体一般尺寸允许偏差（mm）

项次	项目	允许偏差	检验方法
1	基础顶面标高	±25	用水准仪和尺检查
2	砌体厚度	+30	用尺检查

石砌体的组砌形式应符合下列规定：内外搭砌，上下错缝，拉结石、丁砌石交错设置；毛石墙拉结石每0.7 m墙面不应少于1块。

3. 资料核查项目

原材料的合格证、检测报告；砂浆配合比通知单；砂浆试件抗压强度试验报告单。

4. 观感检查项目

灰缝密实度、饱满度、均匀度；瞎缝、透亮、通缝数量；立面、台阶表面平整度，边角顺直度;变形缝两边顺直度,缝内夹杂砂浆、杂物情况;材料摆放情况,文明施工情况。

(二) 成品保护

1. 基础墙砌筑完毕,应继续加强对龙门板、龙门桩、水平桩的保护,防止碰撞损坏。

2. 外露或埋设在基础内的暖卫、电气管线及其他预埋件,应注意保护,不得随意碰撞、折改或损坏。

3. 加强对基础预埋的抗震构造柱钢筋和拉结筋的保护,防止踩倒或弯折。

4. 基础位于地下水位以下时,砌筑完毕应继续降水,直至回填完成,始可停止降水,以防止浸泡地基和基础。

5. 基础回填土应在两侧同时进行,如仅在一侧回填,未回填的一侧应加支撑。暖气沟墙内应加强垫板支撑牢固,以防填土夯实将墙挤压变形开裂;严禁回填土采取不分层夯实或向槽内灌水沉实的方法回填。

6. 回填土运输时,应先将基础顶部用塑料薄膜或草袋、木板等保护好,不得在基础墙上推车,损坏墙顶或碰坏墙体。

(三) 安全环保措施

1. 安全措施

(1) 施工现场必须按规定进行三级配电两级保护,用电设备实行"一机一闸一漏一箱"。

(2) 搅拌机等机械必须专人操作。

(3) 基槽、坑、沟较深时,必须设置专用爬梯或坡道;周边应有围护措施。

(4) 在基槽、坑、沟施工时,应制定防塌方的措施。

(5) 堆放材料必须离开槽、坑、沟边沿 1 m 以外。堆放高度:不得高于 0.5 m;往槽、坑、沟内运石料及其他物质时,应用溜槽或吊运,下方严禁有人停留。

2. 环保措施

(1) 防大气污染措施

①施工现场临时道路,基层应夯实,路面铺垫焦渣、细石或浇筑混凝土,并派专人洒水,减少道路扬尘;

②散装水泥、石灰粉及其他易飞扬的细颗粒散状材料应尽量安排库内存放,如露天存放应采用严密毡盖,运输和卸运时防止遗撒飞扬,以减少扬尘;

③生石灰熟化时应适当配合洒水,杜绝扬尘。

(2) 防水污染措施

①搅拌机前台必须设置沉淀池,排放的废水必须排入沉淀池内,经过二次沉淀后,排入市政污水管线或回收用于洒水降尘;

②没经过处理的泥浆水,严禁直接排入城市排水设施和河流中。

(3) 防噪声污染措施

①建立健全控制人为噪声的管理制度;

②合理安排作业时间;

③各种机械尽量设置机械棚。

（四）季节性施工措施

1. 冬期施工

（1）进入冬期施工，宜采用普通硅酸盐水泥，按冬期施工方案并对水、砂进行加热，砂浆使用时的温度应在＋5 ℃以上；

（2）冬期施工时，拌制砂浆用砂，不得含有冰块和大于 10 mm 的冻结块；石灰膏等应防止受冻；

（3）在砌筑前，应清除石块表面的污物、冰霜，遭水浸冻的石块不得使用；

（4）基土无冻胀性时，基础可在冻结的地基上砌筑；基土有冻胀性时，应在未冻的地基上砌筑；在施工期间和回填土前，均应防止地基遭受冻结；

（5）宜采用掺盐砂浆法或掺外加剂砂浆法施工，拌和砂浆宜采用两步投料法；水的温度不得超过 80 ℃，砂的温度不得超过 40 ℃；掺盐（外加剂）量应符合冬期施工技术措施规定；

（6）采用掺盐砂浆法施工时，宜将砂浆强度等级按常温施工的强度等级提高一级；配筋砌体不得采用掺盐砂浆法施工。

2. 雨期施工

（1）应有防止基槽泡水、雨水冲刷砂浆及墙体的措施，砂浆的稠度应减少；

（2）每天砌筑高度不宜超过 1.2 m，下班收工时应覆盖砌体上表面。

（五）质量记录

1. 砂浆配合比设计检验报告单；

2. 砂浆抗压强度检验报告单；

3. 毛石检验报告单；

4. 水泥检验报告单；

5. 砂检验报告单；

6. 毛石基础砌体分项工程检验批质量验收记录表。

二、料石砌体

（一）质量标准

选用的石材必须符合设计要求，其材质必须质地坚实，无风化剥落和裂纹。料石表面的泥垢、水锈等杂质，砌筑前应清除干净。料石基础砌体的灰缝厚度不宜大于 20 mm。砂浆初凝后，如移动已砌筑的石块，应将原砂浆清理干净，重新铺浆砌筑。砌筑料石基础的第一皮石块应采用丁砌层坐浆砌筑。

1. 主控项目

（1）石材和砂浆的强度等级必须符合设计要求。

抽检数量：同一产地的石材至少应抽检一组。砂浆试块的抽检数量执行《砌体工程施工质量验收规范》（GB 50300—2013）的有关规定。

检验方法：料石检查产品质量证明书，石材、砂浆检查试块试验报告。

（2）砌体砂浆必须饱满密实，砂浆饱满度不应小于 80%。

抽检数量：每步架抽查不应少于 1 处。

检验方法:观察检查。

(3) 料石基础的轴线位置及垂直度允许偏差应符合表 3.15 的规定。

抽样数量:外墙基础,每 20 m 抽查 1 处,每处 3 延长米,但不应少于 3 处;内墙基础,按有代表性的自然间抽查 10%,但不少于 3 间,每间不应少于 2 处。

检验方法:观察检查。

表 3.15　料石基础的轴线位置及垂直度允许偏差

项次	项目		允许偏差(mm)		检验方法
			毛料石	粗料石	
1	轴线位置		20	15	用经纬仪和尺检查,或用其他测量仪器检查
2	墙面垂直度	每层	—	—	用经纬仪、吊线和尺检查,或用其他测量仪器检查

2. 一般项目

(1) 料石基础的一般尺寸允许偏差应符合表 3.16 的规定。

抽检数量:外墙基础,每 20 m 抽查 1 处,每处 3 延长米,但不应少于 3 处;内墙基础,按有代表性的自然间抽查 10%,但不少于 3 间,每间不应少于 2 处。

表 3.16　料石基础的一般尺寸允许偏差

项次	项目	允许偏差(mm)		检验方法
		毛料石	粗料石	
1	基础顶面标高	±25	±15	用水准仪和尺检查
2	墙体厚度	+30	+15	用尺检查

(2) 料石基础的组砌形式应符合下列规定:

内外搭砌,上下错缝,拉结石、丁砌石交错设置。

抽检数量:外墙基础,每 20 m 抽查 1 处,每处 3 延长米,但不应少于 3 处;内墙基础,按有代表性的自然间抽查 10%,但不少于 3 间。

检验方法:观察检查。

(二) 成品保护

1. 不得在已完成的基础砌体上修凿石块和堆放石料,不得在刚砌好的基础上行走。

2. 严禁居高临下向基槽内抛石,避免已砌筑好的基础受到冲击。

3. 砌体中埋设的构造筋应加强保护,防止踩倒或弯折。

4. 基础回填或隐蔽之前,埋设或外露在基础内的暖卫、电气管线及预埋件,应做好保护,防止随意碰撞、拆改或损坏。

5. 基础位于地下水位以下时,在基础回填完成之前应继续降水,防止浸泡地基和基础。

6. 基础回填应沿基础两侧对称回填,防止基础砌体单侧受到挤压,发生移位。

7. 运输通道处的基础砌体顶面应覆盖草袋,上铺垫板加以保护。

（三）安全环保措施

1. 安全措施

（1）砌筑基础时，应经常观察基槽边土体变化情况，防止基槽边坡土方滑移、坍塌。

（2）距离基槽边缘 1 m 范围内，不得堆放料石。

（3）不准向基槽内直接抛石，也不准在基槽边缘修改料石，防止飞石伤人。

（4）基槽较深时，操作人员上下应设梯子，转递料石应搭架子。

2. 环保措施

（1）搅拌机清洗应先经过沉淀后，再通过排污管道排入市政管网中。

（2）切割或打磨料石时应浇水，消除粉尘污染。

（3）石屑、石块及其他施工垃圾应在场内集中堆放，不准随地乱倒。

（四）季节性施工措施

1. 雨期施工措施

（1）雨期施工基槽排水应畅通，防止雨水浸泡基础砌体。

（2）雨期施工应防止雨水冲刷墙体。下雨之前，砌体顶面应覆盖。

（3）雨后进行料石砌筑，砂浆稠度可适当减小。

2. 冬期施工措施

（1）当室外平均气温连续 5 d 稳定低于 5 ℃时，料石墙体砌体工程应采取冬期施工措施。注：

①气温根据当地气象资料确定。

②冬期施工期限以外，当日最低气温低于 0 ℃时，也应按本标准的有关规定执行。

（2）砌体工程冬期施工应有完整的冬期施工方案。

（3）冬期施工所有材料应符合下列规定：

①石灰膏、电石膏应防止受冻，如遭冻结，应经融化后方可使用。

②拌制砂浆所用的砂，不得含有冰块和直径大于 10 mm 的冻结块。

③料石砌块不得遭水浸冻。

④砂浆宜用普通硅酸盐水泥拌制，不得使用无水泥拌制的砂浆。

⑤拌和砂浆宜采用两步投料法。水的温度不得超过 80 ℃，砂的温度不得超过 40 ℃。

⑥砌体表面的霜雪应清扫干净后，才能继续砌筑。

⑦砂浆应随拌随用，普通砂浆和掺盐砂浆的储存时间分别不宜超过 15 min 和 20 min。

⑧砂浆使用温度不宜低于 5 ℃，已遭冻结的砂浆严禁使用。

⑨砌筑好的料石砌体顶面应及时用草袋等保温材料加以覆盖，防止砌体受冻。

⑩如基土为冻胀性土时，应在未冻的基土上砌筑基础。且在施工期间和回填土前，均应防止基土受冻。已冻结的地基需开冻后方可砌筑。

⑪冬期施工砂浆试块的留置，除应按常温规定要求外，尚应增留不少于 1 组与砌体同条件养护的试块，测试检验 28 d 强度。

⑫当采用掺盐砂浆法施工时，宜将砂浆强度等级按常温施工的强度等级提高一级。

（五）质量记录

1. 砂浆配合比设计检验报告单；

2. 砂浆抗压强度检验报告单；

3. 料石检验报告单；

4. 水泥检验报告单；

5. 砂检验报告单；

6. 料石基础砌体分项工程检验批质量验收记录表。

思考与练习

1. 简述毛石砌体、料石砌体和砖砌体的构造。
2. 简述毛石砌体施工的工艺流程及施工要点。

拓展训练

砖瓦工工种实训。

一、实训目的

砖砌体是传统的结构，砌筑是建筑业一门传统操作技术，有悠久的历史，相当长的一段时间里砌筑工程仍然量大面广、举足轻重、不可或缺。认真学习砖瓦工基本操作技术，掌握砌筑基本功要领，有助于日后的施工质量管理实践。

二、实训任务

每个实训小组用红砖砌筑 24 墙单体墙，规格约 3 m×1.5 m，一边留转角做成斜槎（图3.27）。此外，自行搬砖、筛砂，拌砂浆。

三、实训地点与基本要求

本项训练安排在校内实训基地进行，具备堆砖和搅拌砂浆场地。

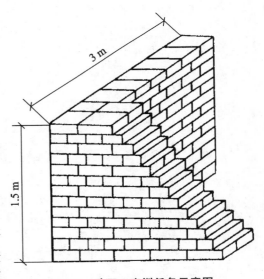

四、组织管理

每 3～4 人为一组，按训练内容在 6～8 个学时完成。由任课老师负责实训指导与检查督促、验收。每班聘请 1～2 名技师进行示范指导。

图 3.27　砖瓦工实训任务示意图

五、训练内容

工艺流程：准备→抄平→弹线→试摆→盘角→砌筑→清理。

1. 砌筑前准备好材料，工具，并将砌筑面冲洗干净。

2. 抄出水平线。

3. 弹出墙体边线、端线。

4. 按已弹好的线进行第一皮砖的干砖试摆,主要是将缝调匀,减少砍砖。

5. 摆砖完成后,在砌墙两端立上皮数杆,并在一端头盘角(4~5)皮砖,用线锤校正好垂直度,然后挂上线一层层向上砌砖。当砌平端头角后,再盘 4~5 皮砖的头角,然后再挂线一层层向上砌筑,如此往复,直到达要求高度为止。

6. 最后清理场地,若为清水墙,则应进行勾缝。

六、材料与工具(图 3.28)

材料:红砖,水泥,砂,水。

工具:镘刀——砌筑用,每组两把;

　　　刨锛——砍切砖用,每组一把;

　　　(气泡)水平仪、水筒水平器、钢卷尺——量测用,每组各一个;

　　　线锤、墨线盒——定线用,每组各一个;

　　　拌和板、筛子、铁铲、水桶——搅拌砂浆用,每组各一个;

　　　百格网、靠尺板——检测用,每组一套。

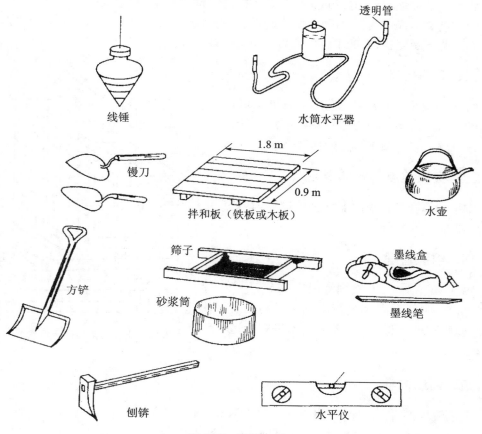

图 3.28　各种工具

七、时间安排(表 3.17)

表 3.17　砖瓦工工种实训时间安排表

时间		训　练　内　容
一天	上午	实训动员、相关知识介绍;准备、抄平、弹线、试摆
	下午	盘角、砌筑; 清理;相互进行质量检查、评价,将检查提出的问题进行整改;验收;拆除;整理现场

八、成绩考核

由任课老师按表 3.18 中所示考核内容进行打分。砖瓦工工种实训成绩评定见表 3.19。

表 3.18　砖瓦工工种实训考核内容及评分标准表

班级		组别		评分	
考核项目	考核内容	考核要求		配分	检测结果
主控项目	砂浆饱满度	水平灰缝砂饱满度不小于80%		30	
	允许偏差	1. 轴线位移±10 mm		10	
		2. 垂直度偏差≤10 mm		10	
		3. 表面平整度≤5 mm		6	
		4. 水平灰缝平直度≤7 mm		6	
		5. 水平灰缝厚度±8 mm		6	
		6. 游丁走缝≤20 mm		7	
		7. 门窗洞口宽度±5 mm		4	
一般项目	外观	1. 刮缝严密		7	
		2. 选砖恰当		4	
安全文明生产	安全生产	按有关规定考核		5	
	文明生产	按有关规定考核		5	

表 3.19　砖瓦工工种实训成绩评定表

学　号		姓　名	
项　目		比例(%)	得　分
操作技能(40%)	详见表 3.18	40	
心智技能 (30%)	现场回答问题	15	
	实训报告	15	
工作态度 (30%)	在小组中所起的作用	10	
	工作作风	10	
	安全与卫生	5	
	纪律与出勤	5	
总　评		100	

注:小组内每个成员得分相同。

项目四　钢筋混凝土工程

项目需求

　　钢筋混凝土工程包括现浇钢筋混凝土结构施工和装配式钢筋混凝土构件制作两个方面,由模板、钢筋和混凝土等多个工种工程组成。模板工程方面,不断开发新型模板,以满足清水混凝土的施工要求,同时因地制宜地发展多种支摸方法,采用了工具式支模方式与组合式钢模板,继续推广工具式大模板、滑升模板、爬模、提模、台模、隧道模等支模方法和专用工具;不断开发钢框胶合板模板、中型钢模板、钢或胶合板可拆卸式大模板、塑料或玻璃钢模壳等工具式模板及支撑体系,进一步提高了模板制作质量和施工技术水平。钢筋工程方面,大力推广应用 HRB400 钢筋、冷轧带肋钢筋等高效钢筋,低松弛高强度钢绞线及钢筋网焊接技术;采用了数控调直剪切机、光电控制点焊机、钢筋冷拉联动线等;大力推广粗直径钢筋的机械连接与焊接,在电渣压力焊、气压焊、套筒挤压连接技术,锥螺纹及直螺纹连接技术和线性规划用于钢筋下料等方面取得了不少成绩。混凝土工程方面,大力发展预拌混凝土应用技术,加强搅拌站的改造,实现上料机械化、计量计算机控制和管理、混凝土搅拌自动化或半自动化,进一步扩大商品混凝土的应用范围;应用当地材料,配制满足多种性能要求的高强度混凝土,继续提高 C50、C55、C60 级高强混凝土的应用;开发超塑化剂、超细活性掺和料及高性能混凝土的应用;还推广了混凝土强制搅拌、高频振动、混凝土搅拌运输车和混凝土泵等新工艺。

项目工作场景

　　实训基地(有与工程实际相符的各种钢筋混凝土工程)、实际工程施工现场等。

方案设计

　　首先了解施工模板,然后熟悉钢筋工程,随后进行混凝土工程等,最后是钢筋混凝土工程的安全技术等。

相关知识和技能 ▐▐▐▐

1. 模板的作用、要求和种类；
2. 基础柱、梁、板模板的受力特点及要求；
3. 模板拆除的具体规定；
4. 钢筋的验收与存放；
5. 钢筋的冷拉和控制；
6. 钢筋制作与安装；
7. 钢筋焊接、机械连接、绑扎连接的技术规定；
8. 混凝土的运输、浇筑与振捣的施工工艺及技术要求；
9. 施工缝的留置与处理；
10. 混凝土的质量检查与缺陷的防治；
11. 钢筋混凝土工程施工的安全技术；
12. 钢筋、模板、混凝土工程质量检查的内容和要求；
13. 确定单层工业厂房杯形基础施工方案；
14. 钢筋混凝土梁模板拆除时间的确定；
15. 编制混凝土施工缝留设与处理的施工方案。

任务 1　模板工程施工

任务描述 ▐▐▐▐

通过对模板工程的学习，熟悉了解模板的种类、构造、安装、拆除方法等。

知识准备 ▐▐▐▐

模板系统包括模板、支架和紧固件三个部分。模板又称模型板，是新浇混凝土成型用的模型。支承模板及承受作用在模板上的荷载的结构（如支柱、桁架等）均称为支架。模板及其支架应根据工程结构形式、荷载大小、地基土类别、施工设备和材料供应等条件进行设计。模板及其支架应有足够的承载力、刚度和稳定性，能可靠地承受浇筑混凝土的重力、侧压力以及施工荷载。

同时必须符合下列规定：保证工程结构和构件各部位形状尺寸和相互位置的正确；构造简单，装拆方便，便于钢筋的绑扎与安装、混凝土的浇筑与养护等；接缝严密，不得漏浆。

模板种类很多，按其所用的材料不同分为木模板、钢模板、钢木模板、钢竹模板、胶合板模板、塑料模板、铝合金模板等；按其结构的类型不同分为基础模板、柱模板、楼板模板、墙模板、壳模板和烟囱模板等；按其形式不同分为整体式模板、定型模板、工具式模板、滑升模板、胎模板等。

任务实施

一、木模板

木模板及其支架系统一般在加工厂或现场木工棚制成元件，然后再在现场拼装。图4.1所示为基本元件之拼板的构造。

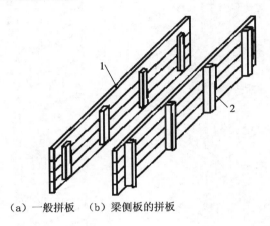

（a）一般拼板　（b）梁侧板的拼板

图 4.1　拼板的构造

1—板条；2—拼条

（一）基础模板

基础的特点是高度不大但体积较大。基础模板一般利用地基或基槽（坑）进行支撑。如土质良好，基础的最下一级可不用模板，直接原槽浇筑。安装时，要保证上下模板不发生相对位移，如为杯形基础，则还要在其中放入杯口模板。图4.2所示为阶梯形基础模板。

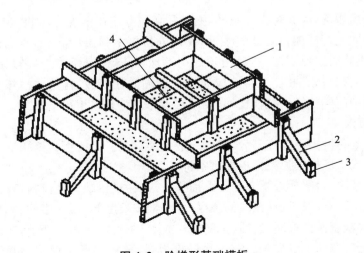

图 4.2　阶梯形基础模板

1—拼板；2—斜撑；3—木桩；4—铁丝

（二）柱子模板

柱子的特点是断面尺寸不大但高度较大。如图 4.3 所示,柱模板由内拼板夹在两块外拼板之内组成,亦可用短横板代替外拼板钉在内拼板上。

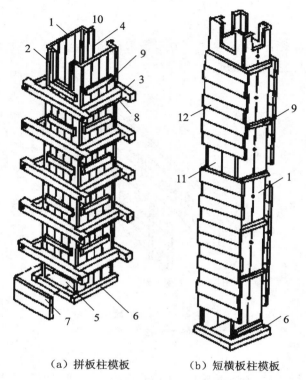

（a）拼板柱模板　　　　　（b）短横板柱模板

图 4.3　柱模板

1—内拼板;2—外拼板;3—柱箍;4—梁缺口;5—清理孔;6—木框;7—盖
板;8—拉紧螺栓;9—拼条;10—三角木条;11—浇筑孔;12—短横板

在安装柱模板前,应先绑扎好钢筋,测出标高并标注在钢筋上,同时在已浇筑的基础顶面或楼面上固定好柱模板底部的木框,在内外拼板上弹出中心线,根据柱边线及木框竖立模板,并用临时斜撑固定,然后由顶部用锤球校正,使其垂直。检查无误后,即用斜撑钉牢固定。同在一条轴线上的柱,应先校正两端的柱模板,再从柱模板上口中心线拉一铁丝来校正中间的柱模。柱模之间,要用水平撑及剪刀撑相互拉结。

（三）梁模板

梁的特点是跨度大而宽度不大,梁底一般是架空的。梁模板主要由底模、侧模、夹木及支架系统组成。底模用长条模板加拼条拼成,或用整块板条。

梁模板安装时,沿梁模板下方地面上铺垫板,在柱模板缺口处钉衬口档,把底板搁置在衬口档上;接着,立起靠近柱或墙的顶撑,再将梁按长度等分,立中间部分顶撑,顶撑底下打入木楔,并检查调整标高;然后,把侧模板放上,两头钉于衬口档上,在侧板底外侧铺钉夹木,再钉上斜撑和水平拉条。有主次梁模板时,要待主梁模板安装并校正后才能进行次梁模板安装。梁模板安装后再拉中线检查、复核各梁模板中心线位置是否正确。

(四) 楼板模板

楼板的特点是面积大而厚度比较薄,侧向压力小。楼板模板及其支架系统,主要承受钢筋、混凝土的自重及其施工荷载,保证模板不变形,如图4.4所示。

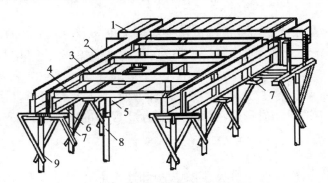

图4.4　梁及楼板的模板

1—楼板模板;2—梁侧模板;3—楞木;4—托木;5—杠木;
6—夹木;7—短撑木;8—杠木撑;9—顶撑

(五) 楼梯模板

楼梯模板的构造与楼板相似,不同点是楼梯模板要倾斜支设,且要能形成踏步。踏步模板分为底板及梯步两部分。

将梯步这样放到板上,锯下多余部分成齿形,再把梯步模板钉上,安装固定在绑完钢筋的楼梯斜面上即可。平台、平台梁的模板同前,如图4.5所示。

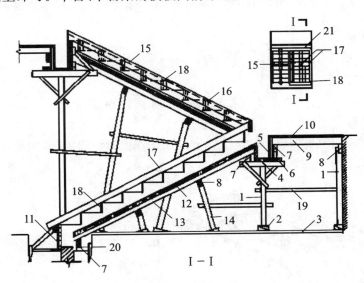

图4.5　楼梯模板

1—支柱(顶撑);2—木楔;3—垫板;4—平台梁底板;5—侧板;6—夹板;7—托木;8—杠木;9—木楞;10—平台底板;11—梯基侧板;12—斜木楞;13—楼梯底板;14—斜向顶撑;15—外帮板;16—横档木;17—反三角板;18—踏步侧板;19—拉杆;20—木桩;21—平台梁模

二、定型组合钢模板

定型组合钢模板是一种工具式定型模板,由钢模板和配件组成,配件包括连接件和支承件。

钢模板通过各种连接件和支承件可组合成多种尺寸、结构和几何形状的模板,以适应各种类型建筑物的梁、柱、板、墙、基础和设备等施工的需要,也可用其拼装成大模板、滑模、隧道模和台模等。

定型组合钢模板组装灵活,通用性强,拆装方便;每套钢模可重复使用 50～100 次;加工精度高,浇筑混凝土的质量好,成型后的混凝土尺寸准确、棱角整齐、表面光滑,可以节省装修用工。

(一) 钢模板

钢模板包括平面模板、阴角模板、阳角模板和连接角模。

钢模板采用模数制设计,宽度模数以 50 mm 进级,长度模数以 150 mm 进级,可以适应横竖拼装成以 50 mm 进级的任何尺寸的模板。

1. 平面模板

平面模板用于基础、墙体、梁、板、柱等各种结构的平面部位。它由面板和肋组成,肋上设有 U 形卡孔和插销孔,利用 U 形卡和 L 形插销等拼装成大块板,如图 4.6(a)所示。

2. 阴角模板

阴角模板用于混凝土构件的阴角,如内墙角、水池内角及梁板交接处的阴角等,如图 4.6(c)所示。

3. 阳角模板

阳角模板主要用于混凝土构件的阳角,如图 4.6(b)所示。

4. 连接角模

连接角模用于平模板做垂直连接构成阳角,如图 4.6(d)所示。

(二) 连接件

定型组合钢模板的连接件包括 U 形卡、L 形插销、钩头螺栓、紧固螺栓、对拉螺栓和扣件等,如图 4.7 所示。

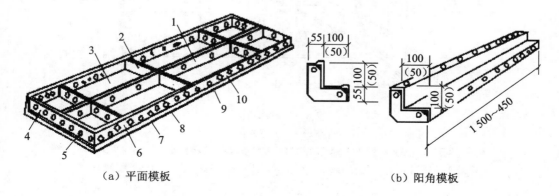

(a) 平面模板   (b) 阳角模板

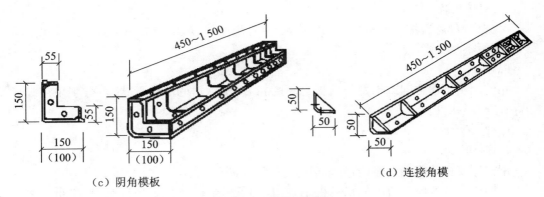

（c）阴角模板　　　　　　　　　　　（d）连接角模

图 4.6　钢模板类型

1—中纵肋；2—中横肋；3—面板；4—横肋；5—插销孔；6—纵肋；7—凸棱；8—凸鼓；9—U 形卡孔；10—钉子孔

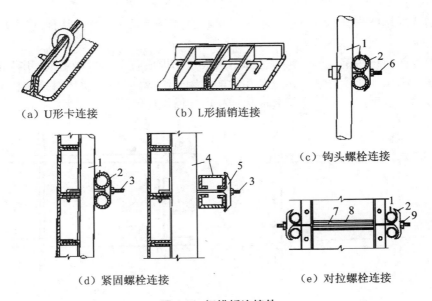

（a）U 形卡连接　　　　　（b）L 形插销连接　　　　　（c）钩头螺栓连接

（d）紧固螺栓连接　　　　　　　　　（e）对拉螺栓连接

图 4.7　钢模板连接件

1—圆钢管钢楞；2—"3"形扣件；3—钩头螺栓；4—内卷边槽钢钢楞；5—蝶形扣
件；6—紧固螺栓；7—对拉螺栓；8—塑料套管；9—螺母

1. U 形卡

U 形卡是模板的主要连接件，用于相邻模板的拼装。

2. L 形插销

L 形插销用于插入两块模板纵向连接处的插销孔内，以增强模板纵向接头处的刚度。

3. 钩头螺栓

钩头螺栓是连接模板与支撑系统的连接件。

4. 紧固螺栓

紧固螺栓是用于内、外钢楞之间的连接件。

5. 对拉螺栓

又称穿墙螺栓,用于连接墙壁两侧模板,保持墙壁厚度,承受混凝土侧压力及水平荷载,使模板不致变形。

6. 扣件

扣件用于钢楞之间或钢楞与模板之间的扣紧,按钢楞的不同形状,可分别采用蝶形扣件和"3"形扣件。

(三) 支承件

1. 钢楞

钢楞即模板的横档和竖档,分内钢楞与外钢楞两种。

内钢楞配置方向一般应与钢模板垂直,直接承受钢模板传来的荷载,其间距一般为700~900 mm。外钢楞承受内钢楞传来的荷载,或用来加强模板结构的整体刚度和调整平直度。

钢楞一般用圆钢管、矩形钢管、槽钢或内卷边槽钢制成,而以钢管用得较多。

2. 柱箍

柱模板四角设角钢柱箍。角钢柱箍由两根互相焊成直角的角钢组成,用弯角螺栓及螺母拉紧。图 4.8 所示分别为用直角扣件连接钢管组成的柱箍,及用对拉螺栓与圆钢管组成的柱箍。也可用 60×5 扁钢制成扁钢柱箍或槽钢柱箍。

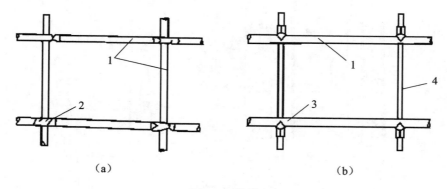

(a)　　　　　　　　　　　　　　(b)

图 4.8　柱箍

1—圆钢管;2—直角扣件;3—"3"形扣件;4—对拉螺栓

3. 钢支架

常用钢管支架如图 4.9(a)所示,它由内外两节钢管制成,其高低调节距模数为100 mm;支架底部除垫板外,均用木楔调整标高,以利于拆卸。另一种钢管支架本身装有调节螺杆,能调节一个孔距的高度,使用方便,但成本略高,如图 4.9(b)所示。

当荷载较大、单根支架承载力不足时,可采用组合钢支架或钢管井架,如图 4.9(c)所示。还可采用扣件式钢管脚手架、门型脚手架做支架,如图 4.9(d)所示。

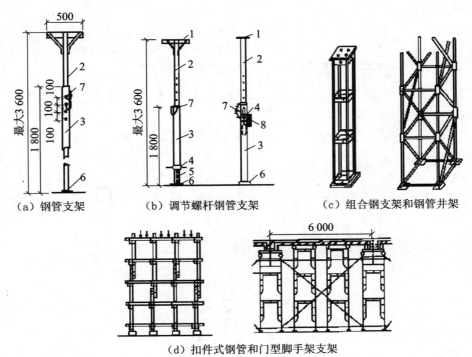

（a）钢管支架　　（b）调节螺杆钢管支架　　（c）组合钢支架和钢管井架

（d）扣件式钢管和门型脚手架支架

图 4.9　钢支架

1—顶板；2—插管；3—套管；4—转盘；5—螺杆；6—底板；7—插销；8—转动手柄

4. 斜撑

由组合钢模板拼装成的整片墙模或柱模，在吊装就位后，应由斜撑调整和固定其垂直位置，如图 4.10 所示。

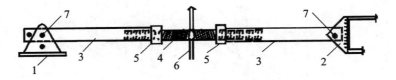

图 4.10　斜撑

1—底座；2—顶撑；3—钢管斜撑；4—花篮螺栓；5—螺母；6—旋杆；7—销钉

5. 钢桁架

如图 4.11 所示，钢桁架两端可支承在钢筋托具，墙、梁侧模板的横档以及柱顶梁底横档上，以支承梁或板的模板。图 4.11(a)所示为整榀式，一榀桁架的承载能力约为 30 kN(均匀放置)。图 4.11(b)所示为组合式，一榀桁架的承载能力约为 20 kN(均匀放置)。

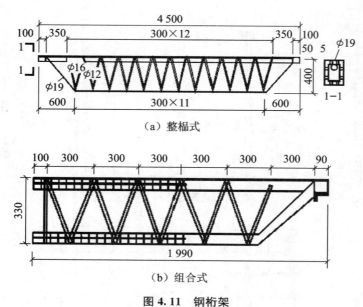

（a）整榀式

（b）组合式

图 4.11　钢桁架

6. 梁卡具

又称梁托架，用于固定矩形梁、圈梁等模板的侧模板，可节约斜撑等材料，也可用于侧模板上口的卡固定位，如图 4.12 所示。

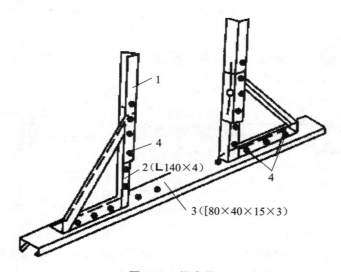

图 4.12　梁卡具

1—调节杆；2—三脚架；3—底座；4—螺栓

（四）钢框胶合板模板

钢框胶合板模板是指钢框与木胶合板或竹胶合板结合使用的一种模板。这种模板采用模数制设计，横竖都可以拼装，使用灵活、使用范围广，并有完整的支撑体系，可适用于墙体、楼板、梁、柱等多种结构的施工，是国外应用广泛的模板形式之一。

钢框胶合板模板由防水木、竹胶合板平铺在钢框上,用沉头螺栓与钢框连牢,构造如图 4.13 所示。

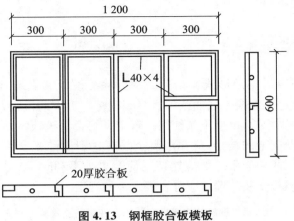

图 4.13　钢框胶合板模板

三、模板的拆除

模板的拆除日期取决于混凝土的强度、各个模板的用途、结构的性质、混凝土硬化时的气温等。

(一)侧模板

侧模板拆除时的混凝土强度应能保证其表面及棱角不因拆除模板而受损坏。

(二)底模板及支架

底模板及支架拆除时的混凝土强度应符合设计要求;当设计无具体要求时,混凝土强度应符合表 4.1 的规定。检查数量:全数检查。检查方法:同条件养护试件强度试验报告。

表 4.1　底模及支架拆除时混凝土强度要求

构件类型	构件跨度(m)	达到设计的混凝土立方体抗压强度标准值的百分率(%)
板	≤2	≥50
	>2,≤8	≥75
	>8	≥100
梁、拱、壳	≤8	≥75
	>8	≥100
悬臂构件	—	≥100

(三)拆模顺序

一般是先支后拆,后支先拆,先拆除侧模板,后拆除底模板。重大复杂模板的拆除,事前应制定拆模方案。对于肋形楼板的拆模,首先拆除柱模板,然后拆除楼板底模板、梁侧模板,最后拆除梁底模板。

多层楼板模板支架的拆除,应按下列要求进行:上层楼板正在浇筑混凝土时,下一层楼板的模板支架不得拆除,再下一层楼板模板的支架仅可拆除一部分;跨度≥4 m的梁均应保留支架,其间距不得大于3 m。

任务评价

模板拆除时,不应对楼层形成冲击荷载。拆除的模板和支架宜分散堆放并及时清运。拆模时,应尽量避免混凝土表面或模板受到损坏。拆下的模板,应及时加以清理、修理,按尺寸和种类分别堆放,以便下次使用。若定型组合钢模板背面油漆脱落,应补刷防锈漆。已拆除模板及支架的结构,应在混凝土强度达到设计要求后,才允许承受全部使用荷载。当承受施工荷载产生的效应比使用荷载更为不利时,必须经过核算,并加设临时支撑。现浇结构模板安装的偏差应符合表4.2的规定。

表 4.2　现浇结构模板安装的允许偏差及检验方法

项　目		允许偏差(mm)	检验方法
轴线位置		5	钢尺检查
底模上表面标高		±5	水准仪或拉线、钢尺检查
截面内部尺寸	基础	±10	钢尺检查
	柱、墙、梁	+4,−5	钢尺检查
层高垂直度	不大于5 m	6	经纬仪或吊线、钢尺检查
	大于5 m	8	经纬仪或吊线、钢尺检查
相邻两板表面高低差		2	钢尺检查
表面平整度		5	2 m靠尺和塞尺检查

思考与练习

1. 对模板有何要求? 设计模板应考虑哪些原则?
2. 模板设计应考虑哪些荷载?
3. 影响混凝土侧压力的因素有哪些?
4. 试述定型钢模板的特点及组成。

任务 2　钢筋工程施工

任务描述 ▍▍▍

通过实践应掌握钢筋的加工过程和方法及钢筋下料的计算,在顶岗实习中能进行钢筋的进场验收和保管,完成钢筋翻样工作和技术交底工作,能组织钢筋的检查验收工作和隐检工作。

知识准备 ▍▍▍

一、钢筋的验收、贮存与配料

(一) 钢筋的验收与贮存

1. 钢筋的验收

钢筋混凝土结构中所用的钢筋都应有出厂质量证明或试验报告单,每捆(盘)钢筋均应有标牌。进场时应按批号及直径分批验收。验收的内容包括查对标牌、外观检查等。外观检查应满足表 4.3 要求。

表 4.3　钢筋外观检查要求

钢筋种类	外观要求
热轧钢筋	表面不得有裂纹、结疤和折叠,如有凸块,不得超过横肋的高度,其他缺陷的高度和深度不得大于所在部位尺寸的允许偏差,钢筋外形尺寸等应符合国家标准
热处理钢筋	表面不得有裂纹、结疤和折叠,如有局部凸块不得超过横肋的高度,钢筋外形尺应符合国家标准
冷拉钢筋	表面不得有裂纹和局部缩颈
冷拔低碳钢丝	表面不得有裂纹和机械损伤
碳素钢丝	表面不得有裂纹、小刺、机械损伤、锈皮和油漆
刻痕钢丝	表面不得有裂纹、分层、锈皮、结疤
钢绞线	不得有折断、横裂和相互交叉的钢丝,表面不得有润滑剂、油渍

钢筋、钢丝、钢绞线应成批验收,应按有关标准的规定抽取试样做力学性能试验和冷弯试验,试验合格后方可使用。做试验时的抽样方法应按相应标准所规定的规则抽取,如表 4.4 所示。若有一个试样一项试验指标不合格,则另取双倍数量试样进行复检,若仍有一个试样不合格,则该批钢筋不予验收。

2. 钢筋的贮存

钢筋进场后,必须严格按批,分等级、牌号、直径、长度挂牌存放,不得混淆。钢筋应尽量堆入仓库或料棚内。条件不具备时,应选择地势较高、土质坚硬的场地存放,存放时,钢筋下部应垫高,离地至少 20 cm 高,以防钢筋锈蚀。在堆场周围应挖排水沟,以利泄水。

表 4.4 钢筋、钢丝、钢绞线验收要求和方法

钢筋种类	验收批钢筋组成	每批数量	取样方法
热轧钢筋	1. 同一牌号、规格和同一炉罐号 2. 同钢号的混合批,不超过 6 个炉罐号	60 t	在每批钢筋中任取 2 根钢筋,每根钢筋取 1 个拉力试样和 1 个冷弯试样
热处理钢筋	1. 同一处截面尺寸,同一热处理炉罐号 2. 同钢号混合批,不超过 10 个炉罐号	60 t	取 10% 盘数(不少于 25 盘),每盘 1 个拉力试样
冷拉钢筋	同级别、同直径	20 t	任取 2 根钢筋,每根钢筋取 1 个拉力试样和 1 个冷弯试样
冷拔低碳钢丝 (甲级)		逐盘检查	每盘取 1 个拉力试样和 1 个弯曲试样
冷拔低碳钢丝 (乙级)	用相同材料的钢筋冷拔成同直径的钢丝	5 t	任取 3 盘,每盘各取 1 个拉力和弯曲试样
碳素钢丝、刻痕钢丝	同一钢号、同一形状尺寸、同一交货状态		取 5% 盘数(不少于 3 盘),优质钢丝取 10% 盘数(不少于 3 盘),每盘取 1 个拉力试样和 1 个冷弯试样
钢绞线	同一钢号、同一形状尺寸、同一生产工艺	60 t	任取 3 盘,每盘取 1 个拉力试样

(二)钢筋的配料

钢筋配料是钢筋工程施工的重要一环,应由识图能力强,同时熟悉钢筋加工工艺的人员进行。钢筋加工前应根据设计图纸和会审记录按不同构件编制配料单,然后进行备料加工。

1. 钢筋下料长度计算

钢筋下料长度计算是钢筋配料的关键。钢筋因弯曲或弯钩其长度会变化。必须了解混凝土保护层、钢筋弯曲、钢筋弯钩等规定,再根据图中尺寸计算其下料长度。各种钢筋下料长度计算方式如下:

直钢筋下料长度＝构件长度－保护层厚度＋弯钩增加长度

弯起钢筋下料长度＝直段长度＋斜段长度－弯曲调整值＋弯钩增加长度

箍筋下料长度＝箍筋周长＋箍筋调整值

上述钢筋需要搭接的话,还应增加钢筋搭接长度。

(1)弯曲调整值

钢筋弯曲后的特点:在弯曲处内皮收缩、外皮延伸、轴线长度不变,钢筋弯曲段的外包尺寸大于轴线长度,二者之间存在一个差值,称量度差值。根据理论推算并结合实践经验,钢筋弯曲调整值见表 4.5。

表 4.5 钢筋弯曲调整值

钢筋弯曲角度(°)	30	45	60	90	135
钢筋弯曲调整值	$0.35d$	$0.5d$	$0.85d$	$2d$	$2.5d$

注:d 为钢筋直径。

(2)弯钩增加长度

钢筋的弯钩形式有三种:半圆弯钩、直弯钩及斜弯钩。半圆弯钩是最常用的一种弯钩,直弯钩只用在柱钢筋的下部、箍筋和附加钢筋中,斜弯钩只用在直径较小的钢筋中。光圆钢筋的弯钩增加长度:半圆弯钩为 $6.25d$,直弯钩为 $3.5d$,斜弯钩为 $4.9d$。

(3)箍筋调整值

箍筋调整值,即为弯钩增加长度和弯曲调整值两项之差或和,根据箍筋量外包尺寸或内皮尺寸确定,如表 4.6 所示。

表 4.6 箍筋调整值

箍筋量度方法	箍筋直径(mm)			
	4~5	6	8	10~12
量外包尺寸(mm)	40	50	60	70
量内皮尺寸(mm)	80	100	120	150~170

2. 钢筋配料

钢筋配料是钢筋加工中的一项重要工作,合理的配料能使钢筋得到最大限度的利用,并使钢筋的安装和绑扎工作简单化。应合理安排同规格、同品种的下料,使钢筋的出厂规格长度能够得到充分利用,或库存各种规格和长度的钢筋得到充分利用。

钢筋配料应注意:在设计图纸中,钢筋配置的细节问题没有注明时,一般可按构造要求处理;配料计算时,在考虑使钢筋的形状和尺寸满足设计要求的前提下,要有利于加工安装;配料时要考虑施工需要的附加钢筋。如板双层钢筋中保证上层钢筋位置的撑脚、墩墙双层钢筋中固定钢筋间距的撑铁、柱钢筋骨架增加四面斜撑等。

根据钢筋下料长度计算结果和配料选择后,汇总编制钢筋配料单。钢筋配料单必须反映出工程部位、构件名称、钢筋编号、钢筋简图及尺寸、钢筋直径、钢号、数量、下料长度、钢筋重量等。

3. 钢筋代换

(1)代换原则

钢筋的级别、钢号和直径应按设计要求采用,若施工中缺乏设计图中所要求的钢筋,在征得设计单位的同意并办理设计变更文件后,可按下述原则进行代换:

①等强度代换:当构件受强度控制时,钢筋可按强度相等的原则进行代换。

②等面积代换:当构件按最小配筋率配筋时,钢筋可按面积相等的原则进行代换。

当构件受裂缝宽度或挠度控制时,代换后应进行裂缝宽度或挠皮验算。

（2）等强度代换方法

设计中所用钢筋强度为 f_{y1},钢筋总面积 A_{S1};代换后钢筋强度为 f_{y2},钢筋总面积为 A_{S2}。应使代换前后钢筋的总强度相等。即

$$A_{S2} \geqslant \left(\frac{f_{y1}}{f_{y2}}\right) A_{S1} \tag{4.1}$$

（3）钢筋代换主要事项

①对重要受力构件不宜用 HPB235 级光圆钢筋代替 HRB335 和 HRB400 级带肋钢筋。

②钢筋代换后,应满足混凝土结构设计规范中配筋构造规定,如钢筋间距、锚固长度、最小直径、根数等要求。

③当构件受裂缝宽度或挠度控制时,钢筋代换后应进行刚度、裂缝验算。

④有抗震要求的梁、柱和框架,不宜以强度等级较高的钢筋代换原设计中的钢筋。

二、钢筋加工

(一) 钢筋的除锈

工程中的钢筋的表面应洁净,以保证钢筋与混凝土之间的握裹力。钢筋上的油漆、漆污和用锤敲击时能剥落的浮皮、铁锈等应在使用前清除干净。带有颗粒状或片状老锈的钢筋不得使用。钢筋除锈一般有以下几种方法:手工除锈,即用钢丝刷、砂轮等工具除锈;钢筋冷拉或钢丝调直过程中除锈;机械方法除锈,如采用电动除锈机;喷砂或酸洗除锈等。

对大量的钢筋除锈,可通过钢筋冷拉或钢筋调直机调直过程中完成;少量的钢筋除锈可采用电动除锈机或喷砂方法;钢筋局部除锈可采用人工用钢丝刷或砂轮等方法,亦可将钢筋通过砂箱往返搓动除锈。

电动除锈的圆盘钢丝刷有成品供应(也可用废钢丝绳头拆开编成),其直径为 20～30 cm,厚度为 5～15 cm,电动机功率为 1.0～1.5 kW,转速为 1 000 r/min。

如除锈后钢筋表面有严重的麻坑、斑点等已伤蚀截面,应降级使用或剔除不用,带有蜂窝状锈迹的钢丝不得使用。

(二) 钢筋调直

建筑用热轧钢筋分盘圆和直条两类。直径在 12 mm 以下的钢筋一般制成盘圆,以便于运输。盘圆钢筋在下料前,一般要经过放盘、冷拉工序,以达到调直的目的。直径在 12 mm 以上的钢筋,一般轧制成 6～12 m 长的直条。由于在运输过程中,几经装卸,会使直条钢筋造成局部弯折,为此在使用前应进行调直。

钢筋在混凝土构件中,除了规定的弯曲外,其直线段不允许有弯曲现象。有弯折的钢筋不但影响构件的受力性能,而且在下料时长度不准确,会直接影响到弯曲成型和绑扎安装等一连串工序的准确性。因此,钢筋在下料前必须经过调直工序。而钢筋调直可分为人工调直和机械调直两种。

1. 人工调直

（1）粗钢筋人工调直

直径在 12 mm 以上的粗钢筋，一般采用人工调直。其操作程序是：先将钢筋弯折处放到扳柱铁板的扳柱间，用平头横口扳子将弯折处基本扳直。然后放到工作台上，用大锤将钢筋小弯处锤平。操作时需要两人配合好，一人掌握钢筋，站在工作台一端，将钢筋反复转动和来回移动，另一人掌握大锤，站在工作台的侧面，见弯就锤。掌锤者应根据钢筋粗细和弯度大小来掌握落锤轻重。当钢筋在工作台上可以滚动时则认为调直合格。

（2）细钢筋人工调直

直径在 12 mm 以下的盘圆钢筋为细钢筋。细钢筋主要采用机械调直。但在工程量小或无冷拉设备的情况下，也可采用人工调直。人工调直又分小锤敲直和绞磨拉直两种。不管哪一种都需要先放盘。前者是按需要长度截成小段在工作台上用小锤平直。后者是按一定长度截断，分别将两端夹在地锚和绞磨的夹具上，然后人工推动绞磨将钢筋拉直。这种方法简单可行。但只宜拉直Ⅰ级钢筋中的 $\phi6$ 盘圆，且劳动强度较大，目前已不常使用。

（3）钢丝人工调直

冷拔低碳钢丝一般采用机械调直。但在设备困难的情况下，也可以采用蛇形管人工调直。蛇形管是用长 1 m 左右的厚壁钢管弯成蛇形，钢管内径稍大于钢丝，管两端连接喇叭状进出口，固定在支架上。需要调直的钢丝穿过固定的蛇形管，用人力牵引，即可将钢丝基本拉直。钢丝若有局部小弯再用小锤敲直。

2. 机械调直

（1）粗钢筋机械调直

目前粗钢筋一般还是采用人工平直。在有条件的地方，可采用大吨位冷拉设备。如采用卷扬机拉直法，不但可以减轻劳动强度，而且钢筋经过冷拉后，强度提高，长度增加，节约钢材。但在冷拉前，需将钢筋对焊接头，且大弯需要人工扳直，故很少采用。在没有冷拉设备的情况下，也可以采用平直锤平直，如皮带锤、弹簧锤等。但在平直前，需将钢筋的大弯用人工方法在扳柱铁板上扳直。然后在平直锤上将小弯逐个锤直。这种平直锤是利用电动机通过皮带轮变速，带动偏心轮旋转，使平直锤做上下往复运动。钢筋放在锤墩上，在锤的冲击下达到调直的目的。

（2）细钢筋机械调直

Ⅰ级盘圆钢筋一般采用卷扬机拉直法。采用卷扬机拉直钢筋，可以建立一条机械化程度较高的生产自动线。如钢筋上盘、开盘、拉直、切断等工序连续作业，可减少操作人员，提高劳动生产效率，使调直、除锈、切断三道工序合并一道完成。所以，在钢筋加工中已被广泛采用。

采用卷扬机拉直钢筋的操作程序是：将装在转架上的盘圆钢筋一端夹入马架上电动牵引小车的夹具内，开动牵引小车。当牵引小车行进到马架端头限位开关时，停止牵引，将钢筋切断，分别将钢筋两端夹入地锚夹具和张拉小车夹具内。然后开动卷扬机将钢筋拉直，拉伸率控制在 1% 范围内。对直径 6～9 mm 的Ⅰ级盘圆钢筋，也可利用调直机调直。在调直机前增设阻轮装置,由电动机带动滚筒强力冷拉钢筋,再接入调直机进行加工。这样,使冷拉、除锈、调直和切断四道工序联动化,提高了劳动生产率。

(3)钢丝机械调直

直径在 5.5 mm 以下的冷拔低碳钢丝,采用调直机进行加工。采用调直机加工冷拔钢丝,可使除锈、调直、切断三道工序一次完成。调直机由机座、调直装置、牵引装置、切断装置、定长机构、受料支架及电动传动机构等组成。其工作原理是:将放在盘架上的钢丝的一端穿过由电动机驱动的调直筒。筒内装五组调直块,其中三组调直块的中心孔偏离调直筒的旋转轴线。钢丝通过旋转的调直筒时,向不同方向弯曲而得以调直。牵引辊和齿轮刀具由另一电动机驱动,牵引辊拉动钢丝穿过齿轮刀具中的槽口。当其端头触及受料支架上的限位开关时,接通离合器电路,使齿轮刀具旋转 120 度下定长钢筋,被切断的钢丝落入托架内。受料支架上的限位开关可根据下料长度调至相应位置。

一般调直机齿轮刀具切断装置的实际下料长度误差较大。若在调直机上装一个电子控制仪,使之按给定长度将钢丝切断,并随时示出切断根数,这种调直机叫做数控电子调直切断机。电子调直切断机适用于冷拔钢丝的调直切断。它要求钢丝表面光洁,断面均匀,以免钢丝移动速度不均,影响切断长度的准确性。当切断长度在 4 000 mm 以内时,误差仅 1~2 mm,可直接用于构件中的配筋,不需做第二次切断,从而收到减少材料消耗、节省工序的效果。

任务实施

一、钢筋冷拉

钢筋冷拉是在常温下对热轧钢筋进行强力拉伸。拉应力超过钢筋的屈服强度,使钢筋产生塑性变形,以达到调直钢筋、提高强度、节约钢材的目的,对焊接接长的钢筋亦检验了焊接接头的质量。冷拉 HPB235 级钢筋多用于结构中的受拉钢筋,冷拉 HRB335、HRB400、RRB400 级钢筋多用作预应力构件中的预应力筋。

1. 冷拉原理

钢筋冷拉原理如图 4.14 所示,图中 *abcde* 为钢筋的拉伸特性曲线。冷拉时,拉应力超过屈服点 *b* 达到 *c* 点,然后卸荷。由于钢筋已产生塑性变形,卸荷过程中应力应变沿 cO_1 降至 O_1 点。如再立即重新拉伸,应力应变图将沿 O_1cde 变化,并在高于 *c* 点附近出现新的屈服点,该屈服点明显高于冷拉前的屈服点 *b*,这种现象称"变形硬化"。其原因是冷拉过程中,钢筋内部结晶面滑移,晶格变化,内部组织发生变化,因而屈服强度提高,但塑性降低,弹性模量也降低。

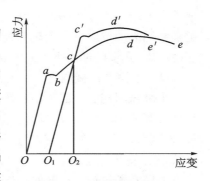

图 4.14 钢筋冷拉原理

2. 冷拉工艺

钢筋冷拉工艺有两种:一种是采用卷扬机带动滑轮组作为冷拉动力的机械式冷拉工

艺;另一种是采用长行程(1 500 mm 以上)的专用液压千斤顶(如 YPD-60S 型液压千斤顶)和高压油泵的液压冷拉工艺。目前我国仍以前者为主,但后者更有发展前途。

机械式冷拉工艺的冷拉设备,主要由拉力设备、承力结构、回程装置、测量设备和钢筋夹具组成。拉力设备为卷扬机和滑轮组,多用 30～50 kN 的慢速卷扬机,通过滑轮组增大牵引力。设备的冷拉能力要大于所需的最大拉力,所需的最大拉力等于进行冷拉的最大拉力,同时还要考虑滑轮与地面的摩擦阻力及回程装置的阻力。承力结构可采用地锚,冷拉力大时宜采用钢筋混凝土冷拉槽(图4.15)。回程装置可用荷重架回程或卷扬机滑轮组回程。测力设备常用液压千斤顶或用装传感器和示力仪的电子秤。

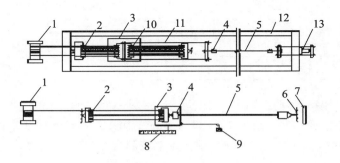

图 4.15　冷拉设备

1—卷扬机;2—滑轮组;3—冷拉小车;4—夹具;5—被冷拉的钢筋;6—地锚;7—防护壁;8—标尺;9—回程荷重架;10—回程滑轮组;11—传力架;12—冷拉槽;13—液压千斤顶

3. 冷拉控制

钢筋冷拉,可利用冷拉应力控制法或冷拉率控制法。对不能分清炉批号的热轧钢筋,不应采取冷拉率控制。

(1) 冷拉应力控制法

该控制法冷拉控制应力值如表4.7所示。对抗拉强度较低的热轧钢筋,如拉到符合标准的冷拉应力时,其冷拉率已超过限值,将对结构使用非常不利,故规定最大冷拉率限值。加工时按冷拉控制应力进行冷拉,冷拉后检查钢筋的冷拉率,如小于表中规定数值时,则为合格;如超过表中规定的数值,则应进行力学性能试验。

表 4.7　钢筋冷拉的冷拉控制应力和最大冷拉率

钢筋级别		冷拉控制应力(N/mm²)	最大冷拉率(%)
Ⅰ级　d≤12 mm		280	10.0
Ⅱ级	d≤25 mm	450	5.5
	d=28～40 mm	430	
Ⅲ级　d=8～40 mm		500	5.0
Ⅳ级　d=10～28 mm		700	4.0

（2）冷拉率控制法

钢筋冷拉以冷拉率控制时，其控制值由试验确定。对同炉批钢筋，测定的试件不宜少于4个，每个试件都按表4.8规定的冷拉应力值在万能试验机上测定相应的冷拉率，取其平均值作为该炉批钢筋的实际冷拉率。如钢筋强度偏高，平均冷拉率低于1%时，仍按1%进行冷拉。

表4.8 测定冷拉率时钢筋的冷拉应力

钢筋级别		冷拉应力（N/mm²）
Ⅰ级 $d\leqslant12$ mm		310
Ⅱ级	$d\leqslant25$ mm	480
	$d=28\sim40$ mm	460
Ⅲ级 $d=8\sim40$ mm		530
Ⅳ级 $d=10\sim28$ mm		730

由于控制冷拉率为间接控制法，试验统计资料表明，同炉批钢筋按平均冷拉率冷拉后的抗拉强度的标准离差 σ 约为 $15\sim20$ N/mm²，为满足95%的保证率，应按冷拉控制应力增加 1.645σ，约30 N/mm²。因此，用冷拉率控制方法冷拉钢筋时，钢筋的冷拉应力比冷拉应力控制法高。

不同炉批的钢筋，不宜用控制冷拉率的方法进行钢筋冷拉。多根连接的钢筋，用控制应力的方法进行冷拉时，其控制应力和每根的冷拉率均应符合表4.7的规定；当用控制冷拉率的方法进行冷拉时，冷拉率可按总长计，但冷拉后每根钢筋的冷拉率不得超过表4.7的规定。钢筋的冷拉速度不宜过快。

二、钢筋冷拔

冷拔是用热轧钢筋（直径8 mm以下）通过钨合金的拔丝模（图4.16）进行强力冷拔。钢筋通过拔丝模时，受到轴向拉伸与径向压缩的作用，其内部晶格变形而产生塑性变形，因而抗拉强度提高（可提高 $50\%\sim90\%$），塑性降低，呈硬钢性质。光圆钢筋经冷拔后称"冷拔低碳钢丝"。

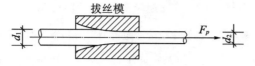

图4.16 钢筋冷拔示意图

钢筋冷拔的工艺过程是：轧头→剥壳→通过润滑剂进入拔丝模冷拔。钢筋表面常有一硬渣层，易损坏拔丝模，并使钢筋表面产生沟纹，因而冷拔前要进行剥壳。方法是使钢筋通过 $3\sim6$ 个上下排列的辊子以剥除渣壳。润滑剂常用石灰、动植物油、肥皂、白蜡和水按一定配比制成。冷拔用的拔丝机有立式（图4.17）和卧式两种。其鼓筒直径一般为500 mm。冷拔速度约为 $0.2\sim0.3$ m/s，速度过大易断丝。

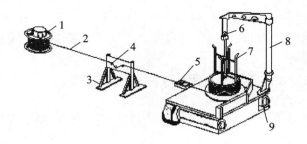

图 4.17　立式单鼓筒冷拔机
1—盘圆架；2—钢筋；3—剥壳装置；4—槽轮；5—拔
丝模；6—滑轮；7—绕丝筒；8—支架；9—电动机

影响冷拔低碳钢丝质量的主要因素，是原材料的质量和冷拔总压缩率。冷拔低碳钢丝都是用普通低碳热轧光圆钢筋拔制的，按国家标准 GB/T 701—2008《普通低碳钢热轧圆盘条》的规定，光圆钢筋都是用 1～3 号乙类钢轧制的，因而强度变化较大，直接影响冷拔低碳钢丝的质量。为此应严格控制原材料。冷拔低碳钢丝分甲、乙两级。对主要用作预应力筋的甲级冷拔低碳钢丝，宜用符合 I 级钢标准的 3 号钢圆盘条进行拔制。

冷拔总压缩率(β)是光圆钢筋拔成钢丝时的横截面缩减率。若原材料光圆钢筋直径为 d_0，冷拔后成品钢丝直径为 d，则总压缩率 $\beta=\dfrac{d_0^2-d^2}{d_0^2}$。总压缩率越大，则抗拉强度提高越多，而塑性下降越多，故 β 不宜过大。直径 5 mm 的冷拔低碳钢丝，宜用直径 8 mm 的圆盘条拔制；直径 4 mm 和小于 4 mm 者，宜用直径 6.5 mm 的圆盘条拔制。

冷拔低碳钢丝有时是经过多次冷拔而成，一般不是一次冷拔就达到总压缩率。每次冷拔的压缩率也不宜太大，否则拔丝机的功率要大，拔丝模易损耗，且易断丝。一般前道钢丝和后道钢丝的直径之比以 1∶0.87 为宜。冷拔次数亦不宜过多，否则易使钢丝变脆。冷拔低碳钢丝经调直机调直后，抗拉强度约降低 8%～10%，塑性有所改善，使用时应注意。

三、钢筋的机械连接

钢筋的机械连接是一种通过钢筋与连接件的机械咬合作用或钢筋端面的承压作用，将一根钢筋中的力传递至另一根钢筋的连接方法。接头抗拉强度是接头试件在拉伸试验过程中所达到的最大拉应力值。接头残余变形是接头试件按规定的加载制度加载并卸载后，在规定标距内所测得的变形。接头试件的最大力总伸长率是接头试件在最大力下在规定标距内测得的总伸长率。机械连接接头长度是接头连接件长度加连接件两端钢筋横截面变化区段的长度。丝头是钢筋端部的螺纹区段。

1. 接头的设计原则和性能等级

（1）接头的设计应满足强度及变形性能的要求。

（2）接头连接件的屈服承载力和受拉承载力的标准值应不小于被连接钢筋的屈服承载力和受拉承载力标准值的 1.10 倍。

（3）接头应根据其等级和应用场合，对单向拉伸性能、高应力反复拉压、大变形反复拉压、抗疲劳、耐低温等各项性能确定相应的检验项目。

（4）接头应根据抗拉强度、残余变形以及高应力和大变形条件下反复拉压性能的差异，分为下列三个等级：

Ⅰ级：接头抗拉强度等于被连接钢筋实际抗拉强度或不小于 1.10 倍钢筋抗拉强度标准值，残余变形小并具有高延性及反复拉压性能。

Ⅱ级：接头抗拉强度不小于被连接钢筋抗拉强度标准值，残余变形较小并具有高延性及反复拉压性能。

Ⅲ级：接头抗拉强度不小于被连接钢筋屈服强度标准值的 1.25 倍，残余变形较小并具有延性及反复拉压性能。

2. 接头的应用

（1）结构设计图纸中应列出设计选用的钢筋接头等级和应用部位。接头等级的选定应符合下列规定：

①混凝土结构中要求充分发挥钢筋强度或对延性要求高的部位，应优先选用Ⅱ级接头；当在同一连接区段内必须实施 100％钢筋接头的连接时，应采用Ⅰ级接头。

②混凝土结构中钢筋应力较高但对接头延性要求不高的部位，可采用Ⅲ级接头。

（2）钢筋连接件的混凝土保护层厚度宜符合现行国家标准《混凝土结构设计规范》GB50010—2010 中受力钢筋的混凝土保护层最小厚度的规定，且不得少于 15 mm。连接件之间的横向净距不宜小于 25 mm。

（3）结构构件中纵向受力钢筋的接头宜相互错开，钢筋机械连接的连接区段长度应按 35d 计算（d 为被连接钢筋中的较大直径）。在同一连接区段内有接头的受力钢筋截面面积占受力钢筋总截面面积的百分率（以下简称接头百分率），应符合下列规定：

①接头宜设置在结构构件受拉钢筋应力较小部位，当需要在高应力部位设置接头时，在同一连接区段内Ⅲ级接头的接头百分率不应大于 25％，Ⅱ级接头的接头百分率不应大于 50％。

②接头宜避开有抗震设防要求的框架的梁端、柱端箍筋加密区；当无法避开时，应采用Ⅱ级接头或Ⅰ级接头，且接头百分率不应大于 50％。

③受拉钢筋应力较小部位或纵向受压钢筋，接头百分率可不受限制。

④对直接承受动力荷载的结构构件，接头百分率不应大于 50％。

（4）当对具有钢筋接头的构件进行试验并取得可靠数据时，接头的应用范围可根据工程实际情况进行调整。

3. 接头的型式检验

（1）在下列情况时应进行型式检验：

①确定接头性能等级时。

②材料、工艺、规格进行改动时。

③型式检验报告超过 4 年时。

（2）用于型式检验的钢筋应符合有关标准的规定。

（3）对每种型式、级别、规格、材料、工艺的钢筋机械连接接头，型式检验试件不应少于 9 个：其中单向拉伸试件不应少于 3 个，高应力反复拉压试件不应少于 3 个，大变形反复拉压试件不应少于 3 个。同时应另取 3 根钢筋试件做抗拉强度试验。全部试件均应在同一根钢筋上截取。

（4）用于型式检验的直螺纹或锥螺纹接头试件应散件送达检验单位，由型式检验单位或在其监督下由接头技术提供单位按表 4.9 或表 4.10 规定的拧紧扭矩进行装配，拧紧扭矩值应记录在检验报告中。型式检验试件必须采用未经过预拉的试件。

表 4.9　直螺纹接头安装时的最小拧紧扭矩值

钢筋直径(mm)	≤16	18～20	22～25	28～32	36～40
拧紧扭矩(N·m)	100	200	260	320	360

表 4.10　锥螺纹接头安装时的最小拧紧扭矩值

钢筋直径(mm)	≤16	18～20	22～25	28～32	36～40
拧紧扭矩(N·m)	100	180	240	300	360

4. 施工现场接头的加工与安装

（1）接头的加工

在施工现场加工钢筋接头时，应符合下列规定：

①加工钢筋接头的操作工人，应经专业人员培训合格后才能上岗，人员应相对稳定；

②钢筋接头的加工应经工艺检验合格后方可进行。

直螺纹接头的现场加工应符合下列规定：

①钢筋端部应切平或镦平后再加工螺纹；

②墩粗头不得有与钢筋轴线相垂直的横向裂纹；

③钢筋丝头长度应满足企业标准中产品设计要求，公差应为 $0\sim2.0p$（p 为螺距）。

锥螺纹接头的现场加工应符合下列规定：

①钢筋端部不得有影响螺纹加工的局部弯曲；

②钢筋丝头长度应满足设计要求，使拧紧后的钢筋丝头不得相互接触，丝头加工长度公差应为 $-0.5p\sim1.5p$；

③钢筋丝头的锥度和螺距应使用专用锥螺纹量规检验；抽检数量 10%，检验合格率不应小于 95%。

（2）接头的安装

直螺纹钢筋接头的安装质量应符合下列要求：

①安装接头时可用管钳扳手拧紧，应使钢筋丝头在套筒中央位置相互顶紧。标准型接头安装后的外露螺纹不宜超过 $2p$。

②安装后应用扭力扳手校核拧紧扭矩，拧紧扭矩值应符合本规程表 4.9 的规定；

③校核用扭力扳手的准确度级别可选用 10 级。

锥螺纹钢筋接头的安装质量应符合下列要求：

①接头安装时应严格保证钢筋与连接套筒的规格相一致；

②接头安装时应用扭力扳手拧紧，拧紧扭矩值应符合本规程表 4.10 的规定；

③校核用扭力扳手与安装用扭力扳手应区分使用,校核用扭力扳手应每年校核 1 次,准确度级别应选用 5 级。

套筒挤压钢筋接头的安装质量应符合下列要求:

①钢筋端部不得有局部弯曲,不得有严重锈蚀和附着物;

②钢筋端部应有检查插入套筒深度的明显标记,钢筋端头离套筒长度中心点不宜超过 10 mm;

③挤压应从套筒中央开始,依次向两端挤压,压痕直径的波动范围应控制在供应商认定的允许波动范围内,并提供专用量规进行检查。

④挤压后的套筒不得有肉眼可见裂纹。

5. 施工现场接头的检验与验收

(1)工程中应用钢筋机械接头时,应由该技术提供单位提交有效的型式检验报告。

(2)钢筋连接工程开始前,应对不同钢筋生产厂的进场钢筋进行接头工艺检验;施工过程中,更换钢筋生产厂时,应补充进行工艺检验。

(3)接头安装前应检查连接件产品合格证及套筒表面生产批号标识;产品合格证应包括适用钢筋直径和接头性能等级、套筒类型、生产单位、生产日期以及可追溯产品原材料力学性能和加工质量的生产批号。

(4)现场检验应按本规程进行接头的抗拉强度试验、加工和安装质量检验;对接头有特殊要求的结构,应在设计图纸中另行注明相应的检验项目。

(5)接头的现场检验应按验收批进行,同一施工条件下采用同一批材料的同等级、同型式、同规格接头,应 500 个为一个验收批进行检验与验收,不足 500 个也应作为一个验收批。

(6)螺纹接头安装后应按(5)的验收批,抽取其中 10% 的接头进行拧紧扭矩校核,拧紧扭矩值不合格数超过被校核接头数的 5% 时,应重新拧紧全部接头,直到合格为止。

(7)对接头的每一验收批,必须在工程结构中随机截取 3 个接头试件做抗拉强度试验,按设计要求的接头等级进行评定。

(8)现场检验连续 10 个验收批抽样试件抗拉强度试验一次合格率为 100% 时,验收批接头数量可扩大 1 倍。

(9)现场截取抽样试件后,原接头位置的钢筋可采用同等规格的钢筋进行搭接连接,或采用焊接及机械连接方法补接。

(10)对抽检不合格的接头验收批,应由建设方会同设计等有关方面研究后提出处理方案。

四、钢筋的绑扎与安装

钢筋的接长、钢筋骨架或钢筋网的成型应优先采用焊接或机械连接,若不能采用焊接或骨架过大、过重不便于运输安装,可采用绑扎的办法。

钢筋绑扎、安装前,应先熟悉图纸,核对钢筋配料单和钢筋加工牌,研究与有关工种的配合,确定施工方法。

1. 准备工作

核对成品钢筋的钢号、直径、形状、尺寸和数量等是否与配料单牌相符。准备绑扎用的铁丝、绑扎工具等。钢筋绑扎用的铁丝可采用 20～22 号铁丝,其中 22 号铁丝只用于绑扎直径 12 mm 以下的钢筋。准备控制混凝土保护层用的水泥砂浆垫块或塑料卡。划出钢筋位置线。

钢筋保护层应按设计或规范的要求正确确定。工地常用预制水泥垫块垫在钢筋与模板之间,以控制保护层厚度。垫块应布置成梅花形,其相互间距不大于 1 m。上下双层钢筋之间的尺寸,可绑扎短钢筋或设置撑脚来控制。水泥砂浆垫块的厚度,应等于保护层厚度。垫块的平面尺寸:当保护层厚度等于或小于 20 mm 时为 30 mm×30 mm,大于 20 mm 时为 50 mm×50 mm。当在垂直方向使用垫块时,可在垫块中埋入 20 号铁丝。塑料卡的形状有塑料垫块和塑料环圈两种,塑料垫块用于水平构件(如梁、板),塑料环圈用于垂直构件(如柱、墙)。

平板或墙板的钢筋在模板上划线;柱的箍筋在两根对角线主筋上划点;梁的箍筋则在架立筋划点;基础的钢筋在两向各取一根划点或在垫层上划线。

2. 钢筋绑扎要点

(1) 筏板基础钢筋绑扎

以筏板基础为例,筏板基础钢筋绑扎施工工艺流程:防水保护层混凝土拉毛处理→人工配合清理杂物→弹放轴线控制线及暗柱、底层钢筋位置线→摆放绑扎底层钢筋→支放垫块→自检→互检→交接检→电工配合→电自检、专检→绑扎地梁钢筋→绑扎马凳及上层钢筋→固定暗柱插筋→自检→互检→报监理隐检→交接检验。钢筋网的绑扎:四周两行钢筋交叉点应每点扎牢,中间部分交叉点可相隔交错扎牢,但必须保证受力钢筋不位移。双向主筋的钢筋网,则需将全部钢筋相交点扎牢。绑扎时应注意相邻绑扎点的钢丝扣要成八字形,以免网片歪斜变形。钢筋底板宜采用双层钢筋网,在上层钢筋网下面应设置钢筋马凳,双层钢筋网的上层钢筋弯钩应朝下。如采用马凳见图 4.18 所示。

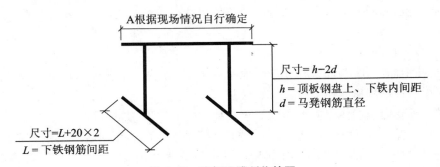

图 4.18　底板马凳制作简图

暗柱与基础连接用的插筋,插筋末端弯折钢筋与底层钢筋一定要固定牢靠,同时,暗柱附加箍筋与附加插筋进行焊接,以免造成暗柱轴线偏移。

(2) 顶板钢筋绑扎

绑扎前的基本要求:

①暗柱竖向主筋位置调整:根据上返墙体控制线调整墙体钢筋、洞口暗柱主筋间距及位置。

②顶板及梁窝施工缝处理：检查顶板施工缝及梁窝是否剔凿到位，否则严禁绑扎。

③清理模板基层：清扫模板上刨花、碎木、电线管头等杂物。

④放线定位：放出轴线及上部结构定位边线，在模板上划好主筋、分布筋间距，依线绑筋。

顶板钢筋绑扎要点：

①执行几个五厘米标准：顶板钢筋起步筋距墙边 5 cm 起步，阳台栏板竖向钢筋距墙边起步 5 cm。

②顶板保护层控制：板筋保护层垫块梅花形布置，间距 1 000 mm，保证保护层的厚度。

③顶板马凳铁设置：为确保上部钢筋的位置，在两层钢筋间加设马凳，马凳间距 1.5 m 一道放置。顶板负弯矩筋处根据墙体走向两侧各放置一道马凳。马凳铁要求放置在顶板下铁最下层钢筋上侧。

④施工缝设置：顶板及楼梯间休息平台施工缝留置跨中 1/3 处。

⑤绑扎要求：绑扎板筋时每个相交点均要绑扎，可采用顺扣或八字扣。

成品保护要求：

为防止顶板钢筋踩踏，绑扎完成后用废料做 30 cm 高马凳（周转使用），上铺设脚手板，便于验收和混凝土浇筑。

（3）墙体钢筋绑扎

绑扎前的基本要求：

①钢筋清理：在墙筋绑扎前，对顶板浇筑时受到浮浆污染的墙体立筋用钢丝刷清理干净。

②顶板施工缝处理：在顶板上弹出墙边线，沿墙边线用云石机切缝，对施工缝剔凿清理。

③墙筋位置调整：对位移钢筋依照墙体位置线按 1∶6 比例在墙内进行调整，保证间距与图纸要求一致。

墙筋绑扎要点：

①暗柱钢筋绑扎：箍筋绑扎起步距地面 3 cm；箍筋要与主筋绑扎到位；箍筋绑扎要求水平，绑扎前根据洞口两侧 50 线上返分档。

②梯子筋绑扎，墙体竖向梯子筋要求按技术交底加工，绑扎间距不大于 1.8 m。

③墙体立筋起步距暗柱边 5 cm，接头甩茬要求在同一标高（通过后台下料调整）；水平筋起步距地面 5 cm，水平筋绑扎成型后进墙体锚固弯钩要求水平，丁字墙要求向两侧水平。

④连梁绑扎：连梁绑扎高度要求按 50 线上返，要求连梁标高准确，两侧水平，连梁箍筋与主筋绑扎到位，要求进暗柱一根箍筋距柱边 5 cm，暗柱箍筋起步距暗柱边 5 cm。

⑤绑扣要求：所有搭接部位钢筋要求要有三道绑扣，所有绑丝要求扎丝朝向砼内侧。

⑥梁窝留置：按照锚固长度，留设梁窝。梁窝处用钢板网固定牢固。

⑦垫块要求：外墙外侧（与保温板接触面）要求用砂浆垫块，所有垫块要求间距 600 mm 梅花形布置。

任务评价 ▮▮▮▮

一、质量要求

钢筋绑扎安装必须符合《混凝土结构工程施工质量验收规范》《钢筋机械连接技术规程》的要求。钢筋安装的质量要求详见表 4.11。

表 4.11　钢筋安装的质量要求

项目	序号	检查项目				允许偏差或允许值
主控项目	1	纵向受力钢筋的连接方式				严格按照设计要求及相关规范要求执行
	2	机械连接和焊接接头的力学性能				
	3	受力钢筋的品种、级别、规格和数量				
一般项目	1	接头位置和数量				
	2	机械连接、焊接的外观质量				
	3	机械连接、焊接的砂面积百分率				
	4	绑扎搭接接头面积百分率和搭接长度				
	5	搭接长度范围内的箍筋				
	6	钢筋安装允许偏差	绑扎钢筋网	长、宽		±10 mm
				网眼尺寸		±20 mm
			绑扎钢筋骨架	长		±10 mm
				宽、高		±5 mm
			受力钢筋	间距		±10 mm
				排距		±5 mm
				保护层厚度	基础	±10 mm
					柱、梁	±5 mm
					板、墙、壳	±3 mm
			绑扎箍筋、横向钢筋间距			±20 mm
			钢筋弯起点位置			±20 mm
			预埋件	中心位置		±5 mm
				水平高差		±3,0 mm

二、质量管理与安全文明施工措施

(一) 质量管理

1. 工程部要根据实际进度计划牵头提出合理的钢筋进场计划,尽可能做到进场钢筋及时绑扎安装,减少现场钢筋堆放量、生锈量和占用场地量。

2. 为了防止钢筋放置混乱,必须加强钢筋的标识管理。钢筋从原材进场堆放、加工后成品钢筋堆放、施工现场堆放都必须按不同规格、级别分类堆放并标识,必要时施工现场设专人分类、发料。

关于钢筋保护层的要求:

(1) 底板混凝土保护层用预制混凝土垫块,预制混凝土垫块厚度等于保护层厚度,按每 0.8 m 梅花型摆放柱钢筋保护层。

(2) 柱混凝土保护层采用预制混凝土垫块绑在柱四边竖筋外皮上,每间隔 0.8 m 设置一道。

(3) 梁混凝土保护层用预制混凝土垫块,每间隔 0.8 m 设置一道,每道设六块(含两侧)。

(4) 墙混凝土保护层用预制混凝土垫块,按每 0.8 m 梅花型摆放。

(5) 板混凝土保护层用预制混凝土垫块,预制混凝土垫块厚度等于保护层厚度,按每 0.8 m 梅花型摆放柱钢筋保护层。

另外,其他方面的要求也不能忽视,如:

(1) 较为复杂的墙柱梁节点由配属队伍技术人员按图纸要求和有关规范进行钢筋摆放放样,并对操作工人进行详细交底。

(2) 代换钢筋必须征得设计单位同意和监理工程师的认可,并符合相关规范规定。

(3) 底板每层网片绑扎完后进行自检,确保钢筋排放无误、无偏位、端头符合要求后方可进行下道工序。

(二) 安全与文明施工措施

1. 焊接设备的外壳必须接地,操作人员必须戴绝缘手套和穿绝缘鞋,雨雪天不得施焊。

2. 在电渣压力焊操作过程中一定要注意防火、防触电和防烫伤,由于高压电缆敷设在施工操作面上,因此一定采取有效预防保护措施,并严格执行安全操作规程。

3. 大量焊接时,焊接变压器不得超过负荷,变压器升温时不得超负荷,变压器升温不得超过 60 ℃,因此要特别注意遵守焊机暂载率规定,以免过分发热而损坏。

4. 电焊、对焊时,必须开放冷却水;焊机出水温度不得超过 40 ℃,排水量要符合要求。天冷时要放尽焊机内存水,以免冻塞。焊机工作范围内严禁堆放易燃物品,以免引起火灾。

5. 焊工必须穿戴防护衣具,操作地点相互之间要设挡板,以防弧光刺眼。接触焊焊工要戴无色玻璃眼镜,电弧焊焊工要戴防护面罩。施焊时,焊工要在干木垫或其他绝缘垫上。

6. 焊接过程中如焊机发生不正常响声、冷却系统堵塞或漏水、变压器绝缘电阻过小、导线破裂、漏电等,均要立即进行检修。

7. 焊机要设单独的供电系统。

8. 对于钢筋调直机、套丝机等机械,在操作过程中要严格遵守安全施工规范。

9. 在吊运钢筋时,塔吊司机一定要与信号员配合好,做到轻吊轻放,避免碰伤人员或成品。

10. 施工人员均需经过三级安全教育,进入现场必须戴好安全帽,穿具有安全性的电工专用鞋。

11. 所有临电必须由电工接至作业面,其他人员禁止乱接电线。机电人员应持证上岗,并按规定使用好个人防护用品。

12. 电焊之前进行用火审批,作业前应检查周围的作业环境,并设专人看火。灭火器材配备齐全后,方可进行作业。

13. 夜间作业,作业面应有足够的照明;同时,灯光不得照向场外,影响马路交通及居民休息。

14. 钢材、半成品等应按规格、品种分别堆放整齐,码放高度必须符合规定,制作场地要平整,工作台要稳固,照明灯具必须加网罩。

15. 拉直钢筋,卡头要卡牢,地锚要结实牢固;拉筋沿线 2 m 区域内禁止行人;人工绞磨拉直,不准用胸、肚接触推杠,并缓慢松卸,不得一次松开。操作人员必须持证上岗。

16. 展开盘圆钢筋时要一头卡牢,防止回弹,切断时要先用脚踩紧。

17. 人工断料,工具必须牢固。掌克子和打锤要站成斜角,注意扔锤区域内的人和物体。切断小于 30 cm 的短钢筋,应用夹子夹牢,禁止用手把扶,并在外侧设置防护箱笼罩。

18. 多人合运钢筋,起、落、转、停动作要一致,人工上下传送不得在同一垂直线上。钢筋堆放要分散、稳当,防止倾倒和塌落。

19. 在高空、深坑绑轧钢筋和安装骨架时,须搭设脚手架和马道。

20. 绑扎立柱、墙体钢筋时,不得站在钢筋骨架上和攀登骨架上下。柱筋在 4 m 以内重量不大,可在地面或楼面上绑扎,整体竖起;柱筋在 4 m 以上,应搭设工作台。柱梁骨架,应用临时支撑拉牢,以防倾倒。

21. 绑扎基础钢筋时,应按施工设计规定摆放钢筋,钢筋支架或马凳架起上部钢筋,不得任意减少马凳或支架。

22. 绑扎高层建筑的圈梁、挑檐、外墙、边柱钢筋时,应搭设外挂架或安全网。绑扎时要挂好安全带。

23. 进入施工现场要正确戴好安全帽,同时施工时必须注意轻拿轻放。

24. 柱、墙钢筋绑扎时,临时脚手架的搭设必须符合安全要求,脚手板 2 m 以上做到一板三寸量,严禁使用探头板、飞板。使用时必须执行高挂低用的规定。

25. 对于电动机具,使用前必须报总包方批准,经审核验收合格后方能投入使用。机械在使用过程中要注意机械的维修与保养,杜绝机械伤人。2 m 以上高空作业必须正确使用安全带。

26. 严禁私自移动安全防护设施,需要移动时必须经总包方安全部门批准。移动后应有相应的防护措施,施工完毕后应恢复原有的标准。

27. 作业人员要做到文明施工,施工场地划分环卫包干区,指定专人负责,做到及时清理场地。

28. 要注意做到"安全第一,预防为主",生产必须安全,安全为了生产。

思考与练习

1. 试述钢筋冷拉及冷拉控制方法。
2. 冷拉设备的能力大小如何确定?
3. 钢筋的连接有哪些方法? 在工程中应如何选择?
4. 如何计算钢筋的下料长度?
5. 试述钢筋代换的原则及方法。

拓展训练

一、实训目的

本训练项目是掌握一些钢筋混凝土结构施工中木工、钢筋工技能的重要训练。通过训练,尚可提高对施工工艺的感性认识,积累施工经验,对所学的建筑施工技术、钢筋混凝土结构等有关课程进行深化与拓宽。

二、实训任务

参加实训的学生分组集体完成 1~1.5 m 跨楼盖的胶合板(木)模板的安装以及柱、梁、板钢筋的安装。图纸由指导老师提供。

三、实训地点与基本要求

该项训练安排在校内施工工艺训练室进行,要求:

1. 穿实训服,衣服袖口有缩紧带或纽扣,不准穿拖鞋。
2. 留辫子的同学必须把辫子扎在头顶。
3. 作业过程必须戴手套,下料加工使用电动机械由师傅代劳。

四、组织管理

1. 由任课老师负责实训指导与检查督促、验收。
2. 两名技师负责电锯、切割机、弯曲机的使用,学生只需将模板、钢筋的下料尺寸提前交给技师即可,由技师代劳进行下料加工。
3. 实训室内可同时进行两组的实训,每组人数在 10 人左右,实训前学生自行进行分组,并选出组长,分配好每个人的工作任务。

五、训练内容

依据组内某位同学在"钢筋混凝土结构课程设计"中自行设计的梁板结构设计图中的一跨，或者由任课老师指定的结构图，转化成模板施工图和配筋图，计算下料尺寸，交给木工和钢筋工技师下料，然后进行柱、梁、板、墙模板的安装和钢筋的安装。安装完毕后两组相互进行质量检查、评价，将检查提出的问题进行整改，最后进行验收。

工作流程：确定、熟悉结构施工图→计算模板、钢筋下料尺寸→技师下料、测量放线、安装柱子钢筋(柱子由地面伸出钢筋头，柱子、支撑长度可缩短)→安装柱子模板→安装梁板支撑→安装梁模板→安装板模板→安装梁钢筋→安装板钢筋→安装板钢筋→互相检查→整改→验收评分→拆除。

六、材料与设备

材料：18 mm 胶合板、木方、钢管支撑或门字架；
　　　φ6 钢筋、PⅡ级钢筋(规格待定)；
　　　铁丝、铁钉；
　　　数量依实际情况而定。
设备：电锯、切割机、钢筋弯曲机各 1 台。
工具：铁锤、钢筋钩、墨斗、卷尺、线锤若干。

七、时间安排(表 4.12)

表 4.12　木工、钢筋工工种实训时间安排表

时间	训　练　内　容
第一天	1. 画模板施工图和配筋图 2. 计算下料尺寸，将下料尺寸交给木工和钢筋工技师下料
第二天	1. 安装前在地面上弹出柱、梁模板的中心线及边线 2. 预拼好柱和梁模板 3. 预绑扎柱、梁钢筋笼 4. 安装楼梯模板
第三天	1. 安装柱子钢筋 2. 安装梁、柱、板模板
第四天	继续安装梁、板、柱模板，安装梁板梯钢筋
第五天	相互进行质量检查、评价，将检查提出的问题进行整改
第六天	验收、作品照相、拆除
业余时间	编写实训报告

八、成绩考核

由任课老师根据每个人的表现、在过程中所起的作用、实训作品验收、实训报告等进行评分。评分方法如表 4.13 所示。

表 4.13　木工、钢筋工工种实训成绩评定表

学号		姓名	
项目		比例/%	得分
操作技能(40%)	模板安装	20	
	钢筋绑扎安装	20	
心智技能(30%)	现场回答问题	15	
	实训报告	15	
工作态度(30%)	在小组中所起的作用	10	
	工作作风	10	
	安全与卫生	5	
	纪律与出勤	5	
总评		100	

模板安装、钢筋绑扎安装评分方法详见表 4.14 和表 4.15,现场回答的问题来自教材的有关内容,实训报告的编写可参照有关实习报告的编写方法。因操作技能的实训是集体项目,讲究分工与配合,小组内成员得分相同,"在小组中所起作用"指小组每个成员所担负的分工职责完成情况。

表 4.14　木(胶合板)模板安装操作技能评分表

内容及要求	分值	评分
一、柱模板		
断面尺寸符合设计值		
阳角为直角		
垂直度,±1 mm		
支撑、紧固牢固		
二、梁模板		
断面尺寸符合设计值		
标高±2 mm		
水平(两端等高)		
支撑稳固		
三、楼盖模板		
下料、组合合理		
接缝严密		
板面平整		
四、总评	100	
备注	1. 模板的安装是集体项目,每一小组成员得分相同。2. 分值比例由任课老师视情况而定	

表 4.15　钢筋绑扎安装操作技能评分表

内容及要求	分　值	评　分
一、柱钢筋		
垂直钢筋位置、间距符合设计值		
箍筋数量、间距、弯钩位置符合要求		
保护层垫块安放得当		
绑扎牢固		
二、梁钢筋		
钢筋笼骨架构造合理		
箍筋数量、间距符合要求		
锚固长度符合要求		
箍筋数量、间距符合要求		
绑扎牢固		
三、楼板钢筋		
网格排置合理、美观		
锚固长度符合要求		
保护层垫块安放得当		
绑扎点合理、均匀		
四、总评	100	
备注	1. 模板的安装是集体项目,每一小组成员得分相同 2. 分值比例由任课老师视情况而定	

任务 3　混凝土工程施工

任务描述

　　混凝土工程是建筑施工中的主导工种工程,无论在人力、物力消耗还是对工期的影响方面都占非常重要的地位。

知识准备

一、混凝土的制备

　　混凝土是由胶凝材料、粗骨料、细骨料及水,必要时掺入外加剂或矿物混合材料,按一定比例配合而得到的一种人工复合材料。由于原材料丰富易得、施工方便、可塑性好、适应性强、节约能源，所以混凝土在土建工程中应用很广泛。

要想制备优质的混凝土，就应选择性能良好的原材料、适宜的混凝土配合比；正确地进行混凝土的搅拌。

1. 良好原材料的选择

（1）混凝土胶凝材料的选择

混凝土中的胶凝材料通常指的是水泥，主要起胶结作用。目前土建工程中常用水泥，按其材料的品种和掺量可分为硅酸盐水泥、普通水泥、矿渣水泥、火山灰质水泥、粉煤灰水泥及复合硅酸盐水泥六种。其中，普通水泥可用于任何条件和环境下的所有工程，硅酸盐水泥在厚大体积混凝土中不得使用，其他几种水泥也都应合理选用。根据工程特点、所处环境、施工条件及设计强度等级要求，合理选择水泥品种和强度，以满足工程质量要求。适当考虑当地资源供给情况，以便降低工程造价。

此外，还应根据混凝土的不同用途，合理选择水泥品种。尽量选择富余系数大、需水量小的水泥，这样既可保证混凝土的强度，又能减少水泥用量，经济实用。

（2）矿物混合材料的选用

为了改善混凝土的和易性，节约水泥，常在混凝土中掺加矿渣、粉煤灰、硅粉、石膏等废物资源化的生态胶凝材料。这些材料有调节混凝土黏度、强度，减少用水量的作用，还可以填充空隙，使混凝土更加密实。但对其细度要求很严格，一般都要经过超细粉磨，在掺量上也有一定的限制。

（3）合理选择粗骨料

在混凝土中，粗骨料通常指的是碎石或卵石，起骨架作用。要求其表面洁净、粗糙、形状较圆、棱角少。碎石或卵石的最大粒径和级配对混凝土的单位用水量、砂率和拌和物的流动性影响很大，因此对其最大粒径要有所限制。如配制高强混凝土时，碎石的最大粒径应为 19 mm 或 25 mm；采用泵送混凝土时碎石最大粒径应小于泵的出口管径的三分之一等。颗粒级配应良好，尽量采用人为的间断级配配制成连续级配的粗料，若采用单一级配时，应提高砂率。

（4）正确选择混凝土用砂

天然砂是混凝土中常用的细骨料，应级配良好，质地坚硬，洁净。配制混凝土用砂的级配和细度模数都应符合规定，否则会影响到所配制混凝土的质量。砂子的颗粒级配合理、含泥量低时最有利于提高混凝土的强度和流动性。

混凝土用砂分为粗砂、中砂和细砂，粗砂适合于配制高强度混凝土，普通流态混凝土适宜用中砂。砂的粗细对混凝土中砂率和用水量的大小影响很大，砂率越大，用水量也越大，坍落度越大；砂率过小时混凝土流动性变小，易产生泌水和离析现象，因此要正确选择混凝土用砂。

（5）水

混凝土中的水与水泥混合成水泥浆，起填充、黏结作用，并使拌和物具有流动性。凡符合国家标准的饮用水均可用于拌制混凝土。若使用地表水、地下水时，均应进行检验，各项指标符合标准规定后才可使用。

（6）外加剂

在混凝土中使用外加剂，可以有效减少水泥用量，降低工程成本。混凝土中常使用的外加剂主要有减水剂、缓凝剂、引气剂等。在使用时应根据所配制混凝土的类型、工程特点、气候条件等合理选择外加剂类型，然后根据外加剂类型、品牌及工程需要确定外加剂的适宜掺量，最后进行混凝土试配，选择性能满足要求又经济的外加剂品牌和适宜掺量。

2. 选择适宜的混凝土配合比

选择混凝土的配合比时。应注意以下几点：

（1）混凝土的强度、工作性、耐久性要符合工程要求。混凝土配合比设计中最主要的指标就是强度，它是在设计混凝土强度等级上增加了一定富余的混凝土强度，即试配强度。工作性是保证混凝土质量和便于施工的前提条件，一般应根据施工方法、建筑物截面积及钢筋的疏密程度来选择混凝土的工作性。耐久性是要求混凝土在设计使用年限内能够正常使用，且耐磨、耐蚀、抗冻、抗渗等。按照设计的配合比制备出的混凝土，通过试验测定其工作性、强度，结果要符合设计要求。

（2）水灰比、单位用水量尽量小。混凝土强度主要取决于水灰比，其他条件不变时，水灰比越小，强度就越高。在混凝土坍落度或维勃稠度指标一定时，碎石或卵石的最大粒径越大，单位用水量就越小。水灰比就越小。但要求其最大粒径不得大于构件截面最小边长的 1/4；对于实心板，允许最大粒径等于板厚的 1/2，但不得超过 50 mm，不得大于钢筋最小间距的 3/4。

（3）选择最佳砂率

砂率是指混凝土中砂的质量占砂石总质量的百分率。在配制时，一般以砂的体积填满粗集料空隙并略有富余为准。最佳砂率要通过试验求得。一般是采用在满足流动性条件下水泥用量最小的砂率。

一般情况下，碎石或卵石的最大粒径越大，水灰比越小，砂率就越小。因此在混凝土配合比设计时，尽量使符合要求的碎石或卵石的最大粒径达到最大，采用最佳砂率，并且尽量小；充分振捣密实，以取得较小的坍落度。

目前，由于混凝土工程的大型化、机械化，对混凝土质量的要求越来越高，商品混凝土的使用也越来越多，因此可以采用全计算法确定的配合比设计，即以强度、耐久性及工作性为基础。推导出用水量和砂率。

（4）混凝土搅拌

混凝土拌和物应搅拌均匀，不得有泌水、离析现象。拌制混凝土时，要准确控制各种材料的用量，尤其是用水量和外加剂的质量。每天拌和前，都应测定现场砂、石材料的含水率，以便及时调整拌和实际用水量。每天都应在搅拌地点和浇筑地点分别取样检测混凝土拌和物的坍落度，同时还应观察和记录其黏聚性、保水性，不符合要求时要及时调整。对实际坍落度和原有设计坍落度进行比较，然后参照原有水灰比，重新调整加水量，以取得满足要求的水灰比，作为现场拌和用水灰比，再以此水灰比计算拌和时所需加水量。混凝土中外加剂的掺量较少，通常都不超过水泥用量的 5%，添加时一定要控制准确。

通常情况下,混凝土搅拌时间越长均质性越好,相应的混凝土强度也有所提高,但时间过长,强度不但不增加还会使混凝土出现离析现象,影响混凝土质量。因此在搅拌混凝土时,要正确控制搅拌时间。混凝土搅拌的最短时间如表 4.16。

表 4.16 混凝土搅拌的最短时间

混凝土坍落度(mm)	搅拌机	搅拌机出料容量(L)		
		<250	250~500	>500
≤30	自落式	90	120	150
	强制式	60	90	120
>30	自落式	90	90	120
	强制式	60	60	90

注:掺有外加剂时,搅拌时间应适当延长。

为了满足各行各业对多样化、造型化的建筑结构物的需要,我们必须要正确控制混凝土原材料质量、适宜的配合比设计、混凝土的搅拌和运输三个环节,确保能够生产和供给大量的优质混凝土,更好地满足各界对优质混凝土的需要,以适应经济建设的快速发展。

二、混凝土的运输

混凝土运输工作分为水平运输和垂直运输两种情况。

1. 水平运输

混凝土的水平运输又称为供料运输。常用的运输方式有人工、窄轨斗车、机动翻斗车、混凝土搅拌运输车、自卸汽车、混凝土泵、皮带机、机车等几种。应根据工程规模、施工场地宽窄和设备供应情况选用。

人工运输混凝土常用手推车、架子车和斗车等。采用手推车和架子车时,要求运输道路路面平整,随时清扫干净,防止混凝土在运输过程中受到强烈振动。道路的纵坡,一般要求水平,局部不宜大于 15%,一次爬高不宜超过 2~3 m,运输距离不宜超过 200 m。

用窄轨斗车运输混凝土时,窄轨(轨距 610 mm)车道的转弯半径以不小于 10 m 为宜。轨道尽量为水平,局部纵坡不宜超过 4%,尽可能敷设双线,以便轻、重车道分开。若为单线,则要设避车岔道。容量为 0.60 m³ 的斗车一般用人力推运,局部地段可用卷扬机牵引。

机动翻斗车是混凝土工程中使用较多的水平运输机械。它轻便灵活、转弯半径小、速度快且能自动卸料,适用于短途运输混凝土或砂石料。

混凝土搅拌运输车(图 4.19)是运送混凝土的专用设备。它的特点是在运量大,运距远的情况下,能保证混凝土的质量。一般在混凝土制备点(商品混凝土站)与浇筑点距离较远时使用。

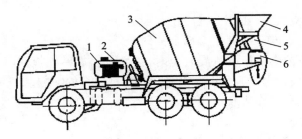

图 4.19　混凝土搅拌运输车

1—水箱；2—外加剂箱；3—搅拌筒；4—进料斗；5—固
定卸料溜槽；6—活动卸料溜槽

混凝土搅拌运输车的运送方式有两种：一种是在 10 km 范围内做短距离运送时，只作为运输工具使用，即将拌和好的混凝土运送至浇筑点。在运输途中，为防止混凝土分离，让搅拌筒只做低速搅动，使混凝土拌和物不致分离、凝结。另一种是在运距较长时，搅拌、运输两者兼用，即先在混凝土拌和站将砂、石、水泥按配比装入搅拌鼓筒内，并将水注入配水箱，开始只做干料运送，然后在到达目的地 10~15 min 路程时，启动搅拌筒回转，并向搅拌筒注入定量的水，这样在运输途中边运输边搅拌成混凝土拌和物，送至浇筑点使用。

2. 垂直运输

目前，混凝土的垂直运输多用塔式起重机、井架，也可采用混凝土泵。

塔式起重机又称塔机或塔吊，是在门架上装置高达数十米的钢塔，用于增加起重高度。其起重臂多是水平的，起重小车（带有吊钩）可沿起重臂水平移动，用以改变起重幅度，如图 4.20 所示。塔机可靠近建筑物布置，沿着轨道移动，利用起重小车变幅，所以控制范围是一个长方形的空间。塔式超重机运输的优点是地面运输、垂直运输和楼面运输都可以来用。混凝土在地面由水平运输工具或搅拌机直接卸入吊斗吊起运至浇筑部位进行浇筑。

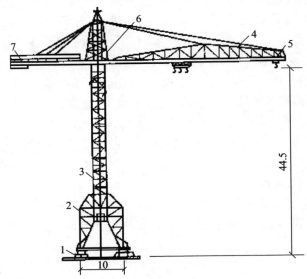

图 4.20　10/25 t 塔式起重机（单位：m）

1—车轮；2—门架；3—塔身；4—起重臂；5—起重小车；6—回转塔架；7—平衡重

井架运输。混凝土在地面用双轮手推车运至井架的升降平台上,井架将双轮手推车提升到楼层上,再将手推车沿铺在楼面上的跳板推到浇筑地点。另外,井架可以兼运其他材料,利用率较高。由于在浇筑混凝土时,楼面上已立好模板、扎好钢筋,因此需敷设手推车行走用的跳板。为了避免压坏钢筋,跳板可以用马凳垫起。手推车的运输道路应形成回路,避免交叉和运输堵塞。

3. 混凝土泵运输

混凝土泵运输可以同时完成水平运输和垂直运输。它以泵为动力,沿管道输送混凝土,将混凝土直接运送至浇筑地点。

泵送混凝土除应满足结构设计强度外,还要满足可泵性的要求,即混凝土在泵管内易于流动,有足够的黏聚性,不泌水、不离析。要求泵送混凝土所采用的粗骨料为连续级配,其针片状颗粒含量不宜大于 10%,粗骨料的最大粒径与输送管径之比应符合规范的规定,泵送混凝土宜采用中砂,通过 0.315 mm 筛孔的颗粒含量不应少于15%,最好能达到 20%。泵送混凝土应选用硅酸盐水泥、普通硅酸盐水泥、矿渣硅酸盐水泥和粉煤灰硅酸盐水泥,不宜采用火山灰质硅酸盐水泥。为改善混凝土工作性能、延缓凝结时间、增大坍落度和节约水泥,泵送混凝土采用泵送剂或减水剂,泵送混凝土宜掺用粉煤灰或其他活性矿物掺和料。掺磨细粉煤灰,可提高混凝土的稳定性、抗渗性、和易性和可泵性,既能节约水泥,又使混凝土在泵管中增加润滑能力,提高泵和泵管的使用寿命。

混凝土的坍落度宜为 80~180 mm,泵送混凝土的用水量与水泥和矿物掺和料的总量之比不宜大于 0.6。泵送混凝土的水泥和矿物掺和料的总量不宜小于 300 kg/m³。为防止泵送混凝土经过泵管时产生阻塞,要求泵送混凝土比普通混凝土的砂率要高,其砂率宜为 35%~45%。

4. 混凝土辅助运输设备

运输混凝土的辅助设备有吊罐、集料斗、溜槽、溜管等。用于混凝土装料、卸料和转运入仓,对于保证混凝土质量和运输工作顺利进行起着相当大的作用。

(1) 溜槽与振动溜槽

溜槽为钢制槽子(钢模),可从皮带机、自卸汽车、斗车等受料,将混凝土转送入仓。其坡度可由试验确定,常采用 45°左右。当卸料高度过大时,可采用振动溜槽。振动溜槽装有振动器,单节长 4~6 m,拼装总长可达 30 m,其输送坡度由于振动器的作用可放缓至 15°~20°。采用溜槽时,应在溜槽末端加设 1~2 节溜管或挡板,以防止混凝土料在下滑过程中分离。利用溜槽转运入仓,是大型机械设备难以控制部位的有效入仓手段。

(2) 溜管与振动溜管

溜管(溜筒)由多节铁皮管串挂而成。每节长 0.8~1 m,上大下小,相邻管节铰挂在一起,可以拖动,如图 4.21 所示。采用溜管卸料可起到缓冲作用,以防止混凝土料分离和破碎。

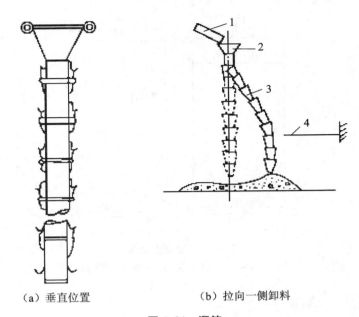

（a）垂直位置　　　　　　　（b）拉向一侧卸料

图 4.21　溜筒

1—运料工具；2—受料斗；3—溜管；4—拉索

溜管卸料时，其出口离浇筑面的高差应不大于 1.5 m，并利用拉索拖动均匀卸料，但应使溜管出口段约 2 m 长与浇筑面保持垂直，以避免混凝土料分离。随着混凝土浇筑面的上升，可逐节拆卸溜管下端的管节。溜管卸料多用于断面小、钢筋密的浇筑部位，其卸料半径为 1～1.5 m，卸料高度不大于 10 m。振动溜管与普通溜管相似，但每隔 4～8 m 的距离装有一个振动器，以防止混凝土料中途堵塞，其卸料高度可达10～20 m。

（3）吊罐

吊罐有卧罐和立罐之分。卧罐通过自卸汽车受料；立罐置于平台列车，直接在搅拌楼出料口受料（如图 4.22、图 4.23）。

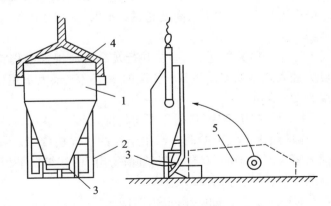

图 4.22　混凝土卧罐

1—装料斗；2—滑架；3—斗门；4—吊梁；5—平卧状态

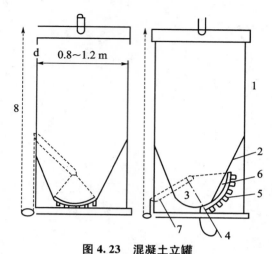

图 4. 23　混凝土立罐
1—金属筒；2—料斗；3—出料口；4—橡皮垫；5—辊轴；6—扇形活门；7—手柄；8—索

任务实施

一、混凝土的浇筑

混凝土浇筑要保证混凝土的均匀性和密实性，保证结构的整体性，尺寸准确和钢筋、预埋件的位置正确，拆模后混凝土表面要平整、光洁。

1. 浇筑前的检查

浇筑前应检查模板、支架、钢筋和预埋件的位置是否正确，并进行验收。由于混凝土工程属于隐蔽工程，因而对混凝土用量大的工程、重要工程或重点部位的浇筑，以及施工中的其他重大问题均应随时填写施工记录。

2. 混凝土浇筑的一般要求

（1）混凝土自吊斗下落的自由倾落高度不得超过 2 m，如超过 2 m 时必须采取措施。

（2）浇筑竖向结构混凝土时，如浇筑高度超过 3 m 时，应采用串筒、导管、溜槽或在模板侧面开门子洞（生口）。

（3）浇筑混凝土时应分段分层进行，每层并行筑高度应根据结构特点、钢筋疏密决定。一般分层高度为插入式振动器作用部分长度的 1.25 倍，最大不超过 500 mm。平板振动器的分层厚度为 200 mm。

（4）使用插入式振动器应快插慢拔，插点要均匀排列，逐点移动，按顺序进行，不得遗漏，做到均匀振实。移动间距不大于振动棒作用半径的 1.5 倍（一般为 300～400 mm）。振捣上一层时应插入下层混凝土面 50 mm，以消除两层间的接缝。平板振动器的移动间距应能保证振动器的平板覆盖已振实部分边缘。

（5）浇筑混凝土应连续进行。如必须间歇，时间应尽量缩短，并应在前层混凝土初凝之前，将次层混凝土浇筑完毕。间歇的最长时间应按所有水泥品种及混凝土初凝条件确定，一般超过 2 h 应按施工缝处理。混凝土浇筑允许间歇时间见表 4.17。

表 4.17 混凝土浇筑允许间歇时间（单位:min）

混凝土强度等级	施工气温	
	≤25 ℃	≥25 ℃
≤C30	210	180
>C30	180	150

注:表中的数值包括混凝土的运输和浇筑时间,当混凝土中掺入促凝剂或缓凝剂时,其允许间歇时间由试验确定。

（6）浇筑混凝土时应派专人经常观察模板钢筋、预留孔洞、预埋件、插筋等有无位移变形或堵塞情况,发现问题应立即浇灌并应在已浇筑的混凝土初凝前修整完毕。

（7）混凝土浇筑时应符合所规定的坍落度要求（见表 4.18）。

表 4.18 混凝土浇筑时的坍落度

项次	结构种类	坍落度(mm)	项次	结构种类	坍落度(mm)
1	基础或地面等的垫层、无配筋的厚大结构（挡土墙、基础或厚大的块体）或钢筋稀疏的结构	10~30	3	配筋密列的结构（薄壁、斗仓、筒仓、细柱等）	50~70
2	板、梁和大型及中型截面的柱子等	30~50	4	配筋特密的结构	70~90

注:①本表是指采用机械振捣的坍落度,采用人工振实时可适当增大。
②需要配置大坍落度混凝土时,应掺用外加剂。
③曲面或斜面结构的混凝土、自密实混凝土,其坍落度值应根据实际需要另行选定。
④轻骨料混凝土坍落度宜比表中数值减少 10~20 mm。

（8）混凝土必须分层浇筑。为了使混凝土上下层结合良好并振捣密实,混凝土必须分层浇筑,其浇筑厚度应符合表 4.19 的规定。

表 4.19 混凝土浇筑层厚度

捣实混凝土的方法		浇筑层的厚度(mm)
插入式振捣		振动器作用部分长度的 1.25 倍
表面振捣		200
人工振捣	在基础、无筋混凝土或配筋稀疏结构中	250
	在梁、板、柱结构中	200
	在配筋密列的结构中	150

3. 正确留置施工缝

混凝土结构大多要求整体浇筑。若因技术或组织上的原因不能连续浇筑,且停顿时间有可能超过混凝土的初凝时间,则应事先确定在适当位置留置施工缝。施工缝是结构中的薄弱环节,宜留在结构剪力较小的部位。柱应留置水平缝,梁、板应留置垂直缝。在施工缝处继续浇筑混凝土时,应除掉水泥浮浆和松动石子,并用水冲洗干净,待已浇筑的混凝土的强度不低于 1.2 MPa 时才允许继续浇筑,在结合面应先铺抹一层水泥浆或与混凝土砂浆成分相同的砂浆。

4. 浇筑方法

基础工程多为大体积混凝土结构,整体性要求较高,往往不允许留施工缝,应一次连续浇筑完毕。根据结构特点不同,可分为全面分层、分段分层、斜面分层等浇筑方案(见图 4.24)。

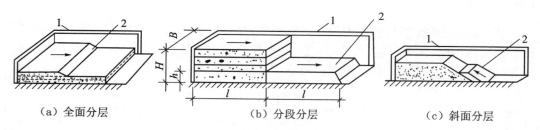

（a）全面分层　　　　　　（b）分段分层　　　　　　（c）斜面分层

图 4.24　大体积混凝土浇筑方案
1—模板;2—新浇筑的混凝土

（1）全面分层浇筑方案

当结构平面面积不大时,可将整个结构分为若干层进行浇筑,即第一层全部浇筑完毕后,再浇筑第二层,如此逐层连续浇筑,直到结束。为保证结构的整体性,要求第二层混凝土在前层混凝土初凝前浇筑完毕。若结构平面面积为 $A(\text{m}^2)$,浇筑分层厚为 $h(\text{m})$,每小时浇筑量为 $Q(\text{m}^2/\text{h})$,混凝土从开始浇筑到初凝的延续时间为 T(一般等于混凝土初凝时间减掉混凝土运输时间,以小时计)。为保证结构的整体性,则应满足:

$$Ah \leqslant QT，因此，A \leqslant QT/h \tag{4.2}$$

（2）分段分层浇筑方案

当结构平面面积较大时,全面分层已经不适合,这时可采用分段分层浇筑方案。即将结构分为若干段,每段又分为若干层,先浇筑第一段各层,然后浇筑第二段各层,如此逐段逐层连续浇筑,直至结束。为保证结构的整体性,要求第二段混凝土应在前段混凝土初凝前浇筑并与之捣实成整体。若结构的厚度为 $H(\text{m})$、宽度为 $B(\text{m})$、分段长度为 $L(\text{m})$,为保证结构的整体性,则应满足式(4.3)的条件:

$$L \leqslant QT/[B(H-h)] \tag{4.3}$$

（3）斜面分层浇筑方案

当结构的长度超过厚度的三倍时,可采用斜面分层的浇筑方案。混凝土从结构一端满足其高度浇筑一定长度,并留设坡度为 1∶3 的浇筑斜面,从斜面下端向上浇筑,逐层进行,振动器应与斜面垂直。

5. 混凝土振捣

混凝土浇入模板以后是较疏松的,里面含有空气与气泡,而混凝土的强度、抗冻性、抗渗性以及耐久性等都与混凝土的密实程度有关。目前,主要是用人工或机械捣实混凝土。人工捣实混凝土只有在缺乏机械、工程量不大或机械不便工作的部位采用,混凝土振捣主要采用振捣器进行。振捣器产生小振幅、高频率的振动,使混凝土在其振动的作用下,内摩擦力和黏结力大大降低,使干稠的混凝土获得了流动性,在重力的作用下骨料互相滑动而紧密排列,空隙由砂浆所填满,空气被排出,从而使混凝土密实,并填满模板内部空间,且与钢筋紧密结合。常用的振捣机械按照振捣方式的不同,分为插入式振捣器、外部式振捣器、表面式振捣器和振捣台等,如图 4.25 所示。其中外部式振捣器只适用于柱、墙等结构尺寸小且钢筋密的构件;表面式振捣器只适用于薄层混凝土的捣实(如道路、薄板等);振动台多用于实验室。

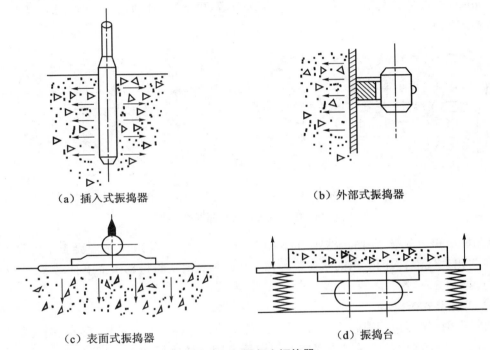

（a）插入式振捣器 （b）外部式振捣器

（c）表面式振捣器 （d）振捣台

图 4.25 混凝土振捣器

（1）插入式振捣器

插入式振捣器按驱动方式不同,分为电动、风动、液压和内燃机驱动等形式,一般工程均采用电动插入式振捣器。电动插入式振捣器又分为三种,如表 4.20 所示。

表 4.20 电动插入式振捣器

序号	名称	构造	适用范围
1	串激式振捣器	串激式电机拖动,直径 18～50 mm	小型构件
2	软轴振捣器	有偏心式、外滚道行星式、内滚道行星式,振捣棒直径 25～100 mm	除薄板外的各种混凝土工程
3	硬轴振捣器	直联式,振捣棒直径 80～133 mm	大体积混凝土

插入式振捣器使用要点如下:

①使用前,应先检查各部件是否完好,各连接处是否紧固,电动机是否绝缘,电源电

压和频率是否符合规定等,并进行试运转。

②振捣时,要做到"快插慢拔"。快插是为了防止将表层混凝土先振实,慢拔是为了使混凝土能填埋振动棒的空隙,防止产生孔洞。作业时,要使振动棒自然沉入混凝土中,不可用力过猛,一般应垂直插入,并插至尚未初凝的下层混凝土中 50~100 mm,以利于上下混凝土层相互结合。

③振动棒插点要均匀排列。可采用"行列式"或"交错式"的次序移动。当"行列式"排列时,$S \leqslant 1.5R$(S 为两个插点的间距,R 为振动棒的有效作用半径,一般为 30~50 cm);当"交错式"排列时,$S \leqslant 1.75R$,以防漏振(见图 4.26)。振动棒与模板的距离不得大于 $0.5R$,并且要避免触及钢筋、模板、心管、预埋件等,更不能采取通过振动钢筋的方法来促使混凝土振实。

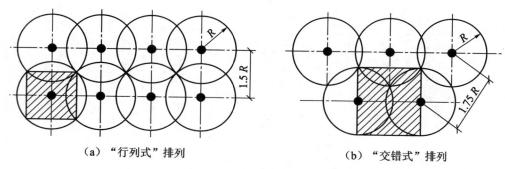

(a)"行列式"排列　　　　　　(b)"交错式"排列

图 4.26　插入式振捣器相邻插点的排列

④振动棒在混凝土内的振捣时间,一般每个插点为 20~30 s,到混凝土不再显著下沉、不再出现气泡、表面泛出的水泥浆均匀为止。振捣时应将振动棒上下抽动 5~10 cm,每插点抽动 3~4 次。

(2)外部式振捣器

外部式振捣器包括附着式、平板(梁)式及振动台三种类型。平板(梁)式振捣器有两种型式,一种是在附着式振捣器底座上用螺栓紧固一块木板或钢板(梁),通过附着式振捣器所产生的激振力传递给振板,迫使振板振动而振实混凝土;另一种是定型的平板(梁)式振捣器,振板为钢制槽形(梁形)振板,上有把手,便于边振捣、边拖行,更适用于大面积的振捣作业。

外部式振捣器使用要点如下:

①振捣的混凝土厚度不宜过大,一般为 150~250 mm,振捣时,平板必须与混凝土充分接触,以保证主振动力的有效传递。

②在一个位置连续振动的时间不宜过长,在正常情况下为 25~40 s,并以混凝土表面均匀出现浆液为准。

③平板(梁)式振捣器的移动要有一定的路线,并保证前后左右相互搭接 30~50 mm,以防止产生漏振。振动倾斜混凝土表面时,振动路线应由低处向高处推进。

④振捣器在作业中应经常检查轴承和电动机的温度。若温升超过 60 ℃或有异声,应立即停机查明原因。振捣器外壳应保持清洁,以保证电机散热良好,作业完毕后应按

照规定进行清洁和保养工作。

二、混凝土的养护

混凝土浇筑完毕后,在一个相当长的时间内,应保持适当的温度和足够的湿度,以形成混凝土良好的硬化条件,这就是混凝土的养护工作。混凝土表面水分不断蒸发,若不设法防止水分损失,水化作用未能充分进行,混凝土的强度将受到影响,还可能产生干缩裂缝。因此,混凝土养护的目的,一是创造有利条件,使水泥充分水化,加速混凝土的硬化;二是防止混凝土成型后因暴晒、风吹、干燥等自然因素影响,出现不正常的收缩、裂缝等现象。

混凝土养护分自然养护和人工养护。自然养护是指在自然气温条件(大于 5 ℃)下,对混凝土采取覆盖、浇水湿润、挡风、保温等养护措施,使混凝土在规定的时间内有适宜的温湿条件进行硬化。自然养护又可分为覆盖浇水养护、薄膜布养护及薄膜养生液养护等。

覆盖浇水养护是用吸水保温能力较强的材料(如草帘、芦席、麻袋、锯末等)将混凝土覆盖,经常洒水使其保持湿润。养护时间长短取决于水泥品种,普通硅酸盐水泥和矿渣硅酸盐水泥拌制的混凝土,不少于 7 d,火山灰质硅酸盐水泥和粉煤灰硅酸盐水泥拌制的混凝土或有抗渗要求的混凝土不少于 14 d。浇水次数以能保持混凝土具有足够的湿润状态为宜。

人工养护是指人工控制混凝土的温度和湿度,使混凝土强度增长,如蒸汽养护等。

混凝土养护期间,混凝土强度未达到 1.2 N/mm² 前,不允许在上面走动。

 任务评价

混凝土质量检查包括施工过程中的质量检查和养护后的质量检查。施工过程中的质量检查,即在混凝土制备和浇筑过程中对原材料的质量、配合比、坍落度等的检查,每一工作班至少检查两次,如遇特殊情况还应及时进行抽查。混凝土的搅拌时间应随时检查。混凝土养护后的质量检查,主要指混凝土的立方体抗压强度检查。

结构混凝土的强度等级必须符合设计要求。用于检查结构混凝土强度的试件,应在浇筑地点随机抽样留设,不得挑选。取样与试件留置应符合下列规定:

每拌制 100 盘且不超过 100 m³ 的同配合比的混凝土,取样不少于 1 次;每工作班拌制的同配合比混凝土不足 100 盘时,取样不少于 1 次;当一次连续浇筑超过 1 000 m³ 时,同一配合比的混凝土每 200 m³ 取样不得少于一次;每一楼层、同一配合比的混凝土,取样不得少于一次;每次取样应留置不少于一组标准养护试件,同条件养护试件的留置组数,应根据实际需要确定。

每组(3 块)试件应在同盘混凝土中取样制作,其强度代表值按下述规定确定:

取 3 个试件试验结果的平均值作为该组试件强度代表值;当 3 个试件中的最大或最小的强度值与中间值之差超过 10%时,以中间值代表该组试件强度;当 3 个试件中的最大和最小的强度值与中间值之差均超过 15%时,该组试件不应作为强度评定的依据。

一、强度评定要求

混凝土强度检验评定,应符合下列要求:

混凝土的强度应分批进行验收。一个验收批的混凝土应由相同强度等级、相同龄期及生产工艺和配合比基本相同的混凝土组成。对现浇混凝土结构构件,尚应按单位工程的验收项目划分验收批,每个验收项目应按现行国家标准《建筑安装工程质量检验评定统一标准》确定。同一验收批的混凝土强度,应以同批内标准试件的全部强度代表值来评定。

二、钢筋混凝土现浇结构外观质量缺陷的产生原因与防治措施

在工程施工中钢筋混凝土现浇结构普遍存在大量的外观质量缺陷,而工程建设、监理、施工等各方主体,主观意识上都认为这是一种质量通病,无法完全避免。诚然,因为混凝土是一种多相(体积比气相2‰～5‰、液相13‰～18‰、固相77‰～85‰),多孔(凝胶孔、层间孔、毛细孔、气泡粗孔和裂缝等),存在内部原生缺陷的不均匀不连续体,由于所用原材料质量的波动、计量的误差、搅拌不充分而易使新拌混凝土出现分层离析、泌水、干涩、板结等和易性不良的特征;又由于施工过程中模板和钢筋制作的偏差,以及浇筑、振捣、成型、养护等施工操作的不当,都可以引起现浇结构的外观质量缺陷。但是,只要工程参与各方主体从思想上高度重视,严格按国家和行业技术标准操作,精心组织,精心施工,是完全可以将混凝土各种质量通病最大限度地降低,甚至基本消除的。

(一)露筋

1. 缺陷表现

露筋是指钢筋混凝土结构内部的主筋、架立筋、分布筋、箍筋等没有被混凝土包裹而外露的缺陷。在混凝土梁和柱的结构上,任何一根主筋的单处露筋长度不大于10 cm、累计不大于20 cm的,可以进行修复,但梁端主筋锚固区不允许有露筋。在混凝土墙和板的结构上,任何一处露筋长度不大于20 cm、累计不大于40 cm的,同样可以进行修复。露筋缺陷超过上述范围时,应做结构检测和结构鉴定。

2. 原因分析

(1)钢筋骨架放偏,没有钢筋垫块或垫块数量放置不够,位置不正确,致使钢筋紧贴模板而外露。

(2)粗骨料粒径大于钢筋间距,或者杂物在钢筋骨架中被搁住,同时又混凝土漏振,形成严重蜂窝和孔洞而使钢筋外露。

(3)手推车行走和泵管、布料机等机械的反复冲击,工人踩踏或振动器碰触钢筋,引起钢筋变形位移而外露。

3. 预防措施

(1)严格按照设计图纸和标准规范进行钢筋安装,确保钢筋安装位置准确。加强现场检查,发现钢筋绑扎松动时立即加固、偏位时立即调整。

(2)推广使用塑胶垫块,严格控制钢筋保护层。目前部分工地仍在使用小石子垫块、砂浆垫块或大理石下脚料垫块,因其易裂易碎易滑动,很难准确固定钢筋的位置,而塑胶垫块价格便宜、使用方便、品种较多,可适用于不同结构,具有良好的稳固性能。

(3)清除混凝土中的杂物和控制粗骨料粒径,加强振捣作业,防止漏振,避免出现严重蜂窝和孔洞。

4. 修补措施

拆模后发现部位较浅的露筋缺陷,须尽快进行修补。先用钢丝刷洗刷基层,充分湿润后用 1:2～1:2.5 水泥砂浆抹灰,抹灰厚度为 1.5～2.5 cm,并注意结构表面的平整度。如果是严重蜂窝、孔洞等原因形成的露筋,按其修补措施进行。

(二) 蜂窝(含麻面)

1. 缺陷表现

混凝土拆模之后,表面局部漏浆、粗糙、存在许多小凹坑的现象,称之为麻面;若麻面现象严重,混凝土局部酥松、砂浆少、大小石子分层堆积,石子之间出现状如蜜蜂窝的窟窿,称之为蜂窝缺陷。

从工程实践中总结出麻面蜂窝与混凝土强度的下降级别如下:

A级,混凝土表面有轻微麻面,浇筑层间存在少量间断空隙,敲击时粗骨料不下落,此时相当于强度比率为 80%;

B级,混凝土表面有粗骨料,凹凸不平,粗骨料之间存在空隙,但内部没有大的空隙,粗骨料之间相互结合较牢,敲击时没有连续下落的现象,此时相当于强度比率为 60%～80%;

C级,混凝土内部有很多空隙,粗骨料多外露,粗骨料周围及粗骨之间灰浆黏结很少,敲击时卵石连续下落,存在空洞,有少量钢筋直接与大气接触,此时相当于强度比率在 30%以下。

2. 原因分析

(1) 模板安装不密实,局部漏浆严重。或模板表现不光滑、漏刷隔离剂、未浇水湿润而引起模板吸水、黏结砂浆等。

(2) 混凝土拌和物配合比设计不当,水泥、水、砂、石子等计量不准,造成砂浆少、石子多。实际中,许多工地均以在手推车上画线来计量砂、石,殊不知干砂和湿砂的容重相差可达 20%以上。

(3) 新拌混凝土和易性差,严重离析,砂浆石子分离,或新拌混凝土流动度太小,粗骨料太大,配筋间距过密,加之又漏振、振捣不实、振捣时间不够等。

(4) 混凝土下料不当(未分层下料、分层振捣)或下料过高,未设串筒、溜槽而使石子集中,造成石子砂浆离析。

(5) 输送到施工层面的混凝土料偏干时,工人直接向混凝土料随意大量冲水,将砂石洗得干干净净,水泥浆大量流走。

3. 预防措施

(1) 加强模板验收,防止漏浆,重复使用模板须仔细清理干净,均匀涂刷隔离剂,不得漏刷。浇混凝土时安排专人浇水湿润模板。

(2) 严格控制混凝土配合比,精确计量,充分搅拌,保证混凝土拌和物的和易性。禁止在施工现场任意加水。

(3) 选择合适的混凝土坍落度和粗骨料粒径,加强振捣,振捣时间(15～30 s)以混凝土不再明显沉落表面出现浮浆为限。

(4) 当混凝土自由倾落高度大于 3 m 时,须采用串筒和溜槽等工具,或在柱、墙的模板上,沿其高度方向留出"门子板",将混凝土改为侧向入模,以此缩短倾落高度,浇灌时应分层下料,分层振捣,防止漏振。

(5) 混凝土和易性不符合要求的不进行浇筑,商品混凝土连续式搅拌机在生产时存在下料不同步的现象,尾料 $1.0\sim2.0$ m³ 全是石子,此时应退料。

(6) 实际中,泵送混凝土浇筑框架柱和剪力墙时,一般是两支或三支振动棒插入柱(墙)中,一支振动棒留在上面加速下料,边浇边振边提,一气呵成。此时混凝土明显欠振,容易出现蜂窝麻面。正确的做法是,"打五泵停十秒",即混凝土泵运行五个活塞行程后,停一会儿,待上面振捣密实后,再继续泵送浇筑。

4. 修补措施

(1) 面积较小且数量不多的麻面与蜂窝的混凝土表面,可用 1∶2～1∶2.5 水泥砂浆抹平,在抹砂浆之前,必须用钢丝刷或加压水洗刷基层。

(2) 较大面积或较严重的麻面蜂窝,应按其全部深度凿去薄弱的混凝土层和个别突出的骨料颗粒,然后用钢丝刷或加压水洗刷表面,再用比原混凝土强度等级提高一级的细石混凝土填塞,并仔细捣实。

(三) 孔洞

1. 缺陷表现

混凝土结构的孔洞,是指结构构件表面和内部有空腔、局部没有混凝土或者是蜂窝缺陷过多过于严重。一般工程上常见的孔洞,是指超过钢筋保护层厚度,但不超过构件截面尺寸 1/3 的缺陷。

混凝土梁或柱上的孔洞面积,单处不大于 40 cm²,累计不大于 80 cm²,可以进行修补。混凝土基础、墙、板的面积较大,但任何一处孔洞面积不得大于 100 cm²,累计不大于 200 cm² 时同样可以采取修补的方法将混凝土修补整齐。超过上述范围的孔洞,应做结构检测和结构鉴定。

2. 原因分析

(1) 在钢筋较密的部位或预留孔洞和预埋件处,混凝土下料被搁住,未振捣就继续浇筑上层混凝土。

(2) 混凝土离析、砂浆分离、石子成堆、严重跑浆,又未进行振捣,或者竖向结构干硬性混凝土一次下料过多、过厚,下料过高,振捣器振动不到,形成松散孔洞。

(3) 薄壁结构及钢筋密集部位的混凝土内掉入工具、模板、木方等杂物,混凝土被搁住。

3. 预防措施

(1) 漏振是孔洞形成的重要原因,只要振捣到位,引起孔洞缺陷的其他因素就能减弱或消除。

(2) 在钢筋密集处及复杂部位,有条件时采用细石混凝土浇灌,并认真分层振捣密实。

(3) 剪力墙应分层连续浇筑,每层厚度 300～500 mm,层高大于 3.0 m 的柱子应侧面加开浇灌门,以保证振捣到位。

(4) 薄壁结构更要注意清理卡在钢筋中的杂物,浇筑振捣成型后,可在模板外侧敲击,检查是否存在孔洞。

4. 修补措施

将孔洞周围的松散混凝土和软弱浆膜凿除,用钢丝刷和压力水冲刷,湿润后用高一个强度等级的细石混凝土仔细浇灌、捣实。

(四) 夹渣

1. 缺陷表现

混凝土内部夹有杂物且深度超过保护层厚度,称之为夹渣。杂物的来源有两种情况,一是原材料中的杂物,另一个是施工现场遗留下来的杂物。面积较大的夹渣相当于削弱了钢筋保护层厚度,深度较深的夹渣与孔洞无异。施工缝部位(特别是柱头和梯板脚)更易出现夹渣。

2. 原因分析

(1) 砂、石等原材料中局部含有较多的泥团泥块、砖头、塑料、木块、树根、棉纱、小动物尸体等杂物,并未及时清除。

(2) 模板安装完毕后,现场遗留大量的垃圾杂物如锯末、木屑、小木方木块等,工人用水冲洗时不仔细,大量的垃圾杂物聚积在梁底、柱头、柱跟、梯板脚及变截面等部位,最后未及时清理。

(3) 现场工人掉落工具、火机、烟盒、水杯和矿泉水瓶等杂物及丢弃的小模板等卡在钢筋中未做处理。

3. 预防措施

(1) 混凝土泵机的受料斗上有一个钢栅栏网格,混凝土料较干及卸料过快时混凝土溢出泵机而撒落在地上 ,有的工人图方便而将此钢栅栏网格取下,致使混凝土中的杂物直接泵送到结构中。此种行为应严厉禁止。

(2) 商品混凝土站和现场搅拌工地应加强砂、石等原材料的收货管理,发现砂、石中杂物过多应坚决退货。平时遇到砂石中带有杂物应及时拣除。

(3) 模板安装完毕后,派专人将较大块的杂物拣出,对小而轻的杂物可使用大功率的吸尘器吸尘,用水冲洗时注意将汇集起来的杂物一一清理干净。

4. 修补措施

(1) 如果夹渣面积较大而深度较浅,可将夹渣部位表面全部凿除,刷洗干净后,在表面抹1:2~1:2.5水泥砂浆。

(2) 如果夹渣部位较深,超过构件截面尺寸的三分之一时,应先做必要的支撑,分担各种荷载,将该部位夹渣全部凿除,安装好模板,用钢丝刷刷洗或压力水冲刷,湿润后用高一个强度等级的细石混凝土仔细浇灌、捣实。

(五) 疏松

1. 缺陷表现

前述的蜂窝麻面、孔洞、夹渣等质量缺陷都同时不同程度地存在疏松现象,而单独存在的疏松现象,混凝土外观颜色、光泽度、黏结性能甚至凝结时间等均与正常混凝土差异明显,混凝土结构内部不密实,强度很低,危害性极大。

2. 原因分析

(1) 混凝土漏振

(2) 水泥强度很低而又计量不准,或商品混凝土站因设备故障造成矿物掺和料掺量达到 65% 以上,此时混凝土砂浆黏结性能极差,强度很低。

(3) 严寒天气,新浇混凝土未做保温措施,造成混凝土早期冻害,出现松散,强度极低。

(4) 实际工作中,有的工地在泵送混凝土时,不预拌润泵砂浆,现场工人图省事,直接向泵机料斗内铲两斗车砂子和一包水泥,加水后未充分搅拌就开启泵机。有的工地在浇筑面上未将润泵砂浆分散铲开而堆积在一处,拆模后构件表面起皮掉落,内部疏松。

3. 预防措施

(1) 严格操作规程,加强振捣,避免漏振。

(2) 使用优质水泥,严格砂石等原材料进场验收,经常检查计量设备,严格控制水灰比,商品混凝土站防止将矿物掺和料注入水泥储罐内。

(3) 防止严寒天气混凝土早期冻害,加强保温保湿养护。

(4) 严格润泵砂浆配合比,润泵砂浆应用模板接住,然后铲向各个柱头或柱根。

4. 修补措施

(1) 因胶凝材料和冻害原因而引起的大面积混凝土疏松,强度较大幅度降低,必须完全撤除,重新建造。

(2) 与蜂窝、孔洞等缺陷同时存在的疏松现象,按其修补措施进行修补。

(3) 局部混凝土疏松,可采用水泥净降或环氧树脂及其他混凝土补强固化剂进行压力注浆,实行补强加固。

(六) 裂缝

1. 缺陷表现

混凝土出现表面裂缝或贯通性裂缝,影响结构性能和使用功能。可以说,实际中所有混凝土结构不同程度地存在各种裂缝,混凝土原生的微细裂纹有时是允许存在的,对结构和使用影响不大。我们所要做的是防止产生宽度大于 0.5 mm 的表面裂缝和大于 0.3 mm 的贯通性裂缝(一般环境下的工业与民用建筑)。以下简要论述工程结构中常见的各种类型的裂缝。

2. 原因分析

(1) 早期塑性收缩裂缝:混凝土在终凝前后由于早期养护不当,水分大量蒸发而产生的表面裂缝。裂缝上宽下窄,纵横交错,一般短而弯曲。

(2) 干缩裂缝:混凝土由于阳光高温暴晒又缺少水养护,发生干燥而在 1~7 d 内出现的裂缝,板面板底干缩裂缝长而稍直,十字形交叉或机根裂缝放射状交叉。梁侧干缩裂缝间距 1~1.5 m 平行出现,裂缝中部宽而深,两头细而浅,此时一般梁底部并无裂缝出现。

(3) 温度裂缝:一般是大体积混凝土快速降温而在侧面出现的长而直、宽而深的裂缝。

(4) 自收缩裂缝:水泥发生化学反应后,体积有一定量的减小,处理不好(如未留置适当的施工缝、后浇带等)会产生如龟背样的细小弯曲的裂缝。

(5) 应力裂缝:由于设计上应力过于集中或钢筋(温度筋、分布筋)分布不合理而使混凝土产生裂缝。裂缝深而宽,可出现贯通性。

（6）载荷裂缝:混凝土未产生足够强度即拆除底模,或新浇筑楼面承受过大的集中载荷,如钢管、模板、钢筋的集中堆放,使混凝土受到冲击、震动、扰动等破坏而产生的裂缝。裂缝深而宽,从受破坏部位向外延伸。

（7）沉缩裂缝:地基(模板)下沉或垂直距离较大的部位与水平结构之间因为混凝土沉降而产生的裂缝。

（8）冷缝裂缝:大面积混凝土分区分片浇筑(未设施工缝)时,接茬部位老混凝土已凝结硬化,出现冷缝,极易产生裂缝。

3. 预防措施

（1）早期塑性收缩裂缝:表面混凝土特别是大面积混凝土加强二次抹面或多次抹面,特别是初凝后终凝前的抹面,能有效消除早期塑性收缩裂缝。并注意混凝土的早期养护。

（2）干缩裂缝:根据规范要求,加强混凝土早期养护,一般采取人工浇水自然养生,浇水时间 7～14 d,浇水频率以混凝土表面保持湿润状态为准。如能采取覆盖塑料薄膜、湿麻袋、湿草袋、喷洒养护剂等方法养护,则可基本消除干缩裂缝。

（3）湿度裂缝:大体积混凝土降低内部湿度,采用混合材料掺量大的水泥或在混凝土配合比设计时外掺一定比例的 S95 级矿粉和 Ⅱ 级粉煤灰,炎热天气采用加冰工艺,预埋冷却水管,寒冷天气延长拆模时间,拆模后在大体积混凝土外表采取保温措施,控制内外温差不超过 25 ℃。

（4）自收缩裂缝:正确选择水泥品种和矿物掺和料的品种与掺加量,按设计要求留置施工缝、后浇带,道路混凝土终凝后及时切缝。

（5）应力裂缝:设计上避免应力过于集中,钢筋工程中加强箍筋、温度筋、分布筋、加力筋等正确安装。

（6）载荷裂缝:梁板底模拆除时间必须严格按照同条件试块强度要求,适当控制施工进度,待新浇混凝土强度达到 1.5 MPa 以上方可上人进行施工作业,新浇楼面上钢筋、钢管、模板等分散堆放。

（7）沉缩裂缝:基础沉降须按设计要求设置沉降缝,模板确保刚度、牢固支撑,不允许下垂和沉降,整体浇筑时先浇竖向结构构件,待 1.0～1.5 h 混凝土充分沉实后再浇水平构件,并在混凝土终凝前两次振捣。

（8）冷缝裂缝:合理安排混凝土浇筑顺序,掌握混凝土浇筑速度和凝结时间,炎热季节增大缓凝剂的掺量,当混凝土设备或运输出现问题时,及时设置施工缝。

4. 修补措施

（1）细小裂缝:宽度小于 0.5 mm 的细小裂缝,可用注射器将环氧树脂溶液黏结剂或早凝溶液黏结剂注入裂缝内。注射前须用喷灯或电吹风将裂缝内吹干,注射时,从裂缝的下端开始,针头应插入缝内深入,缓慢注入。使缝内空气向上逸出,黏结剂在缝内向上填充。

（2）浅裂缝:深度小于 10 mm 的浅裂缝,顺裂缝走向用小凿刀将裂缝外部扩凿成"V"形,宽约 5～6 mm,深度等于原裂缝,然后用毛刷将"V"槽内颗粒及粉尘清除,用喷灯或电吹风吹干，然后用漆工刮刀或抹灰工小抹刀将环氧树脂胶树脂胶泥压填在"V"槽上，反复搓动，务使紧密黏结，缝面按需要做成与构件面齐平或稍微突出成弧形。

对于较细较深的裂缝，可以将上述两种方法结合使用，先凿槽后注射，最后封槽。

（3）较宽较深裂缝：先沿裂缝以 10～30 cm 的间距设置注浆管，然后将裂缝的其他部位用胶粘带子以密封，以防漏浆，接着将搅拌好的净浆以 2 N/mm² 压力用电动泵注入，从第一个注浆管开始，至第二个注浆管流出浆时停止，接着即从第二个注浆管注浆，依次完成，直至最后。

（4）锚固法：以钢锚栓沿混凝土裂缝以一定的距离将裂缝锚紧，该法多用于混凝土及钢筋混凝土的补强加固，即以恢复结构承载为目的的修补工程。锚栓孔需用机构事先钻好，待锚栓锚固之后，再用水泥浆或树脂砂浆将栓孔密封。

（七）连接部位缺陷

1. 缺陷表现

竖向构件和水平构件的连接部位，容易出现外观质量缺陷。竖向构件主要有墙、柱，水平构件主要有梁、板、台等。在它们的连接部位出现质量缺陷危害最大的是前述的夹渣、缝隙，除此之外，常见的还有"烂跟""烂脖子""缩颈"等

2. 原因分析

（1）"烂跟"一般指墙、柱与本层楼面板连接处混凝土出现露筋、蜂窝、孔洞、夹渣及疏松等症状，楼层层高较大时更容易出现此种情况。产生原因是，垃圾杂物聚集在柱跟或墙底，混凝土下料被卡住，柱墙较高振动器振捣不到，模板漏浆严重，浇筑前没有浇灌足够 50 mm 厚水泥砂浆等。

（2）"烂脖子"一般指墙、柱与上层梁板连接处混凝土出现露筋、蜂窝、孔洞、夹渣及疏松等症状。产生原因是，节点部位钢筋较密混凝土被卡住，漏振，浇筑顺序错误，柱头堆积垃圾杂物等。

（3）"缩颈"有两种情况，一种是柱头或柱跟模板严重偏位凹进，使得柱子与梁板连接处截面变小；另一种是柱头或柱跟预留钢筋偏位，钢筋保护层过大，混凝土承压面积减小。产生原因是，模板安装不牢固，模板刚度差，在预留钢筋上部未绑扎稳固环箍或钢筋绑扎不牢，保护层垫块漏放或破碎掉落等。

3. 预防措施

（1）"烂跟"：在柱跟或剪力墙的模板跟部设置清理门，在浇筑混凝土前将底面杂物完全清理干净。在连接部位先浇筑 50 mm 厚的同配合比砂浆，再浇上部混凝土。每次浇筑混凝土高度不超过 500 mm 厚，仔细振捣密实后再继续浇筑上一层，防止模板底部和侧面漏浆。

（2）"烂脖子"：如果柱子是先期单独浇筑，则在浇筑梁板时先浇柱头同配合比砂浆 50 mm 厚，如果墙柱梁板同时浇筑，先浇竖向结构，待充分沉实后再浇水平构件，连接部位加强二次振捣，消除沉降裂缝。防止模板漏浆。

（3）"缩颈"：安装梁模板前，先安装梁柱接头模板，并检查其断面尺寸、垂直度、刚度，符合要求后才允许接驳梁模板。柱头箍筋按规定要求加密并绑扎牢固，在混凝土浇筑时发现柱纵筋偏位及时调整，钢筋保护层垫块安置数量和位置正确，尽量采用塑胶垫块。

4.修补措施,根据构件连接部位质量缺陷的种类和严重情况,按上述露筋、蜂窝、孔洞、夹渣、疏松和裂缝的有关措施进行修被加固。

(八) 外形缺陷

1.缺陷表现

外形缺陷及下文的外表缺陷主要是针对清水混凝土而言,清水混凝土是利用混凝土的可塑性和材料构成的特点,根据饰面的造型技术,进行建筑艺术加工的混凝土。它在墙体或其他构件成型时,采取适当措施,使其表面具有装饰性线条和纹理质感、庄重感,并改善其色彩效果,以达到建筑立面的外观装饰设计要求。

2.原因分析

(1)拆模时间过早或折模时工人撬、扳、敲、击等造成缺棱掉角。

(2)模板安装尺寸不准确,或模板刚度差、稳定性不够、紧固性不牢,造成棱角不直、翘曲不平、飞边凸肋等。

3.预防措施

(1)确保清水混凝土达到规定强度后才拆除模板,拆模时从上到下、从内到外,严禁野蛮粗暴敲击、撬扳等行动。

(2)严格按设计要求制作和安装模板,确保轴线和尺寸准确,加强模板的刚度、稳定性和牢固性,不使模板变形和位移。

4.修补措施

(1)清水混凝土的修补,必须采用与原混凝土完全相同的原材料,按原配合比适当增减各种成分(可掺加部分白水泥),制成三种以上的现场砂浆配合比,然后分别制作实验样品(150 mm×150 mm),2 d后对比颜色,采用外观颜色一致的一个配比。

(2)外形缺失和凹陷的部分,先用稀草酸溶液清除表面脱模剂的油脂,然后用清水冲洗干净,让其表面湿透。再用上述配比砂浆抹灰补平。外形翘曲和凸出的部分,先凿除多余部分,清洗湿透后用砂浆抹灰补平。

(九) 外表缺陷

1.缺陷表现

清水混凝土的外表缺陷有表面麻面、掉皮、起砂、玷污等,表面麻面的原因如前所述,此处不再赘述。

2.原因分析

(1)掉皮的原因,对于竖向构件,一个是水灰比偏大,混凝土料过稀,泌水严重,另一个是混凝土料过振,产生大量浮浆。下层混凝土振捣成型后继续浇筑上一层,此时若混凝土料过稀而又过振,浮浆往上浮及往外挤,然后再顺着模板慢慢往下流,此一层浮浆的水灰比很大,强度很低,与前一层成型好了的混凝土黏结性很差,拆模后容易掉落,出现掉皮现象。对于水平构件,则是已浇筑成型好了的构件再次受到震动和扰动(比如用手推车在楼面运输新拌混凝土),引起表层混凝土起壳而出现掉皮。此外,混凝土中含气量大时,在构件表面形成大量砂眼,也容易出现掉皮。

(2)起砂是由于清水混凝土浇筑时由于模板没有充分湿润,模板吸水,黏结砂浆,或者模板漏浆严重、漏刷隔离剂等,其特征是构件表面无浆,细砂堆积,黏结不牢,与麻面同时出现。

（3）玷污是未能保持清水混凝土构件表面清洁，出现钢模铁锈污染、脱模剂残迹；或重复使用模板，原混凝土未完全清理干净。

3. 预防措施

（1）浇筑清水混凝土必须保持相同的原材料、相同的配合比，新拌混凝土的坍落度与和易性必须一致，混凝土工人在振捣时做到均匀一致，不过振、不漏振。

（2）正确选择脱模剂品种，不能用废机油直接做脱模剂，施工时涂抹量要适中。常用的皂化混合油，其主要成分是皂角（15.5%）、10 号机油（61.9%）、松香（9.7%）、酒精（4.3%）、石油磺酸（4.8%）、火碱（1.9%）、水（1.9%）。

（3）清水混凝土最好使用全新模板，一次性使用，如果要再次使用，必须仔细清除任何一点陈旧混凝土残渣，浇筑混凝土前模板应充分湿润。

4. 修补措施

（1）出现麻面、掉皮和起砂现象，在修饰前如前所述清洗干净，让其表面湿透。再将与上述颜色一致的砂浆拌和均匀，按漆工刮腻子的方法，将砂浆用刮刀大力压向清水混凝土外表缺陷内，即压即刮平，然后用干净的干布擦去表面污渍，养护 24 h 后，用细砂纸打磨至表面颜色一致。

（2）出现玷污则必须由人工用细砂纸仔细打磨，将污渍去除，使构件外表颜色一致。

 思考与练习

1. 模板安装的程序是怎样的？包括哪些内容？
2. 模板在安装过程中应注意哪些事项？
3. 模板拆除时要注意哪些内容？
4. 钢筋下料长度应考虑哪几部分内容？
5. 钢筋为什么要调直？钢筋调直应符合哪些要求？
6. 钢筋切断有哪几种方法？
7. 钢筋弯曲成型有几种方法？
8. 钢筋的接头连接分为几类？
9. 钢筋的搭接有哪些要求？
10. 混凝土工程施工缝的处理要求有哪些？
11. 混凝土浇筑前应对模板、钢筋及预埋件进行哪些检查？
12. 混凝土料在运输过程中应满足哪些基本要求？
13. 混凝土的水平运输方式和垂直运输方式有哪些？
14. 振捣器如何进行操作？
15. 混凝土浇筑后为何要进行养护？
16. 在某钢筋混凝土结构中，取一跨钢筋混凝土梁 L—1，其配筋均按 I 级钢筋考虑，如下图所示。试计算该梁钢筋的下料长度，给出钢筋配料单。（注：梁两端的保护层厚度取 10 mm，上下保护层厚度取 25 mm。）

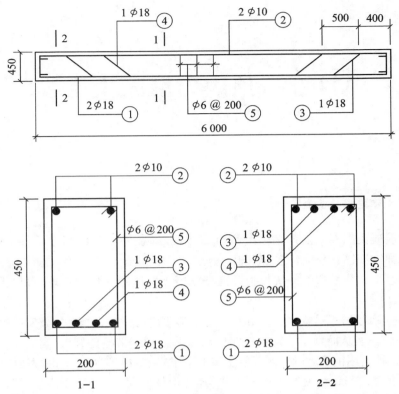

17. 现场浇筑 C15 混凝土，实验室提供的理论配合比为 C：S：G：W＝1：2.36：4.57：0.66(C：S：G：W 即水泥：砂：石：水)。1 m³ 混凝土材料用量为：水泥 280 kg、砂 660 kg、石 1 280 kg、水 185 kg。现场实测砂的含水率为 4%，石子含水率为 2%。试求该混凝土的施工配合比。

 拓展训练

1. 基础工程钢筋绑扎技术模拟实训

(1) 场景要求：基础钢筋施工图一份，操作场地一块。

(2) 实训工具及使用：钢尺、钢筋切断机、弯曲机、钢筋钩等。

(3) 步骤提示：熟悉图纸内客→编写验收方案→按验收规范内容逐一对照进行检查验收。

(4) 填写实训报告。

2. 钢筋混凝土基础的现场检验

(1) 场景要求：基础施工图纸一份，操作场地一块。

(2) 检验工县及使用：水准仪、经纬仪、吊线、拉线、钢卷尺、水平尺等

(3) 步骤提示：熟悉图纸内容→编写验收方案→按验收规范内容逐一对照进行检查验收。

(4) 填写钢筋混凝土工程分项工程质量验收记录表。

项目五　预应力混凝土工程

项目需求

　　预应力混凝土能充分发挥高强度钢材的作用,即在外荷载作用于构件之前,利用钢筋张拉后的弹性回缩,对构件受拉区的混凝土预先施加压力,产生预压应力,使混凝土结构在作用状态下充分发挥钢筋抗拉强度高和混凝土抗压能力强的特点,可以提高构件的承载能力。

　　当构件在荷载作用下产生拉应力时,首先抵消预应力,然后随着荷载不断增加,受拉区混凝土才受拉开裂,从而延迟了构件裂缝的出现和限制了裂缝的开展,提高了构件的抗裂度和刚度。这种利用钢筋对受拉区混凝土施加预压应力的钢筋混凝土,称为预应力混凝土。

　　预应力混凝土与钢筋混凝土结构相比,具有构件截面小、自重轻、刚度好、抗裂度高、耐久性好、材料省等优点,并能用于大跨度结构;与钢结构相比,可节约大量钢材,降低成本。预应力混凝土施工,需要专用张拉灌浆机具和锚固装置,施工技术比较复杂,操作要求高。为了达到较高的预应力值,宜优先采用高强度等级混凝土。

项目工作场景

　　实训基地(有与工程实际相符的预应力混凝土工程)、实际工程施工现场等。

方案设计

　　主要是先张法和后张法两个施工方案。

相关知识和技能

　　1. 预应力混凝土的基本概念、优点及材料、品种、规格、强度要求;

　　2. 先张法施工工艺中的预应力筋的控制应力、张拉程序和放张程序的确定及注意事项;

　　3. 后张法施工工艺中的孔道留设、锚具选择、预应力筋的张拉顺序、孔道灌浆等施工方法及注意要点。

任务 1　先张法施工

先张拉钢筋后浇筑混凝土,其主要张拉程序为:在台座上按设计要求将钢筋张拉到控制应力→用锚具临时固定→浇筑混凝土→待混凝土达到设计强度75%以上切断放松钢筋。其传力途径是依靠钢筋与混凝土的黏结力阻止钢筋的弹性回弹,使截面混凝土获得预压应力。

预加应力的方法,可以分为先张法和后张法两类。先张法是先张拉钢筋,后浇筑混凝土,预应力靠钢筋与混凝土之间的黏结力传递给混凝土。后张法是先浇筑混凝土并预留孔道,待混凝土达到一定强度后张拉钢筋,预应力靠锚具传递给混凝土。先张法生产示意图如图 5.1 所示。

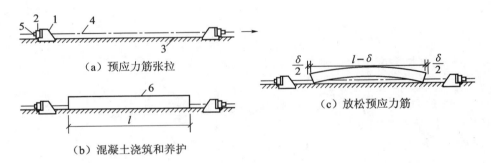

（a）预应力筋张拉

（c）放松预应力筋

（b）混凝土浇筑和养护

图 5.1　先张法生产示意图
1—台座;2—横梁;3—台面;4—预应力筋;5—夹具;6—构件

一、施工准备

（一）台座

台座由台面、横梁和承力结构等组成,是先张法生产的主要设备。预应力筋张拉、锚固,混凝土浇筑、振捣和养护及预应力筋放张等全部施工过程都在台座上完成。

台座按构造形式分为墩式台座和槽式台座,选用时应根据生产构件的类型、形式、张拉力的大小和施工条件而决定。

1. 墩式台座

墩式台座由台墩、台面与横梁等组成。台墩和台面共同承受拉力。台座一般长100 m,宽2 m。在台座的两端应留出张拉、锚固预应力筋的操作场地和通道,两侧要有构件运输和堆放的场地。墩式台座用以生产各种形式的中小型构件。

(1)台墩

台墩是承力结构,由钢筋混凝土浇筑而成。台座依靠其自重和土压力来平衡张拉力所产生的倾覆力矩,依靠土的反力和摩阻力来平衡张拉所产生的水平位移。承力台墩设计时,应进行稳定性和强度验算。稳定性验算一般包括抗倾覆验算与抗滑移验算。

抗倾覆安全系数不得小于1.5,抗滑移安全系数不得小于1.3。抗倾覆验算的计算简图如图5.2所示。

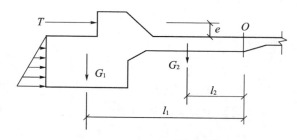

图5.2 墩式台座抗倾覆验算简图

按下式计算: $$K_0 = M'/M \geqslant 1.5 \tag{5.1}$$

式中,K_0——台座的抗倾覆安全系数;

M——由张拉力产生的倾覆力矩,kN·m;$M = T \cdot e$

T——张拉力合力,kN;

e——张拉力合力 T 的作用点到倾覆转动点 O 的力臂,m;

M'——抗倾覆力矩,kN·m。

如忽略土压力,则 $$M' = G_1 \cdot l_1 + G_2 \cdot l_2 \tag{5.2}$$

抗滑移安全系数按下式验算: $K_e = T_1/T \geqslant 1.3 \tag{5.3}$

式中 K_e——抗滑移安全系数。

T——张拉力合力,kN。

T_1——抗滑移的力,kN;对于独立的台墩,由侧壁上压力和底部摩阻力等产生;对与台面共同工作的台墩,其水平推力几乎全部传给台面,不存在滑移问题,可不做抗滑移计算,此时应验算台面的强度。

(2)台面

台面是预应力构件成型的胎模,它是在150 mm厚夯实碎石垫层上浇筑60~80 mm厚C20混凝土面层,原浆压实抹光而成,制作时要求地基坚实平整。台面要求坚硬、平整、光滑,沿其纵向有3%的排水坡度。

(3)横梁

横梁以墩座牛腿为支承点安装其上,是锚固夹具临时固定预应力筋的支承点,也是张拉机械张拉预应力筋的支座。横梁常采用型钢或钢筋混凝土制作。

2. 槽式台座

槽式台座由端柱、传力柱、横梁和台面组成。台面长度要便于生产多种构件，一般长45 m或76 m；宽度由构件外形和制作方式而定，一般不小于1 m。

槽式台座构造如图5.3所示。

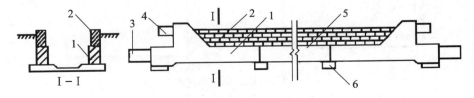

图5.3　槽式台座

1—钢筋混凝土端柱；2—砖墙；3—下横梁；4—上横梁；5—传力柱；6—柱垫

槽式台座需进行强度和稳定性计算。端柱和传力柱的强度按钢筋混凝土偏心受压构件计算。槽式台座端柱抗倾覆力矩由端柱、横梁自重力矩及部分张拉力矩组成。

(二) 夹具

夹具是先张法构件施工时保持预应力筋拉力，并将其固定在张拉台座（或设备）上的临时性锚固装置。按其工作用途不同分为锚固夹具和张拉夹具。对夹具的要求是具有可靠的锚固能力，要求不低于预应力筋抗拉强度的90%；使用中不发生变形或滑移，且预应力损失较小；夹具应耐久，锚固与拆卸方便，能重复使用，且适应性好；构造简单，加工方便，成本低。

1. 钢丝锚固夹具

(1) 锥销夹具

锥销夹具可分为圆锥齿板式夹具和圆锥槽式夹具，由钢质圆柱形套筒和带有细齿（或凹槽）的锥销组成，如图5.4所示。锥销夹具既可用于固定端，也可用于张拉端，具有自锁和自锚能力。

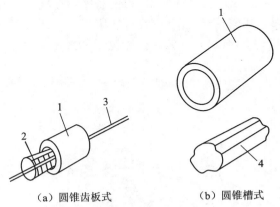

（a）圆锥齿板式　　　　（b）圆锥槽式

图5.4　钢质锥形夹具

1—套筒；2—齿板；3—钢丝；4—锥塞

(2) 镦头夹具

如图5.5所示，采用镦头夹具时，将预应力筋端部热镦或冷镦，通过承力分孔板锚固。它用于预应力钢丝固定端的锚固。

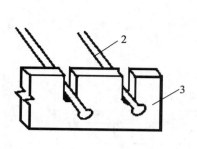
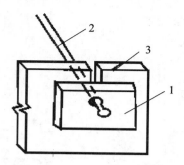

图 5.5　固定端镦头夹具

1—垫片;2—镦头钢丝;3—承力板

2. 钢筋锚固夹具

钢筋锚固常用圆套筒三片式夹具,由套筒和夹片组成(图 5.6)。

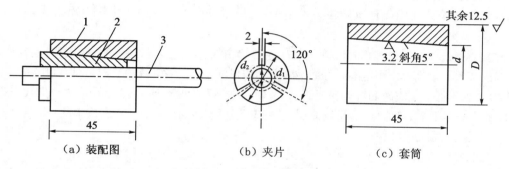

（a）装配图　　　　　　（b）夹片　　　　　　（c）套筒

图 5.6　圆套筒三片式夹具

1—套筒;2—夹片;3—预应力钢筋

套筒的内孔呈圆锥形,三个夹片互成 120°,钢筋夹持在三个夹片中心,夹片内槽有齿痕,以保证钢筋的锚固。其型号有 YJ12、YJ14,适用于先张法;用 YC－18 型千斤顶张拉时,适用于锚固直径为 12 mm、14 mm 的单根冷拉 HRB335、HRB400、RRB400 钢筋。

3. 张拉夹具

张拉夹具是夹持住预应力筋后,与张拉机械连接起来进行预应力筋张拉的机具。常用的张拉夹具有月牙形夹具、偏心式夹具、楔形夹具等,如图 5.7 所示,适用于张拉钢丝和直径 16 mm 以下的钢筋。

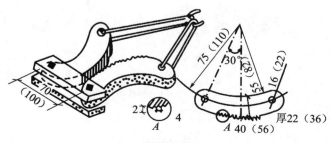

（a）月牙形夹具

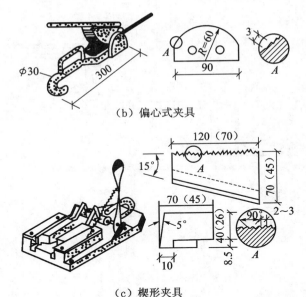

（b）偏心式夹具

（c）楔形夹具

图 5.7　张拉夹具

单根钢筋之间的连接或粗钢筋与螺丝杆的连接,可采用钢筋连接器,如图 5.8 所示。

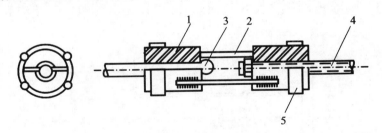

图 5.8　套筒双拼式连接器

1—半圆套筒;2—连接器;3—钢筋镦头;4—工具式螺丝杆;5—钢圈

(三) 张拉设备

张拉设备要求工作可靠,控制应力准确,能以稳定的速率增大拉力。

1. 钢丝张拉设备

钢丝张拉分单根张拉和成组张拉。用钢模以机组流水法或传送带法生产构件时,常采用成组钢丝张拉。

在台座上生产构件时,一般采用单根钢丝张拉,可采用电动卷扬机、电动螺杆张拉机进行张拉。

(1) 电动卷扬机

如图 5.9 所示,这套装置由电动卷扬机、杠杆测力装置及张拉夹具组成,安装在窄轨小车底座上。通过钢丝绳将卷扬机、张拉夹具和杠杆测力装置联系起来共同工作,同时完成张拉、张拉力控制施工过程。

用杠杆测力器控制张拉力误差小、操作简便,常用于冷拔低碳钢丝的张拉与测力。

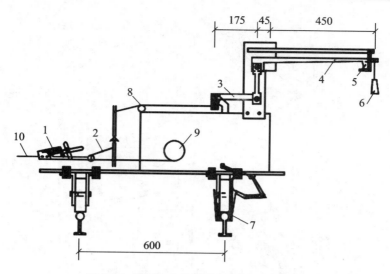

图 5.9   卷扬机张拉、杠杆测力装置示意图

1—钳式张拉夹具；2—钢丝绳；3、4—杠杆；5—断电器；6—砝码；7—夹轨器；8—导向轮；9—卷扬机；10—钢丝

（2）电动螺杆张拉机

如图 5.10 所示，电动螺杆张拉机由螺杆、顶杆、张拉夹具、弹簧测力器及电动机组成。

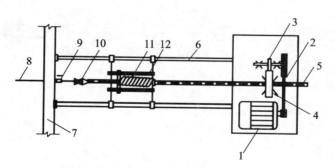

图 5.10   电动螺杆张拉机

1—电动机；2—皮带；3—齿轮；4—齿轮螺母；5—螺杆；6—顶杆；7—台座横梁；8—钢丝；9—锚固夹具；10—张拉夹具；11—弹簧测力针；12—滑动架

电动螺杆张拉机构造简单、体积小、操作灵活、运行平稳，螺杆具有自锁能力，张拉速度快、行程大。

2. 钢筋张拉设备

穿心式千斤顶用于直径 12～20 mm 的单根钢筋、钢绞线或钢丝束的张拉。用 YC20 型穿心式千斤顶（图 5.11）张拉时，高压油泵启动，从后油嘴进油，前油嘴回油，被偏心式夹具夹紧的钢筋随液压缸的伸出而被拉伸。

油压千斤顶张拉时，用油压表读数直接控制张拉力大小。

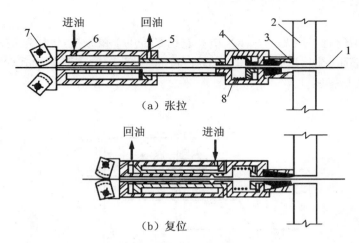

图 5.11 YC－20 型穿心式千斤顶

1—钢筋;2—台座;3—穿心式夹具;4—弹性顶压头;5、6—油嘴;
7—偏心式夹具;8—弹簧

二、先张法施工工艺

(一) 张拉控制应力和张拉程序

张拉控制应力是指在张拉预应力筋时所达到的规定应力,应按设计规定采用。控制应力的数值直接影响预应力的效果。控制应力稍高,预应力效果会更好些,不仅可以提高构件的抗裂性能和减少挠度,还可以节约钢材。

预应力筋的张拉控制应力应符合设计要求。施工中预应力筋需要超张拉时,可比设计要求提高 3%～5%,但其最大张拉控制应力不得超过表 5.1 的规定。

表 5.1 张拉控制应力限制

钢筋种类	张拉方法	
	先张法	后张法
消除应力钢丝、钢绞线	$0.75 f_{ptk}$	$0.75 f_{ptk}$
热处理钢筋	$0.70 f_{ptk}$	$0.65 f_{ptk}$
冷拉钢筋	$0.90 f_{pyk}$	$0.85 f_{pyk}$

注:f_{ptk}——预应力筋极限抗拉强度标准值;f_{pyk}——预应力筋屈服强度标准值。

预应力筋张拉程序:应按设计规定进行,若设计无规定时,可采取下列程序之一:

(1) $0 \rightarrow 105\% \sigma_{con}$ 持荷 2 min $\rightarrow \sigma_{con}$(锚固);

(2) $0 \rightarrow 103\% \sigma_{con}$(锚固)。

σ_{con} 为预应力筋张拉控制应力。

预应力筋张拉操作要领:

(1) 冷轧带肋钢筋张拉时,可采用 10 kN 电动螺杆张拉机或电动卷扬张拉机单根张拉,利用钢丝应力测力仪测力,锥销式夹具锚固。如图 5.12 为国产 2CN－1 型钢丝内力测定仪。

（2）刻痕钢丝可采用 20～30 kN 电动卷扬张拉机单根张拉,优质锥销式夹具锚固。

（3）粗钢筋张拉时,可采用 YC60 型或 YL60 型千斤顶在双横梁式台座或钢模上单根张拉,螺杆夹具锚固。

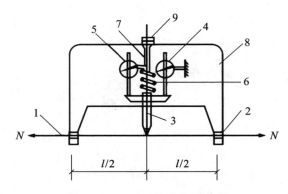

图 5.12　2CN‑1 型钢丝测力计
1—钢丝;2—挂钩;3—测头;4—测挠度百分表;
5—测力百分表;6—弹簧;7—推杆;8—表架;9—螺丝

（二）预应力值校核

1. 预应力钢筋的张拉力,一般采用油压表控制、伸长值校核。预应力筋张拉锚固后实际建立的预应力值与工程设计规定检验值的相对允许偏差为±5％。

2. 预应力钢丝的张拉力,张拉锚固后采用钢丝应力测力仪检查钢丝的预应力值,伸长值只用作张拉操作中参考。其相对允许偏差为±5％。

3. 认真做好预应力筋张拉记录。

随后进行支模,检查非预应力筋数量、规格品种等符合设计要求后浇筑混凝土。

（三）预应力筋放张

1. 预应力筋放张时,混凝土强度应符合设计要求,当设计无具体要求时,不应低于设计的混凝土抗压强度标准值的 75％。

2. 预应力筋放张顺序

（1）对承受轴心预压的构件,所有预应力筋应同时放张 。

（2）承受偏心预压的构件,应先放张预压力较小区域的预应力筋,再同时放张压力较大区域的预应力筋。

（3）当不能按上述规定放张时,应分阶段、对称、交错地放张。

3. 预应力筋放张方法

（1）对张拉力大的多根冷拉钢筋或钢绞线,可采用氧炔焰预热,粗钢筋放张时,应在烘烤区轮换加热每根钢筋,使其同步升温,待钢筋出现颈缩时,即可切断钢筋,但应注意防止烧伤构件。

（2）对配筋不多的钢丝,放张时可直接用钢丝钳或氧炔焰切割。

放张单根预应力筋,一般采用千斤顶放张,如图 5.13(a)所示,即用千斤顶拉动单根钢筋的端部,松开螺母。多根预应力筋构件采用千斤顶放张时,应按对称、相互交错放张的原则进行,拟定合理的放张顺序,控制每一次循环放张的吨位,缓慢逐根多次循环放松。

构件预应力筋较多时,整批同时放张可采用砂箱、楔块等放张装置。

砂箱装置如图 5.13(b)所示,由钢板制作的缸套和活塞组成,内装石英砂或铁砂。预应力筋张拉时,砂箱中的砂被压实并承受横梁的反力;预应力筋放张时,将出砂口打开,砂缓慢地流出,活塞徐徐回退,钢筋则逐渐放松。砂箱中的砂应选用级配适宜的干燥砂。

楔块放张装置由固定楔块、活动楔块和螺杆组成,楔块放置在台座与横梁之间,如图 5.13(c)所示。预应力筋放张时,旋转螺母使螺杆向上运动,带动楔块向上移动,钢块间距变小,横梁向台座方向移动,从而同时放张预应力筋。楔块放张装置一般由施工单位自行设计,适用于张拉力不大于 300 kN 的情况。

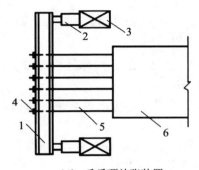

（a）千斤顶放张装置

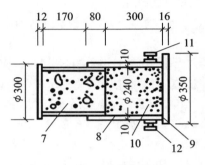

（b）砂箱放张装置

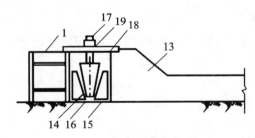

（c）楔块放张装置

图 5.13　预应力筋放张装置

1—横梁;2—千斤顶;3—承力架;4—夹具;5—钢丝;6—构件;7—活塞;8—套箱;9—套箱底板;10—砂;11—进砂口(M25 螺丝);12—出砂口(M16 螺丝);13—台座;14、15—钢固定楔块;16—钢滑动楔块;17—螺杆;18—承力板;19—螺母

任务评价

一、质量标准

(一) 保证项目

1. 预应力筋进场时,应按现行国家标准《预应力混凝土用钢绞线》GB/T5224 等的规

定抽取试件做力学性能检验,其质量必须符合有关标准的规定。主要检查其产品合格证、出厂检验报告和进场复验报告。

2. 预应力筋用锚具、夹具和连接器应按设计要求采用,其性能应符合现行国家标准《预应力筋用锚具、夹具和连接器》GB/T14370 等的规定。主要检查其产品合格证、出厂检验报告和进场复验报告。

3. 先张法预应力筋施工时应选用非油质类模板隔离剂,并应避免沾污预应力筋。主要通过观察检查。

4. 预应力筋的张拉力、放张顺序及张拉工艺应符合设计要求及施工技术方案的要求,并应符合下列规定:

(1) 当施工需要超张拉时,最大张拉应力不应大于国家现行标准《混凝土结构设计规范》GB50010 的规定;

(2) 先张法预应力筋放张时,宜缓慢放松锚固装置,使各种预应力筋同时缓慢放松;

(3) 当采用应力控制方法张拉时,应校核预应力筋的伸长值,实际伸长值与设计计算理论伸长值的相对允许偏差为±6%。主要检查张拉记录。

5. 预应力筋张拉锚固后实际建立的预应力值与工程设计规定检验值的相对允许偏差为±5%。对先张法施工,应检查预应力筋应力检测记录。

6. 张拉过程中应避免预应力筋断裂或滑脱;当发生断裂或滑脱时,必须符合规范规定:对先张法预应力构件,在浇筑混凝土前发生断裂或滑脱的预应力筋必须予以更换。主要检查张拉记录。

(二) 一般项目

1. 预应力筋用锚具、夹具和连接器使用前应进行外观检查,其表面应无污物、锈蚀、机械损伤和裂纹。

2. 先张法预应力筋张拉后与设计位置的偏差不得大于 5 mm,且不得大于构件截面短边边长的 4%。主要用钢尺检查。

(三) 质量记录

本工艺标准应具备以下质量记录:

1. 预应力筋的出厂质量证明书、进场复验报告单。

2. 预应力筋夹具和连接器合格证及检验报告。

3. 预应力筋的冷拉记录。

4. 冷拉预应力筋的机械性能试验报告。

5. 冷拉预应力筋焊接接头试验报告。

6. 预应力张拉设备校验记录。

7. 预应力张拉记录。

8. 混凝土构件试块强度试压报告。

（四）特殊工序或关键控制点的控制应符合表 5.2 的要求

表 5.2　特殊工序或关键控制点的控制

序号	特殊工序/关键控制点	主要控制方法
1	预应力筋、水泥等原材料进场检查	原材料出厂合格证和复试报告,张拉机具的标定和配套校验
2	预应力筋用夹具、连接器进场检查	
3	混凝土配合比检查	混凝土配合比试验报告
4	非预应力筋、预埋件隐蔽检查	张拉前预应力筋下料长度计算,控制预埋件位置正确,同时控制钢筋冷镦和焊接时参数以及焊接后钢筋形心距轴线尺寸是否符合要求,焊缝外观质量检查
5	预应力筋铺设、镦粗检查	
6	预应力筋冷拉记录检查	
7	预应力筋张拉记录检查	钢筋张拉时应控制张拉力和张拉伸长值,同时张拉力应满足设计要求,实际张拉值与理论伸长值误差应控制在允许范围内
8	混凝土试压强度检查	混凝土试压报告应满足设计要求
9	预应力筋放张记录检查	混凝土强度达标后,用砂轮切割机对称放张钢筋且钢筋外露长度不小于 30 mm

（五）应注意的质量问题

1. 预应力筋下料前,应根据设计要求计算下料长度。钢筋镦粗前,其端头 15～20 cm 范围内的锈要除净,钢筋端头要磨平并不能有弯曲。

2. 张拉设备应配套标定,并配套使用。张拉设备的标定期限不应超过半年。当在使用过程中出现反常现象或在千斤顶检修后,应重新检验。

3. 预应力筋张拉端的设置,应符合设计要求,当设计无具体要求时,应符合下列规定:

（1）预应力张拉时最大张拉应力:冷拉 Ⅱ、Ⅲ、Ⅳ 级钢不得超过屈服强度的 90%,钢丝、钢绞线不得超过屈服强度的 75%,热处理钢筋不得超过标准强度的 70%。张拉后的实际预应力值的偏差不得超过规定值的 5%。

（2）当用冷拉粗钢筋作预应力筋时,必须先焊上端杆螺丝,然后再进行冷拉,使各对焊接头进行一次冷拉考验。

4. 张拉时,张拉机具与预应力筋应在一条直线上。

5. 顶紧锚塞时,用力不要过猛,以防钢丝折断,再拧紧螺母时,应注意压力表读数始终保持所需的张拉力。

6. 预应力钢丝内力的检测,一般应在张拉锚固后 1 h 后进行,其检测值按设计规定值,当设计无规定时,可按表 5.3 取用。

表 5.3　钢丝预应力值检测时的设计规定值

张 拉 方 法		检 测 值
长线张拉		$0.94\sigma_{con}$
短线张拉	长 4 m	$0.91\sigma_{con}$
	长 6 m	$0.93\sigma_{con}$

7. 预应力筋放张时,应测定钢丝回缩值,如回缩值过大,则应分析和查找原因,检查构件的混凝土强度是否满足设计要求,采取纠正措施。

8. 放张前,应拆除模板。用氧炔焰或电弧切割时,应采取隔热措施,防止烧伤构件端部混凝土。

(六)成品保护

1. 构件起吊时不得发生扭曲和损坏。

2. 堆放场地应平整、坚实,构件叠放时垫块要上下对准。

二、职业健康安全与环境管理

(一)施工过程危害辨识及控制措施

施工过程危害辨识及控制措施应符合表 5.4 的要求。

表 5.4　施工过程危害辨识及控制措施

序号	主要来源	可能发生的事故或影响	风险级别	控制措施
1	预应力筋下料	盘状供货弹力大,伤人	大	下料前,将盘状钢筋放入钢筋笼内后放松
2	预应力筋张拉	预应力滑脱伤人	大	张拉两端设置警戒线,派专人负责

注:上表仅供参考,现场应依据实际情况进行危害辨识、风险评价并采取相应的控制措施。

(二)环境因素辨识及控制措施

环境因素辨识及控制措施应符合表 5.5 的规定。

表 5.5　环境因素辨识及控制措施

序号	主要来源	可能的环境影响	影响程度	控制措施
1	预应力筋下料	钢筋废料无序堆放影响环境妨碍交通	一般	将废钢筋及时清理堆放到废料堆

注:上表仅供参考,现场应依据实际情况进行环境因素辨识、评价并采取相应的控制措施。

思考与练习

1. 什么是先张法?先张法的本质是什么?
2. 张拉构件和普通构件有什么区别和优势?
3. 张拉控制应力和张拉程序是怎样的?
4. 先张法应注意的质量问题有哪些?

任务 2　后张法施工

任务描述

后张法是先制作混凝土构件,并在预应力筋的位置预留出相应孔道,待混凝土强度达到设计规定的数值后,穿入预应力筋进行张拉,并利用锚具把预应力筋锚固,最后进行孔道灌浆。

知识准备

预加应力的方法,可以分为先张法和后张法两类。先张法是先张拉钢筋,后浇筑混凝土,预应力靠钢筋与混凝土之间的黏结力传递给混凝土。后张法是先浇筑混凝土并预留孔道,待混凝土达到一定强度后张拉钢筋,预应力靠锚具传递给混凝土。预应力混凝土后张法生产工艺如图 5.14 所示。

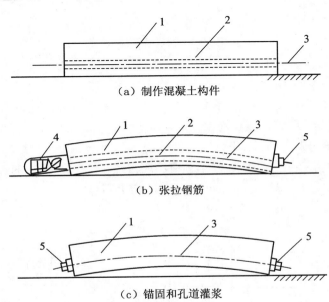

图 5.14 后张法生产示意图

1—混凝土构件;2—预留孔道;3—预应力筋;4—千斤顶;5—锚具

后张法预应力施工工艺复杂、专业性强、技术含量高、操作要求严,故应由具有专项施工资质的施工单位承担。

任务实施

一、施工准备

(一) 预应力筋、锚具和张拉机具

在后张法中,锚具是建立预应力值和保证结构安全的关键,是预应力构件的一个组成部分。要求锚具的尺寸形状准确,有足够的强度和刚度,受力后变形小,锚固可靠,不会产生预应力筋的滑移和断裂现象。预应力筋所用锚具、夹具和连接器应按设计要求采用,其性能应符合现行国家标准的规定。使用前应进行外观检查,其表面应无污物、锈

蚀、机械损伤和裂纹。

1. 单根粗钢筋

（1）锚具

①螺丝端杆锚具如图 5.15 所示。

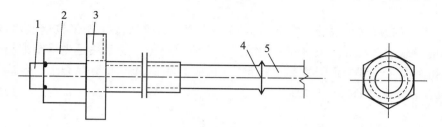

图 5.15　螺丝端杆锚具

1—螺丝端杆；2—螺母；3—垫板；4—焊接接头；5—钢筋

②帮条锚具如图 5.16 所示。

螺丝端杆锚具、帮条锚具与预应力筋连接宜采用闪光对焊焊接，应在预应力筋冷拉前进行。预应力筋冷拉时，螺母应在端杆的端部，使拉力由螺母传至端杆和预应力筋，冷拉后的螺丝端杆不得发生塑性变形。

③镦头锚具由镦头和垫板组成。当预应力筋直径在 22 mm 以内时，采用对焊机热镦成型；当预应力筋直径在 22 mm 以上时，可采用加热锻打成型。

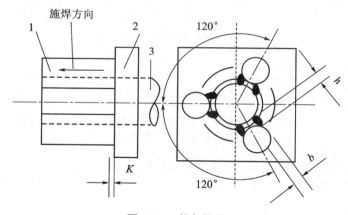

图 5.16　帮条锚具

1—帮条；2—衬板；3—主筋

（2）张拉设备

与螺丝端杆锚具配套的张拉设备为拉杆式千斤顶。常用的有 YL20 型、YL60 型液压千斤顶。

YL60 型千斤顶是一种通用型的拉杆式液压千斤顶(图 5.17)。

YL60 型千斤顶的最大张拉力为 600 kN，张拉行程为 150 mm，活塞面积为 16 200 mm²，最大工作油压为 40 N/mm²，其配套油泵为 ZB4/500 型。适用于张拉采用螺丝端杆锚具的粗钢筋、锥形螺杆锚具的钢丝束及镦头锚具的钢筋束。

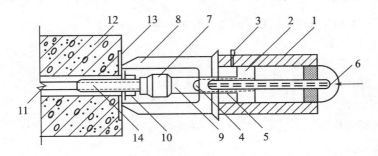

图 5.17　拉杆式千斤顶张拉单根粗钢筋工作原理图

1—主缸；2—主缸活塞；3—主缸进油孔；4—副缸；5—副缸活塞；6—
副缸进油孔；7—连接器；8—传力架；9—拉杆；10—螺母；11—预应力筋；
12—混凝土构件；13—预埋铁板；14—螺丝端杆

（3）单根粗钢筋预应力筋的制作

单根粗钢筋预应力筋的制作，包括配料、对焊、冷拉等工序。预应力筋的下料长度应根据计算确定，计算时要考虑结构构件的孔道长度、锚具厚度、千斤顶长度、焊接接头或镦头的预留量、冷拉伸长值、弹性回缩值等。现以两端用螺丝端杆锚具锚固的预应力筋为例（图 5.18）来说明其下料长度计算方法。

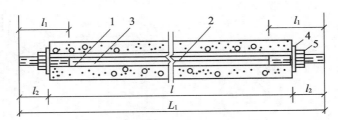

图 5.18　粗钢筋下料长度计算示意

1—螺丝端杆；2—预应力钢筋；3—对焊接头；4—垫板；5—螺母

预应力筋的成品长度（即预应力筋和螺丝端杆对焊并经冷拉后的全长）L_1：

$$L_1 = l + 2l_2 \tag{5.4}$$

预应力筋（不包括螺丝端杆）冷拉后需达到的长度 L_0：

$$L_0 = L_1 - 2l_1 \tag{5.5}$$

预应力筋（不包括螺丝端杆）冷拉前的下料长度 L：

$$L = L_0/(1 + \gamma - \sigma) + n\Delta \tag{5.6}$$

式中：l——构件的孔道长度；

l_2——螺丝端杆伸出构件外的长度：

张拉端：$l_2 = 2H + h + 5\ \mathrm{mm}$；

锚固端：$l_2 = H + h + 10\ \mathrm{mm}$；

l_1——螺丝端杆长度，一般为 320 mm；

γ——预应力筋的冷拉率；

σ——预应力筋的冷拉弹性回缩率，一般为 $0.4\%\sim0.6\%$；

n——对焊接头数量；

$\triangle$——每个对焊接头的压缩量，一般为 $20\sim30$ mm；

H——螺母高度(mm)；

h——垫板厚度(mm)。

单根粗钢筋常用的锚具为螺丝端杆和帮条锚具，张拉设备常用 YL - 60 型拉杆式千斤顶，或 YC - 60 型、YC - 2。

2. 钢筋束和钢绞线束

如用 JM - 12 型锚具，则宜用 YC - 60 型双作用千斤顶张拉。如用 KT - Z 型锚具，对螺纹钢筋束用锥锚式双作用千斤顶张拉；对钢绞线束则宜用 YC - 60 型双作用千斤顶。

下料长度要根据所用的锚具和千斤顶计算确定。

钢筋束、钢绞线采用的锚具有 JM 型、XM 型、QM 型和镦头锚具。

①JM 型锚具

JM 型锚具由锚环与夹片组成(图 5.19)，锚环分甲型和乙型两种。甲型锚环是具有锥形内孔的圆锥体，外形比较简单，使用时直接放置在构件端部的垫板上即可；乙型锚环是在圆柱体外部增加正方形肋板，使用时锚环直接预埋在构件的端部，不另设置垫板。

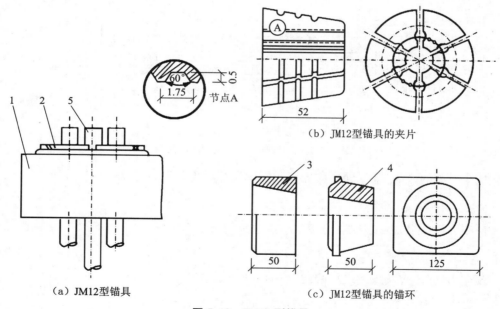

（a）JM12型锚具　　（b）JM12型锚具的夹片　　（c）JM12型锚具的锚环

图 5.19　JM12 型锚具

1—锚环；2—夹片；3—圆锚环；4—方锚环；5—预应力钢丝束

JM12 型锚具性能好，利用活动楔块原理，多根预应力钢筋或钢绞线束被单根夹紧，不受直径误差的影响，且预应力筋是在直线状态下被张拉和锚固的，受力性能好。

JM 型锚具与 YL60 型千斤顶配套使用，适用于锚固 $3\sim6$ 根直径为 12 mm 的光面或螺纹钢筋束，也可用于锚固 $5\sim6$ 根直径为 12 mm 或 15 mm 的钢绞线束。

②XM 型和 QM 型锚具

XM 型和 QM 型锚具是一种新型锚具,利用楔形夹片将每根钢绞线独立地锚固在带有锥形的锚环上,形成一个独立的锚固单元。其特点是每根钢绞线都是分开锚固的,任何一根钢绞线的锚固失效(如钢绞线拉断、夹片碎裂)都不会引起整束钢绞线锚固失效。

XM 型锚具由锚环和三块夹片组成,如图 5.20 所示,适用于锚固 1～12 根直径 15 mm 的钢绞线,也可用于锚固钢丝束;QM 型锚具适用于锚固 4～31 根直径 12 mm 或 3～19 根直径 15 mm 的钢绞线。

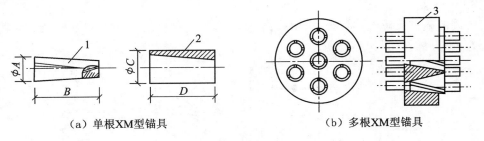

（a）单根XM型锚具　　　　　　　　　（b）多根XM型锚具

图 5.20　XM 型锚具

1—夹片;2—锚环;3—锚板

③钢筋束、钢绞线的制作

钢筋束所用钢筋是成圆盘供应的,不需对焊连接。钢筋束或钢绞线束预应力筋的制作包括开盘冷拉、下料、编束等工序。预应力钢筋束下料应在冷拉后进行。当采用镦头锚具时,则应增加镦头工序。

当采用 JM 型或 XM 型锚具,用穿心式千斤顶张拉时,钢筋束和钢丝束的下料长度 L 应等于构件孔道长度加上两端为张拉、锚固所需的外露长度,如图 5.21 所示。

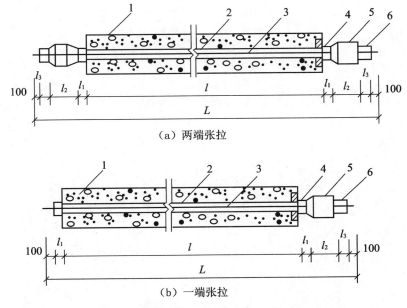

（a）两端张拉

（b）一端张拉

图 5.21　钢筋束、钢绞线束下料长度计算简图

1—混凝土构件;2—孔道;3—钢绞线;4—夹片式工作锚;5—穿心式千斤顶;6—夹片式工具锚

可按下式计算:两端张拉时:$L=l+2(l_1+l_2+l_3+100)$ (5.7)

一端张拉时:$L=l+2(l_1+100)+l_2+l_3$ (5.8)

式中 l——构件的孔道长度,mm;

    l_1——工作锚厚度,mm;

    l_2——穿心式千斤顶长度,mm;

    l_3——夹片式工具锚厚度,mm。

3. 钢丝束

常用的锚具有螺丝端杆锚具、帮条锚具、锥形螺杆锚具(图 5.22)和钢质锥形锚具(图 5.23)及镦头锚具(图 5.24)。

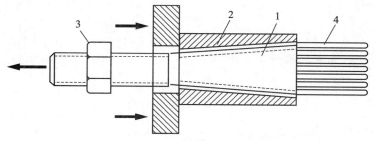

图 5.22 锥形螺杆锚具

1—锥形螺杆;2—套筒;3—螺帽;4—预应力钢丝束

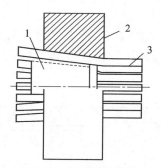

图 5.23 钢质锥形锚具

1— 锚塞;2—锚环;3—钢丝束

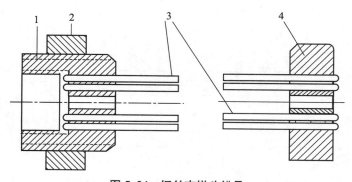

图 5.24 钢丝束镦头锚具

1—A 型锚杯;2—螺母;3—钢丝束;4—B 型锚板

镦头锚具要求钢丝束下料长度精确,相对误差控制在 L/5 000 以内,并不大于5 mm,为此要求钢丝束在应力状态下切断下料,下料的控制应力为 300 N/mm²。

镦头锚具用 YC-60 千斤顶(图 5.25)张拉或拉杆式千斤顶张拉;锥形螺杆锚具用拉杆式千斤顶或穿心式千斤顶张拉;钢质锥形锚具用锥锚式双作用千斤顶张拉。

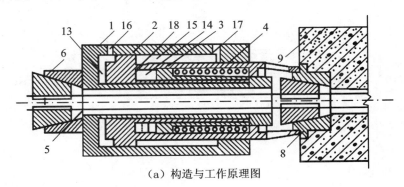

(a)构造与工作原理图

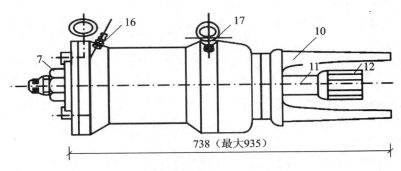

(b)加撑脚后的外貌图

图 5.25　YC-60型(穿心式)千斤顶

1—张拉油缸;2—顶压油缸(即张拉活塞);3—顶压活塞;4—弹簧;5—预应力筋;6—工具锚;7—螺帽;8—锚环;9—构件;10—撑脚;11—张拉杆;12—连接器;13—张拉工作油室;14—顶压工作油室;15—张拉回程油室;16—张拉缸油嘴;17—顶压缸油嘴;18—油孔

二、施工工艺

后张法工艺中,与预应力施工有关的是孔道留设、预应力筋张拉和孔道灌浆三部分。

(一)孔道留设

孔道留设是后张法构件制作中的关键之一。孔道直径取决于预应力筋和锚具,如用螺丝端杆的粗钢筋,孔道直径应比螺丝端杆的螺纹直径大 10~15 mm;用 JM12 型锚具的钢筋束或钢绞线束,对 JM12-3、4,孔道直径为 42 mm,对 JM12-5、6 则为 50 mm。孔道留设方法有钢管抽芯法、胶管抽芯法和预埋波纹管法。

1.钢管抽芯法

预先将钢管埋设在模板内孔道位置处,在混凝土浇筑过程中和浇筑之后,每间隔一定时间慢慢转动钢管,使之不与混凝土黏结,待混凝土初凝后、终凝前抽出钢管,即形成孔道。该法只用于留设直线孔道。

钢管要平直,表面要光滑,安放位置要准确。一般用间距不大于 1 m 的钢筋井字架固定钢管位置。每根钢管的长度最好不超过 15 m,以便于旋转和抽管,较长构件则用两根钢管,中间用套管连接(图 5.26)。钢管的旋转方向两端要相反。

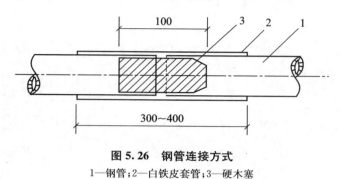

图 5.26 钢管连接方式
1—钢管;2—白铁皮套管;3—硬木塞

恰当掌握抽管时间很重要,过早会坍孔,太晚则抽管困难。一般在初凝后、终凝前,以手指按压混凝土不黏又无明显印痕时则可抽管。为保证顺利抽管,混凝土的浇筑顺序要密切配合。

抽管顺序宜先上后下,抽管可用人工或卷扬机,抽管要边抽边转,速度均匀,与孔道呈一直线。

在留设孔道的同时还要在设计规定位置留设灌浆孔。一般在构件两端和中间每隔12 m 留一个直径 20 mm 的灌浆孔,并在构件两端各设一个排气孔。

2. 胶管抽芯法

胶管有五层或七层夹布胶管和钢丝网胶管两种。前者质软,用间距不大于 0.5 m 的钢筋井字架固定位置,浇筑混凝土前,胶管内充入压力为 $0.6\sim0.8 \text{ N/mm}^2$ 的压缩空气或压力水,此时胶管直径增大 3 mm 左右,待浇筑的混凝土初凝后,放出压缩空气或压力水,管径缩小而与混凝土脱离,便于抽出。后者质硬,具有一定弹性,留孔方法与钢管一样,只是浇筑混凝土后不需转动,由于其有一定弹性,抽管时在拉力作用下断面缩小易于拔出。胶管抽芯留孔,不仅可留直线孔道,而且可留曲线孔道。

3. 预埋波纹管法

预埋管法是用钢筋井字架将黑铁皮管、薄钢管或金属螺旋管固定在设计位置上,在混凝土构件中埋管成型的一种施工方法。预埋管具有质量轻、刚度好、弯折方便、连接简单等特点,可做成各种形状的孔道,并省去了抽管工序。适用于预应力筋密集或曲线预应力筋的孔道埋设,但在电热后张法施工中,不得采用波纹管或其他金属管埋设的管道。

金属螺旋管安装时,宜先在构件底模、侧模上弹安装线,并检查波纹管有无渗漏现象,避免漏浆堵塞管道。同时,尽量避免波纹管多次反复弯曲,并防止电火花烧伤管壁。

(二)预应力筋张拉

张拉预应力筋时,构件混凝土的强度应按设计规定,如设计无规定则不宜低于混凝土标准强度的 75%;用块体拼装的预应力构件,其拼装立缝处混凝土或砂浆的强度,如设计无规定时,不应低于块体混凝土标准强度的 40%,且不得低于 15 N/mm²。

1. 穿筋

螺丝端杆锚具预应力筋穿孔时,用塑料套或布片将螺纹端头包扎保护好,避免螺纹与混凝土孔道摩擦损坏。成束的预应力筋将一头对齐,按顺序编号套在穿束器上(图 5.27),一端用绳索牵引穿束器,钢丝束保持水平在另一端送入孔道,并注意防止钢丝束扭结和错向。

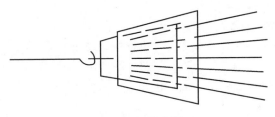

图 5.27　穿束器

2. 预应力筋的张拉顺序

预应力筋的张拉顺序应按设计规定进行;如设计无规定时,应采取分批分阶段对称地进行,以免构件受过大的偏心压力而发生扭转和侧弯。

图 5.28 所示是预应力混凝土屋架下弦预应力筋张拉顺序。图 5.28(a)所示预应力筋为两束,能同时张拉,宜采用两台千斤顶分别设置在构件两端对称张拉。图 5.28(b)所示预应力筋是对称的四束预应力筋,不能同时张拉,应采取分批对称张拉,用两台千斤顶分别在两端张拉对角线上的两束,然后张拉另两束。

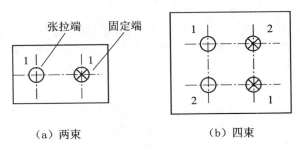

（a）两束　　　（b）四束

图 5.28　屋架下弦杆预应力筋张拉顺序

1、2—预应力筋分批张拉顺序

图 5.29 所示是预应力混凝土吊车梁预应力筋采用两台千斤顶的张拉顺序,对配有多根不对称预应力筋的构件,应采用分批分阶段对称张拉。采用两台千斤顶先张拉上部两束预应力筋,下部四束曲线预应力筋采用两端张拉方法分批进行。

平卧重叠浇筑的预应力混凝土构件,张拉预应力筋的顺序是先上后下,逐层进行。为了减少上下层之间因摩阻引起的预应力损失,可逐层加大张拉力,但底层张拉力不宜比顶层张拉力大 5%(钢丝、钢绞线和热处理钢筋)或 9%(冷拉 HRB335、HRB400 和 RRB400 钢筋),且要注意加大

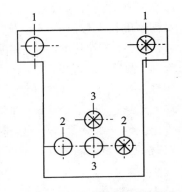

图 5.29　吊车梁预应力筋张拉顺序

1、2、3—预应力筋分批张拉顺序

张拉控制应力后不要超过最大张拉力的规定。

3. 预应力筋的张拉程序

预应力筋的张拉程序,主要根据构件类型、张锚体系、松弛损失取值等因素来确定。用超张拉方法减少预应力筋的松弛损失时,预应力筋的张拉程序宜为:

$0 \rightarrow 105\%\sigma_{con}$ 持荷 2 min $\rightarrow \sigma_{con}$。

σ_{con} 为预应力筋的张拉控制应力。

采用上述程序时,千斤顶应回油至稍低于 σ_{con},再进油至 σ_{con},以建立准确的预应力值。

如果预应力筋张拉吨位不大,根数很多,而设计中又要求采取超张拉方法以减少应力松弛损失时,其张拉程序可为:$0 \rightarrow 103\%\sigma_{con}$

4. 预应力筋的张拉方法

为了减少预应力筋与预留孔壁间的摩擦而引起的应力损失,对于曲线预应力筋和长度大于 24 m 的直线预应力筋,应采用两端同时张拉的方法;长度小于或等于 24 m 的直线预应力筋,可一端张拉,但张拉端宜分别设置在构件两端。

安装张拉设备时,对于直线预应力筋,应使张拉力的作用线与孔道中心线重合;对于曲线预应力筋,应使张拉力的作用线与孔道中心线末端的切线方向重合。

用应力控制方法张拉时,还应测定预应力筋实际伸长值,以对预应力值进行校核。预应力筋实际伸长值的测定方法与先张法相同。

5. 后张法预应力筋的张拉安全注意事项

预应力筋张拉过程中应特别注意安全。在张拉构件的两端应设置保护装置,如用麻袋、草包装土筑成土墙,以防止螺帽滑脱、钢筋断裂飞出伤人;在张拉操作中,预应力筋的两端严禁站人,操作人员应在侧面工作。

(三) 孔道灌浆

预应力筋张拉后,应尽快地用灰浆泵将水泥浆压灌到预应力孔道中去,目的是防止预应力筋锈蚀,同时可使预应力筋与混凝土有效黏结,提高结构的抗裂性、耐久性和承载能力。

灌浆用水泥浆应有足够的黏结力,且应有较大的流动性,较小的干缩性和泌水性。应采用普通的硅酸盐水泥,水胶比为 0.40~0.45,搅拌后 3h 泌水率宜控制在 2% 以内,水泥浆的抗压强度不应低于 30 N/mm²。

灌浆前,用压力水冲洗和湿润孔道。用电动或手动灰浆泵灌浆,压强以 0.5~0.6 N/mm² 为宜。灌浆顺序应先下后上,以免上层孔道漏浆把下层孔道堵塞。直线孔道灌浆时,应从构件一端灌到另一端;曲线孔道灌浆时,应从孔道最低处向两端进行。灌浆工作应缓慢均匀连续进行,不得中断,并防止空气压入孔道而影响灌浆质量。排气应通畅,直至气孔排出空气→水→稀浆→浓浆时为止。在孔道两端冒出浓浆并封闭排气孔后,继续加压灌浆,稍后再封闭灌浆孔。对不掺外加剂的水泥浆,可采用二次灌浆法,以提高孔道灌浆的密实度。

任务评价

一、施工校核

将千斤顶装入未张拉的一端进行张拉,张拉到控制应力后,猛顶锚塞。当两端都张拉顶压完毕后,应测量钢丝滑入锚楦中的内缩量是否符合要求,如果大于规定数值,必须再张拉,补回损失。

二、质量标准

(一) 保证项目

1. 预应力筋的品种和质量必须符合设计要求和有关标准的规定。

检验方法:检查出厂质量证明书和试验报告单。

2. 冷拉钢筋的机械性能必须符合设计要求和施工规范的规定。

检验方法:检查出厂质量证明书、试验报告和冷拉记录。

3. 预应力筋所用的锚具、夹具和连接器质量必须符合设计要求和施工规范及专门规定。

检查数量:按《混凝土结构工程施工质量验收规范》的规定抽取试件。

检验方法:检查锚具、夹具和连接器的出厂合格证、硬度、静载锚固性能及外观尺寸检查报告。

4. 混凝土强度及块体立缝混凝土(砂浆)强度,必须符合设计要求和施工规范和规定。

检验方法:检查同条件养护混凝土(砂浆)试块的试验报告。

5. 锚固阶段张拉端预应力筋的内缩量必须符合混凝土施工规范的规定。

检验方法:检查施加预应力记录。

6. 孔道水泥浆强度必须符合设计要求或施工规范的规定。

检验方法:全面观察和检查水泥浆试块的试验报告。

(二) 基本项目

1. 实际建立的预应力值与设计规定值偏差的百分率应不超过±5%。

检查数量:按预应力混凝土工程不同类型件数各抽查10%,但均不少于3种。

检验方法:检查施加预应力记录。

2. 预应力筋(钢丝、钢绞线或钢筋)断裂或滑脱的数量严禁超过结构同一截面预应力总根数的3%,且一束钢丝不超过一根。

检查数量:全数检查。

检验方法:全面观察和检查施加预应力记录。

三、成品保护

1. 构件起吊时不得发生扭曲和损坏。

2. 堆放场地应平整、坚实，垫块要上下一致。

思考与练习

1. 21 m 预应力屋架的孔道长为 20.80 m，预应力筋为冷拉 HRB400 钢筋，直径为 22 mm，每根长度为 8 m，实测冷拉率 $r=4\%$，弹性回缩率 $\delta=0.4\%$，张拉应力为 $0.85f_{pyk}$。螺丝端杆长为 320 mm，帮条长为 50 mm，垫板厚为 15 mm。计算：

(1) 两端用螺丝端杆锚具锚固时预应力筋的下料长度为多少？

(2) 一端用螺丝端杆，另一端用帮条锚具锚固时，预应力筋的下料长度为多少？

(3) 预应力筋的张拉力为多少？

2. 预应力锚具分为哪两类？锚具的效率系数的含义是什么？

3. 分批张拉预应力筋时，如何弥补混凝土弹性压缩应力损失？

4. 为什么要进行孔道灌浆？怎样进行孔道灌浆？

5. 简述先张法与后张法的施工工艺。

6. 后张法施工分批对称张拉，后批预应力筋张拉时，对前批张拉并锚固好的预应力筋的影响？

项目六　钢结构工程

项目需求

　　钢结构是用钢板、热轧型钢、薄壁型钢和钢管等通过焊接、铆接、螺栓连接等方式组合而成的结构。

　　钢结构还可用于桥梁结构、塔桅结构等。钢结构建筑具有自重轻、制作安装简便、施工周期短、抗震性能好、投资回收快、环境污染少等优点。钢结构拆除后可再生循环利用，有的构件可重复利用。

　　钢结构的缺点是钢材耐腐性差，在使用期间要定期维护；钢材耐热不耐火，重要结构必须采取防火措施或喷涂防火涂料，或采用耐火材料围护。

　　钢结构工程施工工作内容包括熟悉图纸、施工阶段结构分析、施工详图设计、结构工程材料采购验收、钢结构构件加工制作、钢结构现场安装验收等。

项目工作场景

　　实训基地(有与工程实际相符的钢结构工程)、实际工程施工现场等。

方案设计

　　主要是钢结构工程材料、零部件加工、钢结构安装施工、钢结构涂装施工等。

相关知识和技能

　　1. 掌握钢结构工程材料的分类、进场验收和存储规定；钢结构焊接、高强度螺栓连接的施工要求；钢结构安装的施工准备；柱、梁、支撑、桁架的安装过程及要求。

　　2. 结合钢结构单层工业厂房实例，能编制专项施工方案；熟悉施工准备的工作内容；掌握钢构件进场验收程序和主要内容；熟练掌握焊接施工、高强螺栓连接施工的基本要求，能对施工现场出现的技术问题进行分析和处理。

任务 1 钢结构安装、涂装施工

任务描述 ▮▮▮▮

本任务有钢结构施工阶段设计、零部件加工及安装、涂装施工等。

知识准备 ▮▮▮▮

一、钢结构施工阶段设计

钢结构工程施工阶段设计的主要内容包括施工阶段的结构分析与验算、结构预变形设计、临时支撑结构和施工措施设计、施工详图设计等。

（一）施工阶段结构分析

施工阶段结构分析是对结构安装成型过程进行施工阶段分析，以保证结构安全，或满足规定功能要求。

施工阶段的临时支撑结构和施工措施要按施工状况的荷载作用对构件进行强度、刚度和稳定性验算；临时支承结构拆除顺序和步骤要通过分析确定，并编制专项施工方案。对吊装状态的构件或结构单元，应进行强度、稳定性和变形验算。

（二）施工详图设计

钢结构施工详图作为制作、安装和质量验收的主要技术文件，其设计工作主要包括节点构造设计和施工详图绘制两项内容。

节点构造设计是以便于钢结构加工制作和安装为原则，对节点构造进行完善，根据结构设计施工图提供的内力进行焊接或螺栓连接节点设计，以确定连接板的规格、焊缝尺寸和螺栓数量等内容。

施工详图绘制主要包括图纸目录、施工详图设计总说明、构件布置图、构件详图和安装节点详图等内容。钢结构施工详图需经原设计单位确认。

二、钢结构工程材料

钢结构工程所用的材料应符合设计文件和国家现行有关标准的规定，应具有质量合格证明文件，并经现场检验合格后使用。钢结构工程材料有钢材、焊接材料、紧固件、钢铸件、锚具和销轴、涂装材料等。

钢材的进场验收除符合设计文件和国家有关标准规定外，还应按《钢结构工程施工质量验收规范》（GB 50205—2001）的有关规定进行抽样复验。

焊接材料的品种、规格、性能等应符合国家现行有关产品标准和设计要求。焊条、焊丝、焊剂、电渣焊熔嘴等应与设计选用的钢材相匹配，且应符合《钢结构焊接规范》（GB 50661—2011）的有关规定。

　　钢结构连接用的普通螺栓、高强度大六角头螺栓连接副、扭剪型高强度螺栓连接副等紧固件,应符合相应的国家紧固件标准。

　　钢结构涂装材料有钢结构防腐涂料、稀释剂和固化剂。富锌防腐油漆和钢结构防火涂料应符合设计文件和国家标准的有关规定。

　　材料存储及成品的管理应有专人负责。材料入库前应进行检验,核对材料的品种、规格、批号、质量合格证明文件、中文标志和检验报告等,检查表面质量、包装等。钢材堆放应减少钢材变形和锈蚀,并应放置垫木或垫块。

　　连接用紧固件应防止锈蚀和碰伤,不得混批存储。涂装材料按产品说明书的要求进行存储。

三、零件及部件加工

(一) 放样与号料

　　放样是根据施工详图用1∶1的比例在样台上放出大样,通常按生产需要制作样板或样杆进行号料,并作为切割、加工、弯曲、制孔等后检查之用。

　　放样和号料时应预留余量,一般包括制作和安装时焊接收缩余量、构件的弹性压缩量、切割刨边和铣平等加工余量及厚钢板展开的余量。

　　号料后零件和部件应进行标识,包括工程号、零部件编号、加工符号、孔的位置等,便于切割及后续工序工作,避免造成混乱。

(二) 切割

　　钢材切割可采用气割、机械切割、等离子切割等方法。为了保证气割质量,切割前要求将钢材切割区表面清理干净。气割可用于机械、人工切割,适用于中厚钢板。采用剪板机或型钢剪切割钢材速度快,但切割质量不是很好,因为在钢材的剪切过程中,一部分是剪切而另一部分为撕断,在剪切面附近连续2～3 mm范围内形成严重的冷作硬化区,使这部分钢材脆性很大。

(三) 矫正和成型

　　矫正可采用机械矫正、加热矫正、加热与机械矫正方法。冷矫正和冷弯曲碳素结构钢的环境温度不低于−16 ℃,低合全钢不低于−12 ℃,这是为了保证钢材在低温情况下受到外力作用时不致发生冷脆断裂。加热矫正时,加热矫正温度为700～800 ℃。

　　当零件采用热加工成型时,应根据材料的含碳量选择不同的加热温度,温度控制在1 100～1 300 ℃。热加工成型温度应均匀,同一构件不应反复进行热加工。

　　冷矫正和冷弯曲的最小曲率半径和最大弯曲矢高的允许值,应根据钢材特性、工艺可行性及成型后外观质量的限制而确定。

(四) 边缘加工

　　边缘加工可采用气割和机械加工方法,对边缘有特殊要求时应采用精密切割。气割或机械剪切的零件,需要进行边缘切割时,其刨削量不应小于2 mm。焊缝坡口可采用气割、铲削、刨边机加工等方法。

(五) 制孔

　　钻孔、冲孔为一次制孔(冲孔的板厚≤12 mm);铣孔、铰孔、镗孔和锪孔等为二次制孔,即在一次制孔的基础上进行孔的二次加工。一般直径在 80 mm 以上的圆孔、长圆孔或异形孔,一般可先钻孔,然后再用气割制孔方法进行二次制孔。

四、构件组装及加工

构件组装也称装配、拼装,是把加工好的零件按照施工图的要求拼装成单个构件。钢构件的大小应根据运输道路、现场条件、运输和安装单位的机械设备能力与结构受力的允许条件等来确定。

1. 组装要求

(1) 构件组装前,要求对组装人员进行技术交底,交底内容包括施工详图、组装工艺、操作规程等技术文件。组装之前,组织人员应检查组装用的零件/部件编号、清单及实物,确保实物与图纸相符。

(2) 编制组装工艺应考虑设计要求、构件形式、连接方式、焊接方法和焊接顺序等因素,确定组装顺序,然后严格按照组装顺序进行拼装。

(3) 钢构件组装应在平台上进行,平台应测平。用于装配的组装架及胎模要牢固地固定在平台上。

(4) 对于尺寸较大、形状较复杂的构件,应先分成几个部分组装成简单组件,再逐渐拼成整个构件,并注意先组装内部组件,再组装外部组件。

(5) 组成好的构件或结构单元,应根据图纸的规定进行编号,并标注构件的重量、重心的位置、定位中心缝、标高基准线等。

2. 组装方法

构件的组装应根据构件形式、尺寸、数量、组装场地、组装设备等综合考虑,主要有以下几种:

(1) 地样法

用 1∶1 的比例在组装平台上放出构件实样,然后根据零件在实样上的位置,分别组装后形成构件。

(2) 胎模装配法

将构件的各个零件用胎模定位在其组装位置上的组装方法。这种方法适用于批量大、精度要求高的构件。

(3) 立装

根据构件的特性,将各个零件直接放在设备上进行组装的方法。这种方法适用于放置平稳、高度不大的构件。

(4) 卧装

将构件放平后进行组装的方法。这种方法适用于断面不大、长度较大的细长杆件。

任务实施 ▮▮▮▮

一、焊接施工

焊接连接是钢结构的主要连接方法。其优点是构造简单,加工方便,构件刚度大,连接的密封性好,节约钢材,生产效率高;缺点是焊件易产生焊接应力和焊接变形。钢结构制作和安装焊接有焊条电弧焊接、气体保护电弧焊接、埋弧焊接和电渣焊接等。

焊接施工的基本要求:

1. 通过焊接工艺评定,选择最佳的焊接材料、焊接方法、焊接工艺、焊后热处理等,以保证焊缝接头的力学性能达到设计要求。

2. 在焊接前,焊条、焊丝按质量要求进行烘焙,烘焙后的焊条应放在保温箱内随用随取。

3. 现场高空焊接作业应搭设稳固的操作平台和防护棚。焊接作业环境温度不得低于-10 ℃。环境温度低于0 ℃且不低于-10 ℃时,应采取加热或防护措施。

4. 采用钢丝刷、砂轮等工具,清除待焊处表面的氧化皮、铁锈、油污等杂物。

5. 为了减少焊接变形,应选择合理的焊接顺序。一般从焊接件的中心开始向四周扩展;先焊接缩量大的焊缝,后焊接缩量小的焊缝;尽可能地对称施焊;焊缝相交时,先焊纵向焊缝,待冷却至常温后,再焊横向焊缝;钢板较厚时分层施焊。

二、高强度螺栓连接

高强度螺栓连接是用强力将钢板紧固,使钢板与钢板间产生摩擦力来传递剪力的连接方法。高强度螺栓采用 20MnTiB 钢制作。螺栓的紧固使用电动扳手或扭矩扳手,将预定的拉力导入螺栓中。其特点是施工方便,可拆可换,传力均匀,疲劳强度高,螺母不易松动,结构安全可靠。高强度螺栓可分为大六角高强度螺栓(即扭矩型高强度螺栓)和扭剪型高强度螺栓。

高强度螺栓连接的基本要求:

1. 摩擦面处理。对高强度螺栓连接的摩擦面在钢构件制作时应采用喷砂处理,酸洗后涂无机富锌漆或贴塑料纸加以保护。安装前进行检查,若摩擦面有锈蚀、污染等,须进行清除。

2. 螺栓穿孔。安装高强度螺栓时,应做到孔眼对准,螺栓同连接板的接触面之间必须保证平整。严禁锤击穿孔。要正确使用垫圈,每一个节点的螺栓穿孔方向必须一致。

3. 高强度螺栓应自由穿入螺栓孔内,当板层发生错孔时,允许用铰刀扩孔,扩孔的数量不得超过一个接头螺栓的 1/3,扩孔后的孔径不应大于 1.2d。扩孔时,落入板层间的铁屑应彻底清除干净。

4. 一个接头上的高强度螺栓连接,应从螺栓群中部开始安装,向四周扩展,逐个拧紧。扭矩型高强度螺栓的初拧、复拧、终拧,每完成一次,应涂上相应的颜色或标记,以防漏拧。

5. 接头如有高强度螺栓连接又有焊接连接时,应按先栓后焊方式施工,先终拧完高强度螺栓后再焊接焊缝。

6. 高强度螺栓连接终拧后,螺栓丝扣外露应为 2~3 扣,其中允许有 10% 螺栓外露1 扣或 4 扣。

7. 大六角头高强度螺栓终拧可采用扭矩法和转角法。扭矩法是根据高强度螺栓的扭矩系数计算施工扭矩值,然后用标定过的力矩扳手进行施拧,控制施工扭矩值

8. 扭剪型高强度螺栓是一种自标量螺栓,终拧紧固只需把尾部梅花头扭掉即可。

三、施工准备

1. 熟悉并掌握钢结构施工阶段设计内容,依据其专项施工方案组织施工。

2. 施工现场要满足运输车辆通行的要求,即:场地平整;有电源、水源,排水通畅;堆场的面积满足工程进度的需要。

3. 安装前应按构件明细表对进场的构件查验产品合格证,工厂预拼过的构件在现场组装时,应根据拼装记录进行。

4. 构件吊装前应清除表面上的油污、冰雪、泥沙和灰尘等杂物,并做好轴线和标高标记。

5. 钢结构安装应根据结构特点按照合理顺序进行,并应形成稳固的空间刚度单元,必要时应增加临时支承结构或临时措施。

6. 起重设备宜采用塔式起重机、履带吊、汽车吊等定型机械产品,根据起重设备性能、结构特点、现场环境、作业效率等因素综合确定。

7. 用于吊装的钢丝绳、吊装带、卸扣、吊钩等吊具经检查合格,并应在额定许可荷载范围内使用。

四、基础、支承面和预埋件

1. 钢结构安装前应对建筑物的定位轴线、基础轴线和标高、地脚螺栓位置等进行检查,并应办理交接验收手续。

(1)基础混凝土强度应达到设计要求;

(2)基础周围回填夯实应完毕;

(3)基础的轴线标志和标高基准点准确、齐全。

2. 基础顶面的预埋钢板的标高、水平度,地脚锚固螺栓的中心偏移、露出长度和螺纹长度,应符合规范要求。

五、构件安装

1. 钢柱安装

(1)柱脚安装时,锚栓应使用导入器或护套。

(2)首节钢柱安装后,应及时进行标高、轴线位置和垂直度校正,校正后的钢柱应可靠固定。

(3)首节以上的钢柱定位轴线应从地面控制轴线直接引上,不得从下层柱的轴线引上。钢柱校正垂直度时,应确定钢梁接头焊接的收缩量,并预留焊缝收缩变形值。

2. 钢梁安装

(1)钢梁宜采用两点起吊;当梁长度大于21 m,采用两点吊装不能满足构件强度和变形要求时,宜设置3~4个吊装点吊装,吊点位置应通过计算确定。

(2)钢梁可采用一机一吊或一机串吊方式吊装,就位后立即进行临时固定。

(3)钢梁面的标高及两端高差采用水准仪与标尺进行测量,校正完成后应进行永久性的连接。

3. 支撑安装

(1) 支交叉撑宜按从下到上的顺序组合吊装；

(2) 支撑构件的校正宜在相邻结构校正固定后进行。

4. 桁架(屋架)安装

(1) 桁架(屋架)安装应在钢柱校正后进行；

(2) 桁架(屋架)可采用整榀或分段安装；

(3) 桁架(屋架)应在起扳和吊装过程中防止产生变形；

(4) 桁架(屋架)安装时应采用缆绳和刚性支撑以增加侧向临时约束。

六、单层钢结构安装

1. 单跨结构宜按跨端一侧向另一侧、中间向两端或两端向中间的顺序进行吊装。多跨结构宜先吊主跨、后吊副跨；当有多台起重设备共同作业时，也可多跨同时吊装。

2. 单层钢结构在安装过程中，应及时安装柱间支撑、桁架支撑或稳定缆绳，应在形成空间结构稳定体系后再扩展安装。单层钢结构安装过程中形成的临时空间稳定结构，应能承受结构自重、风荷载、雪荷载、施工荷载以及吊装过程中冲击荷载的作用。

3. 单层钢结构安装方法有分件安装法和综合安装法。

分件安装法是指起重机在厂房内每开行一次，安装一种或两种构件，通常分三步安装所有构件。第一步安装柱，校正固定；第二步安装吊车梁、连系梁及柱间支撑；第三步分节间安装桁架、屋面构件及桁架支撑系统。

七、多层钢结构安装

1. 多层及高层钢结构应划分为多个流水作业段进行安装，流水段宜以每节框架为单位。流水段划分应符合下列规定：

(1) 流水段内最重构件应在起重设备的起重能力范围内；

(2) 起重设备的爬升高度应满足下节流水段内构件的起吊高度；

(3) 流水段划分应与混凝土结构施工相适应；

(4) 根据结构特点和现场条件在平面上划分流水区进行施工。

2. 流水作业段内构件的吊装应符合下列规定：

(1) 吊装可采用整个流水段内先柱后梁，或局部先柱后梁的顺序，单柱不得长时间处于悬臂状态；

(2) 钢楼板或压型金属板安装应与构件吊装进度同步；

(3) 多层及高层钢结构安装校正应根据基准柱进行，楼层标高可采用相对标高或标高进行控制。

八、钢结构涂装施工

(一) 一般要求及表面处理

1. 钢结构防腐涂装施工在构件组装和预拼装工程检验批的施工质量验收合格后进行。涂装完毕后，在构件上标注构件编号、重量、重心位置和定位标记。

2. 钢结构防火涂料涂装施工在钢结构安装工程和防腐涂装工程检验批施工质量验收合格后进行。

3. 构件表面防腐油漆的底层漆、中间漆和面层漆之间的搭配相互兼容,防腐油漆与防火涂料相互兼容,以保证涂装系统的质量。

4. 防腐涂装前,表面除锈采用机械除锈和手工除锈方法进行处理。

5. 经过处理的钢材表面不应有焊渣、焊疤、灰尘、油污、水和毛刺等;对于镀锌构件,酸洗除锈后,钢材表面应显露出金属色泽,并无污渍、锈迹和残留酸液。表面处理后 3～6 h内涂布底层漆。

(二)油漆防腐涂装

1. 涂装可采用涂刷法、手工滚涂法、空气喷涂法和高压无气喷涂法。

2. 涂装时环境温度为 5～38 ℃,相对湿度不大于 85%,被施工物体表面不得有凝露;遇雨、雾、雪、强风天气时,应停止露天涂装;应避免在强烈阳光照射下施工。

(三)防火涂料涂装

1. 基层表面应无油污、灰尘和泥沙等污垢,且防锈层应完整,底漆无漏刷。构件连接处的缝隙应采用防火涂料填平。

2. 防火涂料可采用喷涂、抹涂或滚涂等方法。涂装施工应分层进行,在上道涂层干燥或固化后,再进行下道涂层施工。

3. 涂料、涂装厚度、涂装遍数应符合设计要求。

任务评价

1. 钢结构分项工程检验批合格质量标准应符合下列规定:①主控项目必须符合本规范合格质量标准的要求;②一般项目其检验结果应有 80% 及以上的检查点(值)符合本规范合格质量标准的要求,且允许偏差项目中最大超偏差值不应超过其允许偏差值的 1.2 倍;③质量检查记录、质量证明文件等资料应完整。

2. 钢结构分项工程合格质量标准应符合下列规定:①分项工程所含的各检验批均应符合本规范合格质量标准;②分项工程所含的各检验批质量验收记录应完整。

3. 钢结构分部工程合格质量标准应符合下列规定:①各分项工程质量均应符合合格质量标准;②质量控制资料和文件应完整;③有关安全及功能的检验和见证检测结果应符合本规范相应合格质量标准的要求;④有关观感质量应符合本规范相应合格质量标准的要求。

思考与练习

1. 什么是钢结构高强螺栓连接施工的终拧和复拧?有何要求?
2. 试述钢构件焊接连接的基本要求。
3. 钢结构涂装施工的一般要求是什么?

项目七 结构安装工程

项目需求

单层工业厂房的结构安装、多层装配式框架结构安装等都是我们工程施工中经常遇到的施工任务,学好本项目对学生毕业后从事工程施工工作有较大的帮助。

项目工作场景

实训基地(有与工程实际相符的结构安装工程)、实际工程施工现场等。

方案设计

主要是起重机械、单层工业厂房的结构安装、多层装配式框架结构安装等。

相关知识和技能

1. 常用起重机械类型、性能、适用范围。
2. 履带式起重机的起重参数及相互关系。
3. 单层工业厂房结构构件安装准备工作、吊装工艺。
4. 单层工业厂房结构安装方法:单件法、综合节间法。
5. 多层装配式框架结构安装起重机械的选择、构件吊装方法及工艺。

任务 1 单层工业厂房的结构安装施工

任务描述

本任务有起重机械、单层工业厂房的结构安装等。

知识准备

(一) 桅杆式起重机

桅杆式起重机制作简单、装拆方便、起重量较大、受地形限制小,能用于安装其他起重机械不能安装的一些特殊工程和设备;但这类机械的服务半径小,移动较困难,需设较多的缆风绳。桅杆式起重机按其构造不同,可分为独脚拔杆、人字拔杆、悬臂拔杆和牵缆式桅杆起重机等。

1. 独脚拔杆

独脚拔杆按制作的材料不同,可分为木独脚拔杆、钢管独脚拔杆、金属格构式独脚拔杆等。独脚拔杆由拔杆、起重滑轮组、卷扬机、缆风绳和锚碇等组成,如图 7.1(a) 所示。

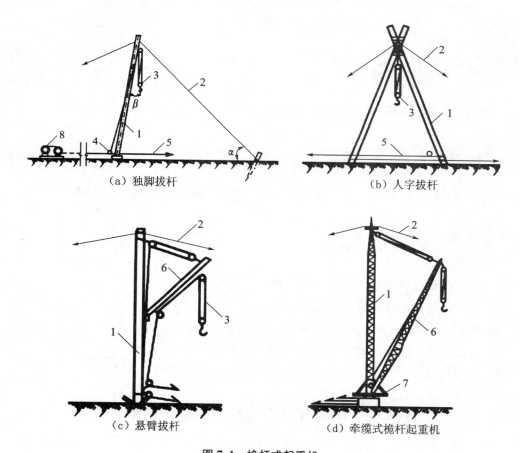

(a) 独脚拔杆　　　　　　　　　　　(b) 人字拔杆

(c) 悬臂拔杆　　　　　　　　　(d) 牵缆式桅杆起重机

图 7.1　桅杆式起重机

1—拔杆;2—缆风绳;3—起重滑轮组;4—导向装置;5—拉索;

6—起重臂;7—回转盘;8—卷扬机

2. 人字拔杆

人字拔杆一般是由两根圆木或两根钢管用钢丝绳绑扎或铁件铰接而成。两杆夹角一般为 20°～30°，底部设有拉杆或拉绳，以平衡水平推力。拔杆下端两脚的距离约为高度的 1/3～1/2，如图 7.1(b)所示。

3. 悬臂拔杆

悬臂拔杆是在独脚拔杆的中部或 2/3 高度处装一根起重臂而成。其特点是起重高度和起重半径都较大，起重臂左右摆动的角度也较大，但起重量较小，多用于轻型构件的吊装，如图 7.1(c)所示。

4. 牵缆式桅杆起重机

牵缆式桅杆起重机是在独脚拔杆下端装一根起重臂而成。这种起重机的起重臂可以起伏，机身可回转 360°，可以在起重机半径范围内把构件吊到任何位置。用角钢组成的格构式截面杆件的牵缆式起重机，桅杆高度可达 80 m，起重量可达 60 t 左右。牵缆式桅杆起重机要设较多的缆风绳，比较适用于构件多且集中的工程，如图 7.1(d)所示。

（二）自行式起重机

1. 履带式起重机

履带式起重机是一种具有履带行走装置的全回转起重机，它利用两条面积较大的履带着地行走，由行走装置、回转机构、机身及起重臂等部分组成，如图 7.2 所示。

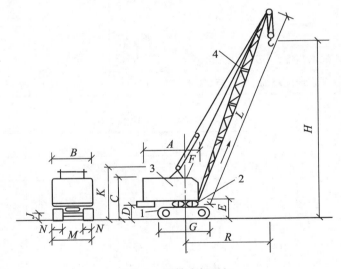

图 7.2　履带式起重机
1—行走装置；2—回转机构；3—机身；4—起重臂

（1）履带式起重机的常用型号及性能

W1-50 型起重机的最大起重量为 10 t，起重臂可接长至 18 m，适于安装跨度在 18 m 以下、高度在 10 m 左右的小型车间和做一些辅助工作（如装卸构件）。

W1-100 型起重机的最大起重量为 15 t，机身较大，行驶速度较慢，可接长起重臂，适于 18～24 m 跨度厂房结构的安装。

W1-200 型起重机的最大起重量为 50 t，起重臂可接长至 40 m，一般用于大型厂房的结构安装。

履带式起重机的主要技术性能包括三个主要参数:起重量 Q、起重半径 R、起重高度 H。起重量 Q 不包括吊钩、滑轮组的质量,起重半径 R 是指起重机回转中心至吊钩中心的水平距离,起重高度 H 是指吊钩中心至停机面的垂直距离。

常用履带式起重机的外形尺寸及技术性能见表 7.1、表 7.2、表 7.3、表 7.4。

表 7.1 履带式起重机外形尺寸(单位:mm)

符号	名称	型号				
		W1-50	W1-100	W1-200	W-1252	W-4
A	机棚尾部到回转中心距离	2900	3300	4500	3540	520
B	机棚宽度	2700	3120	3200	3120	
C	机棚顶部距地面高度	3220	3675	4125	3675	
D	转平台底面距地面高度	1000	1045	1190	1095	
E	起重臂枢轴中心距地面高度	1555	1700	2100	1700	2650
F	起重臂枢轴中心至回转中心的距离	1000	1300	1600	1300	2340
G	履带长度	3420	4005	4950	4005	
M	履带架宽度	2850	3200	4050	3200	
N	履带板宽度	550	675	800	675	
J	行走底架距地面高度	300	275	390		
K	双足支架顶部距地面高度	3480	4170	4300	4180	8580

表 7.2 履带式起重机性能表

参数		单位	型号													
			W1-50		W1-100			W1-200			W-1252			W-4			
起重臂长度		m	10	18	18	13	23	15	30	40	12.5	20	25	21	27	33	45
最大起重半径		m	10	17	10	12.5	17	15.5	22.5	30	10.1	15.5	19	20.3	25.5	30.7	41.1
最小起重半径		m	3.7	4.5	6.0	4.23	6.5	4.5	8.0	10	4.0	5.65	6.5	6.54	7.79	9.03	11.5
起重量	最小起重半径时	t	10	7.5	2.0	15	8	50	20	8	20	9	7	63.4	56.8	45.7	32
	最大起重半径时	t	2.6	1	1	3.5	1.7	8.2	4.3	1.5	5.5	2.5	1.7	16.8	11.3	83.3	4.34

续表

参数		单位	型号														
			W1-50			W1-100		W1-200			W-1252			W-4			
起升高度	最小起重半径时	m	9.2	17.2	17.2	11	19	12	26.8	36	10.7	17.9	22.8	20.5	26.5	32.5	45
	最大起重半径时	m	3.7	7.6	14.0	5.8	16.0	3.0	19.0	25.0	8.1	12.7	17.0	10.5	13.5	16.5	22.6

注:表中数据所对应的起重臂倾角为:最小 30°,最大 77°。

表 7.3 W1-50 型履带式起重机起重特性

臂长 10 m			臂长 18 m			臂长 10 m(带鹅头)		
R(m)	Q(t)	H(m)	R(m)	Q(t)	H(m)	R(m)	Q(t)	H(m)
3.7	10.0	9.2	4.5	7.5	17.2	6	2.0	17.2
4	8.7	9.0	5	6.2	17	8	1.5	16
5	6.2	8.6	7	4.1	16.4	10	1.0	14
6	5.0	8.1	9	3.0	15.5			
7	4.1	7.5	11	2.3	14.4			
8	3.5	6.5	13	1.8	12.8			
9	3.0	5.4	15	1.4	10.7			
10	2.6	3.7	17	1.0	7.6			

表 7.4 W1-100 型履带式起重机起重特性

R(m)	臂长 13 m		臂长 23 m		臂长 27 m		臂长 30 m	
	Q(t)	H(m)	Q(t)	H(m)	Q(t)	H(m)	Q(t)	H(m)
4.5	15.0	11						
5	13.0	11						
6	10.0	11						
6.5	9.0	10.9	8.0	19				
7	8.0	10.8	7.2	19				
8	6.5	10.4	6.0	19	5.0	23		
9	5.5	9.6	4.9	19	3.8	23	3.6	26
10	4.8	2.2	4.2	18.9	3.1	22.9	2.9	25.9

R(m)	臂长 13 m		臂长 23 m		臂长 27 m		臂长 30 m	
	Q(t)	H(m)	Q(t)	H(m)	Q(t)	H(m)	Q(t)	H(m)
11	4.0	7.8	3.7	18.6	2.5	22.6	2.4	25.7
12	3.7	6.5	3.2	18.2	2.2	22.2	1.9	25.4
13			2.9	17.8	1.9	22	1.4	25
14			2.4	17.5	1.5	21.6	1.1	24.5
15			2.2	17	1.4	21	0.9	23.8
17			1.7	16				

（2）履带式起重机的稳定性验算

履带式起重机在正常情况下工作，机身可保持稳定。

在图 7.3 所示的情况下吊装构件，起重机的稳定性最差，此时以履带中心 A 点为倾覆点，分别按以下条件进行验算：

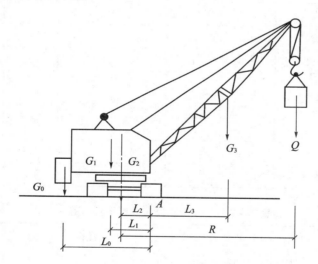

图 7.3 履带式起重机受力简图

当考虑吊装荷载及附加荷载时，稳定安全系数为：

$$K_1 = M_稳 / M_倾 = 1.15 \tag{7.1}$$

当考虑吊装荷载，不考虑附加荷载时，稳定安全系数为：

$$K_2 = \frac{稳定力矩(M_稳)}{倾覆力矩(M_倾)} = \frac{G_1 L_1 + G_2 L_2 + G_0 L_0 - G_3 L_3}{(Q+q)(R-L_2)} = 1.4 \tag{7.2}$$

式中，G_0——机身平衡质量；

G_1——起重机机身可转动部分的质量；

G_2——起重机机身不可转动部分的质量；

G_3——起重臂质量；

L_0、L_1、L_2、L_3——G_0、G_1、G_2、G_3 各部分重心至 A 点的距离；

R——起重半径；

Q——起重量（包括构件和索具质量）；

q——起重滑轮组的质量。

（3）起重臂接长计算

当起重机的起重高度或起重半径不足时，在起重臂的强度和稳定性能得到保证的前提下，可以将起重臂接长，接长后的起重量 Q' 按图 7.4 计算。

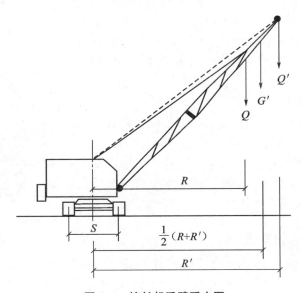

图 7.4 接长起重臂受力图

根据同一起重机起重力矩等量的原则得：

$$Q'\left(R'-\frac{S}{2}\right)+G'\left(\frac{R+R'}{2}-\frac{S}{2}\right)=Q\left(R-\frac{S}{2}\right)$$

整理后得：$Q'=\dfrac{1}{2R'-S}[Q(2R-S)-G'(R+R'-S)]$ (7.3)

式中，R'——接长起重臂后的起重半径；

G'——起重杆接长部分的质量；

S——两条履带板中心线间的距离。

其他符号同前。若计算得出的 Q' 小于所吊构件的质量，则需采取相应的加强措施。

2. 汽车式起重机

汽车式起重机是自行式全回转起重机，起重机构安装在汽车的通用或专用底盘上，如图 7.5 所示。汽车式起重机具有起重机的作业特性和载重汽车的行驶特性，具有行驶速度快、机动性能好的优点；但吊装时必须伸出支腿以保证起重机的稳定，不能负荷行驶，也不适宜在松软的场地上工作。汽车式起重机常用于构件的运输、装卸及结构吊装。

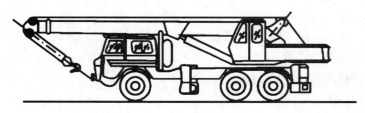

图 7.5　汽车式起重机

3. 轮胎式起重机

轮胎式起重机是把起重机构安装在加重型轮胎和轮轴组成的特制底盘上的全回转起重机,如图 7.6 所示。轮胎式起重机的行驶速度快、不破坏路面、稳定性较好、起重量较大,起重时一般要伸出支腿以保证机身的稳定。

(三) 塔式起重机

塔式起重机是一种具有竖直塔身的全回转臂式起重机。它具有较高的起重高度、工作幅度和起重量,工作速度快、生产效率高,广泛用于多层、高层房屋的施工。塔式起重机的类型较多,按结构与性能特点分为两大类:一般式塔式起重机与自升式塔式起重机。

1. 一般式塔式起重机

一般式塔式起重机主要介绍 QT1 - 6、QT - 60/80 等型号。QT1 - 6 型为上回转动臂变幅式塔式起重

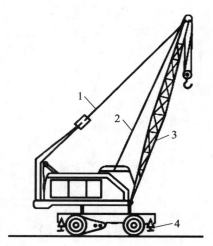

图 7.6　轮胎式起重机
1—起重杆;2—起重索;
3—变幅索;4—支腿

机,起重量为 2～6 t,工作幅度为 8.5～20 m,最大起升高度约为 40 m,起重力矩为 400 kN·m,适用于结构吊装及材料装卸工作,如图 7.7 所示。

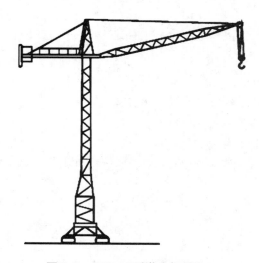

图 7.7　QT1 - 6 型塔式起重机

2. 自升式塔式起重机

自升式塔式起重机的型号较多,如 QTZ50、QTZ60、QTZ100、QTZ120 等。QT4-10 型多功能(可附着、可固定、可行走、可爬升)自升式塔式起重机是一种上旋转、小车变幅自升式塔式起重机,随着建筑物的增高,利用液压顶升系统而逐步自行接高塔身,如图 7.8 所示。

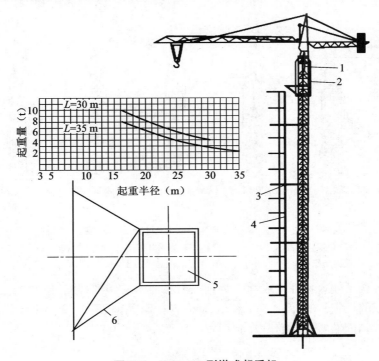

图 7.8　QT4-10 型塔式起重机

1—液压千斤顶;2—顶升套架;3—锚固装置;4—建筑物;5—塔身;6—附着杆

QT4-10 型自升式塔式起重机的主要技术性能如表 7.5 所示。

表 7.5　QT4-10 型自升式塔式起重机的主要技术性能表

项目		单位	技术参数					
起重臂长		m	30			35		
起重半径		m	3～16	20	30	3～16	25	35
起重量		t	10.0	8.0	5.0	8.0	5.0	3.0
起升速度	4 索	m/min	22.5					
	2 索	m/min	45					
小车变幅速度		m/min	18					
回转速度		r/min	0.47					
顶升速度		m/min	0.52					
轨距		m	6.5					
起重机行走速度		m/min	10.36					

　　自升式塔式起重机的液压顶升系统主要有顶升套架、长行程液压千斤顶、支承座、顶升横梁、引渡小车、引渡轨道及定位销等。液压千斤顶的缸体装在塔吊上部结构的底端支承座上,活塞杆通过顶升横梁支承在塔身顶部。其顶升过程如图 7.9 所示。

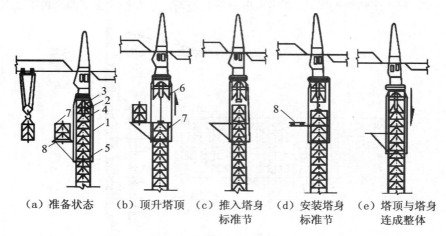

（a）准备状态　　（b）顶升塔顶　　（c）推入塔身　　（d）安装塔身　　（e）塔顶与塔身
　　　　　　　　　　　　　　　　　　标准节　　　　标准节　　　　连成整体

图 7.9　附着式自升塔式起重机的顶升过程

1—顶升套架;2—液压千斤顶;3—支撑座;4—顶升横梁;5—定位销;6—过渡节;7—标准节;8—摆渡小车

　　塔身中心线至建筑物外墙表面的垂直距离称为附着距离,附着距离的长短要符合起重机生产厂家的规定。其第一道锚固装置设置在距地面 30～40 m 处,向上每隔 16～20 m 设一道。锚固装置的附着杆布置形式如图 7.10 所示。

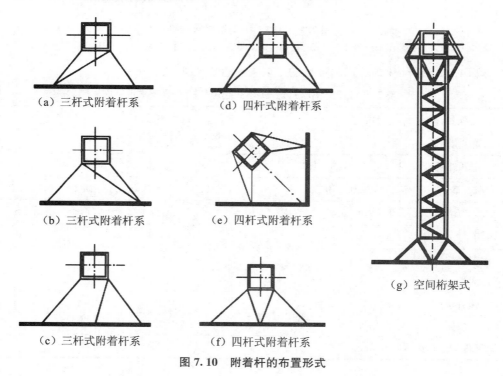

（a）三杆式附着杆系　　　　（d）四杆式附着杆系

（b）三杆式附着杆系　　　　（e）四杆式附着杆系

（c）三杆式附着杆系　　　　（f）四杆式附着杆系　　　（g）空间桁架式

图 7.10　附着杆的布置形式

3. 爬升式起重机

爬升式起重机又称内爬式塔式起重机,通常装设在建筑物的电梯井或特设开间的结构上,依靠爬升机构,随着建筑物的建高而升高。一般是建筑物每施工1~2层,起重机就爬升一次。

爬升式起重机的特点是:塔身短,起升高度大而且不占建筑物的外围空间;缺点为司机作业时看不到起吊过程,全靠信号指挥,施工完成后拆塔工作属于高空作业等。图7.11所示为爬升式起重机的爬升示意图,其主要型号有QT5-4/40型、QT5-4/60型、QT3-4型等。

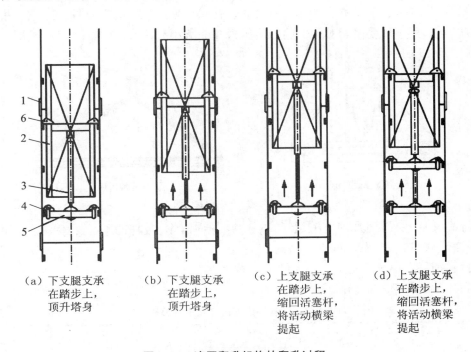

（a）下支腿支承　　（b）下支腿支承　　（c）上支腿支承　　（d）上支腿支承
　　在踏步上,　　　　　在踏步上,　　　　　在踏步上,　　　　　在踏步上,
　　顶升塔身　　　　　顶升塔身　　　　　缩回活塞杆,　　　　缩回活塞杆,
　　　　　　　　　　　　　　　　　　　　将活动横梁　　　　　将活动横梁
　　　　　　　　　　　　　　　　　　　　提起　　　　　　　　提起

图7.11　液压爬升机构的爬升过程
1—爬梯;2—塔身;3—液压缸;4、6—支腿;5—活动横梁

(四) 索具设备及锚碇

1. 卷扬机

在建筑施工中常用的卷扬机分快速和慢速两种。快速卷扬机主要用于垂直、水平运输和打桩作业;慢速卷扬机主要用于结构吊装、钢筋冷拉等作业。

卷扬机安装时,基座应平稳牢固、周围排水畅通、地锚设置可靠,以防滑移和倾翻;电气线路要经常检查,电磁抱闸要有效,全机接地无漏电现象,以确保安全;为保证钢丝绳在卷扬机的卷筒上正确缠绕,应根据钢丝绳的捻向将绳头固定在卷筒上(左边或右边),并从卷筒的下方引出,使出绳的方向接近水平;钢丝绳全部放出时卷筒上至少要保留3~4圈;卷筒中心应与前面的第一个导向轮中心线垂直;从卷筒中心线到第一个导向滑轮的距离,带槽卷筒应大于卷筒宽度的15倍,无槽卷筒应大于卷筒宽度的20倍;卷筒上的钢丝绳应排列整齐,当重叠或斜绕时,应停机重新排列,严禁在转动中用手拉或脚踩钢丝绳。

2. 滑轮组及钢丝绳

滑轮组是由一定数量的定滑轮和动滑轮组成,具有省力和改变力的方向的功能,是起重机的重要组成部分。

　　钢丝绳是先由若干根钢丝绕成股,再由若干股绕绳芯捻成绳,其规格有 $6\times19+1$、$6\times37+1$、$6\times61+1$ 等。6 表示 6 股,19、37、61 表示每股的钢丝根数,1 表示 1 根绳芯。$6\times19+1$ 钢丝绳较粗较硬,不易弯曲,多用作缆风绳;当用作滑轮组、吊索的绳索时,采用 $6\times37+1$,钢丝绳比较柔软;当用作起重机械和吊索的绳索时,采用 $6\times61+1$,钢丝绳更柔软、更易弯曲。

　　3. 吊具及锚碇

　　吊具包括吊钩、钢丝夹头、卡环、吊索、横吊梁等,是吊装时的重要辅助工具。横吊梁又称铁扁担,用于承受吊索对构件的轴向压力并能减小起吊高度,常用于柱子、屋架的吊装,如图 7.12 所示。

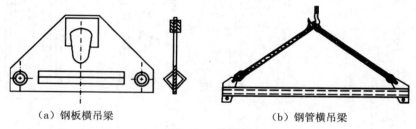

（a）钢板横吊梁　　　　　　　　　　　（b）钢管横吊梁

图 7.12　横吊梁

　　锚碇又称地锚,用来固定缆风绳、卷扬机、导向滑车、拔杆的平衡绳索等。常用的锚碇有桩式锚碇和水平锚碇两种。

　　桩式锚碇常用来固定受力不大的缆风绳。

　　表 7.6 所示为木桩锚碇尺寸和承载力表。

表 7.6　木桩锚碇尺寸和承载力表

类型	承载力(kN)	10	15	20	30	40	50
	桩尖处施于土的压力(MPa)	0.15	0.2	0.23	0.31		
	a(cm)	30	30	30	30		
	b(cm)	120	120	120	120		
	c(cm)	40	40	40	40		
	d(cm)	18	20	22	26		
	桩尖处施于土的压力(MPa)				0.15	0.2	0.28
	a_1(cm)				30	30	30
	b_1(cm)				120	120	120
	c_1(cm)				90	90	90
	d_1(cm)				22	25	26
	a_2(cm)				30	30	30
	b_2(cm)				120	120	120
	c_2(cm)				40	40	40
	d_2(cm)				20	22	24

任务实施

一、准备工作

准备工作主要有场地清理,道路修筑,基础准备,构件运输、排放,构件拼装加固、检查清理、弹线编号,以及机械、机具的准备工作等。

(一) 构件的检查与清理

为保证工程质量,对所有构件都要进行检查,检查的主要内容有:

1. 检查构件的型号与数量。
2. 检查构件截面尺寸。
3. 检查构件外观质量(变形、缺陷、损伤等)。
4. 检查构件的混凝土强度。
5. 检查预埋件、预留孔的位置及质量等,并做相应清理工作。

(二) 构件的弹线与编号

对质量合格的构件即可在构件上弹出定位墨线和校正用的墨线,作为构件安装、对位、校正的依据。

1. 柱子

在柱身三面弹出中心线(可弹两小面、一个大面),对工字形柱除在矩形截面部分弹出中心线外,为便于观察及避免视差,还需要在翼缘部分弹一条与中心线平行的线。所弹的中心线应与柱基杯口面上的安装中心线相吻合,并在柱顶面及牛腿面上弹出屋架及吊车梁的定位线。

2. 屋架

屋架上弦顶面上应弹出几何中心线,并将中心线延至屋架两端下部,再从跨中向两端分别弹出天窗架、屋面板的安装定位线。

3. 吊车梁

在吊车梁的两端及顶面弹出安装中心线。

在对上述构件进行弹线的同时,应根据图纸对构件进行编号,以便安装时对号入座。

(三) 混凝土杯形基础的准备工作

先检查杯口的尺寸,再在基础顶面弹出十字交叉的安装中心线,用红油漆画上三角形标志。杯口基础施工时,杯底标高一般比设计标高低(一般低 30~50 mm),以便柱子长度有误差时便于调整。为保证柱子安装之后牛腿面的标高符合设计要求,应调整杯底标高至设计值,调整方法是先测出杯底实际标高(小柱测中间一点,大柱测四个角点),并求出牛腿面标高与杯底实际标高的差值 A,再量出柱子牛腿面至柱脚的实际长度 B,两者相减便可得出杯底标高调整值 $C(C=A-B)$,然后根据得出的杯底标高调整值用水泥砂浆或细石混凝土抹平至所需标高。杯底标高调整后要加以保护。

(四) 构件运输

一些质量不大而数量较多的定型构件,如屋面板、连系梁、轻型吊车梁等,宜在预制厂预制,用汽车将构件运至施工现场。起吊运输时,必须保证构件的强度符合要求,吊点位置符合设计规定;构件支垫的位置要正确,数量要适当,每一构件的支垫数量一般不超过 2 个,且上下层支垫应在同一垂线上。运输过程中,要确保构件不倾倒、不损坏、不变形。构件的运输顺序、堆放位置应按施工组织设计的要求和规定进行,以免增加构件的二次搬运。

二、构件的吊装

(一) 柱子吊装

1. 绑扎

柱的绑扎方法、绑扎位置和绑扎点数,应根据柱的形状、长度、截面、配筋、起吊方法和起重机性能等确定。一般中小型柱(自重 13 t 以下)可以绑扎一点;重型柱或配筋少而细长的柱(如抗风柱),为防止起吊过程中断裂,常需绑扎两点甚至三点。对于有牛腿的柱,其绑扎点应选在牛腿以下 200 mm 左右的位置;工字形柱和双肢柱,绑扎点应选在实心处(工字形柱的矩形断面处,双肢柱的平腹杆处),否则,应在绑扎位置用方木加固翼缘,防止翼缘在起吊时损坏。

常用的绑扎方法有:

①一点绑扎斜吊法 当中小型柱平放起吊的抗弯强度满足要求时,可以采用一点绑扎斜吊法,如图 7.13(a)所示。

②一点绑扎直吊法 当中小型柱平放起吊的抗弯强度不够时,需将柱由平放翻转为侧立状态后起吊,采用一点绑扎直吊法起吊,如图 7.13(b)所示。

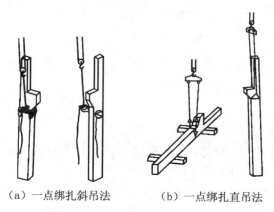

(a) 一点绑扎斜吊法   (b) 一点绑扎直吊法

图 7.13 柱子一点绑扎法

③两点绑扎斜吊法 当柱较长,一点绑扎抗弯强度不够时,可用两点绑扎法。两点绑扎斜吊法适于在柱子两点绑扎平放起吊,并且柱的抗弯强度满足要求的情况下采用。绑扎点的位置应选在使下绑扎点距柱重心的距离小于上绑扎点距柱重心的距离处,这样,柱起吊以后便可以自行回转直立,如图 7.14(a)所示。

④两点绑扎直吊法 当柱较长,用两点绑扎斜吊法的抗弯强度不够时,可先将柱翻身,然后用两点绑扎直吊法起吊,如图 7.14(b)所示。

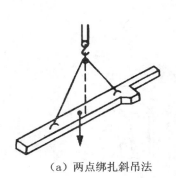

（a）两点绑扎斜吊法

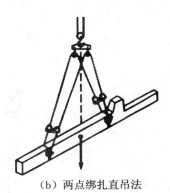

（b）两点绑扎直吊法

图 7.14　柱子两点绑扎法

2. 柱的吊升

旋转法：采用旋转法吊装柱子时，柱的平面布置宜使柱脚靠近基础，柱的绑扎点、柱脚中心与基础中心三点宜位于起重机的同一起重半径的圆弧上，如图 7.15 所示。

起吊过程为：起重臂边升钩、边回转，柱顶随起重钩的运动也边起升、边回转，使柱子绕柱脚旋转而呈直立状态，然后将柱子吊离地面，插入杯口。

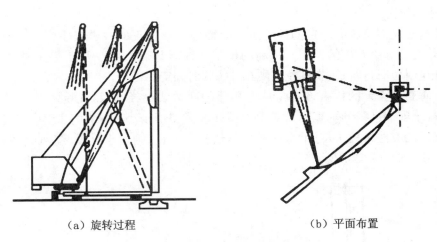

（a）旋转过程

（b）平面布置

图 7.15　旋转法吊装过程

3. 对位和临时固定

柱子对位是将柱子插入杯口并对准安装准线的一道工序。斜吊法与直吊法的对位方法有所不同。

临时固定是用楔子等将已对位的柱子做临时性固定的一道工序。柱子对位后，应先将楔子略做打紧，落钩，将柱子放至杯底，复查对位情况。若符合要求，则打紧四周楔子，将柱子临时固定，必要时还需增设缆风绳或加临时支撑以确保临时固定的稳定性，如图 7.16 所示。

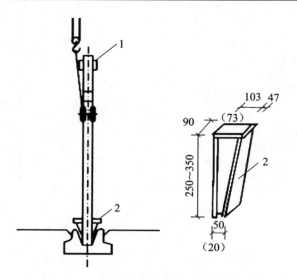

图 7.16　柱的对位与临时固定

1—安装缆风绳或挂操作台的夹箍；2—钢楔（括号
内的数字表示另一种规格钢楔的尺寸）

4. 柱的校正

柱子校正是对已临时固定的柱子进行全面检查及校正的一道工序。柱子校正包括平面位置、标高和垂直度的校正。标高的校正在杯形基础杯底抄平时进行；平面位置的校正在柱子对位时进行；垂直度校正则在柱子临时固定后进行。

柱子垂直度偏差的检查方法是从柱相邻的两边架设经纬仪，使视线基本与柱面垂直，检查柱子安装准线的垂直度。对中小型柱或偏斜值较小的柱，可用打紧或放松楔块或敲打钢钎的方法来校正；对重型柱或偏斜值较大的柱，则用千斤顶、缆风绳、钢管支撑等方法校正，如图 7.17 所示。

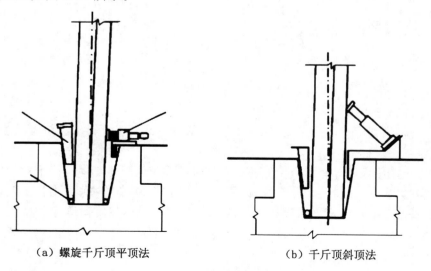

　（a）螺旋千斤顶平顶法　　　　　　　　　（b）千斤顶斜顶法

图 7.17　柱垂直度校正方法

5. 柱子最后固定

柱子校正后,应立即进行最后固定。其方法是在柱脚与杯口之间浇筑细石混凝土,其强度等级应比原构件的混凝土强度等级提高一级。细石混凝土浇筑分两次进行,如图 7.18 所示。

第一次:浇至楔块底部。

第二次:待已浇筑的细石混凝土强度达到设计强度的 25% 后,即可拔去楔块,将杯口浇满细石混凝土。

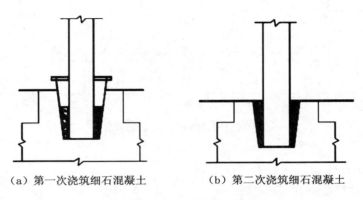

（a）第一次浇筑细石混凝土　　　　　（b）第二次浇筑细石混凝土

图 7.18　柱子最后固定

(二) 吊车梁的吊装

1. 绑扎、吊升、对位和临时固定

吊车梁绑扎时,两根吊索要等长,绑扎点对称设置,吊钩对准梁的重心,以使吊车梁起吊后能基本保持水平,如图 7.19 所示。吊车梁的两端应绑扎溜绳,以控制梁的转动。

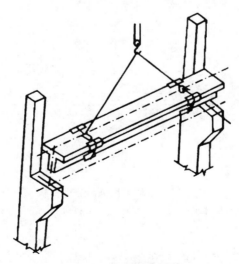

图 7.19　吊车梁的吊装

2. 校正及最后固定

吊车梁的校正主要包括标高校正、垂直度校正和平面位置校正等。

平面位置的校正主要包括直线度（同一纵轴线各吊车梁的中心线应在一条直线上）和两吊车梁之间的跨距的校正。在校正吊车梁平面位置的同时,检查并校正吊车梁的垂直度。吊车梁直线度的检查校正方法有通线法、平移轴线法、边吊边校法等。

（1）通线法

根据柱的定位轴线,用经纬仪、垂球和钢尺准确地校正车间两端的四根吊车梁的中心线、垂直度和跨距,再在四根已校正好的吊车梁端部设支架（高约 200 mm）,在支架上拉一根 16♯～18♯ 钢丝通线,钢丝中部用圆钢支垫,然后根据此通线将吊车梁逐根校正,如图 7.20 所示。

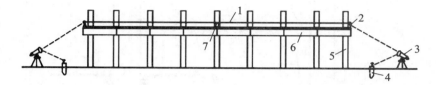

图 7.20　通线法校正吊车梁示意图

1—通线；2—支架；3—经纬仪；4—木桩；5—柱；6—吊车梁；7—圆钢

（2）平移轴线法

在柱列边设置经纬仪,逐根将杯口上柱的吊装准线投射到吊车梁顶面处的柱身上,并做出标志。若柱的安装准线与柱的定位轴线的距离为 a,则标志与吊车梁顶面中心线的距离为 $\lambda-a$（λ 为柱子定位轴线与吊车梁中心线的距离）,然后根据 $\lambda-a$ 的值检查并逐根校正吊车梁,同时检查两列吊车梁之间的跨距 L_K 是否符合要求,如图 7.21所示。

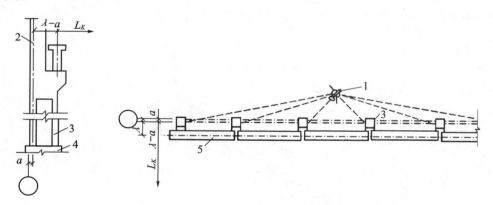

图 7.21　平移轴线法校正吊车梁

1—经纬仪；2—标志；3—柱；4—柱基础；5—吊车梁

（3）边吊边校法

重型吊车梁校正时撬动困难,可在吊装吊车梁时借助于起重机,采用边吊装边校正的方法。12 m 长及 5 t 以上的吊车梁常用边吊边校法。

吊车梁的最后固定是在吊车梁校正完毕后,用连接钢板等将柱侧面与吊车梁顶端的预埋铁件焊接起来,并在接头处支模、浇筑细石混凝土。

（三）屋架的吊装

1. 屋架绑扎

屋架的绑扎点应选在上弦节点处，左右对称，绑扎中心（即各支吊索的合力作用点）必须高于屋架重心，使屋架起吊后基本保持水平，不晃动、不倾翻。吊索与水平线的夹角不宜小于 45°，以免屋架承受过大的横向压力，必要时可采用横吊梁。

屋架跨度小于或等于 18 m 时，采用两点绑扎；屋架跨度大于 18 m 时，采用四点绑扎；屋架跨度大于 30 m 时，采用横吊梁，四点绑扎；侧向刚度较差的屋架，必要时应进行临时加固；组合钢屋架，因刚度较差，下弦不能承受压力，绑扎时也应用横吊梁。如图 7.22 所示。

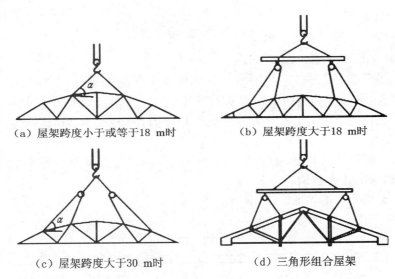

（a）屋架跨度小于或等于18 m时　　　　（b）屋架跨度大于18 m时

（c）屋架跨度大于30 m时　　　　（d）三角形组合屋架

图 7.22　屋架的绑扎

2. 屋架的扶直与排放

（1）扶直时应注意以下问题：

①起重机的吊钩应对准屋架中心，吊索用滑轮连接，左右对称，以使吊索受力均匀。在屋架接近扶直时，吊钩应对准下弦中点，防止屋架摆动太大。

②屋架 3～4 榀一起叠浇时，为防屋架在扶直过程中突然下滑造成损伤，应在屋架两端搭设枕木垛，枕木垛的高度与下一榀屋架的上表面平齐。

③屋架之间黏结严重时，应用撬棍、凿子或其他工具消除黏结后再进行扶直。

④屋架高度超过 1.7 m 时，宜在屋架表面用铁丝绑扎木（或钢管）横杆，以增强屋架的平面刚度。

（2）屋架扶直有正向扶直和反向扶直两种方法。

①正向扶直：起重机位于屋架下弦一边，先将起重机吊钩基本对准屋架中心，然后略收紧吊钩，使屋架与下一榀屋架的黏结解除，接着起重机升钩并升臂，使屋架以下弦为轴转为直立状态，如图 7.23（a）所示。

②反向扶直：起重机位于屋架上弦一边，先将起重机吊钩基本对准屋架中心，然后

略收紧吊钩,使屋架与下一榀屋架的黏结解除,接着起重机升钩并降臂,使屋架以下弦为轴转为直立状态,如图 7.23(b)所示。

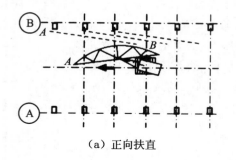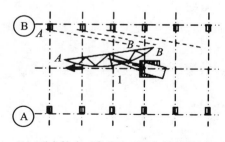

（a）正向扶直　　　　　　　（b）反向扶直（虚线表示屋架排放的位置）

图 7.23　屋架的扶直

3. 屋架的吊升、对位与临时固定

在屋架吊升前,需先将定位轴线投射到柱顶上并画上墨线,若柱顶中心线与定位轴线偏差较大,可逐步调整纠正。屋架的吊升是将屋架吊离地面约 300 mm 处,然后将屋架转至安装位置下方,再将屋架吊升至柱顶上方约 300 mm 后,缓缓放至柱顶进行对位。

屋架对位应以建筑物的定位轴线为准。屋架对位后立即进行临时固定。临时固定完成后,起重机才可脱钩。

工具式支撑的构造如图 7.24 所示。

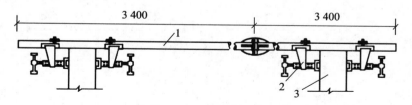

图 7.24　工具式支撑的构造

1—钢管;2—撑脚;3—屋架上弦

4. 屋架的校正及最后固定

架临时固定后,要检查其垂直度,若垂直偏差不符合要求,则需进行校正。

屋架的临时固定与校正如图 7.25 所示。

屋架校正后应立即电焊固定。电焊时,应在屋架两端同时对角施焊,避免两端同侧施焊,以防焊缝收缩而使屋架倾斜。

（四）天窗架及屋面板的吊装

天窗架单独吊装时,应待两侧屋面板安装后进行,最后固定的方法是用电焊将天窗架底脚焊牢于屋架上弦的预埋件上。

屋面板的吊装一般采用一钩多块叠吊法或平吊法,以发挥起重机的效能,提高生产率。吊装顺序应由两边檐口向屋脊对称进行,避免屋架单边承受荷载。屋面板对位后,应立即电焊固定,每块屋面板应保证有三个角点焊接,最后一块可焊两个角点。

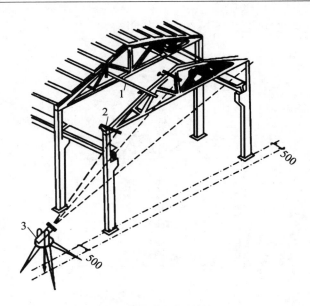

图 7.25　屋架的临时固定与校正

1—工具式支撑;2—卡尺;3—经纬仪

三、结构安装方案

(一) 起重机的选择

1. 起重机类型的选择

起重机的选择主要选择起重机的类型和型号。

2. 起重机型号及起重臂长度的选择

起重机的类型确定之后,需要根据厂房主要构件的吊装参数,选择起重机的型号和确定起重臂的长度。

(1) 起重量

起重机的起重量 Q 应满足下式要求:

$$Q=Q_1+Q_2 \qquad (7.4)$$

式中,Q_1——构件质量,t;

Q_2——索具质量,t。

(2) 起升高度

起重机的起升高度必须满足所吊构件的吊装高度要求,如图 7.26 所示,即:

$$H=h_1+h_2+h_3+h_4 \qquad (7.5)$$

式中,H——起重机的起升高度,从停机面至吊钩中心的垂直距离,m;

h_1——从停机面至安装支座表面的高度,m;

h_2——安装间隙,视具体情况而定,应不小 0.3 mm;

h_3——构件吊起后,绑扎点至底面的距离,m;

h_4——索具高度,自绑扎点至吊钩中心的距离,m。

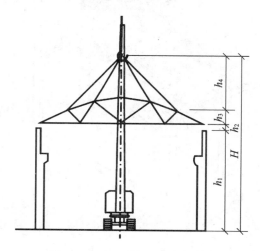

图 7.26   起升高度的计算简图

(3) 起重半径(也称工作幅度)

当起重机可以不受限制地行驶到构件吊装位置附近吊装构件时,对起重半径没有什么要求,则可根据计算的起重量及起升高度,通过查阅起重机的性能表或性能曲线来选择起重机的型号及起重臂的长度,并可查得与此起重量和起升高度相应的起重半径,作为确定起重机的开行路线及停机位置时的参考。

当起重机不能直接行驶到构件吊装位置附近去吊装构件时,就需要根据起重量、起重高度、起重半径三个参数,查阅起重机的性能表或性能曲线来选择起重机的型号及起重臂的长度。

当起重机的起重臂需要跨过已安装好的结构构件去吊装构件时(如跨过屋架或天窗架吊装屋面板),为了避免起重臂与已安装的结构构件相碰,则需求出起重机的最小臂长及相应的起重半径。此时,可用数解法或图解法求解(图 7.27)。

①数解法求所需最小起重臂长[图 7.27(a)]

$$L = l_1 + l_2 = \frac{h}{\sin\alpha} + \frac{f+g}{\cos\alpha} \tag{7.6}$$

式中,L——起重臂的长度,m;

h——起重臂底铰至构件(如屋面板)吊装支座的高度,m;$h = h_1 - E$

h_1——停机面至构件(如屋面板)吊装支座的高度,m;

f——起重钩需跨过已安装结构构件的距离,m;

g——起重臂轴线与已安装构件(如屋架)间的水平距离(不小于 1 m);

E——起重臂底铰至停机面的距离,m;

α——起重臂的仰角。

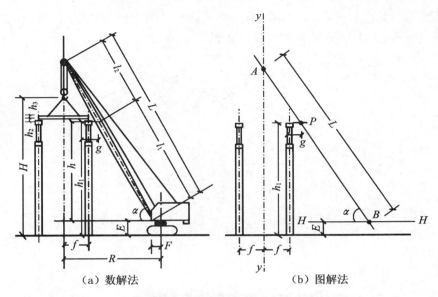

（a）数解法　　　　　　　　（b）图解法

图 7.27　吊装屋面板时起重机起重臂最小长度计算简图

$$\alpha = \arctan^3 \sqrt{\frac{h}{f+g}} \tag{7.7}$$

以求得的 α 角代入式（7.6），即可求出起重臂的最小长度，据此，可选择适当长度的起重臂，然后根据实际采用的起重臂及仰角 α 计算起重半径 R：

$$R = F + L\cos\alpha \tag{7.8}$$

式中，F 为起重机轴距的一半，一般为 1 300 mm。根据计算出的起重半径 R 及已选定的起重臂长度 L，查起重机的性能表或性能曲线，复核起重量 Q 及起重高度 H，如能满足吊装要求，即可根据 R 值确定起重机吊装屋面板时的停机位置。

②图解法求起重机的最小起重臂长度[图 7.27(b)]

用图解法求起重机最小起重臂长度的步骤如下：

第一步：选定合适的比例，绘制厂房一个节间的纵剖面图；绘制起重机吊装屋面板时吊钩位置处的垂线 $y-y$；根据初步选定的起重机的 E 值绘出水平线 $H-H$。

第二步：在所绘的纵剖面图上，自屋架顶面中心向起重机方向水平量出一距离 g，g 至少取 1 m，定出点 P。

第三步：根据式（7.7）求出起重臂的仰角 α，过 P 点作一直线，使该直线与 $H-H$ 的夹角等于 α，分别交 $y-y$、$H-H$ 于 A、B 两点。

第四步：AB 的实际长度即为所需起重臂的最小长度。

（二）结构安装方法及起重机开行路线

1. 结构安装方法

单层工业厂房的结构安装方法有分件安装法和综合安装法两种。

（1）分件安装法

通常分三次开行安装完所有构件。第一次开行，安装全部柱子，并对柱子进行校正和最后固定;第二次开行,安装吊车梁、连系梁及柱间支撑等;第三次开行,分节间安装屋架、屋面板、天窗架及屋面支撑等。如图 7.28 所示。

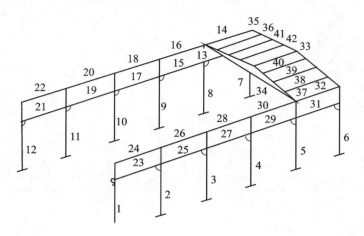

图 7.28　分件安装时的构件吊装顺序

图中数字表示构件吊装顺序,其中 1～12—柱;13～32—单数是
吊车梁,双数是连系梁;33、34—屋架;35～42—屋面板

采用分件安装法吊装的构件便于校正,索具不需经常更换;操作程序基本相同,吊装速度快;施工现场的构件布置不至于拥挤;可根据不同的构件选用不同的起重机,能充分发挥起重机的效能。

(2)综合安装法

综合安装法是指起重机在车间内的一次开行中,分节间安装完所有的各种类型的构件。

采用综合安装法,起重机的开行路线短,停机位置少,有利于组织立体交叉作业,以加快工程进度。但要同时吊装各种类型的构件,起重机的效能不能充分发挥;且构件的平面布置复杂,校正工作困难,容易造成施工混乱,因此较少采用。

分件安装法和综合安装法各有优缺点,在组织吊装时,可采用分件安装法吊装柱子,而采用综合安装法吊装吊车梁、连系梁、屋架、屋面板等构件,起重机分两次开行吊装完所有构件。

2. 起重机的开行路线及停机位置

起重机的开行路线及停机位置与起重机的性能以及构件尺寸、重量、平面布置、安装方法等有关。吊装屋架、屋面板等屋面构件时,起重机宜跨中开行;吊装柱子时,则视跨度大小、构件尺寸与质量及起重机性能,可沿跨中或跨边开行,如图 7.29 所示。

当 $R \geqslant L/2$ 时,起重机可沿跨中开行,每个停机位置可吊装两根柱,如图 7.29(a)所示;

当 $R = \sqrt{\left(\dfrac{L}{2}\right)^2 + \left(\dfrac{b}{2}\right)^2}$,则可吊装四根柱,如图 7.29(b)所示;

当 $R < L/2$ 时,起重机需沿跨边开行,每个停机位置吊装 1～2 根柱,如图 7.29

(c)、(d)所示。若 $R=\sqrt{a^2+\left(\dfrac{b}{2}\right)^2}$，则可吊装两根柱。

其中，R——起重机的起重半径，m；

L——厂房跨度，m；

b——柱的间距，m；

a——起重机的开行路线到跨边的距离，m。

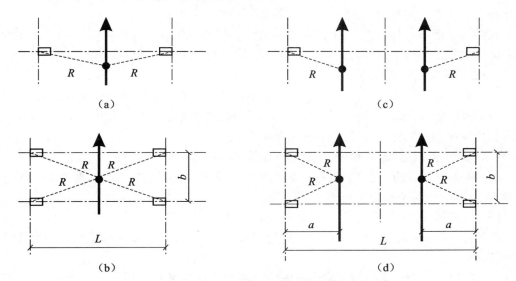

图 7.29　起重机吊装柱时的开行路线及停机位置

图 7.30 所示是一个单跨车间采用分件安装法时起重机的开行路线及停机位置图。

当单层工业厂房面积较大或具有多跨结构时，为加快工程进度，可将建筑物划分为若干个施工段，选用多台起重机同时进行施工。每台起重机可以独立作业，负责完成一个区段的全部吊装工作，也可选用不同性能的起重机协同作业，有的专门吊柱子，有的专门吊屋盖结构，组织大流水施工。

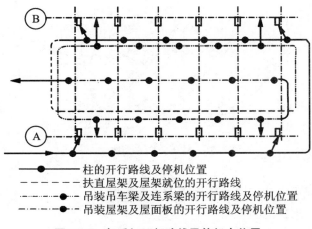

图 7.30　起重机开行路线及停机点位置

　　当厂房有多跨并列和纵横跨时,可先吊装各纵向跨,然后吊装横向跨,以确保在吊装各纵向跨时起重机械、运输车辆畅通。

　　在拟定起重机的开行方案时,各类构件的安装要相互衔接,不跑空车,尽可能使起重机的开行路线最短,同时使开行路线能多次重复使用,以减少钢板、枕木等设施的铺设。

(三) 构件的平面布置与运输堆放

　　构件布置得合理可以减少构件的二次搬运,给施工带来方便,提高工作效率;相反,构件布置得不合理,会给吊装等工作带来许多不必要的麻烦。

　　构件的平面布置与起重机的性能、安装方法及构件的制作方法等有关。构件的平面布置应在确定安装方法、选定起重机械之后,根据现场实际情况研究确定。

　　1. 构件的平面布置原则

　　(1) 每跨构件尽可能布置在本跨内,如确有困难也可布置在跨外便于吊装的地方;

　　(2) 构件布置方式应满足吊装工艺要求,尽可能布置在起重机的起重半径内,尽量减少起重机在吊装时的跑车、回转及起重臂的起伏次数;

　　(3) 按"重近轻远"的原则,首先考虑重型构件的布置;

　　(4) 构件的布置应便于支模、扎筋及混凝土的浇筑,若为预应力构件,要考虑有足够的抽管、穿筋和张拉的操作场地等;

　　(5) 所有构件均应布置在坚实的地基上,以免构件变形;

　　(6) 构件的布置应考虑起重机的开行与回转,保证路线畅通以及起重机回转时不与构件相碰;

　　(7) 构件的平面布置分预制阶段构件的平面布置和安装阶段构件的平面布置,布置时两种情况要综合加以考虑,做到相互协调,有利于吊装。

　　2. 预制阶段构件的平面布置

　　(1) 柱子的布置

　　柱子和屋架一般在施工现场预制,吊车梁有时也在现场预制,其他构件一般在构件厂或场外制作后运至施工现场。柱的布置有斜向布置和纵向布置。

　　①柱子斜向布置:柱子采用旋转法起吊,可按三点共弧斜向布置,如图 7.31 所示。

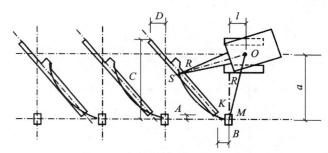

图 7.31　柱子斜向布置方法之一

　　作图步骤如下:

　　第一步,确定起重机开行路线到柱基中线的距离。

　　第二步,确定起重机的停机点。

　　第三步,确定柱子的预制位置。

　　布置柱时,要注意牛腿的朝向,避免吊装时在空中调头。当柱子布置在跨内时,牛腿应面向起重机;当柱子布置在跨外时,牛腿应背向起重机。

　　布置柱子时,由于场地限制或柱身过长,无法做到三点共弧时,可根据不同情况布置成两点共弧。

　　两点共弧的方法有两种:一种是杯口中心与柱脚中心两点共弧,吊点放在起重半径 R 之外,如图 7.32 所示。

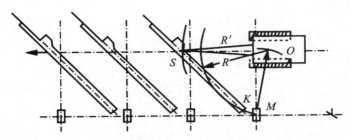

图 7.32　柱子斜向布置方法之二(柱脚与柱基两点共弧)

　　另一种方法是吊点与杯口中心两点共弧,柱脚放在起重半径 R 之外,安装时可采用滑行法,如图 7.33 所示。

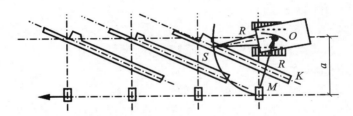

图 7.33　柱子斜向布置方法之三(吊点与柱基两点共弧)

　　②柱子纵向布置:对于一些较轻的柱子,起重机能力有富余,考虑到节约场地、方便构件制作,可顺柱列纵向布置,如图 7.34 所示。柱子纵向布置,绑扎点与杯口中心两点共弧。若柱子长度大于 12 m,柱子纵向布置宜排成两行,如图 7.34(a)所示;若柱子长度小于 12 m,则可叠浇排成一行,如图 7.34(b)所示。安装时应采用滑行法,停机位置在两柱基中间,使 $OM_1 = OM_2$,这样每一停机位置可吊装两根柱子。

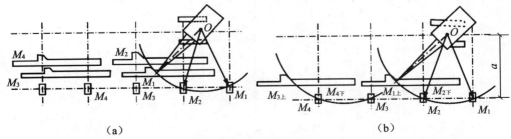

（a）　　　　　　　　　　　　　　　（b）

图 7.34　柱子纵向布置

（2）屋架的布置

屋架宜安排在厂房跨内平卧叠浇预制，每叠 3～4 榀，布置方式有三种：斜向布置、正反斜向布置和正反纵向布置等，如图 7.35 所示。

（3）吊车梁的布置

当吊车梁安排在现场预制时，可靠近柱基顺纵轴线或略做倾斜布置，也可插在柱子的空当中预制，或在场外集中预制等。

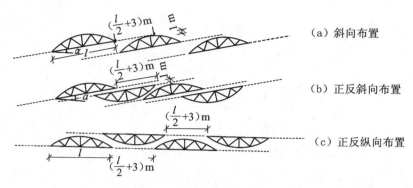

（a）斜向布置

（b）正反斜向布置

（c）正反纵向布置

图 7.35　屋架预制时的几种布置方式

3. 安装阶段构件的平面布置及运输堆放

安装阶段的排放布置，一般是指柱子安装完毕后其他构件的排放布置，包括屋架的扶直及排放布置，吊车梁、屋面板的排放布置等。

（1）屋架的扶直排放

屋架可靠柱边斜向排放或成组纵向排放。

①屋架的斜向排放：确定屋架斜向排放位置的方法可按下列步骤作图：

第一步，确定起重机安装屋架时的开行路线及停机点（如图 7.36 所示）。

第二步，确定屋架的排放范围。

第三步，确定屋架的排放位置。

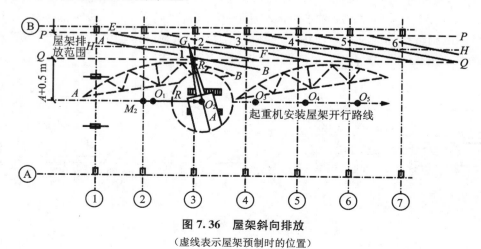

图 7.36　屋架斜向排放
（虚线表示屋架预制时的位置）

②屋架的成组纵向排放：屋架纵向排放时，一般以 4～5 榀为一组靠柱边顺轴线纵向排放。

为避免在已安装好的屋架下面绑扎、吊装屋架，每组屋架的排放中心线可安排在该组屋架倒数第二榀的安装轴线之后约 2 m 处，如图 7.37 所示。

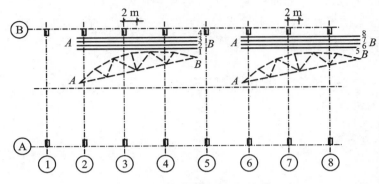

图 7.37 屋架的成组纵向排放

（2）吊车梁、连系梁及屋面板的运输、堆放与排放

吊车梁、连系梁的排放位置，一般在其吊装位置的柱列附近，跨内、跨外均可。有时也可不需排放，从运输车辆上直接吊至安装的位置进行安装。

屋面板可布置在跨内或跨外。根据起重机吊装屋面板时所需的起重半径，当屋面板在跨内排放时，应向后退 3～4 个节间开始排放；若在跨外排放，应向后退 1～2 个节间开始排放。

任务评价

柱子校正是对已临时固定的柱子进行全面检查（平面位置、标高、垂直度等）及校正的一道工序。柱子校正包括平面位置、标高和垂直度的校正。对重型柱或偏斜值较大时则用千斤顶、缆风绳、钢管支撑等方法校正。

吊车梁的校正主要包括标高校正、垂直度校正和平面位置校正等。吊车梁的标高主要取决于柱子牛腿的标高。平面位置的校正主要包括直线度和两吊车梁之间的跨距。吊车梁直线度的检查校正方法有通线法、平移轴线法、边吊边校法等。

屋架垂直度的检查与校正方法是在屋架上弦安装三个卡尺，一个安装在屋架上弦中点附近，另两个安装在屋架两端。屋架垂直度的校正可通过转动工具式支撑的螺栓加以纠正，并垫入斜垫铁。屋架校正后应立即电焊固定。

思考与练习

1. 结构安装中常用的钢丝绳有哪些规格？它的允许拉力如何计算？
2. 起重机械分哪几类？
3. 塔式起重机有哪几种类型？试述其使用范围。

4. 卷扬机有哪几种类型？如何锚固？

5. 试述滑轮组的组成及表示方法。

6. 试述柱子吊升工艺及方法。吊点选择应考虑什么原则？

7. 单机(履带式起重机)吊升柱子时,可采用旋转法或滑升法,各有什么特点？

8. 试述柱子的垂直度如何校正。(柱子在临时固定后)

9. 试述屋架的扶直就位方法及绑扎点的选择。正向扶直与反向扶直各有何特点？

10. 屋架如何校正？

任务 2　多层装配式框架结构安装施工

任务描述

本任务主要有多层装配式框架结构安装等。

知识准备

在工业与民用建筑中,多层装配式框架结构应用较多,可分为全装配式框架结构和装配整体式框架结构。

装配式框架结构是指柱、梁、板等均由装配式构件组成的结构,按其主要传力方向的特点可分为横向承重框架结构和纵向承重框架结构两种。

装配整体式框架结构又称半装配框架体系,其主要特点是柱子现浇,梁、板等预制。

装配整体式框架结构的施工有以下三种方案:

(1)先现浇每层柱,拆模后再安装预制梁、板,逐层施工。

(2)先支柱模和安装预制梁,浇筑柱子混凝土及梁柱节点处的混凝土,然后安装预制楼板。

(3)先支柱模,安装预制梁和预制板后浇筑柱子混凝土及梁柱节点和梁板节点处的混凝土。

多层工业厂房结构安装工程的施工,其主导工程为构件的吊装工程。吊装之前,应拟定合理的吊装方案,以达到保证工程质量、缩短工期、降低工程成本的目的。

任务实施

一、起重机械的选择

装配式框架结构吊装时,起重机械的选择要根据建筑物的结构形式、建筑物的高度(构件最大安装高度)、构件质量及吊装工程量等条件决定。多层装配式框架结构吊装机械常采用塔式起重机、履带式起重机、汽车式起重机、轮胎式起重机等。五层以下的房屋结构可采用 W1-100 型履带式起重机或 Q2-32 型汽车式起重机吊装,通常跨内开行;一些重型厂房(如电厂)宜采用 $15 \sim 40$ t 的塔式起重机吊装;高层装配式框架结构宜采用附着式、爬升式塔吊吊装。

塔式起重机的型号主要根据建筑物的高度及平面尺寸、构件的质量以及现有设备条件来确定。塔式起重机的工作参数为:起重量 Q(t)、起重半径 R(m)和起重高度 H(m)。其起重能力通常也用起重力矩 $M = Q_i R_i$(单位:t·m 或 kN·m)来表示。

选择起重机型号时,需根据建筑物结构的情况绘出剖面图,注明最高一层各主要构件质量 Q_i 及需要的起重半径 R_i,根据所需的最大起重力矩 M 及最大起重高度 H 来选择起重机的类型。所选起重机的性能必须满足构件的吊装要求。

二、起重机的平面布置及构件吊装方法

起重机的平面布置方案主要根据房屋形状及平面尺寸、现场环境条件、选用的塔式起重机性能及构件质量等因素来确定。

一般情况下,起重机布置在建筑物外侧,有单侧布置及双侧(或环形)布置两种方案,如图 7.38 所示。

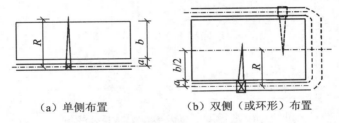

（a）单侧布置　　　　　　　　（b）双侧（或环形）布置

图 7.38　塔式起重机在建筑物外侧布置

1. 单侧布置

当房屋宽度较小、构件也较轻时,塔式起重机可单侧布置。此时,起重半径应满足:

$$R \geqslant b + a \qquad (7.9)$$

式中,R——塔式起重机起吊最远构件时的起重半径,m;

b——房屋宽度,m;

a——房屋外侧至塔式起重机轨道中心线的距离,一般约为 3 m。

2. 双侧布置(或环形布置)

当房屋宽度较大或构件较重时,单侧布置起重力矩不能满足最远构件的吊装要求,起重机可双侧布置。双侧布置时起重半径应满足:

$$R \geqslant b/2 + a \qquad (7.10)$$

布置方式有跨内单行布置及跨内环形布置两种,如图 7.39 所示。

3. 结构吊装方法

多层装配式框架结构的吊装方法有分件吊装法和综合吊装法两种。

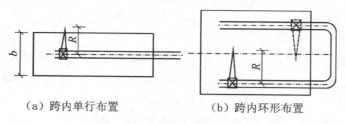

（a）跨内单行布置　　　　　（b）跨内环形布置

图 7.39　塔式起重机在跨内布置

　　分件吊装法是起重机每开行一次吊装一种构件,如先吊装柱,再吊装梁,最后吊装板。

　　分件吊装法又分为分层分段流水作业及分层大流水两种。分件吊装法适用于塔式起重机在建筑物外侧布置时的结构安装工程。

　　图 7.40 所示为采用 QT1-6 型塔式起重机吊装的示例。

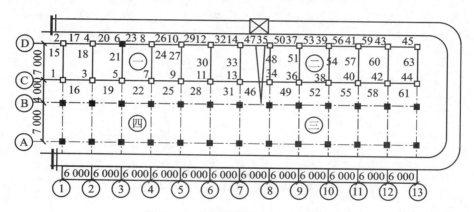

图 7.40　分层分段流水吊装示意图

　　采用综合吊装法吊装构件时,一般以一个节间或几个节间为一个施工段,以房屋的全高为一个施工层来组织各工序的施工,起重机把一个施工段的所有构件按设计要求安装至房屋的全高后,再转入下一施工段施工。综合吊装时起重机开行路线短,但在吊装过程中吊具更换频繁,构件校正工作时间短,组织施工较麻烦。综合吊装法一般在起重机布置在跨内时采用。

二、构件吊装工艺

　　多层装配式框架结构的结构形式有梁板式结构和无梁楼盖结构两类。梁板式结构是由柱、主梁、次梁、楼板组成。

　　多层装配式框架结构柱一般为方形或矩形截面。

（一）柱的吊装

1. 绑扎

　　普通单根柱(长 10 m 以内)采用一点绑扎直吊法。"十"字形柱绑扎时,要使柱起吊后保持垂直,如图 7.41(a)所示。这种柱两边悬臂是对称的,绑扎时要用等长的吊索分别绑扎在距柱中心相等距离的悬臂上,且绑扎点距中心的距离不大于悬臂长的一半。T 形柱的绑扎方法与"十"字形柱基本相同。H 形构件绑扎方法如图 7.41(b)所示,用两根吊索兜住框架横梁,上面各用通过单门滑轮的长吊索相连。起吊后,由于长吊索能在滑轮上串动,故可保持框架竖直后与地面垂直。H 形构件也可用铁扁担和钢销进行绑扎起吊,如图 7.41(c)所示。

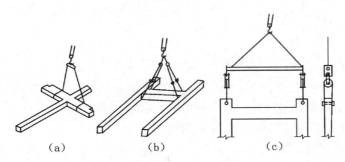

（a）　　　　　　（b）　　　　　　（c）

图 7.41　框架柱起吊时绑扎方法

2. 起吊

柱的起吊方法与单层工业厂房柱吊装相同,一般采用旋转法。

外伸钢筋的保护方法有:用钢管保护柱脚外伸钢筋、用垫木保护外伸钢筋及用滑轮组保护外伸钢筋等。用钢管保护柱脚外伸钢筋的方法见图 7.42(a)。用垫木保护柱脚外伸钢筋的方法见图 7.42(b)。

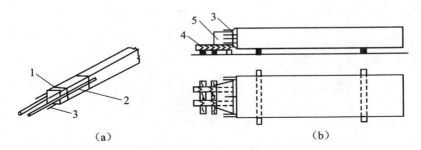

（a）　　　　　　　　　　　　　　　（b）

图 7.42　柱脚外伸钢筋保护方法

1—短吊索;2—钢管;3—外伸钢筋;4—垫木;5—柱子榫头

3. 柱的临时固定及校正

底层柱一般插入基础杯口,其临时固定和校正方法与单层工业厂房柱相同。

上节柱吊装在下节柱的柱头上时,视柱的质量不同,采用不同的临时固定和校正方法。

柱的质量较轻时,采用方木和钢管支撑进行临时固定和校正。框架结构的内柱,四面均用方木临时固定和校正,如图 7.43(a)所示;框架结构的边柱两面用方木,另一面用方木加钢管支撑做临时固定和校正,如图 7.43(b)所示;框架结构的角柱两面均用方木加钢管支撑临时固定和校正,如图 7.43(c)所示。

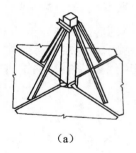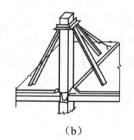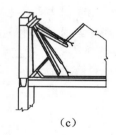

（a）　　　　　　　（b）　　　　　　　（c）

图 7.43　柱临时固定及校正

　　柱较重或较长时,以及 H 形构件,一般用缆风绳进行临时固定和校正,用倒链或手扳葫芦拉紧,每根柱拉四根缆风绳。柱子校正后,每根缆风绳都要拉紧。

　　柱子垂直度的检查可用经纬仪或铅锤进行。上节柱垂直度的校正,应以下节柱的根部中心线为准,这样可避免误差积累。用经纬仪校正垂直度时,边柱和角柱可直接用经纬仪观测;框架结构的内柱在楼板安装之后,用经纬仪不能同时观测到上、下两个测点(如经纬仪设置在地面时,只能看到下测点而不能看到上测点)。此时,首先将下测点(下柱柱底中心线)引测到上面去,经纬仪可架设到楼面上观测上节柱的垂直度。

　　4. 柱接头施工

　　柱接头的形式如图 7.44 所示,有榫式接头、插入式接头和浆锚式接头三种。

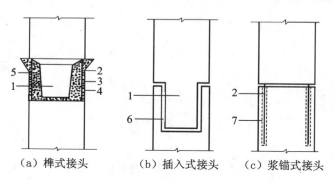

（a）榫式接头　　　　（b）插入式接头　　　　（c）浆锚式接头

图 7.44　柱接头形式

1—榫头;2—上柱外伸钢筋;3—剖口焊;4—下柱外伸钢筋;
5—后浇接头混凝土;6—下柱杯口;7—下柱预留孔

（二）梁与柱接头

　　梁柱接头的做法很多,常用的有明牛腿式刚性接头、齿槽式梁柱接头、浇筑整体式梁柱接头、钢筋混凝土暗牛腿梁柱接头、型钢暗牛腿梁柱接头等。

　　图 7.45 所示为明牛腿式刚性接头。这种接头安装方便,节点刚度大,受力可靠;但明牛腿占据了一部分空间,一般只用于多层工业厂房。

　　图 7.46 所示为齿槽式梁柱接头。它是利用梁柱接头处设置的齿槽来传递梁端剪力,齿型以三角形和梯形较好,这种接头可以用在中等荷载的框架结构中。

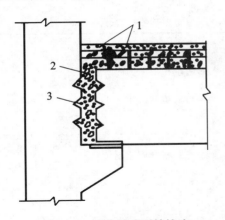

图 7.45　明牛腿式刚性接头

1—剖口焊；2—后浇细石混凝土；3—齿槽

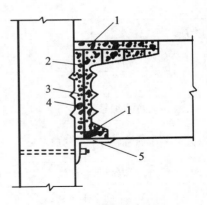

图 7.46　齿槽式梁柱接头

1—剖口焊；2—后浇细石混凝土；

3—齿槽；4—附加钢筋；5—临时牛腿

图 7.47 所示为上柱带榫头的浇筑整体式梁柱接头。

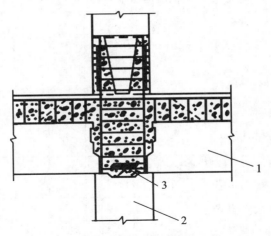

图 7.47　浇筑整体式梁柱接头

1—梁；2—柱；3—钢筋焊接

(三) 预制构件的平面布置

多层装配式框架结构的柱子较重，一般在施工现场预制。相对于塔式起重机的轨道，柱子预制阶段的平面布置有平行布置、垂直布置、斜向布置等几种方式。其布置原则与单层工业厂房构件的布置原则基本相同。

任务评价

一、结构安装工程的质量要求

1. 预制构件检验批质量验收记录如表 7.7 所示。

表 7.7 预制构件检验批质量验收记录表

单位(子单位)工程名称												
分部(子分部)工程名称					验收部位							
施工单位					项目经理							
施工执行标准名称及编号												

施工质量验收规范的规定				施工单位检查评定记录								监理(建设)单位验收记录
主控项目	1	构件标志和预埋件等	第9.2.1条									
	2	外观质量严重缺陷处理	第9.2.2条									
	3	过大尺寸偏差处理	第9.2.3条									
一般项目	1	外观质量一般缺陷处理	第9.2.4条									
	2	长度(mm)	板、梁	+10,-5								
			柱	+5,-10								
			墙板	±5								
			薄腹梁、桁架	+15,-10								
	3	宽度、高(厚)度(mm)	板、梁、柱、墙板、薄腹梁、桁架	±5								
	4	侧向弯曲(mm)	梁、柱、板	$L/750$ 且 ≤ 20								
			墙板、薄腹梁、桁架	$L/1\,000$ 且 ≤ 20								
	5	预埋件	中心线位置(mm)	10								
			螺栓位置(mm)	5								
			螺栓外露长度(mm)	+10,-5								
	6	预留孔	中心线位置(mm)	5								
	7	预留洞	中心线位置(mm)	5								
	8	主筋保护层厚度(mm)	板	+5,-3								
			梁、柱、墙板、薄腹梁、桁架	+10,-5								

续表

	序号	项目	构件	允许偏差									
一般项目	9	对角线差(mm)	板、墙板	10									
	10	表面平整度(mm)	板、墙板、柱、梁	5									
	11	预应力构件预留孔道位置(mm)	梁、墙板、薄腹梁、桁架	3									
	12	翘曲(mm)	板	$L/750$									
			墙板	$L/1\,000$									

施工单位检查评定结果	专业工长(施工员)			施工班组长	
	经检查:主控项目全部合格,一般项目符合设计及施工规范规定。 项目专业质量检查员:				年　月　日
监理(建设)单位验收结论	专业监理工程师(建设单位项目专业技术负责人):　　　　　　　　　　　　　年　月　日				

说明:一、主控项目:1. 外观质量不出现严重缺陷。预制构件的外观质量不应有严重缺陷:①露筋(构件内钢筋未被混凝土包裹而外露):纵向受力钢筋有露筋为严重缺陷;其他钢筋有少量露筋为一般缺陷。②蜂窝(混凝土表面缺少水泥砂浆而形成石子外露):构件主要受力部位有蜂窝为严重缺陷;其他部位有少量蜂窝为一般缺陷。③孔洞(混凝土中孔穴深度和长度均超过保护层厚度):构件主要受力部位有孔洞为严重缺陷;其他部位有孔洞为一般缺陷。④夹渣(混凝土中夹有杂物且深度超过保护层厚度):构件主要受力部位有夹渣为严重缺陷,其他部位有少量夹渣为一般缺陷。⑤疏松(混凝土中局部不密实):构件主要受力部位有疏松为严重缺陷;其他部位有少量疏松为一般缺陷。⑥裂缝(缝隙从混凝土表面延伸至混凝土内部):构件主要受力部位有影响结构性能或使用功能的裂缝为严重缺陷;其他部位有少量不影响结构性能或使用功能的裂缝为一般缺陷。⑦连接部位缺陷(构件连接处混凝土缺陷及连接钢筋、连接件松动):连接部位有影响结构传力性能的缺陷为严重缺陷;连接部位有基本不影响结构传力性能的缺陷为一般缺陷。⑧外形缺陷(缺棱掉角、棱角不直、翘曲不平、飞边凸肋等):清水混凝土构件有影响使用功能或装饰效果的外形缺陷为严重缺陷;其他混凝土构件有不影响使用功能的外形缺陷为一般缺陷。⑨外表缺陷(构件表面麻面、掉皮、起砂、沾污等):具有重要装饰效果的清混凝土构件有外表缺陷为严重缺陷;其他混凝土构件有不影响使用功能的外表缺陷为一般缺陷。对已经出现上表的严重缺陷,应按技术处理方案,进行处理。经处理的部位,应重新检查验收。观察和检查技术处理方案。2. 过大尺寸偏差处理和验收。预制构件不应有影响结构性能和使用功能的尺寸偏差。对尺寸允许偏差且影响结构性能和安装、使用功能的部位,应由施工单位提出技术处理方案,并经监理(建设)单位认可进行处理。经处理的部位,应重新检查验收。全数检查。观察和尺量检查。二、一般项目:预制构件的外观质量不宜有一般缺陷。对已经出现上表的一般缺陷,应按技术处理方案进行处理,并重新检查验收。1~2构件允许偏差,允许偏差项目90%以上应在范围内,10%以上的不应超过允许偏差的1.5倍。

注:第9.2.1条　预制构件应在明显部位标明生产单位、构件型号、生产日期和质量验收标志。构件上的预埋件、插筋和预留孔洞的规格、位置和数量应符合标准图或设计的要求。

第9.2.2条　预制构件的外观质量不应有严重缺陷。对已经出现的严重缺陷,应按技术处理方案进行处理,并重新检查验收。

第9.2.3条　预制构件不应有影响结构性能和安装、使用功能的尺寸偏差。对超过尺寸允许偏差且影响结构性能和安装、使用功能的部位,应按技术处理方案进行处理,并重新检查验收。

第9.2.4条　预制构件的外观质量不宜有一般缺陷。对已经出现的一般缺陷,应按技术处理方案进行处理,并重新检查验收。

2. 装配式结构施工检验批质量验收记录如表7.8所示。

表7.8　装配式结构施工检验批质量验收记录表

单位(子单位)工程名称					
分部(子分部)工程名称			验收部位		
施工单位			项目经理		
施工执行标准名称及编号					
施工质量验收规范的规定				施工单位检查评定记录	监理(建设)单位验收记录
主控项目	1	预制构件进场检查	第9.4.1条		
	2	预制构件的连接	第9.4.2条		
	3	接头和拼缝的混凝土强度	第9.4.3条		
一般项目	1	预制构件支承位置和方法	第9.4.4条		
	2	安装控制标志	第9.4.5条		
	3	预制构件吊装	第9.4.6条		
	4	临时固定措施和位置校正	第9.4.7条		
	5	接头和拼缝的质量要求	第9.4.8条		
施工单位检查评定结果	专业工长(施工员)			施工班组长	
	经检查:主控项目全部合格,一般项目符合设计及施工规范规定。				
	项目专业质量检查员:			年　月　日	
监理(建设)单位验收结论	专业监理工程师(建设单位项目专业技术负责人):			年　月　日	

说明:1. 主控项目:①进入现场的预制构件,其外观质量、尺寸偏差及结构性能应符合标准图或设计的要求。检查构件合格证。②预制构件与结构之间的连接应符合设计要求。连接处钢筋或埋件采用焊接或机械连接时,接头质量应符合《钢筋焊接及验收规程》JGJ18、《钢筋机械连接技术规程》JGJ107 的要求。观察,检查施工记录。③承受内力的接头和拼缝,当其混凝土强度未达到设计要求时,不得吊装一层结构构件;当设计无具体要求时,应在混凝土强度不小于 10 N/mm² 或具有足够的支承方可吊装上一层结构构件。已安装完毕的装配式结构,应在混凝土强度达到设计要求后,方可承受全部设计荷载。检查施工记录及试件强度试验报告。2. 一般项目:①预制构件码放和运输时的支承位置和方法应符合标准图或设计的要求。观察检查。②预制构件吊装前,应按设计要求在构件和相应的支承结构上标志中心线、标高等控制尺寸,按标准图或设计文件校核预埋件及连接钢筋等,并做出标志。观察和尺量检查。③预制构件应按标准图或设计的要求吊装。起吊时绳索与构件水平面的夹角不宜小于 45°,否则应采用吊架或经验算确定。观察检查。④装配式结构的接头和拼缝应符合设计要求:当设计无具体要求时,应符合以下规定:对承受内力的接头和拼缝应采用混凝土浇筑,其强度等级应与构件混凝土强度等级提高一级;对不承受内力的接头和拼缝应采用混凝土或砂浆浇筑,其强度等级不应低于 C15 或

M15;用于接头和拼缝的混凝土或砂浆,宜采取微膨胀措施和快硬措施,在浇筑过程中应振捣密实,并应采取必要的养护措施。检查施工记录及试件强度试验报告。

注:第9.4.1条 进入现场的预制构件,其外观质量、尺寸偏差及结构性能应符合标准图或设计要求。

第9.4.2条 预制构件与结构之间的连接应符合设计要求。连接处钢筋或预埋件采用焊接或机械连接时,接头质量应符合国家现行标准《钢筋焊接及验收规程》(JGJ 18)、《钢筋机械连接技术规程》(JGJ 107)的要求。

第9.4.3条 承受内力的接头和拼缝,当其混凝土强度未达到设计要求时,不得吊装上一层结构构件;当设计无具体要求时,应在混凝土强度不小于 10 MPa 或具有足够的支承时方可吊装上一层结构构件。

第9.4.4条 预制构件码放和运输时的支承位置和方法应符合标准图或设计要求。

第9.4.5条 预制构件吊装前,应按设计要求在构件和相应的支承结构上标志中心线、标高等控制尺寸,按标准图或设计文件校核预埋件及连接钢筋等,并做出标志。

第9.4.6条 预埋件应按标准图或设计的要求吊装。起吊时绳索与构件水平面的夹角不宜小于45°,否则应采用吊架或经验算确定。

第9.4.7条 预制构件安装就位后,应采取保证构件稳定的临时固定措施,并应根据水准点和轴线校位。

第9.4.8条 装配式结构中的接头和拼缝应符合设计要求;当设计无具体要求时,应符合下列规定:

1. 对承受内力的接头和拼缝应采用混凝土浇筑,其强度等级应比构件混凝土强度等级提高一级;

2. 对不承受内力的接头和拼缝应采用混凝土或砂浆浇筑,其强度等级不应低于 C15 或 M15;

3. 用于接头和拼缝的混凝土或砂浆,宜采取微膨胀措施和快硬措施,在浇筑过程中应振捣密实,并采取必要的养护措施。

二、结构安装工程的安全措施

安全隐患是指可导致事故发生的"人的不安全行为,物的不安全状态,作业环境的不安全因素和管理缺陷"等。根据"人—机—环境"系统工程学的观点分析,造成事故隐患的原因分为三类:即"人"的隐患,"机"的隐患,"环境"的隐患。只要"人—机—环境"其中之一出了问题,就会形成安全隐患。

在结构安装工程的施工中,控制"人的不安全行为,物的不安全状态,作业环境的不安全因素和管理缺陷"是保证安全的重要措施。

(一) 人的不安全行为的控制

人的不安全行为是人的生理和心理特点的反映,主要表现在身体缺陷、错误行为和违纪违章三方面。

1. 有身体缺陷的人不能进行结构安装的作业。

2. 严禁粗心大意、不懂装懂、侥幸心理、错视、错听、误判断、误动作等错误行为。

3. 严禁喝酒、吸烟,不正确使用安全带、安全帽及其他防护用品等违章违纪行为。

4. 加强安全教育、安全培训、安全检查、安全监督。

5. 起重吊装的指挥人员必须持证上岗,作业时应与操作人员密切配合,执行规定的指挥信号。操作人员应按指挥人员的信号进行作业,当信号不清或错误时,操作人员可拒绝执行。

(二) 起重吊装机械的控制

1. 各类起重机应装有音响清晰的喇叭、电铃或汽笛等信号装置。在起重臂、吊钩、平衡重等转动体上应标以鲜明的色彩标志。

2. 起重机的变幅指示器、力矩限制器、起重量限制器以及各种行程限位开关等安全保护装置,应完好齐全、灵敏可靠,不得随意调整或拆除。严禁利用限制器和限位装置代替操纵机构。

3. 操作人员应按规定的起重性能作业,不得超载。在特殊情况下需要超载使用时,必须经过验算,有保证安全的技术措施,并写出专题报告,经企业技术负责人批准,有专人在现场监护下,方可作业。

4. 严禁使用起重机进行斜拉、斜吊和起吊地下埋设或凝固在地面上的重物以及其他不明重量的物体。

5. 重物起升和下降的速度应平稳、均匀,不得突然制动。左右回转应平稳,当回转未停稳前,不得做反向动作。

6. 严禁起吊重物长时间悬挂在空中,作业中遇突发故障,应采取措施将重物降落到安全地方,并关闭发动机或切断电源后进行检修。突然停电时,应立即把所有控制器拨到零位,断开电源总开关,并采取措施使重物降落到地面。

7. 起重机不得靠近架空输电线路作业。起重机的任何部位与架空输电导线的安全距离不得小于规范规定。

8. 起重机使用的钢丝绳,应有钢丝绳制造厂签发的产品技术性能和质量证明文件。当无证明文件时,必须经过试验合格后方可使用。每班作业前,应检查钢丝绳及钢丝绳连接部位。达到报废标准时,应予以报废。

9. 履带式起重机如需带载行驶时,载荷不得超过允许起重量的 70%,行走道路应坚实平整,重物应在起重机的正前方向,重物离地面不得大于 500 mm,并应拴好拉绳,缓慢行驶。严禁长距离带载行驶。

10. 履带式起重机上下坡道时应无载行驶,上坡时应将起重臂仰角适当放小,下坡时应将起重臂仰角适当放大。严禁下坡空挡滑行。

(三) 施工环境的控制

1. 操作人员在作业前必须对工作现场环境、行驶道路、架空电线、建筑物以及构件重量和分布情况进行全面了解。

2. 现场施工负责人应为起重机作业提供足够的工作场地,清除或避开起重臂起落或回转半径范围内的障碍物。

3. 在露天有六级及以上大风、大雨、大雪或大雾等恶劣天气时,应停止起重吊装作业。

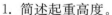

思考与练习

1. 简述起重高度。

2. 简述旋转法。

3. 简述分件吊装法。

4. 简述正向扶直。

5. 简述滑行法。

6. 简述综合吊装法。

项目八　屋面工程与地下防水工程

项目需求

　　屋面工程与地下防水工程是建筑施工中的重要环节,此项目对学习和掌握屋面与地下防水施工工艺至关重要。

项目工作场景

　　实训基地(有与工程实际相符的各种屋面与地下防水工程)、实际工程施工现场等。

方案设计

　　首先了解卷材防水屋面、刚性防水屋面、涂膜防水屋面等,最后是地下防水工程和屋面及地下防水工程的质量要求等。

相关知识和技能

　　1. 平屋顶卷材屋面的构造层次及施工质量要求,防水材料的要求;
　　2. 刚性屋面不适用的范围,材料要求及施工要点;
　　3. 涂膜防水屋面构造及施工要点;
　　4. 地下室防水结构混凝土的配合比设计原理及材料要求;
　　5. 地下防水卷材施工方法;
　　6. 屋面、地下防水的施工质量要求及安全技术。
编制卷材防水屋面和刚性防水屋面施工方案及应采取的技术措施。

任务 1　屋面防水工程施工

任务描述

通过对屋面防水工程的学习,熟悉了解屋面防水的种类、构造、工艺要求、验收方法等。

知识准备

屋面是建筑物最上层的外围护构件,用于抵抗自然界的雨、雪、风、霜、太阳辐射、气温变化等不利因素的影响,保证建筑内部有一个良好的使用环境。屋面应满足坚固耐久、防水、保温、隔热、防火和抵御各种不良影响的功能要求。屋面应遵循"合理设防、放排结合、因地制宜、综合治理"的原则,做好防水和排水,以维护室内正常环境,使其免遭雨雪侵蚀。屋面按照形式分平屋面和坡屋面两种。平屋面指屋面坡度小于或等于 5% 的屋面,一般常用坡度为 2%～3%,又分为上人屋面和不上人屋面两种,上人屋面坡度通常为 1%～2%;平面屋通常形式有挑檐式、女儿墙和挑檐女儿墙等。坡屋面指坡度 10% 以上的屋面。坡屋面由一些相同坡度的倾斜面交接而成,通常形式有单坡式、硬山式、悬山式、四坡式和卷棚式等;其他屋面种类较多,如双曲拱式、砖石拱式、筒壳式、球形网壳式、V 形网壳式扁壳式、车轮形悬索式和鞍形悬索式等。屋面按照防水材料分为柔性防水屋面、刚性防水屋面和复合防水屋面三种。柔性防水屋面:包括各类防水卷材、防水涂料、密封材料等。刚性防水屋面:包括结构自防水混凝土,防水砂浆等。复合防水屋面:柔性防水与刚性防水相结合。

屋面防水工程根据建筑物的性质、重要程度、使用功能及防水层耐用年限要求等,分为四个等级。详见表 8.1。

表 8.1　屋面防水工程等级分类

Ⅰ级	Ⅱ级	Ⅲ级	Ⅳ级
25 年	15 年	10 年	5 年

任务实施

一、卷材防水屋面

(一)卷材屋面构造

卷材屋面的防水层是用胶结剂或热熔法逐层粘贴卷材而成的。其一般构造层次如图 8.1 所示,施工时以设计为依据。

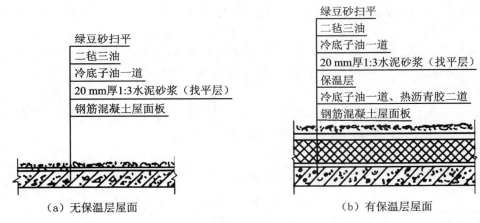

图 8.1 油毡卷材屋面构造层次图

(二) 材料要求

1. 沥青

沥青具有不透水、不导电、耐酸、耐碱、耐腐蚀等特点,是屋面防水的理想材料。

施工时,应注意沥青的产地、品种、标号等。沥青有石油沥青和焦油沥青两类,性能不同的沥青不得混合使用。石油沥青与焦油沥青的区别见表 8.2。

表 8.2 石油沥青与焦油沥青的区别

项目	石油沥青	焦油沥青
相对密度	近于 1.0	1.20～1.35
燃烧	烟少,无色,有松香味,无毒	烟多,黄色,臭味大,有毒
锤击	韧性好	韧性差,较脆
颜色	呈辉亮褐色	浓黑色
溶解	易溶于煤油或汽油中,呈棕色	难溶于煤油、汽油中,溶液呈黄绿色

石油沥青分为道路石油沥青、建筑石油沥青和普通石油沥青。建筑石油沥青主要用于屋面、地下防水工程和油毡制造,常用牌号为 30 号甲、30 号乙和 10 号。建筑石油沥青的几项主要指标见表 8.3。

表 8.3 建筑石油沥青的主要指标

指标	牌号		
	30 号甲	30 号乙	10 号
针入度(25 ℃时)(1/10 mm)	21～40	21～40	5～20
延伸度(25 ℃时不小于)(cm)	3	3	1
软化点不低于(℃)	70	60	95
溶解度不小于(%)	99	99	99

沥青的主要技术指标是针入度、延伸度、软化点等。目前,我国确定沥青牌号的标准是按针入度划分的。

沥青在贮运过程中,应防止混入杂质、砂土以及水分;宜堆放在阴凉、干净、干燥的地方,适当遮盖,避免雨水、阳光直接淋晒,并按品种、牌号分别堆放。

2. 卷材

强制性条文:"屋面工程所采用的防水、保温隔热层材料应有产品合格证书和性能检测报告,材料的品种、规格、性能等应符合现行的国家产品和设计要求。"

(1)石油沥青油毡卷材

石油沥青油毡卷材规格及技术性能要求见表 8.4。

表 8.4 石油沥青油毡卷材规格及技术性能要求

标号	宽度（mm）	每卷面积（m²）	每卷质量（kg）	性能要求			
				纵向拉力（N）	耐热度	柔性	不透水性
350 号	915 1 000	200±0.3 200±0.3	粉毡≥28.5 片毡≥31.5	(25±2)℃时≥340	(28±2)℃ 2 h不流淌,无集中性气泡	绕直径20 mm圆棒无裂纹	压力 ≥ 0.10 N/mm² 保持时间≥30 min
500 号	915 1 000	200±0.3 200±0.3	粉毡≥39.5 片毡≥42.5	(25±2)℃时≥440		绕直径25 mm圆棒无裂纹	压力 ≥ 0.10 N/mm² 保持时间≥30 min

(2)高聚物改性沥青卷材

高聚物改性沥青防水卷材规格和技术性能要求分别见表 8.5、表 8.6。

表 8.5 高聚物改性沥青防水卷材规格

厚度（mm）	宽度（mm）	长度（mm）	要 求
2.0	≥1 000	20	热熔施工,卷材厚度必须≥4.0 mm
3.0	≥1 000	10	
4.0	≥1 000	10	
5.0	≥1 000	10	

表 8.6 高聚物改性沥青防水卷材技术性能要求

项目	性能要求		
	聚酯毡胎体	玻纤胎体	聚乙烯胎体
拉力（N/50 mm）	≥450	纵向≥350;横向≥250	≥100
延伸率（%）	最大拉力时≥30	—	断裂时≥200
耐热度（℃,2 h）	SBS卷材 90,APP 卷材 110,无滑动、流淌、滴落		PEE 卷材 90,无流淌、起泡

续表

项目	性能要求		
	聚酯毡胎体	玻纤胎体	聚乙烯胎体
低温柔度(℃)	SBS 卷材 180,APP 卷材 5,PEE 卷材 10 3 mm 厚 $r=15$ mm;4 mm 厚 $r=25$ mm;3 s 弯 180°无裂纹		
不透水性 · 压力(MPa)	≥0.3	≥0.2	≥0.3
不透水性 · 保持时间(min)	≥30		

(3)合成高分子防水卷材

合成高分子防水卷材规格和技术要求分别见表 8.7、表 8.8。

表 8.7 合成高分子防水卷材规格

种类	厚度(mm)	宽度(mm)	每卷长度(m)
合成高分子防水卷材	1.0	≥1 000	20.0
	1.2	≥1 000	20.0
	1.5	≥1 000	20.0
	2.0	≥1 000	10.0

表 8.8 合成高分子防水卷材技术要求

项目	性能要求			
	硫化橡胶类	非硫化橡胶类	树脂类	纤维增强类
断裂拉伸强度(MPa)	≥6	≥3	≥10	≥9
扯断伸长率(%)	≥400	≥200	≥200	≥10
低温弯折(℃)	−30	−20	−20	−20
不透水性 · 压力(MPa)	≥0.3	≥0.2	≥0.3	≥0.3
不透水性 · 保持时间(min)	≥30			
加热收缩率(%)	<1.2	<2.0	<2.0	<1.0
热老化保持率(80 ℃,168 h) · 断裂拉伸强度	≥80%			
热老化保持率(80 ℃,168 h) · 扯断伸长率	≥70%			

(4)卷材贮存

防水卷材应贮存在阴凉通风的室内,严禁接近火源;油毡必须直立堆放,高度不宜超过两层,不得横放、斜放;应按标号、品种分类堆放。

(三)卷材防水层施工

1. 结构层、找平层施工

混凝土结构,分为装配式钢筋混凝土板和整体现浇细石混凝土板两种。基层采用装配式钢筋混凝土板时,要求板安置平稳,板端缝要密封处理,板端及板的侧缝应用细石混凝土灌缝密实,其强度等级不应低于 C20。板缝经调节后宽度仍大于 40 mm 以上时,应在板下设吊模补放构造钢筋后,再浇细石混凝土。

强制性条文:"屋面(含天沟、檐沟)找平层的排水坡度必须符合设计要求。"

找平层的作用是保证卷材铺贴平整、牢固;找平层必须清洁、干燥。找平层是防水层的直接基层,施工的表面光滑度、平整度将直接影响到卷材屋面防水层质量。

常用的找平层分为水泥砂浆找平层、细石混凝土找平层和沥青砂浆找平层。找平层宜设分格缝,并嵌填密封材料。

(1)水泥砂浆找平层和细石混凝土找平层

厚度要求:与基层结构形式有关。

技术要求:屋面板等基层应安装牢固,不得有松动现象。

(2)沥青砂浆找平层

厚度要求:与基层结构形式有关。

技术要求:屋面板等基层应安装牢固,不得有松动现象,屋面应平整、清扫干净,沥青和砂的质量比为 1:8。

沥青砂浆施工时要严格控制温度,具体要求见表 8.9。

表 8.9 沥青砂浆施工温度

室外温度	沥青砂浆施工温度(℃)		
	拌制	铺设	滚压完毕
+5 ℃以上	140~170	90~120	60
−10~+5 ℃	160~180	110~130	40

2. 保温层施工

强制性条文:"保温层的含水率必须符合设计要求。"

保温层可分为松散材料保温层、板状保温层及整体现浇保温层三种。一般的房屋均设保温层,以便在冬季阻止室内温度下降过快,夏季起隔热的作用。

松散材料保温层的施工要求:基层应平整、干燥、干净;含水率应符合设计要求;松散保温材料应分层铺设并压实,压实的程度与厚度应经试验确定;保温层材料施工完毕后,应及时进行找平层和防水层的施工;雨季施工时,保温层应采取遮盖措施。

板状保温层的施工要求:基层应平整、干燥、干净;板状保温材料应紧靠在需保温的基层表面上,并应铺平垫稳;分层铺设的板块上下层接缝应相互错开,板间缝隙应采用同类材料填密实;粘贴的板状保温材料应贴严、粘牢。

整体现浇保温层的施工要求:沥青膨胀蛭石、沥青膨胀珍珠岩宜用机械搅拌,且应色泽一致无沥青团;压实程度根据试验确定,其厚度应符合设计要求,表面应平整;硬质聚氨酯泡沫塑料应按配合比准确计量,发泡厚度应均匀一致。

3. 防水层施工

强制性条文:"卷材防水层不得有渗漏或积水现象。"

卷材防水层应采用沥青防水卷材、高聚物改性沥青防水卷材或合成高分子防水卷材。

(1) 沥青防水卷材的铺设

① 沥青冷底子油:冷底子油为石油沥青加溶剂溶解而成,可按表 8.10 配制。

表 8.10　冷底子油配合比

10 号或 30 号石油沥青	溶剂	
	轻柴油或煤油	汽油
40%	60%	—
30%	—	$0%

第一种方法:将沥青加热熔化,使其脱水不再起泡为止。再将熔好的沥青倒入桶中冷却,待达到 110~140 ℃时,将沥青呈细流状慢慢注入一定量的溶剂中,并不停地搅拌,直至沥青完全加完、溶解均匀为止。

第二种方法:与上述方法一样,先将熔化沥青倒入桶或壶中,待冷却至 110~140 ℃后,将溶剂按配合比要求分批注入沥青熔液中,边加边不停地搅拌,直至加完、溶解均匀为止。

② 沥青胶结材料:用一种或两种标号的沥青按一定配合比熔合,经熬制脱水后,可制成胶结材料。为了提高沥青的耐热度、韧性、黏结力和抗老化性能,可在熔化后的沥青中掺入 10%~15% 的粉状填充材料,配制成沥青胶结材料。填充材料普遍采用石灰石粉、白云石粉、滑石粉、云母粉等。

配制石油沥青胶结材料,一般采用 10 号、30 号、60 号石油沥青中两种或三种牌号的沥青按一定配合比熔合。选择配合比时,应选配具有所需软化点的一种或两种沥青的熔化物。

沥青胶结材料的标号选用见表 8.11。

表 8.11　沥青胶结材料标号选用

屋面坡度	历年室外极端最高温度(℃)	沥青胶结材料的标号
1%~3%	<38	S-60
	38~41	S-65
	41~45	S-70
3%~15%	<38	S-65
	38~41	S-70
	41~45	S-75
15%~25%	<38	S-75
	38~41	S-80
	41~45	S-85

石油沥青胶结材料技术指标见表 8.12。

表 8.12　石油沥青胶结材料技术指标

指标名称	标 号					
	S-60	S-65	S-70	S-75	S-80	S-85
耐热度	用 2 mm 厚的沥青胶结材料黏合两张油纸,不低于下列温度时,在 1:1 的坡度上停 5 h,沥青胶结材料不流淌,油纸不应滑动					
	60 ℃	65 ℃	70 ℃	75 ℃	80 ℃	85 ℃
柔韧度	涂在沥青油纸上的 2 mm 厚的沥青材料胶结层,在 18±2 ℃时,围绕下列直径(mm)的固体以每 2 s 均速弯曲成半圆,沥青胶结材料不应有裂纹					
	10	15	15	20	25	30
黏结力	用手将两张贴在一起的油纸慢慢地一次撕开,从油纸和沥青胶结材料粘贴面的任何一面的撕开部分,应不大于粘贴面积的 1/2					

热沥青胶结材料加热和使用温度见表 8.13。

表 8.13　热沥青胶结材料加热和使用温度

类别	加热温度(℃)	使用温度(℃)	说明
普通石油沥青或搭配建筑石油沥青的普通石油沥青胶结材料	不应高于 280	不宜低于 240	1. 加热时间以 3~4 h 为宜; 2. 沥青胶结材料当天用完
建筑石油沥青胶结材料	不应高于 240	不宜低于 190	—

③涂刷冷底子油:找平层表面要平整、干净,涂刷要薄而均匀,不得有空白、麻点、气泡。涂刷宜在铺油毡前 1~2 h 进行,使油层干燥而不沾灰尘。

④卷材铺贴的一般要求

A. 卷材防水层施工应在屋面其他工程全部完工后进行。

B. 铺贴多跨和有高低跨的房屋时,应按先高后低、先远后近的顺序进行。

C. 在一个单跨房屋上铺贴时,先铺贴排水比较集中的部位,按标高由低到高铺贴,坡与立面的卷材应由下向上铺贴,使卷材按流水方向搭接。

D. 铺贴方向一般视屋面坡度而定,当坡度在 3‰以内时,卷材宜平行于屋脊方向铺贴;坡度在 3‰~15‰时,卷材可根据当地情况决定平行或垂直于屋脊方向铺贴,应避免卷材溜滑。

E. 卷材平行于屋脊方向铺贴时,长边搭接不小于 70 mm;短边搭接,平屋面不应小于 100 mm,坡屋面不小于 150 mm;相邻两幅卷材短边接缝应错开不小于 500 mm;上下两层卷材应错开 1/3 或 1/2 幅度。详见图 8.2 和 8.3 所示。

F. 平行于屋脊的搭接缝应顺流水方向搭接;垂直屋脊的搭接缝应顺主导风向搭接,如图 8.4 所示。

G. 上下两层卷材不得相互垂直铺贴。

H. 坡度超过 25‰的拱形屋面和天窗下的坡面上,应尽量避免短边搭接,如必须短边搭接时,搭接处应采取防止卷材下滑的措施。

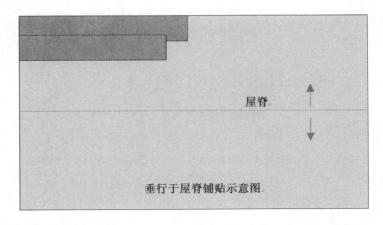

垂行于屋脊铺贴示意图

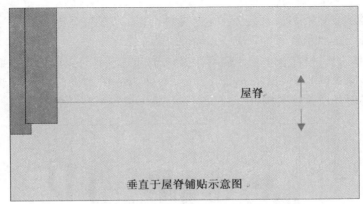

垂直于屋脊铺贴示意图

图 8.2　卷材防水铺设方向示意

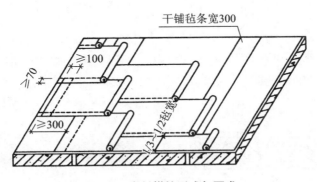

图 8.3　卷材搭接形式与要求

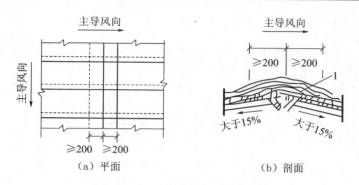

图 8.4 卷材垂直于屋脊处铺贴要求

1—干铺卷材条宽 300 mm

⑤沥青胶的浇涂:沥青胶可用浇油法或涂刷法施工,浇涂的宽度要略大于油毡宽度,厚度控制在 1～1.5 mm。为使油毡不致歪斜,可先弹出墨线,按墨线推滚油毡。油毡一定要铺平压实,黏结紧密,赶出气泡后将边缘封严;如果发现气泡、空鼓,应当场割开放气,补胶修理。压贴油毡时沥青胶应挤出,并随时刮去。

空铺法铺贴油毡,是在找平层干燥有困难或做排气屋面时采取的做法。空铺法贴第一层油毡时,不满涂沥青胶,做法如图 8.5 所示,使第一层和基层之间有相互贯通的空隙,在屋脊和屋面上设置排气槽、出气孔,互相连通形成"排气屋面"。

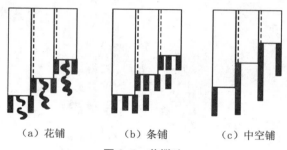

图 8.5 花撒法

⑥排气槽与出气孔做法:排气槽与出气孔主要是使基层中多余的水分通过排气槽、出气孔排出,避免影响油毡质量。在预制隔热层中做排气槽、出气孔,如图 8.6 所示。

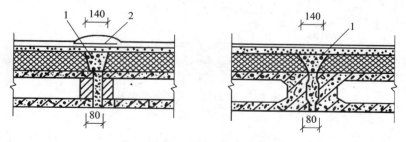

图 8.6 在隔热保温层中设纵、横排气槽

1—大孔径炉渣;2—干铺油毡条宽 250 mm

(2)高聚物改性沥青防水卷材的铺设

高聚物改性沥青防水卷材的铺设方法分冷粘法铺贴卷材、热熔法铺贴卷材和自粘法铺贴卷材。

①冷粘法铺贴卷材

施工验收规范规定:胶黏剂涂刷应均匀,不露底、不堆积。

施工要点:在构造节点部位及周边 200 mm 范围内,均匀涂刷一层不小于 1 mm 厚度的弹性沥青胶黏剂,随即粘贴一层聚酯纤维无纺布,并在布上涂一层 1 mm 厚度的胶黏剂。

②热熔法铺贴卷材

施工验收规范规定:火焰加热器加热卷材应均匀,不得过分加热或烧穿卷材,厚度小于 3 mm 的高聚物改性沥青防水卷材严禁采用热熔法施工;卷材表面热熔后应立即滚铺卷材,卷材下面的空气应排尽,并用压辊滚压使其黏结牢固,不得有空鼓;卷材接缝部位必须溢出热熔的改性沥青胶;铺贴的卷材应平整顺直,搭接尺寸准确,不得扭曲、皱折。

施工要点:清理基层上的杂质,涂刷基层处理剂,要求涂刷均匀、厚薄一致,待干燥后,按设计节点构造做好处理,再按规范要求排布卷材、定位、画线、弹出基线;热熔时,应将卷材沥青膜底面向下,对正粉线,用火焰喷枪对准卷材与基层的结合面,同时加热卷材与基层,喷枪距加热面 50~100 mm,当烘烤到沥青熔化,卷材表面熔融至呈光亮黑色时,应立即滚铺卷材,并用胶皮压辊滚压密实,排除卷材下的空气,粘贴牢固。

③自粘法铺贴卷材

施工验收规范规定:铺贴卷材前,基层表面应均匀涂刷基层处理剂,干燥后应及时铺贴卷材;铺贴卷材时,应将自粘胶底面的隔离纸全部撕净;卷材下面的空气应排尽,并用压辊滚压使其黏结牢固;铺贴的卷材应平整顺直,搭接尺寸准确,不得扭曲、皱折;搭接部位宜采用热风机加热,随即粘贴牢固;接缝口应用密封材料封严,宽度不小于 10 mm。

施工要点:清理基层,涂刷基层处理剂,节点除附加增强处理、定位、弹线工序外,均同冷粘法和热熔法;铺贴卷材一般由三人操作,其中一人撕纸,一人滚铺卷材,一人随后将卷材压实;铺贴时,应按基线的位置,缓缓剥开卷材背面的防粘隔离纸,将卷材直接粘贴于基层上,随撕隔离纸,随即将卷材向前滚铺,卷材应保持自然松弛状态,不得拉得过紧或过松,不得皱折,每铺好一段卷材应立即用胶皮压辊压实粘牢;卷材搭接部位宜用热风枪加热,加热后粘贴牢固,用溢出的自粘胶刮平封口;大面积卷材铺贴完毕后,所有卷材接缝处应用密封膏封严,宽度不应小于 10 mm;铺贴立面、大坡度卷材时,应加热后粘贴牢固;采用浅色涂料做保护层时,应待卷材铺贴完成并经检验合格,清扫干净后涂刷,涂层应与卷材粘结牢固,厚薄均匀,避免漏涂。

(3) 合成高分子防水卷材的铺设

施工要点:基层应牢固,无松动、起砂,表面应平整光滑,含水率宜小于 9%。表面凹坑用 1:3 水泥砂浆抹平。基层涂聚氨酯底胶,节点除附加增强处理、定位、弹线工序外,均同冷粘法和热熔法;再进行大范围涂刷一遍,干燥 4h 以后方可进行下一道工序;卷材搭接宽度为 100 mm,粘贴卷材时用刷子将聚氨酯底胶均匀涂刷在翻开的卷材接头两面,干燥 30 min 后即可粘贴,并用胶皮压辊用力滚压;卷材收头处重叠三层,须用聚氨酯嵌缝膏密封,在收头处再涂刷一层聚氨酯涂膜防水材料,在尚未固化时再用含胶水砂浆压缝封闭;防水层经检查合格后,即可涂保护层涂料。

4. 保护层、隔热层施工

(1)绿豆砂保护层的施工

绿豆砂粒径 3～5 mm,是呈圆形的均匀颗粒,色浅,耐风化,且经过筛洗。绿豆砂在铺撒前应在锅内或钢板上加热至 100 ℃。在油毡面上涂 2～3 mm 厚的热沥青胶,立即趁热将预热过的绿豆砂均匀地撒在沥青胶上,边撒边推铺绿豆砂,使绿豆砂嵌入沥青胶中一半粒径左右,扫除多余绿豆砂,不应露底。

(2)架空隔热层的施工

强制性条款:"架空隔热制品的质量必须符合设计要求,严禁有断裂和露筋等缺陷"。

架空隔热层的高度应按照屋面宽度或坡度大小的变化确定,一般为 100～300 mm。架空隔热制品支座底面的卷材、涂膜防水层上应采取加强措施,操作时不得损坏已经完工的防水层。

施工时,在卷材防水层上应采取加强措施,即涂 2～3 mm 胶结材料,砌三皮小砖高的砖墩,砖的强度不应低于:非上人屋面 MU7.5,上人屋面 MU10,砖墩用 M5 水泥砂浆砌筑;在砖墩上铺钢筋混凝土预制架空板,混凝土的强度等级不应低于 C20,尺寸为 500 mm×500 mm×35 mm;铺板时应坐浆平稳,然后用水泥砂浆灌缝,如图 8.7 所示。

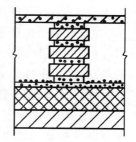

图 8.7 架空保护层

刚性防水屋面是用细石混凝土、块体材料或补偿收缩混凝土等材料做屋面防水层,依靠混凝土自身的密实度并采取一定的构造措施,以达到防水的目的。

刚性防水屋面适用于屋面结构刚度大、地质条件好、无保温层的钢筋混凝土屋盖。由于细石混凝土防水屋面伸缩弹性小,对地基不均匀沉降、温度变化、房屋震动、构件变形等极为敏感,故施工操作过程中应严格要求、仔细施工,以确保施工质量。

二、刚性防水屋面

(一)细石混凝土材料要求

细石混凝土不得使用火山灰质水泥;砂采用粒径 0.3～0.5 mm 的中粗砂,粗骨料含泥量不应大于 1%;细骨料含泥量不应大于 2%;水采用自来水或可饮用的天然水;混凝土强度等级不应低于 C20,每立方米混凝土水泥用量不少于 330 kg;水胶比不应大于 0.55;含砂率宜为 35%～40%;灰砂比宜为 1: 2～1:2.5。

(二)构造要求

刚性防水屋面构造如图 8.8 所示。

(三)细石混凝土防水层施工

强制性条文:"细石混凝土防水层不得有渗漏或者积水现象。"

1. 分格缝留置

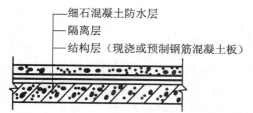

图 8.8 刚性防水屋面构造

(图中标注)
- 细石混凝土防水层
- 隔离层
- 结构层(现浇或预制钢筋混凝土板)

为了防止刚性防水层因温度、震动等变形而产生裂缝,刚性防水层必须设置分格缝。分格缝又称分仓缝,应按设计要求设置,如设计无明确规定,留设原则为:分格缝应设在屋面板的支承端、屋面转折处、防水层与突出层面结构的交接处,其纵横间距不宜大于 6 m。

2. 防水层细石混凝土浇捣

在混凝土浇捣前,应清除隔离层表面浮渣、杂物,先在隔离层上刷水泥浆一道,使防水层与隔离层紧密结合,随即浇筑细石混凝土。混凝土的浇捣按先远后近、先高后低的原则进行。

施工时,一个分格缝范围内的混凝土必须一次浇完,不得留施工缝;分格缝做成直立反边(图 8.9),与板一次浇筑成型。

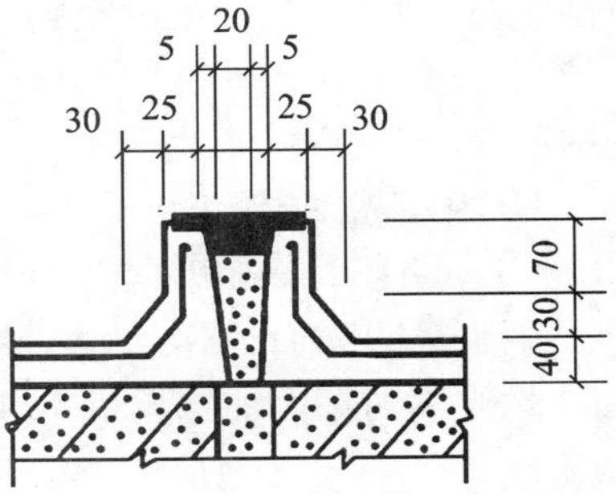

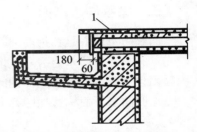

图8.9　分格缝

3. 分格缝及其他细部做法

分格缝的盖缝式做法及贴缝式做法分别如图 8.10、图 8.11 所示。檐口节点如图 8.12 所示。屋面穿管节点如图 8.13 所示。

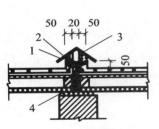

图8.10　盖缝式
1—石灰黄砂浆 1∶3;
2—沥青砂浆;3—黏土脊瓦;
4—沥青麻丝

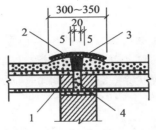

图8.11　贴缝式
1—沥青麻丝;2—玻璃布贴缝(或油毡贴缝);3—防水接缝材料;4—细石混凝土

图8.12　屋面板端头挑檐口
1—细石混凝土防水层

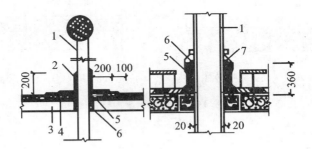

图8.13　管道穿过屋面
1—金属管;2—二布二油;3—屋面板;4—防水层;
5—油膏嵌缝;6—沥青麻布;7—镀锌铁皮

4. 密封材料嵌缝

强制性条文:"密封材料嵌缝必须密实、连续、饱满、黏结牢固,无气泡、开裂、脱落等缺陷。"

密封防水部位的基层应牢固,表面应平整、密实,不得有蜂窝、麻面、起皮和起砂等现象;嵌填密封材料的基层应干净、干燥。

密封防水处理的基层,应涂刷与密封材料相配套的基层处理剂,处理剂应配比准确,搅拌均匀。接缝处的密封材料底部应填放背衬材料,外露的密封材料上应设置保护层,其宽度不应小于 200 mm。密封材料嵌填完成后不得碰损及污染,固化前不得踩踏。

(四) 隔离层施工

1. 黏土砂浆隔离层施工

清扫干净细石混凝土板,洒水湿润,不得有积水,将石灰膏、砂、黏土按 1∶2.4∶3.6 的比例均匀拌和,铺抹厚度为 10～20 mm,压平抹光,待砂浆基本干燥后,进行防水层施工。

2. 卷材隔离层施工

用 1∶3 水泥砂浆找平结构层,在干燥的找平层上铺一层干细砂后,再在其上铺一层卷材隔离层,搭接缝用热沥青玛王帝脂。

三、涂膜防水屋面

涂膜防水屋面是在钢筋混凝土装配式结构的屋盖体系中,板缝采用油膏嵌缝,板面压光具有一定的防水能力,通过涂布一定厚度高聚物改性沥青、合成高分子材料,经常温胶黏固化后形成具有一定弹性的胶状涂膜,达到防水的目的。

涂膜防水屋面构造如图 8.14 所示。

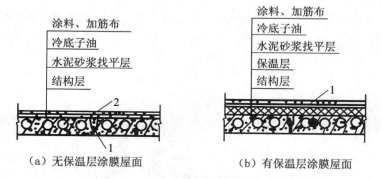

图 8.14 涂膜防水屋面构造图

1—细石混凝土;2—油膏嵌缝

(一) 材料要求

涂料有厚质涂料和薄质涂料之分。厚质涂料有:石灰乳化沥青防水涂料、膨润土乳化沥青涂料、石棉沥青防水涂料、黏土乳化沥青涂料等;薄质涂料分三大类:沥青基橡胶防水涂料、化工副产品防水涂料、合成树脂防水涂料。

涂料同时又分为溶剂型和乳液型两种类型。溶剂型涂料是高分子材料溶解于溶剂中所形成的溶液。

乳液型涂料以水作为分散介质,使高分子材料以极微小的颗粒稳定悬浮于水中,形成乳液,水分蒸发后成膜。

建筑工程上应用的防水涂料标准见表 8.14。

表 8.14 现行建筑防水涂料材料标准

类别	标准名称	标准号
防水涂料	聚氨酯防水涂料	JC/T500—1992(96)
	溶剂型橡胶沥青防水涂料	JC/T852—1999
	聚合物乳液建筑防水涂料	JC/T864—2008
	聚合物水泥防水涂料	JC/T894—2001

涂膜防水屋面常用的胎体增强材料有聚酯纤维无纺布、合成纤维薄毡、玻璃纤维布等。胎体增强材料的质量应符合表 8.15 的要求。

表 8.15 胎体增强材料质量要求

项目		质量要求		
		聚酯无纺布	化纤无纺布	玻纤布
外观		均匀、无团状,平整、无折皱		
拉力 (不小于,N/50 mm)	纵向	150	45	90
	横向	100	35	50
延伸率 (不小于,%)	纵向	10	20	3
	横向	20	25	3

(二) 基层施工

涂膜防水屋面结构层、找平层的施工与卷材防水屋面基本相同。屋面的板缝施工应满足下列要求:

1. 清理板缝浮灰时,板缝必须干燥。
2. 非保温屋面的板缝上应预留凹槽,并嵌填密实材料。
3. 板缝应用细石混凝土浇捣密实。
4. 抹找平层时,分格缝应与板端缝对齐,且应均匀顺直,并嵌填密封材料。
5. 涂层施工时,板端缝部位空铺的附加层,每边距板缝边缘不得小于 80 mm。涂膜防水层施工前,基层应干燥。

(三) 涂膜防水层施工

强制性条文:"涂膜防水层不得有渗漏或积水现象。"

施工验收规范规定:涂膜防水应根据防水涂料的品种分层、分遍涂布,不得一次涂成;应待先涂的涂层干燥成膜后,方可涂后一遍涂料;需铺设胎体增强材料时,屋面坡度小于 15% 时可平行于屋脊铺设,屋面坡度大于 15% 时应垂直于屋脊铺设;胎体长边搭接宽度不应小于 50 mm,短边搭接宽度不应小于 70 mm;采用两层胎体增强材料时,上下层不得相互垂直铺设,搭接缝应错开,其间距不应小于幅宽的 1/3。

涂膜防水层的厚度:高聚物改性沥青防水涂料,在屋面防水等级为Ⅱ级时不应小于3 mm;合成高分子防水涂料,在屋面防水等级为Ⅲ级时不应小于1.5 mm。

施工要点:防水涂膜应分层、分遍涂布,第一层一般不需要刷冷底子油。待先涂的涂层干燥成膜后,方可涂布后一遍涂料。

涂料不准在雨天、大风、低温、雾天或夏季中午烈日下施工。涂料应用量准确,搅拌均匀,配料应于当天使用完毕。

涂膜防水屋面应设涂层保护层。根据设计规定或不同品种涂料说明书的要求,选用适合的保护层材料。

地下防水的主要形式有:防水混凝土结构防水、刚性防水、卷材防水和涂膜防水等。

强制性条文:"地下防水工程所使用的防水材料,应有产品的合格证书和性能检测报告,材料的品种、规格、性能等应符合现行的国家产品标准和设计要求。""不合格材料不得在工程中使用。"

任务评价

(一) 屋面工程隐蔽验收记录应包括以下主要内容

1. 卷材、涂膜防水层的基层。
2. 密封防水处理部位。
3. 天沟、檐沟、泛水和变形缝等细部做法。
4. 卷材、涂膜防水层的搭接宽度和附加层。
5. 刚性保护层与卷材、涂膜防水层之间设置的隔离层。

(二) 屋面工程质量应符合下列要求

1. 防水层不得有渗漏或积水现象。
2. 使用的材料应符合设计要求和质量标准的规定。
3. 找平层表面应平整,不得有酥松、起砂、起皮现象。
4. 保温层的厚度、含水率和表观密度应符合设计要求。
5. 天沟、檐沟、泛水和变形缝等构造应符合设计要求。
6. 卷材铺贴方法和搭接顺序应符合设计要求,搭接宽度正确,接缝严密,不得有皱折、鼓泡和翘边现象。
7. 涂膜防水层的厚度应符合设计要求,涂层无裂纹、皱折、流淌、鼓泡和露胎体现象。
8. 刚性防水层表面应平整、压光,不起砂,不起皮,不开裂。分格缝应平直,位置正确。
9. 嵌缝密封材料应与两侧基层粘牢,密封部位光滑、平直,不得有开裂、鼓泡、下塌现象。
10. 平瓦屋面的基层应平整、牢固,瓦片排列整齐、平直,搭接合理,接缝严密,不得有残缺瓦片。

思考与练习

1. 屋面防水卷材有哪几类？
2. 什么叫胶黏剂？胶黏剂有哪几种？
3. 细石混凝土刚性防水层的施工特点是什么？
4. 沥青卷材防水屋面基层如何处理？为什么找平层要留分隔缝？
5. 试述涂膜防水层施工要点。

任务 2　地下防水工程施工

任务描述

学生提前预习并了解地下工程防水施工的相关知识，课堂老师进行分析讲解并给出工程案例，探析本章的重点，即地下工程刚性防水、柔性防水、堵漏技术等相关知识，并讲授地下防水工程的质量检验方法与标准。

知识准备

地下防水的主要形式有：防水混凝土结构防水、刚性防水、卷材防水和涂膜防水等。

强制性条文："地下防水工程所使用防水材料，应有产品的合格证书和性能检测报告，材料的品种、规格、性能等应符合现行的国家产品标准和设计要求。不合格材料不得在工程中使用。"

任务实施

一、地下工程刚性防水

（一）地下工程防水方案与防水等级

刚性防水材料的防水层是通过在混凝土或水泥砂浆中加入膨胀剂、减水剂、防水剂等，使混凝土或水泥砂浆变得密实，阻止水分子渗透，以达到防水的目的。这种防水方法成本低、施工较为简单，当出现渗漏时，只需修补渗漏裂缝即可。

目前，地下防水工程的方案主要有以下几种：

1. 采用防水混凝土结构。如通过调整配合比或掺入外加剂等方法来提高混凝土本身的密实度和抗渗性，使其具有一定的防水能力的整体式混凝土或钢筋混凝土结构。

2. 在地下结构表面另加防水层。如抹水泥砂浆防水层或贴涂料防水层等。

3. 采用防水加排水措施。排水方案通常可用盲沟排水、渗排水与内排法排水等方法把地下水排走,以达到防水的目的。

《地下防水工程质量验收规范》(GB50208—2011)根据防水工程的重要性、使用功能和建筑物类别的不同,按围护结构允许渗漏水的程度,将地下工程防水等级分为四级,各级标准应符合表 8.16 要求。

表 8.16　地下工程防水等级标准

防水等级	防水标准
1 级	不允许渗水,结构表面无湿渍
2 级	不允许漏水,结构表面可有少量湿渍; 房屋建筑地下工程:总湿渍面积不大于总防水面积(包括顶板、墙面、地面)的 1‰;任意 100 m² 防水面积上的湿渍不超过 2 处,单个湿渍的最大面积不大于 0.1 m²; 其他地下工程:湿渍总面积不应大于总防水面积的 2‰;任意 100 m² 防水面积上的湿渍不超过 3 处,单个湿渍的最大面积不大于 0.2 m²;其中,隧道工程平均渗水量不大于 0.05 L/(m²·d),任意 100 m² 防水面积上的渗水量不大于 0.15 L/(m²·d)
3 级	有少量漏水点,不得有线流和漏泥砂; 任意 100 m² 防水面积上的漏水或湿渍点数不超过 7 处,单个漏水点的最大漏水量不大于 2.5L/d,单个湿渍的最大面积不大于 0.3 m²
4 级	有漏水点,不得有线流和漏泥砂; 整个工程平均漏水量不大于 2 L/(m²·d),任意 100 m² 防水面积上的平均漏量不大于 4 L/(m²·d)

(二) 刚性防水材料

1. 水泥

在不受侵蚀和冻融作用的条件下,宜采用普通硅酸盐水泥、硅酸盐水泥、火山灰质硅酸盐水泥、粉煤灰硅酸盐水泥;若选用矿渣硅酸盐水泥,则必须掺入高效减水剂。在受硫酸盐侵蚀性介质作用的条件下,可采用火山灰质硅酸盐水泥、粉煤灰硅酸盐水泥或抗硫酸盐硅酸盐水泥;在受冻融作用的条件下,应优先选用普通硅酸盐水泥,不宜采用火山灰质硅酸盐水泥和粉煤灰硅酸盐水泥。不得使用过期或受潮结块的水泥。

2. 外加剂

外加剂主要是以吸附、分散、引气、催化,或与水泥的某种成分发生反应等的物理、化学作用,以改善混凝土内部组织结构,增加其密实性和抗渗性。应根据工程结构和施工工艺等对防水混凝土的具体要求,适宜地选用相应的外加剂。目前,外加剂主要有引气剂、减水剂、三乙醇胺早强剂、氯化铁防水剂、U 型混凝土膨胀剂(UEA)等。目前,常用的引气剂有松香酸钠、松香热聚物等,常用于一般防水工程和寒冷地区对抗冻性、耐久性要求较高的防水工程中;常用的减水剂有亚甲基二萘磺酸钠(NNO)、聚次甲基萘磺酸钠(MF)、木质素磺酸钙、糖蜜等,常用于一般防水工程及对施工工艺有特殊要求的防水工程,如用于泵送混凝土及捣固困难的薄壁型防水结构;三乙醇胺早强剂常用于工期紧、需要早强的防水工程;氯化铁防水剂常用于人防工程、水池、地下室等;常用的膨胀剂有 U 型混凝土膨胀剂,常用于要求抗渗、防裂的地下工程,砂浆防水层,砂浆防潮层等。

3. 其他材料

（1）配筋。配置直径 4～6 mm、间距 100～200 mm 的双向钢筋网片,可采用乙级冷拔低碳钢丝,性能符合标准要求。钢筋网片应在分格缝处断开,其保护层厚度不小于 10 mm。

（2）聚丙烯抗裂纤维。聚丙烯抗裂纤维为短切聚丙烯纤维,纤维直径 0.48 μm,长度 10～19 mm,抗拉强度 276 MPa,掺入细石混凝土中,抵抗混凝土的收缩应力,减少细石混凝土的开裂。掺量一般为每立方米细石混凝土中掺入 0.7～1.2 kg。

（三）防水混凝土结构的施工

防水混凝土结构是指由于本身的密实性而具有一定防水能力的整体式混凝土结构或钢筋混凝土结构。防水混凝土适用于防水等级为Ⅰ～Ⅳ级的地下整体式混凝土结构。

1. 防水混凝土的种类

（1）普通防水混凝土

试验证明,当混凝土中的微细孔隙的孔径＞25 nm,且与混凝土表面连通时,便会发生渗水,尤其是孔径＞1 μm 时,渗水会更加严重。（注:nm 称为纳米,1 nm＝1 μm/1 000;μm 称为微米,1 μm＝1 mm/1 000)。

普通防水混凝土是采用调整配合比、改善混凝土混合物品质,以达到防水效果的混凝土。影响普通防水混凝土抗渗性的主要因素有:水灰比、水泥用量、砂率、灰砂比、水泥品种、骨料粒径和养护条件等。详细介绍如下:

①水灰比:理论上,用水量在满足水化学反应的前提下(约为水泥用量的 25%),水灰比越小,其强度和抗渗性也越好,但是为了保证施工质量,防水混凝土的最大水灰比应不超过 0.6。

②水泥用量、砂率及灰砂比:抗渗性随水泥用量的增大而提高,当水泥用量不小于 300 kg/m³ 时,抗渗标号可达到 W8,同时应采用较高的砂率,并与水泥用量相适应,在一定的水泥用量前提下,存在一个最优的灰砂比。

③水泥品种:应优先选用普通硅酸盐水泥,且强度等级应在 32.5 MPa 以上。

④骨料粒径:可以采用普通混凝土对粗细骨料级配的要求,但粗骨料的粒径不宜过大或过小。

⑤养护条件:必须在水中或充分潮湿环境中养护达到 28 d,不宜采用蒸汽养护。

⑥材质要求:细骨料含泥量不大于 3%,砂的平均粒径为 0.4 mm 左右,应用中、粗砂,并有适量的细分料。粗骨料含泥量不大于 1%,针、片状者含量不大于 15%,粒级以 5～30 mm 为宜,最大粒径不应超过 40 mm,水泥强度等级的选择如表 8.17。

表 8.17 普通防水混凝土水泥强度等级的选择

抗渗压力/MPa	防水混凝土强度等级		
	C15	C20	≥C30
＜1.5	32.5	32.5	42.5
＞1.5	42.5	42.5	52.5

（2）外加剂防水混凝土

在普通混凝土拌和物中掺入少量改善混凝土抗渗性能的有机物、无机物和混合物,称为外加剂防水混凝土。常用的有机物外加剂有加气剂、减水剂、三乙醇胺早强防水剂等;常用的无机物外加剂有氯化铁防水剂等;常用的混合物外加剂有无机混合物系、有机混合物系和无机—有机物混合物系。

(3)膨胀水泥防水混凝土

膨胀水泥防水混凝土与膨胀混凝土基本相同,我国研制的 UEA 膨胀剂加入混凝土中产生膨胀而增大混凝土的抗渗性,也可划为膨胀水泥的范畴。用膨胀水泥配制的防水混凝土,其主要技术要求如表 8.18。

表 8.18　膨胀水泥配制防水混凝土技术要求

技术要求项目	技术要求标准
水泥用量(kg/m³)	350～380
水灰比	0.50～0.52
砂率(%)	35～38
坍落度(cm)	4～6
膨胀率(%)	<0.1

试验表明,在相同标号和水泥用量的条件下,膨胀水泥防水混凝土的抗渗性(等级)远高于普通水泥防水混凝土,膨胀水泥防水混凝土如长期处于水中或湿度在90%以上的工作环境中,不仅可以充分发挥膨胀混凝土的膨胀性能,而且可持久保持不收缩、不渗水。

2. 防水混凝土的施工

(1)模板安装

防水混凝土所有模板,除满足一般要求外,应特别注意模板拼缝严密不漏浆,构造应牢固稳定,固定模板的螺栓(或铁丝)不宜穿过防水混凝土结构。固定模板用的螺栓必须穿过混凝土结构时,可采用工具式螺栓、螺栓加焊止水环、预埋套管加焊止水环等做法。止水环尺寸及环数应符合设计规定。若设计无规定,则止水环应为 10 cm×10 cm 的方形止水环,且至少有一环。

①工具式螺栓做法:用工具式螺栓将防水螺栓固定并拉紧,以压紧固定模板。拆模时待工具式螺栓取下,再以嵌缝材料及聚合物水泥砂浆将螺栓凹槽封堵严密,如图 8.15 所示。

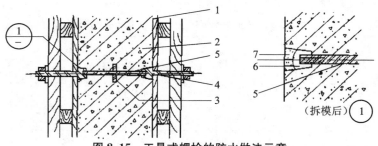

图 8.15　工具式螺栓的防水做法示意

1—模板;2—结构混凝土;3—止水环;4—工具式螺栓;5—固定模板用螺栓;6—嵌缝材料;7—聚合物水泥砂浆

②螺栓加焊止水环做法：在对拉螺栓中部加焊止水环，止水环与螺栓必须满焊严密。拆模后应沿混凝土结构边缘将螺栓割断。此法将消耗所用螺栓，如图 8.16 所示。

③预埋套管加焊止水环做法：套管采用钢管，长度等于墙厚（或其长度加上两端垫木的厚度之和等于墙厚），兼具撑头作用，以保持模板之间的设计尺寸。止水环在套管上满焊严密。支模时在预埋套管中穿入对拉螺栓拉紧固定模板。拆模后将螺栓抽出，套管内以膨胀水泥砂浆封堵密实。套管两端有垫木的，拆模时连同垫木一并拆除，除密实封堵套管外，还应将两端垫木留下的凹坑用同样方法封实，如图 8.17。此法可用于抗渗要求一般的结构。

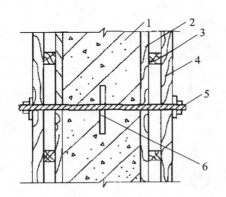

图 8.16　螺栓加焊止水环
1—围护结构；2—模板；3—小龙骨；4—大龙骨；5—螺栓；6—止水环

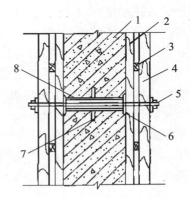

图 8.17　预埋套管加焊止水环
1—防水结构；2—模板；3—小龙骨；4—大龙骨；5—螺栓；6—垫木；7—止水环；8—预埋套管

（2）钢筋施工

做好钢筋绑扎前的除污、除锈工作。绑扎钢筋时应按设计规定留足保护层，且迎水面钢筋保护层厚度不应小于 50 mm；应以相同配合比的细石混凝土或水泥砂浆制成垫块，将钢筋垫起以保证保护后厚度。严禁以垫铁或钢筋头垫钢筋，或将钢筋用铁钉及钢丝直接固定在模板上。钢筋应绑扎牢固，避免因碰撞、振动使绑扣松散、钢筋移位，造成露筋。钢筋及绑扎钢丝均不得接触模板。采用铁马凳架设钢筋时，在不便取掉铁马凳的情况下，应在铁马凳上加焊止水环。在钢筋密集的情况下，更要注意绑扎或焊接质量，并用自密实高性能混凝土浇筑。

（3）混凝土搅拌

选定配合比时，其试配要求的抗渗水压应较其设计值提高 0.2 MPa，并准确计算及称量每种用料，投入混凝土搅拌机。外加剂的掺入方法应遵从所选外加剂的使用要求。

防水混凝土必须采用机械搅拌。搅拌时间不应小于 120 s。掺外加剂时，应根据外加剂的技术要求确定搅拌时间。

（4）混凝土的运输

混凝土在运输过程中应采取措施防止混凝土拌和物产生离析，以及坍落度和含气量的损失，同时要防止漏浆。

防水混凝土拌和物在常温下应在 0.5 h 以内运至现场;运送距离较远或气温较高时,可掺入缓凝型减水剂,缓凝时间宜为 6~8 h。

防水混凝土拌和物在运输后若出现离析,则必须进行二次搅拌。当坍落度损失后不能满足施工要求时,应加入原水灰比的水泥浆或二次掺加减水剂进行搅拌,严禁直接加水搅拌。

(5) 混凝土的浇筑与振捣

在结构中若有密集管群,以及预埋件或钢筋稠密之处,不易使混凝土浇筑密实时,应选用免振捣的自密实高性能混凝土进行浇筑。

在浇筑大体积结构时,若有预埋大管径套管或面积较大的金属板时,其下部的倒三角形区域不易浇捣密实而形成空隙,造成漏水。为此,可在管底或金属板上预先留置浇筑振捣孔,以利浇捣和排气,浇筑后再将孔补焊严密。

混凝土浇筑应分层,每层厚度不宜超过 30~40 cm,相邻两层浇筑时间间隔不应超过 2 h,夏季要适当缩短。混凝土在浇筑地点须检查坍落度,每工作班至少检查两次。普通防水混凝土坍落度不宜大于 50 mm。

防水混凝土必须采用高频机械振捣,振捣时间宜为 10~30 s,以混凝土泛浆和不冒气泡为准。要依次振捣密实,应避免漏振、欠振和超振。掺加引气剂或引气型减水剂时,应采用高频插入式振捣器振捣密实。

(6) 混凝土的养护

防水混凝土的养护对其抗渗性能影响巨大,特别是早期湿润养护更为重要,一般在混凝土进入终凝(浇筑后 4~6 h)则应覆盖,浇水湿润养护不少于 14 d。防水混凝土不宜用电热法养护和蒸汽养护。

(7) 模板拆除

由于防水混凝土要求较严,因此不宜过早拆模。拆模时混凝土的强度必须超过设计强度等级的 70%,混凝土表面温度与环境温度之差不得超过 15 ℃,以防止混凝土表面产生裂缝。拆模时应注意勿使模板和防水混凝土结构受损。

(8) 防水混凝土结构的保护

地下工程的结构部分拆模后,经检查合格,应及时回填。回填前应将基坑清理干净,无杂物且无积水,回填土应分层夯实。地下工程周围 800 mm 以内宜用灰土、黏土或粉质黏土回填;回填土中不得含有石块、碎砖、灰渣、有机杂物以及冻土。回填施工应均匀对称进行。回填后地面建筑周围应做不小于 800 mm 宽的散水,其坡度宜为 5%,以防地面水侵入地下。

完工后的自防水结构,严禁再在其上打洞。若结构表面有蜂窝麻面,应及时修补。修补时应先用水冲洗干净,涂刷一道水灰比为 0.4 的水泥浆,再用水灰比为 0.5 的 1∶2.5 的水泥砂浆填实抹平。

(四) 水泥砂浆抹面防水层的施工

水泥砂浆抹面防水层可分为多层刚性防水层(或称普通水泥砂浆防水层)和掺外加剂的水泥砂浆防水层(氯化铁防水剂、铝粉膨胀剂、减水剂等)两种,其构造做法如图 8.18 所示。

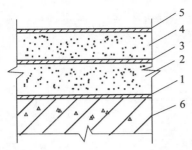 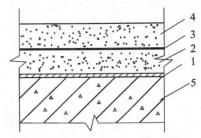

1、3—素灰层 2 mm；2、4—砂浆层 45 mm；　　　1、3—水泥浆一道；2—外加剂防水砂浆垫层；
5—水泥浆 1 mm；6—结构基层浆面层　　　　　　4—防水砂浆面层；5—结构基层
　　　　（a）多层刚性防水层　　　　　　　　　　　　（b）刚性外加剂防水层

图 8.18　水泥砂浆防水层构造做法

防水层做法分为外抹面防水(迎水面)和内抹面防水(背水面)，防水层的施工程序一般为先抹顶板，再抹墙面，最后抹地面。

1. 基层处理

基层处理十分重要，是保证防水层与基层表面结合牢固、不空鼓和密实不透水的关键。基层处理包括清理、浇水、刷洗、补平等工序，使基层表面保持潮湿、清洁、平整、坚实、粗糙。

(1)混凝土基层的处理

①新建混凝土工程处理：拆除模板后，立即用钢丝刷将混凝土表面刷毛，并在抹面前浇水冲刷干净。

②旧混凝土工程处理：补做防水层时需用钻子、剁斧、钢丝刷将表面凿毛，清理平整后再冲水，用棕刷刷洗干净。

③混凝土基层表面凹凸不平、蜂窝孔洞的处理。超过 1 cm 的棱角及凹凸不平处应剔成慢坡形，并浇水清洗干净，用素灰和水泥砂浆分层找平(图 8.19)。混凝土表面的蜂窝孔洞，应先将松散不牢的石子除掉，浇水冲洗干净，用素灰和水泥砂浆交替抹至与基层面相平，见图 8.20。混凝土表面的蜂窝麻面不深，石子黏结较牢固，只需用水冲洗干净后，用素灰打底，水泥砂浆压实找平(图 8.21)。

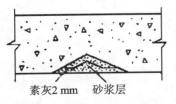 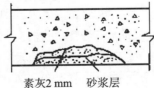 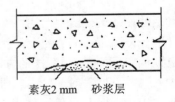

素灰2 mm　砂浆层　　　素灰2 mm　砂浆层　　　素灰2 mm　砂浆层

图 8.19　基层凹凸不平的处理　　**图 8.20　蜂窝孔洞的处理**　　**图 8.21　蜂窝麻面的处理**

④混凝土结构的施工缝要沿缝剔成八字形凹槽，用水冲洗后，用素灰打底，水泥砂浆压实抹平，如图 8.22 所示。

(2)砖砌体基层的处理

对于新砌体，应将其表面残留的砂浆等污物清除干净，并浇水冲洗；对于旧砌体，要将其表面酥松表皮及砂浆等污物清理干净,至露出坚硬的砖面,并浇水冲洗。

对于石灰砂浆或混合砂浆砌的砖砌体,应将缝剔深 1 cm,缝内呈直角(图 8.23)。

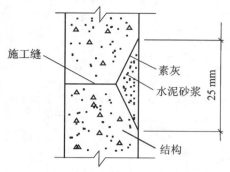

图 8.22　混凝土结构施工缝的处理

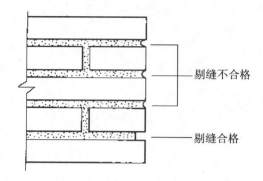

图 8.23　砖砌体的剔缝

2. 施工方法

普通水泥砂浆防水层施工方法如下:

(1) 混凝土顶板与墙面防水层操作。第一层:素灰层,厚 2 mm。先抹一道 1 mm 厚素灰,用铁抹子往返用力刮抹,使素灰填实基层表面的孔隙。随即在已刮抹过素灰的基层表面再抹一道厚 1 mm 的素灰找平层,抹完后,用湿毛刷在素灰层表面按顺序涂刷一遍。

第二层:水泥砂浆层,厚 4～5 mm。在素灰层初凝时抹第二层水泥砂浆层,要防止素灰层过软或过硬,过软将使素灰层破坏,过硬黏结不良。要使水泥砂浆层薄薄压入素灰层厚度的 1/4 左右,抹完后,在水泥砂浆初凝时用扫帚按顺序向一个方向扫出横向条纹。

第三层:素灰层,厚 2 mm。在第二层水泥砂浆凝固并具有一定强度(常温下间隔一昼夜)后,适当浇水湿润,方可进行第三层操作,其方法同第一层。

第四层:水泥砂浆层,厚 4～5 mm。按照第二层的操作方法将水泥砂浆抹在第三层上,抹后在水泥砂浆凝固前的水分蒸发过程中,分次用铁抹子压实,一般以抹压 3～4 次为宜,最后再压光。

第五层:在第四层水泥砂浆抹压两遍后,用毛刷均匀地将水泥浆刷在第四层表面,随第四层抹实压光。

(2) 砖墙面和拱顶防水层的操作。第一层是刷水泥浆一道,厚度约为 1 mm,用毛刷往返涂刷均匀,涂刷后,可抹第二、三、四层等,其操作方法与混凝土基层防水相同。

(3) 地面防水层的操作。地面防水层的操作与墙面、顶板操作不同的地方是素灰层(第一、三层)不采用刮抹的方法,而是把拌和好的素灰倒在地面上,用棕刷往返用力涂均匀;第二层和第四层是在素灰层初凝前后把拌和好的水泥砂浆层按厚度要求均匀铺在素灰层上,按墙面、顶板操作要求抹压,各层厚度也均与墙面、顶板防水层相同。地面防水层在施工时要防止践踏,应按由里向外的顺序进行(见图 8.24)。

(4) 特殊部位的施工。结构阴阳角处的防水层,均须抹成圆角,阴角直径 5 cm,阳角直径 1 cm。防水层的施工缝须留斜坡阶梯形槎,槎子的搭接要依照层次操作顺序层层搭接。留槎的位置一般留在地面上,也可留在墙面上,所留的槎子均须离阴阳角 20 cm 以上(见图 8.25)。

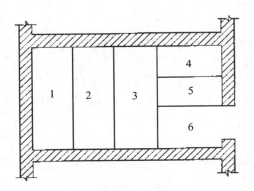

图 8.24 地面施工顺序

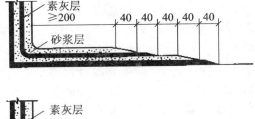

图 8.25 防水层接槎处理

二、地下工程柔性防水

(一) 柔性防水材料

1. 防水卷材

防水卷材是一种可卷曲的片状防水材料。根据其主要防水组成材料可分为沥青防水卷材、高聚物改性防水卷材和合成高分子防水卷材三大类。

(1) 沥青防水卷材

沥青防水卷材是在基胎(如原纸、纤维织物)上浸涂沥青后,再在表面撒布粉状或片状的隔离材料而制成的可卷曲片状防水材料。可分为:石油沥青纸胎油毡(现已禁止生产使用)、石油沥青玻璃布油毡、石油沥青玻璃纤维胎油毡、铝箔面油毡等。

(2) 高聚物改性防水卷材

改性沥青与传统的氧化沥青相比,其使用温度区间大为扩展,制成的卷材光洁柔软,可制成 4~5 mm 厚度,可以单层使用,具有 15~20 年可靠的防水效果。可分为:弹性体改性沥青防水卷材(SBS 卷材)、塑性体改性沥青防水卷材(APP 卷材)等。SBS 防水卷材的特点是低温柔性好、弹性和延伸率大、纵横向强度均匀性好,不仅可以在低寒、高温气候条件下使用,并在一定程度上可以避免结构层由于伸缩开裂对防水层构成威胁。APP防水卷材的特点是耐热度高、热熔性好,适合热熔法施工,因而更适合高温气候或有强烈太阳辐射地区的建筑屋面防水。

（3）合成高分子防水卷材

合成高分子防水卷材指的是以合成橡胶、合成树脂或两者共混体为基料，加入适量化学助剂和填充料，经一定工序加工而成的可卷曲片状防水卷材。这种卷材具有拉伸强度高、抗撕裂强度高、断裂伸长率大、耐热性好、低温柔性好、耐腐蚀、耐老化及可冷施工等优越的性能。可分为：橡胶系防水卷材、塑料系防水卷材、橡胶塑料共混系防水卷材等。

2. 防水涂料

它是一种建筑防水材料。将涂料单独或与胎体增强材料复合，分层涂刷或喷涂在需要进行防水处理的基层表面，即可在常温条件下形成一个连续无缝整体且具有一定厚度的涂膜防水层，从而能满足工业与民用建筑的屋面、地下室、卫生间和外墙等部位的防水抗渗要求。防水涂料一般是以沥青、合成高分子聚合物、合成高分子聚合物与沥青、合成高分子与水泥或无机复合材料等为主要成膜物质，掺入适量的颜料、助剂、溶剂等加工制成溶剂型、水乳型或反应型，在常温下无固定形状的黏稠状液态或可液化的固体粉末状态的含高分子合成材料的复合材料。

防水涂料按其成膜物可分为沥青类、高聚物改性沥青（亦称橡胶沥青类）、合成高分子类（又可再分为合成树脂类、合成橡胶类）、无机类、聚合物水泥类等五大类。按其状态与形式，大致可分为溶剂型、反应型、乳液型三大类。

（1）溶剂型防水涂料

溶剂型防水涂料其作为主要成膜物质的高分子材料是以溶解于（以分子状态存在于）有机溶剂中所形成的溶液为基料，加入颜填料、助剂制备而成的。它是依靠溶剂的挥发或涂料组分间化学反应成膜的，因此施工基本上不受气温影响，可在较低温度下施工。涂膜结构紧密、强度高、弹性好；防水性能优于水乳型防水涂料。但在施工和使用中，有大量的易燃、易爆、有毒的有机溶剂逸出，对人体和环境有较大的危害，因此近年来应用逐步受到限制。溶剂型防水涂料的主要品种有溶剂型氯丁橡胶沥青防水涂料、溶剂型氯丁橡胶防水涂料、溶剂型氯磺化聚乙烯防水涂料等。

（2）反应型防水涂料

反应型防水涂料其作为主要成膜物质的高分子材料是以预聚物液态形式存在的。反应型防水涂料是通过液态的高分子预聚物与相应的物质发生化学反应成膜的一类涂料。反应型防水涂料通常也属于溶剂型防水涂料范畴，但由于成膜过程具有特殊性，因此单独列为一类。反应型防水涂料通常为双组分包装，其中一个组分为主要成膜物质，另一组分一般为胶黏剂。施工时将两种组分混合后即可涂刷。在成膜过程中，成膜物质与固化剂发生反应而胶黏成膜。反应型防水涂料几乎不含溶剂，其涂膜的耐水性、弹性和耐老化性通常都较好，防水性能也是目前所有防水涂料中最好的。反应型防水涂料的主要品种有聚氨酯防水涂料与环氧树脂防水涂料两大类。其中环氧树脂防水涂料的防水性能良好，但涂膜较脆，用羧基丁腈橡胶改性后韧性增加，但价格较贵且耐老化性能不如聚氨酯防水涂料。反应型聚氨酯防水涂料的综合性能良好，是目前我国防水涂料中最佳的品种之一。

（3）乳液型防水涂料

乳液型防水涂料为单组分水乳型防水涂料。涂料涂刷在建筑物上以后，随着水分的挥发而成膜。乳液型防水涂料其主要成膜物质高分子材料是以极微小的颗粒稳定悬浮在水中而成为乳液状涂料的。该类涂料施工工艺简单方便,成膜过程靠水分挥发和乳液颗粒融合完成,无有机溶剂逸出,不污染环境,不燃烧,施工安全,其价格也较便宜,防水性能基本上能满足建筑工程的需要,是防水涂料发展的方向。乳液型防水涂料的品种繁多,主要有:水乳型阳离子氯丁橡胶沥青防水涂料、水乳型再生橡胶沥青防水涂料、聚丙烯酸酯乳液防水涂料、EVA(乙烯-醋酸乙烯酯共聚物)乳液防水涂料、水乳型聚氨酯防水涂料、有机硅改性聚丙烯酯乳液防水涂料等。

根据防水涂料的组分不同,一般可分为单组分防水涂料和双组分防水涂料两类。单组分防水涂料按液态不同,一般有溶剂型、水乳型两种。双组分防水涂料则以反应型为主。

建筑防水涂料按其在建筑物上的使用部位不同,可分为屋面防水涂料、立面防水涂料、地下工程防水涂料等几类。

3. 接缝密封材料

接缝密封材料是与防水层配套使用的一类防水材料,主要用于防水工程嵌填各种变形缝、分格缝、墙板板缝、密封细部构造及卷材搭接缝等部位。接缝密封的材料有改性沥青接缝材料和合成高分子接缝密封材料两种。

改性沥青接缝材料是以石油沥青为基料,掺加废橡胶、废塑料做改性材料及填料等制成。因其综合性能较差,已逐渐被合成高分子类接缝密封材料所替代。

合成高分子接缝密封材料在我国最早研制的产品称塑料油膏,它是以聚氯乙烯树脂为基料,加入适量煤焦油做改性材料及添加剂配制而成的。其半成品为聚氯乙烯胶泥,成品即塑料油膏。

在当前开发的产品中,品质较高的建筑密封材料有硅酮密封膏、聚硫密封膏、聚氨酯密封膏和丙烯酸酯密封膏。其中,聚氨酯密封膏是建筑防水接缝与密封材料的主要品种之一。

(二) 卷材防水施工

将卷材防水层粘贴在地下工程结构的迎水面通常称外防水,贴于背水面称内防水。卷材外防水可以保护地下工程主体结构免受地下水有害作用的影响;防水层可以借助土压力压紧,并可和承重结构一起抵抗有压地下水的渗透。而内防水做法不能保护主体结构,且必须另设一套内衬结构压紧防水层,以抵抗有压地下水的渗透,有时甚至需设置锚栓将防水层及支承结构连成整体。因此,一般掘开施工的地下工程都不采用内防水做法,只有暗挖施工的地下工程必须采用卷材防水而又无法采用外防水做法时,才采用内防水做法。

铺贴卷材的基层必须牢固、无松动现象;基层表面应平整干净;阴阳角处均应做成圆弧形或钝角。铺贴卷材前,应在基面上涂刷基层处理剂。当基层较潮湿时,应涂刷湿固化型胶黏剂或潮湿界面隔离剂。基层处理剂应与卷材和胶黏剂的材性相容,基层处理剂可采用喷涂法或涂刷法施工。喷涂应均匀一致,不露底,待表面干燥后,再铺贴卷材。铺贴卷材时,每层的沥青胶要求涂布均匀,厚度一般为 1.5～2.5 mm。外贴法铺贴卷材应先铺平面,后铺立面,平、立面交接处应交叉搭接;内贴法宜先铺垂直面,后铺水平面。铺贴垂直面时应先铺转角,后铺大面。墙面铺贴时应待冷底子油干燥后再自下而上进行。

卷材接槎的搭接长度:高聚物改性沥青卷材为 150 mm,合成高分子卷材为 100 mm。当使用两层卷材时,上下两层和相邻两幅卷材的接缝应错开 1/3～1/2 幅宽,并不得互相垂直铺贴。在立面与平面的转角处,卷材的接缝应留在平面距立面不小于 600 mm 处。

在所有转角处均应铺贴附加层并仔细粘贴紧密。粘贴卷材时应展平压实。卷材与基层和各层卷材间必须粘贴紧密,搭接缝必须用沥青胶仔细封严。最后一层卷材贴好后,应在其表面均匀涂刷一层 1～1.5 mm 的热沥青胶以保护防水层。铺贴高聚物改性沥青卷材时应采用热熔法施工,在幅宽内卷材底表面均匀加热,不可过分加热或烧穿卷材。卷材的黏结面材料加热呈熔融状态后,立即与基层或已经粘贴好的卷材粘贴牢固,但对厚度小于 3 mm 的高聚物改性沥青防水卷材不能采用热熔法施工。铺贴合成高分子卷材要采用冷粘法施工,所使用的胶黏剂必须与卷材材性相容。

1. 外防外贴法

外防外贴法是待结构边墙(钢筋混凝土结构外墙)施工完成后,直接把卷材防水层贴在边墙上(即地下结构墙迎水面),最后做卷材防水层的保护层。地下室卷材防水层一般采用外防外贴法。外防外贴法的施工与操作程序如下。

(1) 施工操作程序

施工准备→砌筑永久性和临时性保护墙→抹找平层→铺贴 TS 防水卷材→浇筑平面和立面保护层→施工底板和墙体结构→抹外墙墙体找平层→整理接茬接头卷材→贴外墙面防水卷材→外墙面保护层施工→回填土。

(2) 施工准备

①地下工程防水施工前的人员、器具、材料准备以及施工条件和操作注意事项与屋面卷材施工相同。

②地下工程防水施工期间,当地下水位较高时,应做好排水工作,使地下水位降低至卷材防水层底部最低标高以下不小于 500 mm,以利于基层干燥和黏结剂的凝固。

③验收水泥砂浆找平层,清理找平层。

(a) 底板垫层部位及结构墙体采用 1∶3 水泥砂浆找平层,20 mm,水泥强度等级不小于 32.5 级,表面应平整、清洁,不得有空鼓、松动、起砂和脱皮现象。

(b) 结构竖墙表面在做找平层之前先涂刷一道界面处理剂,防止找平层空鼓、开裂。

(c) 永久性保护墙(砌筑在结构外墙的设计外侧底板垫层上,用水泥砂浆砌筑,墙体应比结构底板高 100 mm 左右)表面用 1∶3 水泥砂浆做找平层。临时性保护墙(用石灰砂浆砌筑,墙体高度 300 mm 左右)内表面用石灰砂浆做找平层,并刷石灰浆(便于拆除)。

(3) 外防外贴法的施工

①先浇筑混凝土垫层。

②在混凝土垫层上,结构墙外侧砌一定高度的永久性保护墙,墙高为底板混凝土厚度加 200～500 mm。墙下干铺一层油毡隔离层。

③永久保护墙上接砌临时保护墙,墙高为 150 mm。

④在混凝土垫层上和永久保护墙部位抹 1∶3 水泥砂浆找平层,在临时性保护墙上抹 1∶3 白灰砂浆找平层,转角部位抹成圆角。

⑤找平层干燥后,涂刷基层处理剂(或称冷底子油)。在正式铺贴卷材之前,先在立墙与平面交接处做附加层处理。附加层宽度一般为300～500 mm。

⑥铺贴平面和立面卷材防水层,外防外贴法施工,在平面与立面相连的卷材,应先铺贴平面,然后由下向上铺贴,并使卷材紧贴阴角,不应空鼓。在永久性保护墙上满粘卷材,粘贴要牢固。在临时保护墙上可虚铺卷材并将卷材固定在临时保护墙上端,抹低标号砂浆保护层,以保护接头不被损坏和沾污。平面铺贴卷材可以满粘卷材,也可以用条粘法黏结卷材,黏结面积每幅卷材不少于两条,每条宽度不小于150 mm。当使用两层卷材时,卷材应错槎接缝,上层卷材应盖过下层卷材。卷材的甩槎、接槎做法如图8.26和图8.27所示。

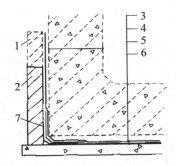

图8.26 卷材防水层甩槎做法
1—临时保护墙;2—永久保护墙;3—细石混凝土保护层;4—卷材防水层;5—水泥砂浆找平层;6—混凝土垫层;7—卷材加强层

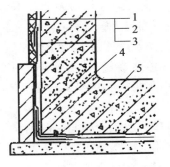

图8.27 卷材防水层接槎做法
1—结构墙体;2—卷材防水层;3—卷材保护层;4—卷材加强层;5—结构底板

⑦浇筑底板和墙体钢筋混凝土。

⑧待底板钢筋混凝土结构及立墙结构施工完毕,拆除临时保护墙,在墙体结构上抹1:3水泥砂浆找平层。

⑨将卷材接头剥出,清除卷材表面浮灰及污物,注意切勿将卷材损坏,并在墙体找平层上满涂底子油后,将卷材牢固地满粘在墙体上。

⑩卷材防水层施工完毕,经过验收合格,及时用5 mm厚聚乙烯泡沫塑料片材粘贴在防水层上保护。最后进行基坑回填土的工作。

2. 外防内贴法

外防内贴法是结构边墙(钢筋混凝土结构外墙)施工前先砌保护墙,然后将卷材防水层贴在保护墙上(见图8.28),最后浇筑边墙混凝土的方法。在施工条件受到限制、外防外贴法施工难以实施时,不得不采用外防内贴防水施工法。施工顺序如下:

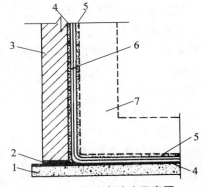

图8.28 外防内贴法示意图
1—混凝土垫层;2—干铺油毡;3—永久性保护墙;4—找平层;5—保护层;6—卷材防水层;7—需防水的结构

（1）在已浇筑的混凝土垫层和砌筑的永久性保护墙上，以 1∶3 的水泥砂浆抹找平层，要求抹平压光，无空鼓和起砂、掉灰现象。

（2）找平层干燥后，即可涂刷基层处理剂并铺贴卷材防水层，施工时应先铺贴立面后铺贴平面，其具体铺贴方法与外防外贴法基本相同。

（3）卷材防水层铺贴完毕，经检查验收合格后，对墙体防水层的内侧可按外贴法所述粘贴 5～6 mm 厚聚乙烯泡沫塑料片材做保护层，平面可在虚铺油毡保护隔离层后，浇筑 40～50 mm 厚的细石混凝土保护层。

（4）按照施工及验收规范或设计要求，绑扎钢筋和浇筑需要防水的混凝土主体结构。对基坑应及时回填二八灰土，分步压实。

3. 提高卷材防水层质量的技术措施

（1）卷材的点粘、条粘

卷材防水层黏附在具有足够刚度的结构层或结构层上的找平层上面，当结构层因种种原因产生变形裂缝时，要求卷材有一定的延伸率来适应这种变形，采用点粘、条粘的措施可以充分发挥卷材的延伸性能，有效地减少卷材被拉裂的可能性。具体做法：采用点粘时，每平方米卷材下粘五点（100 mm×100 mm），粘贴面积不大于总面积的 6％；采用条粘时，每幅卷材两边各与基层粘贴 150 mm 宽。

（2）增铺卷材附加层

对变形较大，易遭破坏或易老化部位，如变形缝、转角、三面角以及穿墙管道周围、地下出入口通道等处，均应铺设卷材附加层。

（3）做密封处理

为使卷材防水层增强适应变形能力，提高防水层整体质量，在穿墙管道周围、卷材搭接接缝，以及收头部位应做密封处理。

（三）涂膜防水施工

涂膜防水就是在需防水结构的基层上涂一定厚度的合成树脂、合成橡胶液体，经常温胶黏固化形成弹性的、具有防水作用的结膜。其最大优点在于适用性强，在任意曲面和形态复杂的面上都能施工。另外，涂膜防水还具有重量轻，耐候、耐水、耐蚀性优良，施工操作简便、易于维修的特点。

涂膜施工的顺序：基层处理→涂刷底层卷材（即聚氨酯底胶、增强涂布或增补涂布）→涂布第一道涂膜防水层（聚氨酯涂膜防水材料、增强涂布或增补涂布）→涂布第二道（或面层）涂膜防水层（聚氨酯涂膜防水材料）→稀撒石渣→铺抹水泥砂浆→粘贴保护层。涂布顺序为先垂直面、后水平面；先阴阳角及细部、后大面。每层涂抹方向应互相垂直。

1. 基层要求及处理

混凝土或砂浆基层表面凸起处需用砂轮磨平，不许有凹凸不平及起砂现象。对空鼓等缺陷应予凿除。凿除后用掺有合成橡胶乳剂的水泥砂浆修补。对于混凝土施工缝、基层表面裂缝、不同基层的衔接部位等易产生裂缝的部位须嵌补缝隙，并用纤维性增强材料补强。基层应测定含水率，可用高频水分测定计，基层含水率应小于涂膜材料对温度的要求。

2. 涂刷底层涂料

底层涂料一般采用与防水层同类的材料，用稀释剂稀释，搅拌均匀后使用。涂刷底层涂料的目的是隔绝基层潮气,提高涂膜同基层的黏结力。

小面积施工可用油漆刷进行,大面积涂刷先用油漆刷刷阴阳角、雨水口、排水口等部位,再用长把滚刷大面积涂刷。涂刷要按所定的量涂刷均匀,厚薄一致,底层涂料用量一般为 $0.1 \sim 0.3 \ \text{kg/m}^2$。

3. 涂膜防水材料调配与搅拌

涂膜防水材料调配与搅拌的温度、稠度、均匀等因素直接影响着施工后防水材料的挥发或硬化反应。因此对涂膜防水材料调配和搅拌须有严格要求。

4. 材料的调配

在材料调配时必须考虑气温的限制,不同的涂膜防水材料对气温的要求是不同的。材料调配时的气温必须高于涂膜防水材料的最低限定温度。如果出现稠度过大、不易施工的情况时,可加入适量稀释剂调配。稀释剂必须合乎要求,不得任意选用。例如聚氨酯类涂膜防水材料的稀释应使用甲苯或二甲苯,而禁止使用酮类稀释剂和其他常用有机稀释剂。在使用反应型涂膜的场合,还需加入固化剂。

需要注意的是,固化剂的用量并不与硬化速度成正比,固化剂用量过大,将导致涂膜硬度、耐热强度等性能降低。因此不能随便增加固化剂的用量。

5. 材料的搅拌

材料搅拌的均匀度影响着防水层的质量和寿命。使用搅拌不均匀的涂膜防水材料,可能会出现局部流淌而局部硬度很高的涂膜。对反应型涂膜防水材料宜使用电动搅拌器,采用适合的搅拌速度。

6. 材料的适用时间

反应型涂膜材料必须在搅拌后一定时间内使用,特别在气温较高情况下,涂膜会很快硬化。所以一次的搅拌量应根据施工部位的大小和操作人员的劳动效率确定,同时考虑施工现场温度的影响。

7. 涂膜施工

底层涂料干燥后,即可进行涂膜防水层的施工。涂膜施工一般分层进行。在倾斜和垂直的面上,必须分层进行。施工顺序应先垂直面后水平面;先阴阳角及细部,后大面。为保证涂层均匀,应反复地变化涂刷方向。对溶剂型防水材料,厚涂比较困难,手涂一次可涂 $0.2 \sim 0.3 \ \text{mm}$,可用网状布叠层,重复 $4 \sim 5$ 次,做成 $1.2 \ \text{mm}$ 以上的厚度。对乳剂型防水材料,手涂一次可涂 $0.4 \sim 0.5 \ \text{mm}$,手涂 3 遍可做成 $1.2 \ \text{mm}$ 的厚度。如用水泥砂浆做保护层时,可在涂最后一次时,加入适量水泥,制成胶浆,提高黏结性。对反应型防水材料可以厚涂。一般手涂一次可涂 $0.7 \sim 1.0 \ \text{mm}$,$2 \sim 3$ 遍即可做成 $2 \ \text{mm}$ 的厚度。涂膜的厚度直接关系着涂膜的防水性能,应根据设防要求,结合施工条件及材料性能等多种因素加以确定。

8. 特殊部位的处理

（1）管道根部做法

聚乙烯塑料管黏结性差,可先用砂纸把管子光面打毛,并涂刷正确的底层涂料。底层涂料应向厂家咨询。金属管必须去油、除锈。同时也应涂刷正确的底层涂料。底层涂料固化后,涂一道增强层固化后,再做玻璃纤维布增强涂抹。然后再按涂膜防水层做法涂布。见图 8.29。

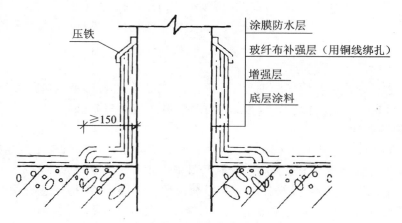

图 8.29　管道根部的做法

（2）垂直面转角处的施工及补强

转角处均应使用玻璃纤维布补强。阳角由于厚涂困难，一定要做成半径大于 10 mm 的圆角；阴角应做成 50 mm 左右的圆角，见图 8.30。

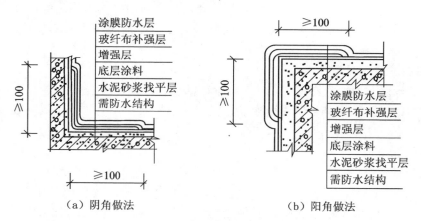

（a）阴角做法　　　　　（b）阳角做法

图 8.30　垂直面转角处的处理

（3）施工缝、裂缝、接缝的施工及补强

在缝隙部位应预先填充密封材料，如硫化橡胶条等，并用玻璃纤维布做增强涂膜。操作中必须认真仔细，不能有气泡，鼓泡，折皱，玻纤布不得露出面层表面。

（四）结构细部构造防水施工

1. 施工缝

施工缝是防水薄弱部位之一，应不留或少留。底板的混凝土应连续浇筑。墙体上不得留垂直的施工缝，且垂直的施工缝应与变形缝统一考虑。最低水平施工缝距底板面应不小于 300 mm，并避免设在墙板承受弯矩或剪力最大的部位。施工缝的接缝断面可做成不同的形状，见图 8.31。

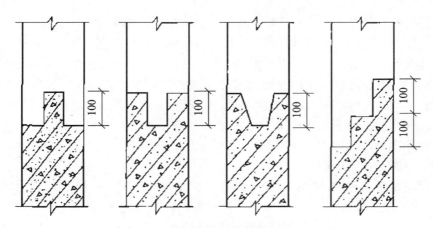

图 8.31 施工缝接缝形式

无论采用哪种形式的施工缝,为了使接缝严密,混凝土浇筑前均应对缝表面进行凿毛处理,清除浮粒,并用水冲洗干净,保持湿润,再铺上一层 20~25 mm 厚的水泥砂浆,其材料和灰砂比应与混凝土相同。捣压密实后再继续浇筑混凝土。

为有效解决墙体施工缝的渗漏水问题,目前常用 SPJ 型遇水膨胀橡胶或 BW 型遇水膨胀橡胶止水条对施工缝进行处理。

BW 型遇水膨胀橡胶止水条的施工方法是撕掉表面的隔离纸,将其直接粘贴在平整、干净的施工缝处,压紧粘牢,且每隔 1 m 左右钉一个水泥钢钉,固定后即可进行下一步防水混凝土的浇筑,如图 8.32 所示。

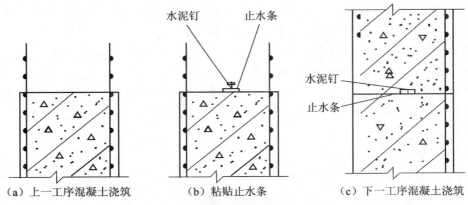

（a）上一工序混凝土浇筑　（b）粘贴止水条　（c）下一工序混凝土浇筑

图 8.32 BW 型遇水膨胀橡胶止水条的施工

2. 变形缝

地下结构物的变形缝是防水工程的薄弱环节,防水处理比较复杂。在选用材料、做法及结构形式上,应考虑变形缝处的沉降、伸缩的可变性,还应保证不产生渗漏水现象。

常见的变形缝止水带材料有橡胶止水带、塑料止水带、氯丁橡胶止水带和金属止水带(如镀锌钢板等)。其中,橡胶止水带与塑料止水带的柔性、适应变形能力与防水性能都比较好,是目前变形缝常用的止水材料;氯丁橡胶止水带是一种新型止水材料,具有施工简便、防水效果好、造价低且易修补的特点;金属止水带适应变形的能力差、制作困难,仅用于高温环境条件且无法采用橡胶止水带或塑料止水带的场合。

环境温度高于 50 ℃处的变形缝,可采用 2 mm 厚的紫铜片或 3 mm 厚不锈钢金属止水带。在不受水压的地下室防水工程中,结构变形缝可采用加防腐掺和料的沥青浸过的松散纤维材料、软质板材等,并用封缝材料严密封缝。墙变形缝的填嵌应按施工进度逐段进行,每 300~500 mm 高填缝一次,缝宽不小于 30 mm。不受水压的卷材防水层,在变形缝处应加铺两层抗拉强度高的卷材;在受水压的地下防水工程中,温度经常小于50 ℃,不受强氧化作用时,变形缝应采用橡胶止水带或塑料止水带。当有油类侵蚀时,应选用相应的耐油橡胶或塑料止水带。

止水带应整条,若必须接长,应采用焊接或胶粘;接缝应为一处,宜设在边墙较高位置上,不得设在结构转角处;止水带埋设位置应准确,其中间空心圆环与变形缝的中心线应重合;止水带应妥善固定,顶、底板内止水带应呈盆状设置,且采用专用钢筋套或扁钢固定,不得穿孔或用铁钉固定,损坏处应修补。

变形缝接触处两侧应平整、清洁、无渗水,并涂刷与嵌缝材料相容的基层处理剂。嵌缝应先设置与嵌缝材料隔离的背衬材料,并嵌填密实,与两侧黏结牢固。在缝上粘贴卷材或涂刷涂料前,应在缝上设置隔离层后才能进行施工。

止水带的构造形式通常有埋入式、可卸式、粘贴式等,目前采用较多的是埋入式。

任务评价

(一)地下防水工程堵漏技术

根据地下防水工程特点,针对不同程度的渗漏水情况,应选择相应的防水材料和堵漏方法进行防水结构渗漏水处理。在拟定处理渗漏水措施时,应本着将大漏变小漏、片漏变孔漏、线漏变点漏的原则,使漏水部位汇集于一点或数点,最后用堵塞的方法进行。对于防水混凝土工程的修补,通常采用的方法是用促凝剂和水泥拌制而成的快凝水泥胶浆进行快速堵漏或大面积修补。近年来,采用膨胀水泥(或加膨胀剂)作为防水修补材料,其抗渗堵漏效果更好。对于混凝土的微小裂缝,则采用化学注浆堵漏技术。

1. 快硬性水泥胶浆堵漏法

(1)堵漏材料

①促凝剂。促凝剂是以水玻璃为主,并与硫酸铜、重铬酸钾及水配制而成。配制时按配合比把定量的水加热至 100 ℃,然后将硫酸铜和重铬酸钾倒入水中,继续加热不断搅拌至完全溶解,冷却至 30~40 ℃,再将此溶液倒入称量好的水玻璃液体中,搅拌均匀,静置半小时后就可使用。

②快凝水泥胶浆

快凝水泥浆胶的配合比是水泥∶促凝剂为 1∶(0.5~0.6)。由于这种胶浆凝固块一般 1 min 左右就凝固,使用时应随拌随用。

(2)堵漏方法

地下防水工程的渗漏水情况比较复杂,常用的堵漏方法有堵塞法和抹面法。

①堵塞法:适用于孔洞漏水或裂缝漏水时的修补处理。孔洞漏水常用直接堵塞法和

下管堵漏法。直接堵塞法适用于水压不大、漏水孔洞较小的情况。操作时,先将漏水孔洞处剔槽,槽壁必须与基面垂直,并用水刷洗干净,随即将配制好的快凝水泥胶浆捻成与槽尺寸相近的锥形团,在胶浆开始凝固时,迅速压入槽内,并挤压密实,保持 0.5 min 左右即可。当水压力较大、漏水孔洞较大时,可采用下管堵漏法。孔洞堵塞好后,在胶浆表面抹素灰一层、砂浆一层,以做保护;待砂浆有一定强度后,将胶管拔出,按直接堵塞法将管孔堵塞;最后拆除挡水墙,再做防水层。

②抹面法:适用于较大面积的渗水面。一般先降低水压或地下水位,将基层处理好,然后用抹面法做刚性防水层修补处理。先在漏水严重处用凿子剔出半贯穿性孔眼,插入胶管将水导出,这样就使"片渗"变为"点渗",在渗水面做好刚性防水层修补处理。待修补的防水层砂浆凝固后,拔出胶管,再按孔洞直接堵塞法将管孔填好。

2. 化学注浆堵塞法

(1) 堵塞材料

①氰凝:氰凝的主要成分是以多异氰酸酯与含羟基的化合物(聚酯、聚醚)制成的预聚体。使用前,在预聚体内掺入一定量的副剂(表面活性剂、乳化剂、增塑剂、溶剂与催化剂等),搅拌均匀即配制成氰凝浆液。氰凝浆液不遇水不发生化学反应,稳定性好;当浆液灌入漏水部位后,立即与水发生化学反应,生成不溶于水的凝胶体;同时释放二氧化碳气体,使浆液发泡膨胀,向四周渗透扩散直至反应结束。

②丙凝:丙凝由双组分(甲溶液和乙溶液)组成。甲溶液是丙烯酰胺和亚甲基双丙烯酰胺和三乙醇胺的混合溶液;乙溶液是过硫酸铵的水溶液。两者混合后很快形成不溶于水的高分子硬性凝胶,这种凝胶可以密封结构裂缝,从而达到堵漏的目的。

(2) 注浆施工

注浆堵漏施工可分为对混凝土表面处理、布置注浆孔、埋没注浆嘴、封闭漏水部位、压水试验、注浆、封孔等工序。注浆孔的间距一般为 1 m 左右,并要交错布置。注浆结束,待浆液固结后,拔出注浆嘴并用水泥砂浆封固注浆孔。

3. 孔洞漏水的处理措施

(1) 直接堵塞法

当孔洞较小、水压不大时采用直接堵塞法。根据漏水量大小,以漏点为圆心,剔成直径 10～30 mm、深 20～50 mm 的圆孔并冲洗干净,随后用水泥胶浆捻成与圆孔直径接近的锥形小团,待其凝固时,迅速堵塞孔内,并向四周挤压,经 30 s,检查无渗漏后表面抹防水面层。

(2) 下管堵漏法

当孔洞与水压较大时采用下管堵漏法。现将漏水处松散部分凿去,在孔洞底部铺碎石,上盖一层油毡,中间开一小孔,插入胶皮管,用水泥胶浆(水灰比 0.8～0.9)将管四周封严,并使胶浆表面低于基层 1～2 cm 时,漏水集中于胶管流出,待胶浆达到一定强度,拔出胶管,再按直接堵塞法将所留水孔堵塞,最后在四周 100 mm 范围内做四层刚性防水。

(3) 木楔堵漏法

当漏水孔不大而水压很大时,采用木楔堵漏法。先用水泥胶浆将一铁管稳定于漏水处剔成的孔洞内,铁管端顶比基面低 2 cm,管的四周空隙用素灰和砂浆抹好,达到一定强度后,用浸过沥青的木楔打入铁管并填入干硬性砂浆,表面再抹素灰和砂浆各一道,24 h 后检查无渗漏现象,可随同其他部位一起做防水面层。

4. 裂缝漏水的处理措施

(1) 直接堵塞法

水压较小时的慢渗、快渗、急渗可采用直接堵塞法。先沿裂缝剔成深约 30 mm、宽约 15 mm 的八字形边坡沟槽,洗刷干净后,将水泥胶浆搓成条形,待其将要凝固时,迅速塞入沟槽中挤压密实,检查无渗漏后,用素灰和砂浆把沟槽抹平扫毛,凝固后随同其他部位一起做防水层。

(2) 下线堵塞法

对于水压较大的慢渗或快渗的裂缝漏水,采用下线堵塞法。先剔好沟槽,在沟槽底部沿裂缝放置一根长 15~20 cm 小绳,绳直径视漏水量而定。裂缝较长可分段堵塞,段间留 2 cm 空隙。把将凝固的胶浆迅速压入压实,抽出小绳后再压实一次,使漏水顺绳流出,最后堵塞绳孔。在 2 cm 空隙处插入包有胶浆的钉子,待胶浆凝固时,用力将胶浆向空隙四周压实,拔出钉子,再用直接堵塞法将钉孔堵塞。

(3) 下半圆铁片堵漏法

对于水压较大的急流漏水采用下半圆铁片堵漏法。先将漏水处剔成八字形边坡沟槽,槽底部每 50~100 cm 放一个带圆孔半圆铁片,胶管插入圆孔,然后按裂缝漏水直接堵塞法分段堵塞,使漏水顺管流出,检查无漏后沿沟槽抹水泥浆和砂浆,达到强度后,按孔洞漏水直接堵塞法拔管堵塞。

(二) 地下防水工程渗漏及治理方法

1. 混凝土墙裂缝漏水

混凝土墙面出现垂直方向为主的裂缝,有的裂缝因贯穿而漏水,治理方法如下:

①清除墙外回填土,沿裂缝切槽嵌缝并用氰凝浆液或其他化学浆液灌注缝隙,封闭裂缝。

②严格控制原材料质量,优化配合比设计,改善混凝土的和易性,减少水泥用量。

③设计时应按设计规范要求控制地下墙体的长度,对特殊形状的地下结构和必须连续的地下结构,应在设计上采取有效措施。

④加强养护,一般均应采用覆盖后的浇水养护方法,养护时间不少于规范规定。同时,还应防止气温骤降可能造成的温度裂缝。

2. 施工缝漏水

①处理好接缝:拆模后随即用钢丝板刷将接缝刷毛,清除浮浆,扫刷干净,冲洗湿润。在混凝土浇筑前,在水平接缝上敷设 1∶2.5 水泥砂浆,2 mm 左右。浇筑混凝土须细致振捣密实。

②平缝表面洗刷干净,将橡胶止水条的隔离纸撕掉,居中粘贴在接缝上,搭接长度不小于 50 mm,随后即可继续浇筑混凝土。

③沿漏水部位可用氰凝、丙凝等灌注堵塞一切漏水的通道,再用氰凝浆涂刷施工缝内面,宽度不小于 600 mm。

3. 变形缝漏水

①采用埋入式橡胶止水带,质量必须合格,搭接接头要挫成斜坡毛面,用 XY-401 胶粘压牢固。止水带在转角处要做成圆角,不得在拐角处接槎。

②表面附贴橡胶止水带,缝内嵌入沥青木丝板,表面嵌两条 BW 型遇水膨胀橡胶止水条。上面粘贴橡胶止水带,再用压板、螺栓固定。

③后埋式止水带须全部剔除,用 BW 型遇水膨胀橡胶止水条嵌入变形缝底,然后重新铺贴好止水带,再浇筑混凝土压牢。

4. 穿墙管漏水

将管下漏水的混凝土凿深 250 mm。如果水的压力不大,用快凝水泥胶浆堵塞,或用水玻璃水泥胶浆堵漏法处理。水玻璃和水泥的配合比为 1∶0.6。从搅拌到操作完毕不宜超过 2 min,操作时应迅速压在漏水处,也可用水泥快燥精胶浆堵漏法,水泥和快燥精的配合比为 2∶1,凝固时间约 1 min。将拌好的浆液直接压堵在漏水处,待硬化后再松手。

经堵塞不漏水后,随即涂刷一度纯水泥浆,抹一层 1∶2 的水泥砂浆,厚度控制在 5 mm 左右,养护 22 d 后,涂水泥浆一度,然后抹第二层 1∶2.5 的水泥砂浆,周边要抹实、抹平。

思考与练习

1. 试述刚性防水对所用材料的具体要求。
2. 防水卷材的品种有哪些?各有什么特点?
3. 防水混凝土施工要点有哪些?
4. 水泥砂浆防水层的施工要点有哪些?
5. 试述地下防水工程卷材防水层外防外贴法施工方法。
6. 试述地下防水工程卷材防水层外防内贴法施工方法。
7. 地下工程涂膜防水施工工艺有哪些?
8. 地下结构物的变形缝如何施工?

拓展训练

1. 地下室基础防水施工方案
(1) 提供地下室基础施工图纸一份。
(2) 确定地下室基础防水工程施工方案。
(3) 编写地下室基础的施工方案。

2. 地下防水工程质量现场检验
(1) 场景要求:基础施工图纸一份,操作场地一块。
(2) 检验工具及使用方法:工具有尺量、2 m 靠尺等,使用方法由老师讲解、演示。
(3) 步骤提示:抽取检查点处→按验收规范内容逐一对照进行检查验收。
(4) 填写防水工程分项工程质量验收记录表。

项目九　装饰工程

项目需求

　　建筑物主体结构施工完毕后即转入装饰工程的施工,学好本项目知识,有助于学生毕业后较好地完成主体后装饰工程的施工任务。

　　项目工作场景

　　实训基地(有与工程实际相符的各种装饰工程)、实际工程施工现场等。

　　方案设计

　　首先了解门窗工程、吊顶隔墙工程、抹灰工程等,最后是饰面板(砖)工程、楼地面工程和涂料、刷浆、裱糊工程等。

　　相关知识和技能

　　1.门窗安装固定的方法及施工工序;
　　2.吊顶的组成及轻钢龙骨吊顶的施工工艺及方法;
　　3.装饰抹灰和一般抹灰的构造作用及施工工序;
　　4.楼地面组成和分类;
　　5.整体地面、块材地面的各层次施工要求及质量;
　　6.涂料、裱糊工程施工要点及质量措施。
　　对一般建筑工程装饰的材料、构造、施工程序、方法、施工要点有基本认识,能组织常规施工和质量检查。

任务1　门窗工程施工

任务描述 ▌▌▌▌

通过对门窗工程的学习,熟悉了解门窗的种类、构造、工艺要求、验收方法等。

知识准备 ▌▌▌▌

门窗工程是装饰工程的重要任务之一,也是基础任务。门窗按照材料分为木门窗、钢门窗、铝合金门窗、塑料门窗等。

任务实施 ▌▌▌▌

一、木门窗

木门窗的木材品种、材质等级、规格、尺寸,框扇的线型及人造板的甲醛含量等应符合设计要求。含水率应符合《建筑木门、木窗》(JG/T 122—2000)的规定。胶合板门、纤维板门不得脱胶,横楞和上下冒头应各钻两个以上的透气孔,透气孔应畅通。木门窗必须安装牢固,并应开关灵活、关闭严密。

门窗生产操作程序:配料→截料→刨料→画线→凿眼→开榫→裁口→整理线角→堆放→拼装。成批生产时,应先制作一樘实样。

(一)木门窗的制作和拼装

安装前,检查门窗扇的型号、规格、质量是否符合要求,如发现问题应事先更换。量好门窗框的尺寸,在相应的扇边上画出尺寸线,双扇门要打叠(自由门除外),先在中间缝处画出中线,再画出边线,上下冒头也要画线刨直。画好高低、宽窄线后,用粗刨刨去线外部分,再用细刨刨至光滑平直。将扇放入框中试装合格后,按扇高的 $1/8 \sim 1/10$ 在框上按铰链大小画线,并剔出铰链槽,槽深与铰链厚度相同。门窗制作的允许偏差和检验方法应符合表9.1的规定。

表9.1　木门窗制作的允许偏差和检验方法

项次	项目	构件名称	允许偏差(mm)		检验方法
			普通	高级	
1	翘曲	框	3	2	将框、扇平放在检查平台上,用塞尺检查
		扇	2	2	
2	对角线长度差	框、扇	3	2	用钢尺检查,框量裁口里角,扇量外角

续表

项次	项目	构件名称	允许偏差(mm) 普通	允许偏差(mm) 高级	检验方法
3	表面平整度	扇	2	2	用1 m靠尺和塞尺检查
4	高度、宽度	框	0;−2	0;−1	用钢尺检查,框量裁口里角
4	高度、宽度	扇	+2;0	+1;0	量外角
5	裁口、线条结合处高低差	框、扇	1	0.5	用钢直尺和塞尺检查
6	相邻梃子两端间距	扇	2	1	用钢直尺检查

(二) 木门窗的安装

木门窗框安装有先立门窗框(立口)和后塞门窗框两种。随着高层建筑结构的变化,为避免工序交叉,施工现场一般采用后塞门窗框法,即在砌墙时预留出门窗洞口,以后再把门窗框装进去。门窗洞口尺寸按图纸尺寸预留,并按高度方向每隔500~700 mm预留防腐处理木砖,每边不少于两处,木砖尺寸为115 mm×115 mm×53 mm。木砖应横纹朝向框边放置,门窗框在洞内要立正放直,门窗框依靠木楔临时固定后,再用长钉钉固在预埋木砖上。

木门窗安装的留缝限值、允许偏差和检验方法见表9.2。

表9.2 木门窗安装的留缝限值、允许偏差和检验方法

项次	项目	留缝限值(mm) 普通	留缝限值(mm) 高级	允许偏差(mm) 普通	允许偏差(mm) 高级	检验方法
1	门窗槽口对角线长度差			3	2	用钢尺检查
2	门窗框的正、侧面垂直度			2	1	用1 m垂直检测尺检查
3	框与扇、扇与扇接缝高低差			2	1	用钢直尺和塞尺检查
4	门窗扇对口缝	1~2.5	1.5~2			用塞尺检查
5	工业厂房双扇大门对口缝	2~5				用塞尺检查
6	门窗扇与上框间留缝	1~2	1~1.5			用塞尺检查
7	门窗扇与侧框间留缝	1~2.5	1~15			用塞尺检查
8	窗扇与下框间留缝	2~3	2~2.5			用塞尺检查
9	门扇与下框间留缝	3~5	3~4			用塞尺检查
10	双层门窗内外框间距			4	3	用钢尺检查
11	无下框时门扇与地面间留缝 外门	4~7	5~6			用塞尺检查
11	无下框时门扇与地面间留缝 内门	5~8	6~7			用塞尺检查
11	无下框时门扇与地面间留缝 卫生间门	8~12	8~10			用塞尺检查
11	无下框时门扇与地面间留缝 厂房大门	10~20				用塞尺检查

二、钢门窗

钢门窗安装工序:弹控制线→立钢门窗→校正→门窗框固定→安装五金零件→安装纱门窗。

(一) 弹控制线

门窗安装前应弹出离楼地面 500 mm 高的水平控制线,按门窗安装标高、尺寸和开启方向,在墙体预留洞口四周弹出门窗就位线。

(二) 立钢门窗、校正

钢门窗采用后塞框法施工,安装时先用木楔块临时固定,木楔块应塞在四角和中梃处;然后用水平尺、对角线尺、线锤校正其垂直度与水平度。框扇配合间隙在合页面应紧密,安装后要检查开关是否灵活、是否有阻滞和回弹现象。

(三) 门窗框固定

门窗位置确定后,将铁脚与预埋件焊接或埋入预留墙洞内,用 1:2 水泥砂浆或细石混凝土将洞口缝隙填实,养护 3 d 后取出木楔;门窗框与墙之间的缝隙应填嵌饱满,并采用密封胶密封。钢窗铁脚的形状如图 9.1 所示,每隔 500~700 mm 设置一个,且每边不少于 2 个。

钢窗组合应按向左或向右的顺序逐框进行,用螺栓紧密拼合,拼合处应嵌满油灰。两个组合构件的交接处必须用电焊焊牢。

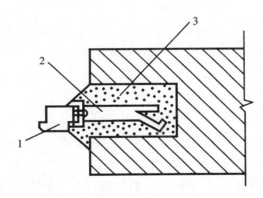

图 9.1 钢窗预埋铁脚

1—窗框;2—铁脚;3—留洞 60 mm×60 mm×100 mm

(四) 安装五金零件

1. 安装零附件宜在内外墙装饰结束后进行。

2. 安装零附件前,应检查门窗在洞口内是否牢固,开启应灵活,关闭要严密。

3. 五金零件应按生产厂家提供的装配图试装合格后,方可进行全面安装。

4. 密封条应在钢门窗涂料干燥后按型号安装压实。

5. 各类五金零件的转动和滑动配合处应灵活,无卡阻现象。

6. 装配螺钉拧紧后不得松动,埋头螺钉不得高于零件表面。

7. 钢门窗上的渣土应及时清除干净。

（五）安装纱门窗

高度或宽度大于 1 400 mm 的纱窗，装纱前应在纱扇中部用木条临时支撑。检查压纱条和扇配套后，将纱裁成比实际尺寸宽 50 mm 的纱布，绷纱时先用螺丝拧入上下压纱条，再装两侧压纱条，切除多余纱头。金属纱装完后集中刷油漆，交工前再将门窗扇安在钢门窗框上。

钢门窗安装的留缝限值、允许偏差和检查方法见表 9.3。

表 9.3　钢门窗安装的留缝限值、允许偏差和检查方法

项次	项目		留缝限值（mm）	允许偏差（mm）	检验方法
1	门窗槽口宽度、高度	≤1 500 mm		2.5	用钢尺检查
		>1 500 mm		3.5	
2	门窗槽口对角线长度差	≤2 000 mm		5	用钢尺检查
		>2 000 mm		6	
3	门窗框的正、侧面垂直度			3	用 1 m 垂直检测尺检查
4	门窗横框的水平度			3	用 1 m 水平尺和塞尺检查
5	门窗横框标高			5	用钢尺检查
6	门窗竖向偏离中心			4	用钢尺检查
7	双层门窗内外框间距			5	用钢尺检查
8	门窗框、扇配合间隙		≤2		用塞尺检查
9	无下框时门扇与地面间留缝		4～8		用塞尺检查

三、铝合金门窗

安装前，应检查铝合金门窗成品及构配件各部位；检查洞口标高线、几何形状及预埋件位置、间距是否符合要求，预埋件是否牢固。

铝合金门窗一般是先安装门窗框，后安装门窗扇。安装时，将门窗框安装到设计标高洞口正确位置，先用木楔临时定位后进行调整，使上下左右的门窗分别在同一竖直线、水平线上；框边四周间隙与框表面距墙体外表尺寸一致；仔细校正其正侧面垂直度、水平度及位置合格后，楔紧木楔；再校正；然后按设计规定将门窗框与墙体或预埋件连接固定，常用固定方法如图 9.2 所示。

门窗框与洞口应弹性连接。框四周缝隙宽度宜在 20 mm 以上；缝隙内应分层填入矿棉或玻璃棉毡条等软质填料。框边须留 5～8 mm 深的槽口，待粉刷干燥后，清除浮灰、渣土，嵌填防水密封胶，如图 9.3 所示。

铝合金门窗框上如沾上水泥浆或其他污染物，应立即用软布清洗干净。

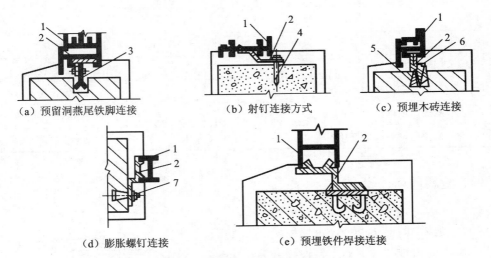

图 9.2 铝合金门窗框与墙体连接方式

1—木门框;2—连接铁件;3—燕尾铁脚;4—射(钢)钉;5—木砖;6—木螺钉;7—膨胀螺钉

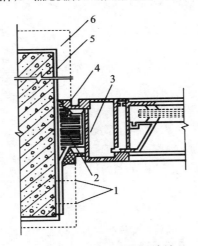

图 9.3 铝合金门窗框填缝

1—膨胀螺栓;2—软质填充料;3—自攻螺钉;4—密封膏;5—第一遍粉刷;6—最后一遍装饰面层

铝合金门窗安装的允许偏差和检查方法见表 9.4。

表 9.4 铝合金门窗安装的允许偏差和检查方法

项次	项目		允许偏差(mm)	检验方法
1	门窗槽口宽度、高度	≤1 500 mm	1.5	用钢尺检查
		>1 500 mm	2	
2	门窗槽口对角线长度差	≤2 000 mm	3	用钢尺检查
		>2 000 mm	4	
3	门窗框的正、侧面垂直度		2.5	用垂直检测尺检查
4	门窗横框的水平度		2	用1m水平尺和塞尺检查

续表

项次	项目	允许偏差（mm）	检验方法
5	门窗横框标高	5	用钢尺检查
6	门窗竖向偏离中心	5	用钢尺检查
7	双层门窗内外框间距	4	用钢尺检查
8	推拉门窗扇与框搭接量	1.5	用钢直尺检查

四、塑料门窗

塑料门窗及其附件应符合国家标准的有关规定，不得有开焊、断裂等损坏现象，应远离热源。塑料门窗框子连接时，先把连接件与框子成45°放入框子背面的燕尾槽口内，然后顺时针方向把连接件扳成直角，最后旋进 $\phi 4 \times 15$ mm 自攻螺钉固定，如图 9.4 所示，严禁锤击框子。

把门窗框放进洞口的安装线上，用木楔临时固定；校正正、侧面垂直度和对角线长度差及水平度，合格后用木楔固定牢靠。木楔应塞在边框、中竖框、中横框等能受力的部位，及时开启窗扇，检查开关灵活度。

塑料门窗安装的允许偏差和检查方法见表 9.5。

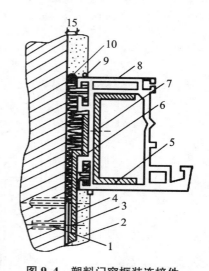

图 9.4 塑料门窗框装连接件
1—膨胀螺栓；2—抹灰层；3—螺丝钉；4—密封胶；5—加强筋；6—连接件；7—自攻螺钉；8—硬PVC窗框；9—密封膏；10—保温气密材料

表 9.5 塑料门窗安装的允许偏差和检查方法

项次	项目		允许偏差（mm）	检验方法
1	门窗槽口宽度、高度	≤1 500 mm	2	用钢尺检查
		>1 500 mm	3	
2	门窗槽口对角线长度差	≤2 000 mm	3	用钢尺检查
		>2 000 mm	5	
3	门窗框的正、侧面垂直度		3	用1 m垂直检测尺检查
4	门窗横框的水平度		3	用1 m水平尺和塞尺检查
5	门窗横框标高		5	用钢尺检查
6	门窗竖向偏离中心		5	用钢直尺检查
7	双层门窗内外框间距		4	用钢尺检查
8	同樘平开门窗相邻扇高度差		2	用钢直尺检查

续表

项次	项目	允许偏差(mm)	检验方法
9	平开门窗铰链部位配合间隙	+2;-1	用塞尺检查
10	推拉门窗扇与框搭接量	+1.5;-2.5	用钢直尺检查
11	推拉门窗扇与竖框平行度	2	用1m水平尺和塞尺检查

 任务评价

(一) 门窗工程验收时应检查下列文件和记录

1. 门窗工程的施工图、设计说明及其他设计文件。
2. 材料的产品合格证书、性能检测报告、进场验收记录和复验报告。
3. 特种门及其附件的生产许可文件。
4. 隐蔽工程验收记录。
5. 施工记录。

(二) 门窗工程应对下列材料及其性能指标进行复验

1. 人造木板的甲醛含量。
2. 建筑外墙金属窗、塑料窗的抗风压性能、空气渗透性能和雨水渗漏性能。

(三) 门窗工程应对下列隐蔽工程项目进行验收

1. 预埋件和锚固件。
2. 隐蔽部位的防腐、填嵌处理。

(四) 检查数量应符合下列规定

1. 木门窗、金属门窗、塑料门窗及门窗玻璃,每个检验批应至少抽查5%,并不得少于3樘,不足3樘时应全数检查;高层建筑的外窗,每个检验批应至少抽查10%,并不得少于6樘,不足6樘时应全数检查。

2. 特种门每个检验批应至少抽查50%,并不得少于10樘,不足10樘时应全数检查。

思考与练习

1. 门窗按照材料怎么分类?
2. 简述木门窗施工工艺。
3. 简述铝合金门窗施工工艺。

任务2　吊顶、隔墙工程施工

任务描述

通过对吊顶、隔墙工程的学习,学生熟悉了解吊顶、隔墙的种类、构造、工艺要求、验

收方法等。

　　吊顶是一种室内装饰构造层,具有保温、隔热、隔音和吸声作用,可以增加室内亮度和美观,是现代室内装饰的重要组成部分。将室内完全分隔开的墙叫隔墙。将室内局部分隔,而其上部或侧面仍然连通的叫隔断。隔墙按用材可分为砖隔墙、骨架轻质隔墙、玻璃隔墙、混凝土预制板隔墙、木板隔墙等。

一、吊顶工程

(一)吊筋

　　吊筋主要承受吊顶棚的重力,并将这一重力直接传递给结构层,同时,还能用来调节吊顶的空间高度。

　　现浇钢筋混凝土楼板吊筋做法如图 9.5 所示。在预制板缝中设吊筋的做法如图 9.6 所示。

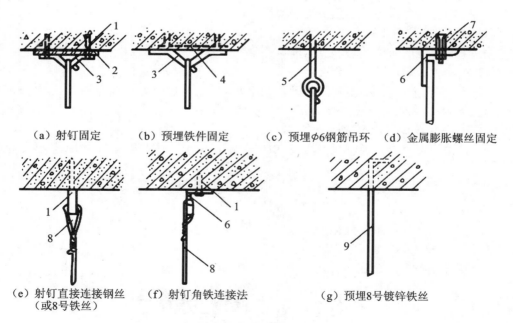

(a)射钉固定　　(b)预埋铁件固定　　(c)预埋φ6钢筋吊环　　(d)金属膨胀螺丝固定

(e)射钉直接连接钢丝　　(f)射钉角铁连接法　　　　(g)预埋8号镀锌铁丝
　　(或8号铁丝)

图 9.5　吊筋固定方法

　　1—射钉;2—焊板;3—φ10钢筋吊环;4—预埋钢板;5—φ6钢筋;6—角钢;7—金属膨胀螺丝;8—铝合金丝(8号、12号、14号);9—8号镀锌铁丝

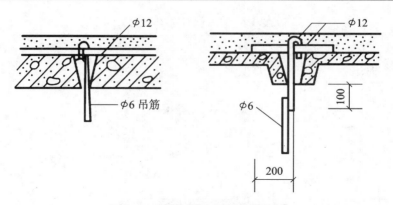

图 9.6 在预制板上设吊筋的方法

(二)龙骨安装

吊顶龙骨有木质龙骨、轻钢龙骨和铝合金龙骨。

强制性条文:"重型灯具、电扇及其他重型设备严禁安装在吊顶工程的龙骨上。"

1. 木龙骨

木龙骨多用于板条抹灰和钢板网抹灰吊顶顶棚。主龙骨中距为 1 200~1 500 mm,矩形断面为 50 mm×(60~80)mm;次龙骨中距为 400~600 mm,断面为 40 mm×40 mm或 50 mm×50 mm。主次龙骨间用 30 mm×30 mm 木方、铁钉连接。

主龙骨沿房间短向布置,用事先预埋的钢筋圆钩穿上 8 号镀锌铁丝将龙骨拧紧,或用 M6 或 M8 螺栓与预埋钢筋焊牢,穿透主龙骨,上紧螺母。

次龙骨安装时,按照墙上弹出的水平线,先钉四周小龙骨,然后按设计要求分档画线钉次龙骨,最后钉横撑龙骨,如图 9.7 所示。

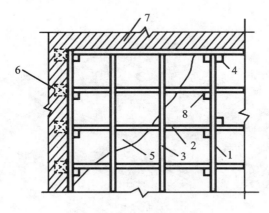

图 9.7 木质龙骨吊顶

1—大龙骨;2—小龙骨;3—横撑龙骨;4—吊筋;5—罩面板;6—木砖;7—砖墙;8—吊木

2. 轻钢龙骨和铝合金龙骨

其断面形状有 U 形、T 形等,每根龙骨长 2~3 m,在现场拼装。

U45 型系列吊顶轻钢龙骨的主件及配件见表 9.6。U 形龙骨吊顶安装示意图如图 9.8 所示。T 形铝合金龙骨安装如图 9.9 所示。

表 9.6 U45 型系列(不上人)

名称	主件	配件		
	龙骨	吊挂件	接插件	挂插件
BD 大龙骨	BD 龙骨剖面 15/45/1.2	BD₁ 20 19 11 φ7孔 φ9孔 110 62 φ5孔 22 2厚	BD₂ 120 9.75 42 22.5 14 44 44 10 9.75 1.2厚 10 12	
UZ 中龙骨	7 4 19 0.5 50	UZ₁ 50 30 60 49	UZ₂ 90 49 18 D	UZ₃ 49 8 28 20 12 17.5 5
UX 小龙骨	7 4 19 0.5 25	UX₁ 28 30 60 24	UX₂ 90 24 18 D	UX₃ 23 8 28 20 12 17.5 5

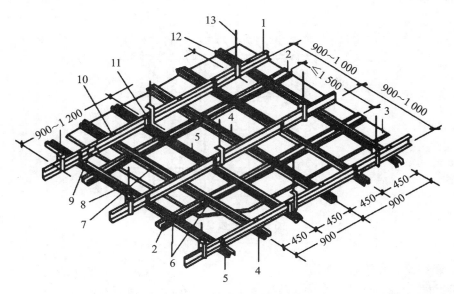

图 9.8 U 形龙骨吊顶示意图

1—BD 大龙骨;2—UZ 横撑龙骨;3—吊顶板;4—UZ 龙骨;5—UX 龙骨;6—UZ₃ 支托连接;7—UZ₂ 连接件;8—UX₂ 连接件;9—BD₂ 连接件;10—UZ₁ 吊挂;11—UX₁ 吊挂;12—BD₁ 吊件;13—吊杆 φ8~φ10

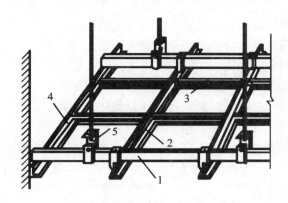

图 9.9 T形铝合金吊顶

1—大龙骨；2—大 T；3—小 T；4—角条；5—大吊挂件

3. 施工程序

吊顶有暗龙骨吊顶和明龙骨吊顶之分。

龙骨的安装顺序是：弹线定位→固定吊杆→安装主龙骨→安装次龙骨→固定横撑龙骨。

（1）弹线定位：根据楼层标高水平线，用尺竖向量至顶棚设计标高，沿墙四周弹出顶棚标高水平线，并沿顶棚标高水平线在墙上画好龙骨分档位置线。

（2）固定吊杆：按照墙上弹出的标高线和龙骨位置线，找出吊点中心，将吊杆焊接在预埋件上。

（3）安装主龙骨：吊杆安装在主龙骨上，根据龙骨的安装程序，因主龙骨在上，故吊件同主龙骨相连，再将次龙骨用连接件与主龙骨固定。在主、次龙骨安装程序上，可先将主龙骨与吊杆安装完毕后，再安次龙骨；也可主、次龙骨一起安装，然后调平主龙骨，拧动吊杆螺栓，升降调平。

（4）固定次龙骨：次龙骨垂直于主龙骨布置，在交叉点处，用次龙骨吊挂件将其固定在主龙骨上。

（5）固定横撑龙骨：横撑龙骨应用次龙骨截取。安装时，将截取的次龙骨的端头插入支托，扣在次龙骨上，并用钳子将挂搭弯入次龙骨内。组装好后的次龙骨和横撑龙骨底面要求平齐。

（三）饰面板安装

吊顶的饰面板材包括：纸面石膏装饰吸声板、石膏装饰吸声板、矿棉装饰吸声板、珍珠岩装饰吸声板、聚氯乙烯塑料天花板、聚苯乙烯泡沫塑料装饰吸声板、钙塑泡沫装饰吸声板、金属微穿孔吸声板、穿孔吸声石棉水泥板、轻质硅酸钙吊顶板、硬质纤维装饰吸声板、玻璃棉装饰吸声板等。选材时要考虑材料的密度、保温、隔热、防火、吸音、施工装卸等性能，同时应考虑饰面的装饰效果。

1. 饰面板与龙骨的连接

（1）黏结法：用各种胶黏剂将板材粘贴于龙骨上或其他基板上。

（2）钉接法：用铁钉或螺钉将饰面板固定于龙骨。

（3）挂牢法：利用金属挂钩将板材挂于龙骨下的方法。

（4）搁置法：指将饰面板直接搁于龙骨翼缘上的做法。

（5）卡牢法：利用龙骨本身或另用卡具将饰面板卡在龙骨上的做法，常用于以轻钢、型钢龙骨配金属板材的做法。

2. 板面的接缝处理

（1）密缝法：指板与板在龙骨处对接，也叫对缝法。

（2）离缝法

凹缝：两板接缝处根据板面的形状和长短做出凹缝，有 V 形缝和矩形缝两种，缝的宽度不小于 10 mm。

盖缝：板缝不直接暴露在外，而用次龙骨或压条盖住，这样可避免缝隙宽窄不均，使饰面的线型更为强烈。

饰面板的边角处理，根据龙骨的具体形状和安装方法有直角、斜角、企口角等多种形式。

二、隔墙工程

（一）砌筑隔墙

砌筑隔墙一般采用半砖顺砌。砌筑底层时，应先做一个小基础；楼层砌筑时，必须砌在梁上，梁的配筋要经过计算确定。不得将隔墙砌在空心板上。隔墙用 M2.5 以上的砂浆砌筑，隔墙的接槎如图 9.10 所示。

（二）骨架板材隔墙

1. 双面钉贴板材隔墙

指在方木骨架或金属骨架上双面镶贴胶合板、纤维板、石膏板、矿棉板、刨花板或木丝板等轻质材料的隔墙。其骨架的做法和板条墙相近，但间距要按照面层板材的大小确定。横撑必须水平，间距根据板材大小确定，如图 9.11 所示。

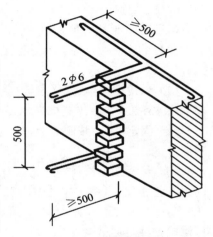

图 9.10 隔墙的接槎

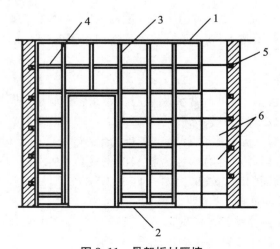

图 9.11 骨架板材隔墙

1—上槛；2—槛；3—立筋；4—横撑；5—木砖；6—板材

2. 单层镶嵌板材隔墙

同上述方法相比,板材用量减半,但事先要在立筋和横撑上开口槽,然后将裁好的板材镶嵌进去,由下而上逐块安装,最上面一块用小木条压边。

任务评价

1. 暗龙骨吊顶和明龙骨吊顶工程安装的允许偏差和检验方法如表9.7、表9.8所示。

表9.7 暗龙骨吊顶工程安装的允许偏差和检验方法

项次	项目	允许偏差(mm)				检验方法
		纸面石膏板	金属板	矿棉板	木板、塑料板、格栅	
1	表面平整度	3	2	2	2	用2m靠尺和塞尺检查
2	接缝直线度	3	1.5	3	3	接5m线,不足5m拉通线,用钢直尺检查
3	接缝高低差	1	1	1.5	1	用钢直尺和塞尺检查

表9.8 明龙骨吊顶工程安装的允许偏差和检验方法

项次	项目	允许偏差(mm)				检验方法
		石膏板	金属板	矿棉板	塑料板玻璃板	
1	表面平整度	3	2	3	2	用2m靠尺和塞尺检查
2	接缝直线度	3	2	3	3	接5m线,不足5m拉通线,用钢直尺检查
3	接缝高低差	1	1	2	1	用钢直尺和塞尺检查

2. 板材隔墙安装的允许偏差和检验方法见表9.9。

表9.9 板材隔墙安装的允许偏差和检验方法

项次	项目	允许偏差(mm)				检验方法
		复合轻质墙板		石膏空心板	钢丝网水泥板	
		金属夹芯板	其他复合板			
1	立面垂直度	2	3	3	3	用2m垂直检测尺检查
2	表面平整度	2	3	3	3	用2m靠尺和塞尺检查
3	阴阳角方正	3	3	3	4	用直角检测尺检查
4	接缝高低差	1	2	2	3	用钢直尺和塞尺检查

思考与练习 ▌▌▌▌

1. 简述吊顶工程的施工程序。
2. 简述吊顶工程中板面的接缝处理办法。
3. 隔墙工程分类有哪些?

任务 3 抹灰工程施工

任务描述 ▌▌▌▌

通过对抹灰工程的学习,学生熟悉了解抹灰的种类、构造、工艺要求、验收方法等。

知识准备 ▌▌▌▌

强制性条文:"外墙和顶棚的抹灰层与基层之间及各抹灰层之间必须黏结牢固。"

抹灰工程分为一般抹灰和装饰抹灰两类。一般抹灰面层材料有石灰砂浆、水泥砂浆、水泥混合砂浆、聚合物水泥砂浆和麻刀灰、纸筋石灰、石膏灰等。

一般抹灰按建筑标准可分为普通抹灰和高级抹灰,当无设计要求时,按普通抹灰验收。普通抹灰表面应光滑、洁净,接槎平整,分格线和灰线应清晰美观。高级抹灰表面应光滑、洁净,颜色均匀、无抹纹,分格线和灰线应清晰美观。抹灰工程应分层进行。当抹灰总厚度大于或等于 35 mm 时应采取加强措施。抹灰层与基层之间及各抹灰层之间必须黏结牢固,抹灰层应无脱层、空鼓,面层应无爆灰和裂缝。抹灰由底灰、中层和面层组成。

装饰抹灰面层材料有水刷石、斩假石、干粘石、假面砖、拉毛灰、喷涂、弹涂、滚涂等。

抹灰工程应分层进行,以便于黏结牢固,确保施工质量。每层的厚度不宜太大,每层厚度和总厚度都有一定的控制。各层厚度与所使用的砂浆品种有关。底层主要起与基层黏结的作用,兼初步找平作用;中层主要是找平作用;面层主要起装饰和保护墙体的作用。

任务实施 ▌▌▌▌

一、一般抹灰施工

抹灰工程的施工顺序:先室外后室内,先上面后下面,先地面后顶棚。

(一) 基层处理

1. 砖石、混凝土基层表面凹凸的部位,用 1∶3 水泥砂浆补平,表面太光的要剔毛。

2. 门窗口与立墙交接处应用水泥砂浆或水泥混合砂浆嵌填密实。

3. 墙面的脚手孔洞应堵塞严密。

4. 不同基层材料相接处应铺设金属网,自搭接缝宽度起每边不得小于 100 mm。

5. 预制混凝土楼板顶棚抹灰前,需用水泥石灰砂浆勾板缝。

(二) 抹灰施工要求

1. 找规矩

抹灰前必须找好规矩,即四角规方、横线找平、立线吊直、弹出准线和墙裙、踢脚线。

2. 设标筋

设置标筋,控制中层灰的厚度。抹灰前,弹出水平线及竖直线,设置标筋,作为抹灰找平的标准。高级抹灰、装饰抹灰及饰面工程,应在弹线时找方。

3. 抹底层灰

抹灰前,应对基层认真处理,前一天浇水湿润基层表面。基体为黏土砖时,在预先湿润的基体上用力涂抹砂浆,并随手带毛,底灰应牢固黏结在基层上。基层为混凝土时,抹灰前先刮素水泥浆一道;在加气混凝土基层上抹石灰砂浆时,在湿润墙上刷 107 胶水泥浆一遍,随刷随抹水泥砂浆或水泥混合砂浆。底层灰宜用粗砂,中层灰和面层灰宜用中砂。

4. 抹中层灰

待底层灰凝结后抹中层灰,中层灰每层厚度一般为 5～7 mm,中层砂浆同底层砂浆。抹中层灰时,以灰筋为准满铺砂浆,然后用大木杠紧贴灰筋,将中层灰刮平,最后用木抹子搓平。搓平后,用 2 m 长的靠尺检查,检查的点数应充足,且应全部符合标准。

5. 抹面层灰

当中层灰干后,普通抹灰可用麻刀灰罩面,高级抹灰应用纸筋灰罩面,用铁抹子抹平,并分两遍连续适时压实收光,如中层灰已干透发白,应先适度洒水湿润,再抹罩面灰。不刷浆的中级抹灰面层,宜用漂白细麻刀石灰膏或纸筋石灰膏涂抹,并压实收光,以使表面光滑、色泽一致、不显接槎。

钢筋混凝土楼板顶棚抹灰前,应用清水湿润并刷素水泥浆一道;抹灰前应在四周墙上弹出水平线(以墙上水平线为依据),先抹顶棚四周,周边找平。抹灰时,抹子与板应垂直。

二、装饰抹灰施工

(一) 水刷石

水刷石表面应石粒清晰、分布均匀、紧密平整、色泽一致,且应无掉粒和接槎痕迹。

水刷石墙面施工工序:清理基层→湿润墙面→设置标筋→抹底层砂浆→抹中层砂浆→弹线和粘贴分格条→抹水泥石子浆→洗刷→养护。

水刷石抹灰分三层。底层砂浆同一般抹灰。抹中层砂浆时,表面应压实搓平后划毛,然后进行面层施工。中层砂浆凝结后,按设计要求弹分格线,按分格线用水泥浆粘贴湿润过的分格条,贴条必须位置准确,横平竖直。

(二) 斩假石

斩假石表面剁纹应均匀顺直、深浅一致,且应无漏剁处;阳角处应为横剁并留出宽窄一致的不剁边条,棱角应无损坏。

斩假石施工工序:清理基层→湿润墙面→设置标筋→抹底层砂浆→抹中层砂浆→弹线和粘贴分格条→抹水泥石子浆面层→养护→斩剁→清理。

斩假石是一种仿石材的施工方法,面层用水泥、米粒石、石碴拌和物石子浆。

(三) 干粘石

干粘石表面应色泽一致,不露浆,不漏粘,石粒应黏结牢固、分布均匀,阳角处应无明显黑边。

干粘石施工工序:清理基层→湿润墙面→设置标筋→抹底层砂浆→抹中层砂浆→弹线和粘贴分格条→抹面层砂浆→撒石子→修整拍平。

底层做法同水刷石。中层表面刮毛,待中层干燥时先用水湿润,并刷水泥浆,随即涂抹水泥砂浆粘结层,紧接着用人工甩或喷枪喷的方法,将石子均匀地喷甩至黏结层上,用抹子拍平压实。

(四) 假面砖

假面砖表面应色泽平整、沟纹清晰、留缝整齐、色泽一致,且应无掉角、脱皮、起砂等缺陷。

底层做法同水刷石,接着抹饰面灰,抹好后做假面砖。

(五) 喷涂、弹涂、滚涂

喷涂、弹涂、滚涂是聚合物砂浆装饰外墙面的施工方法,聚合物砂浆是在水泥砂浆中加入一定的聚乙烯醇缩甲醛胶(或 107 胶)、颜料、石膏等材料形成的。

1. 喷涂外墙饰面

喷涂外墙饰面是用空气压缩机将聚合物水泥砂浆喷涂在墙面底子灰上形成饰面层。

施工操作:用 1:3 水泥砂浆打底,分两遍成活,控制平整度,然后用空气压缩机、喷枪将面层砂浆均匀地喷至墙面上。连续喷三遍成活:第一遍喷至底层变色,第二遍喷至出浆不流为止,第三遍喷至全部出浆,颜色均匀一致。

2. 弹涂外墙饰面

弹涂外墙饰面是在墙体表面刷一道聚合物水泥色浆后,用弹涂器分几遍将不同色彩的聚合物水泥色浆弹在已涂刷的涂层上,形成 3~5 mm 大小的扁圆形花点,再喷甲基硅醇钠憎水剂,共三道工序组成的饰面层。

施工操作:用 1:3 的水泥砂浆打底,木抹子搓平,喷色浆一遍;将拌和好的表面弹点色浆放在筒形弹力器内,用手或电带动弹力棒将色浆甩出,甩出色浆点直径 1~3 mm,弹涂于底色浆上;表面色浆由 2~3 种颜色组成,第一遍色浆弹涂面积为 70%,弹涂后不流淌,第二遍为 20%~30%,第三遍为 10%。

3. 滚涂外墙饰面

滚涂外墙饰面是在水泥砂浆中掺入聚乙烯醇缩甲醛形成的一种新的聚合物砂浆,并将它抹于墙面上,再用辊子滚出花纹。

施工操作:用 1:3 水泥砂浆打底,木抹子搓平搓细,浇水湿润,用稀释的 107 胶粘贴分格条。再抹饰面灰,用平面或刻有花纹的橡胶、泡沫塑料滚子在墙面上滚出花纹。

任务评价

1. 一般抹灰工程质量的允许偏差和检验方法见表9.10。

表 9.10 一般抹灰工程质量的允许偏差和检验方法

项次	项目	允许偏差(mm)		检验方法
		普通抹灰	高级抹灰	
1	立面垂直度	4	3	用2 m垂直检测尺检查
2	表面平整度	4	3	用2 m靠尺和塞尺检查
3	阴阳角方正	4	3	用直角检测尺检查
4	分格条(缝)直线度	4	3	用5 m线,不足5 m拉通线,用钢直尺检查
5	墙裙、勒脚上口直线度	4	3	拉5 m线,不足5 m拉通线,用钢直尺检查

2. 装饰抹灰工程质量的允许偏差和检验方法见表9.11。

表 9.11 装饰抹灰工程质量的允许偏差和检验方法

项次	项目	允许偏差(mm)				检验方法
		水刷石	斩假石	干粘石	假面砖	
1	立面垂直度	5	4	5	5	用2 m靠尺和塞尺检查
2	表面平整度	3	3	5	4	用2 m靠尺和塞尺检查
3	阳角方正	3	3	4	4	用直角检测尺检查
4	分格条(缝)直线度	3	3	3	3	用5 m线,不足5 m拉通线,用钢直尺检查
5	墙裙、勒脚上口直线度	3	3	—	—	用5 m线,不足5 m拉通线,用钢直尺检查

思考与练习

1. 抹灰工程的分类有哪些?
2. 简述一般抹灰的工艺要求。
3. 简述装饰抹灰的工艺要求。

拓展训练

一、实训目的

一般抹灰是最基本的,在各类建筑中应用非常广泛,本节训练可以掌握抹灰的基本操作技能,领略一般抹灰工程的施工工艺,并为陶瓷面砖镶贴工艺实训等打下基础。

二、实训任务

进行墙面抹灰训练。

三、实训地点与基本要求

本项训练安排在校内实训基地、砌墙实训所在场地进行,实训平面布置由指导老师提供,同时具备搅拌砂浆和堆放材料的场地。

四、组织管理与训练内容

每组 3～4 人一个工位,由任课老师负责实训指导与检查督促、验收。每班聘请 1～2 名技师进行示范指导。每组训练内容包括拌制砂浆,然后在墙面上依次做灰饼、冲筋、分层批档、刮搓赶平,并对阳角做护角。

五、材料与设备

材料:水泥、砂、石灰、水。

工具:铁抹子、托灰板、刮尺;搅拌工具与砌砖所述相同。

六、时间安排

训练内容要求在 6～7 个课时完成,本节训练宜在砌砖训练结束后连贯进行,且后续课程为贴面砖实训。

七、成绩考核

实训成绩按表 9.12 评定。

表 9.12 抹灰工工种实训成绩评定表

学　号		姓　名	
项　目		比例(%)	得　分
操作技能 (40%)	操作规范	20	
	成品质量	20	
心智技能 (30%)	现场回答问题	15	
	实训报告	15	
工作态度 (30%)	在小组中所起的作用	10	
	工作作风	10	
	安全与卫生	5	
	纪律与出勤	5	
总　评		100	

注:(1) 操作规范按下列项目评定(20分):

① 工具握持方法、搅拌砂浆 5 分;

② 贴饼、冲筋 5 分;

③ 护角 2.5 分;

④ 批档 5 分;

⑤ 刮槎 2.5 分。

(2) 成品质量按下列项目考核(20分):

① 墙面垂直度达到质量标准得 5 分;

② 墙面平整度达到质量标准得 5 分;

③ 接槎平整,无抹纹得 5 分;

④ 在规定的时间内抹灰完毕得 5 分。

任务 4　饰面板(砖)工程施工

任务描述

通过对饰面板(砖)工程的学习,学生熟悉了解饰面板(砖)的种类、构造、工艺要求、验收方法等。

知识准备

饰面工程是将块材镶贴(安装)在基层上,以形成饰面层的施工。

常用的块料面层按材料品种分,有预制大理石、花岗石、水磨石、瓷砖、陶瓷锦砖、面砖、缸砖等。

块料面层施工包括饰面板的安装、饰面砖的镶贴,小块料用手工贴的方法施工,大块料(边长大于 400 mm)采用安装的方法施工。

任务实施

一、大理石、花岗石、水磨石饰面板的安装

(一) 镶贴饰面砖

1. 基层处理

清理基层的灰尘、杂质,并浇水湿润;表面光滑的平整基层应凿毛处理。

2. 抹底灰

检查基层平整度、垂直度,设标筋;用 1∶3 水泥砂浆打底,刮平、找规矩,分两次完成并将表面刮平划毛;按中级抹灰标准检查合格后,在墙的底部弹水平线,作为铺贴饰面板的基准起点线。

3. 镶贴饰面板

铺贴前,饰面板应湿润后阴干。

饰面板一般用同色水泥浆勾缝。

(二)安装饰面板

当板边长大于 400 mm 或镶贴高度超过 1 m 时,可用安装方法施工。

基层处理:表面清扫干净并浇水湿润,对凹凸过大的应找平,表面光滑平整的应凿毛。

饰面板安装前,大饰面板须进行打眼。板宽 500 mm 以内,每块板的上下两边打眼数量均不少于 2 个。打眼的位置应与钢筋网的横向钢筋的位置对齐。饰面板钻孔位置一般在板的背面算起 2/3 处,相应的背面也钻孔,使横孔、竖孔相连通,钻孔大小能满足穿丝要求即可,如图 9.12 所示。

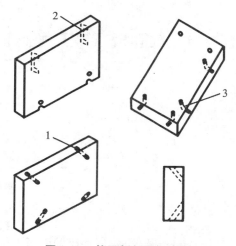

图 9.12　饰面板打眼示意图

1—饰面板打眼;2—板面打二面牛鼻子眼;3—打三面牛鼻子眼

饰面板安装时,要按事先找好的水平线和垂直线进行预排,然后在最下一行两端用块板找平找直,拉上横线,再从中间或一端开始安装。用铜丝或镀锌铅丝把块材与结构表面的钢筋骨架绑扎固定,随时用托线板靠直找平,使板与板交接处四角平整,如图 9.13 所示。

二、金属饰面板的安装

(一)金属板材

常用的金属饰面板有不锈钢板、铝合金板、铜板、薄钢板等。

不锈钢材料耐腐蚀、防火、耐磨性均良好,具有较高的强度,抗拉能力强,并且具有质软、韧性强、便于加工的特点,是建筑物室内、室外墙体和柱面常用的装饰材料。

铝合金材料耐腐蚀、防火,具有可进行轧花、涂不同色彩,压制成不同波纹、花纹和平板冲孔的加工特性,适用于中、高级室

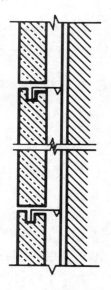

图 9.13　花岗石直角挂钩

内装修。

铜板具有不锈钢板的特点，其装饰效果金碧辉煌，多用于高级装修的柱、门厅入口、大堂等建筑局部。

(二) 不锈钢板、铜板施工工艺

不锈钢板、铜板比较薄，不能直接固定于柱、墙面上，为了保证安装后表面平整、光洁无钉孔，需用木方、胶合板做好胎模，组合固定于墙、柱面上。

1. 柱面不锈钢板、铜板饰面安装

将柱面清理干净，按设计弹好胎模位置边框线。如图 9.14 所示。

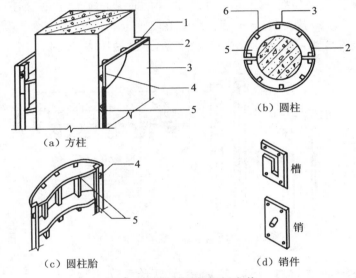

（a）方柱　　（b）圆柱　　（c）圆柱胎　　（d）销件

图 9.14　柱面不锈钢板安装

1—木骨架；2—胶合板；3—不锈钢板；4—销件；5—中密度板；6—木质竖筋

2. 墙面不锈钢板、铜板饰面安装

清理好基层，按设计弹好骨架位置纵横线；在墙面钉骨架时，其大小以饰面板而定，用膨胀螺钉将木骨架固定于墙面上，接缝处设双排立筋、横筋，间距不大于 50 mm。骨架符合质量要求后，在表面钉一层夹板作为贴面板衬材，夹板边不超出骨架。不锈钢板、铜板预先按设计压好四边，尺寸准确；沿骨架缝隙四边罩于外表面，板边与骨架边缘卡紧；最后用胶密封纵横缝。板缝外侧用木条临时固定，待胶干后，撤除木条，如图 9.15 所示。

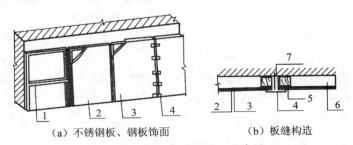

（a）不锈钢板、钢板饰面　　　　（b）板缝构造

图 9.15　不锈钢墙面施工示意图

1—骨架；2—胶合板；3—饰面金属板；4—临时固定木条；5—竖筋；6—横筋；7—玻璃胶

三、木质饰面板的施工

常用的木质饰面板是硬木板条,要求硬木板条纹理清晰,常用于室内墙面或墙裙。

(一)骨架安装

在墙上弹好位置线,先固定饰面四边骨架龙骨,再固定中间龙骨。骨架与墙体采用钢钉连接。骨架固定后应平整,以保证饰面平整。饰面板接缝应在横筋上。

(二)硬木板条饰面铺钉

硬木板条按规定下料,刨出凹凸线槽,每根尺寸都要精确,以免铺钉后墙面不平整。硬木条的铺钉分为密铺和隔一定间距铺钉,密铺的骨架可不设竖筋,横筋与墙面牢固连接。骨架固定以后,铺五夹板;五夹板接缝应在骨架上,且应留出伸缩缝隙,钉距为80~150 mm;根据设计要求,按一定间距装钉硬木条,最后做油漆,如图9.16所示。

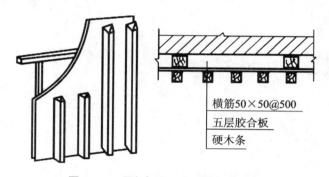

横筋50×50@500
五层胶合板
硬木条

图9.16 硬木条隔一定间距铺设饰面

四、釉面砖、陶瓷锦砖、玻璃马赛克镶贴施工

(一)釉面砖镶贴施工

施工时,墙面底层用1∶3水泥砂浆打底,表面划毛;在基层表面弹出水平和竖直方向的控制线,自上而下、从左向右横竖预排瓷砖,以使接缝均匀整齐;如有一行以上的非整砖,应排在阴角和接地部位。

按设计要求挑选规格、颜色一致的釉面瓷砖,使用前应在清水中浸泡2~3 h,阴干备用。

镶贴饰面砖时,弹线做标志,控制贴砖的水平高度,靠地先贴一皮砖,并镶好主角、吊正,拉好水平、厚度控制线,按自下而上、先左后右的顺序逐块镶贴。

(二)陶瓷锦砖镶贴施工

陶瓷锦砖可用于内、外墙面装饰。

施工前,按设计要求、墙面的实际尺寸及排砖模数和分格要求,加工分格条,有图案要求时,应选好材料,统一编号;镶贴时,对号施工,有利于加快施工速度。用12~15 mm厚1∶3水泥砂浆分层打底找平,做法同一般抹灰要求。底子灰要绝对平整,阴阳角要垂直方正,抹完后划毛并浇水养护。

镶贴陶瓷锦砖时,根据已弹好的水平线稳定好平尺板,如图9.17所示;然后在已湿润的底子灰上刷素水泥浆一层,再抹 2～3 mm 厚 1∶3 水泥纸筋灰黏结层,并用靠尺刮平。

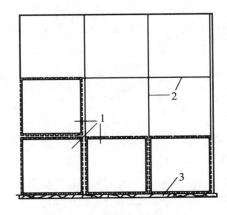

图 9.17 陶瓷锦砖镶贴示意图
1—陶瓷锦砖贴纸;2—陶瓷锦砖按纸版尺寸弹线分格(留出缝隙);3—平尺板

(三) 玻璃马赛克镶贴施工

玻璃马赛克多用于外墙饰面。

基层打底灰(同一般抹灰)完毕后,在墙上做 2 mm 厚的普通硅酸盐水泥净浆层,把玻璃马赛克背面向上平放,并在其上薄薄抹一层水泥浆,刮浆闭缝。然后将玻璃马赛克逐张沿已经标记的横、竖、厚度控制线铺贴,随即用木抹子轻轻拍击压实,使玻璃马赛克与基层牢固黏结。待水泥初凝后湿润纸面,由上向下轻轻揭掉纸面,用毛刷刷净杂物,用相同水泥浆擦缝。

任务评价

1. 饰面板安装工程质量要求

①饰面板的品种、规格、颜色和性能应符合设计要求,木龙骨面板和塑料面板的燃烧性能等级应符合设计要求。

②饰面板孔、槽的数量、位置和尺寸应符合设计要求。

③饰面板安装工程的预埋件(或后置埋件)、连接件的数量、规格、位置、连接方法和防腐处理必须符合设计要求。

④饰面板表面应平整、洁净、颜色一致,无裂痕和缺损。石材表面应无泛碱等污染。

⑤饰面板嵌缝应密实、平直,宽度和深度应符合设计要求,嵌填材料色泽应一致。

⑥采用湿作业法施工的饰面工程,石材应进行防碱背处理。饰面板与基体之间的灌注材料应饱满、密实。

⑦饰面板上的孔洞应套割吻合,边缘应整齐。

饰面板安装的允许偏差和检验方法如表 9.13 所示。

表 9.13　饰面板安装的允许偏差和检验方法

项次	项目	允许偏差（mm）							检验方法
		石材			瓷板	木材	塑料	金属	
		光面	斩假石	蘑菇石					
1	立面垂直度	2	3	3	2	1.5	2	2	用 2 米垂直检测尺检查
2	表面平整度	2	3	—	1.5	1	3	3	用 2 米靠尺或塞尺检查
3	阴阳角方正	2	4	4	2	1.5	3	3	用直角检测尺检查
4	接缝直线度	2	4	4	2	1	1	1	拉 5 米线，不足 5 米拉通线，用钢直尺检查
5	墙裙、勒脚上口直线度	2	3	3	2	2	2	2	拉 5 米线，不足 5 米拉通线，用钢直尺检查
6	接缝高低差	0.5	3	—	0.5	0.5	1	1	用钢直尺和塞尺检查
7	接缝宽度	1	2	2	1	1	1	1	用钢直尺检查

2. 饰面砖镶贴工程质量要求

①饰面砖的品种、规格、颜色和性能应符合设计要求。

②饰面砖镶贴工程的找平、防水、黏结和勾缝材料及施工方法应符合设计要求及国家现行产品标准和工程技术标准。

③饰面砖粘贴必须牢固。

④满粘法施工的饰面砖工程应无空鼓、裂缝。

⑤饰面板表面应平整、洁净、颜色一致，无裂痕和缺损。

⑥阴阳角处搭接方式、非整砖使用部位应符合设计要求。

⑦墙面凸出物周围的饰面砖应套割吻合，边缘应整齐。

⑧饰面砖接缝应平直、光滑，填嵌应连续、密实；宽度和深度应符合设计要求。

⑨有排水要求的部位应做滴水线（槽）。

饰面砖黏贴的允许偏差和检验方法如表 9.14 所示。

表 9.14　饰面砖粘贴的允许偏差和检验方法

项次	项目	允许偏差（mm）		检验方法
		外墙面砖	内墙面砖	
1	里面垂直度	3	2	用 2 m 垂直检测尺检查
2	表面平整度	4	3	用 2 m 靠尺和塞尺检查
3	阴阳角方正	3	3	用直角检测尺检查
4	接缝直线度	3	2	拉 5 m 线，不足 5 m 拉通线，用钢直尺检查
5	接缝高低差	1	0.5	用钢直尺和塞尺检查
6	接缝宽度	1	1	用钢直尺检查

思考与练习

简述各种饰面板(砖)工程施工工艺要求。

任务5 楼地面工程施工

任务描述

通过对楼地面工程的学习,学生熟悉了解楼地面的种类、构造、工艺要求、验收方法等。

知识准备

楼地面是底层地面和楼板面的总称。楼地面由面层、结合层、找平层、防潮层、保温层、垫层、基层等组成。

按面层施工方法不同可将楼地面分为三大类:一是整体楼地面,又分为水泥砂浆地面、水泥混凝土地面、水磨石地面、水泥钢(铁)屑地面、防油渗地面等;二是块材地面,又分为预制板材、大理石和花岗石、水磨石地面;三是木竹地面等。另外,还有塑料地面等。

任务实施

一、基层施工

(一) 抄平弹线统一标高

检查墙、地、楼板的标高,并在各房间内弹离楼地面高 500 mm 的水平控制线,房间内一切装饰都以此为基准。

(二) 楼面的基层是楼板

对于预制板楼板,应做好板缝灌浆、堵塞和板面清理工作。

(三) 地面基层为土质时

应是原土和夯实回填土。回填土夯实同基坑回填土夯实要求。

二、垫层施工

(一) 碎砖垫层

碎砖料不得采用风化、酥松的砖,并不得夹有瓦片及有机杂质;碎砖粒径不大于60 mm,不得在已铺好的垫层上用锤击方法进行碎砖加工。

碎砖料应分层铺均匀,每层虚铺厚度不大于 200 mm,适当洒水后进行夯实。碎砖料可用人工或机械方法夯实,夯至表面平整。

(二) 三合土垫层

三合土垫层是用石灰、砾石和砂的拌和料铺设而成,其厚度一般不小于 100 mm。

石灰应用消石灰;拌和物中不得含有有机杂质;三合土的配合比(体积比)一般采用 1:2:4 或 1:3:6(消石灰:砂:砾石)。

拌和均匀后,每层虚铺厚度不大于 150 mm,铺平后夯实,夯实厚度一般为虚铺厚度的 3/4。三合土可用人工或机械夯实,夯打应密实,表面平整。最后一遍夯打时,宜浇浓石灰浆,待表面灰浆晾干后再进行下一道工序施工。

(三) 混凝土垫层

混凝土垫层用厚度不小于 60 mm、强度等级不低于 C10 的混凝土铺设而成。混凝土的配合比由计算确定,坍落度宜为 10～30 mm,要拌和均匀。混凝土采用表面振动器捣实,浇筑完后,应在 12 h 内覆盖浇水养护不少于 7 d。混凝土强度达到 1.2 MPa 以后,才能进行下道工序施工。

三、面层施工

(一) 整体面层施工

1. 水泥砂浆地面

水泥砂浆地面面层的厚度为 20 mm,用强度等级不低于 32.5 MPa 的水泥和中粗砂拌和配制,配合比为 1:2 或 1:2.5。

2. 水磨石地面

(1) 水磨石面层做法是:1:3 水泥砂浆找平层,厚 10～15 mm;1:1.5～1:2 水泥白石子浆,厚 10～15 mm。面层分格条按设计要求的图案施工。

(2) 水磨石地面的材料要求:

①水泥:强度等级不低于 32.5。美术工艺水磨石采用白色水泥。

②石粒:采用坚硬可磨的岩石,如白云石、大理石等。石粒应洁净无杂质,粒径为 6～15 mm。

(3) 地面施工:

①固定分格条:按设计要求将分格线的位置弹到找平层上,宜从中间向两边分格,将非整块赶到边角部位,同时应考虑门、走道及吊顶分格,应统一协调。

固定分格条用素水泥浆。一个分格内,先用素水泥浆局部固定,然后通线检查,合格后全部抹成八字形的水泥浆。水泥浆的高度比分格条低 3 mm(图 9.18),使水泥石碴均匀分布在分格条两侧。

②抹水泥石子浆面层:清理找平层,浇水湿润,刷一遍与面层颜色相同的水胶比为 0.4～0.6 的水泥浆结合层,随刷随铺水泥石子浆,将其抹平后用靠尺在分格条上检查平整度与高度。

③磨光:磨光的目的是将面层的水泥浆磨掉,使表面石子磨平并显露出来,增加美观并达到设计要求。

开磨前,应先试磨,当表面石粒不松动时方可开磨。一般开磨时间如表 9.15 所示。

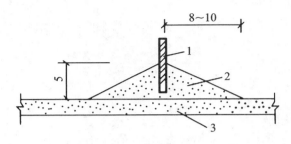

图 9.18 粘贴分格条

1—分格条；2—素水泥浆；3—垫层

表 9.15 开磨时间参考表

平均气温(℃)	开磨时间(d)	
	机磨	人工磨
20～30	2～3	1～2
10～20	3～4	1.5～2.5
5～10	5～6	2～3

④水磨石面打蜡：待磨光干燥后进行打蜡，打蜡工作在其他工序全部完成后进行。将川蜡 500 g、煤油 2 000 g 放入桶里熬到 130 ℃，用松香水 300 g、鱼油 50 g 调制；将蜡包在薄布内，在面层上薄薄涂一层，用力擦，稍干后再用布擦至表面光滑整洁、颜色一致。

(二) 板块面层施工

1. 地砖、马赛克施工

马赛克(陶瓷锦砖)常用于游泳池、浴室、厕所、餐厅等面层，具有耐酸碱、耐磨、不渗水、易清洗、色泽多样等优点。

铺设马赛克所用水泥强度等级不宜低于 32.5 级；采用硅酸盐水泥、普通硅酸盐水泥或矿渣硅酸盐水泥；砂采用中粗砂；水泥砂浆铺设时配合比为 1∶2。

铺设前，将结合层按一般抹灰要求施工，清理找平层。铺设顺序是：单门、两连通房间从门口中间拉线，先铺一张再往两边铺；有图案的从图案开始铺贴。

铺设时，在找平层上均匀刷水泥浆，马赛克背面抹水泥砂浆，直接铺在地面后，用木锤仔细拍打密实，使表面平整，用靠尺靠平找正；完成部分铺贴时，淋水湿润半小时后揭开护面纸，用刀均匀拨缝，边拨边拍实，用直尺复平；最后用 1∶1 水泥砂浆或素水泥浆扫缝嵌实打平，用棉纱擦洗干净。

地砖地面的施工同马赛克地面施工要求。铺贴时，应清理基层，浇水湿润，抄平放线；然后扫素水泥浆，用 1∶3 水泥砂浆打底找平；地砖应浸水 2～3 h，取出阴干后使用。地砖铺贴从门口开始，出现非整块砖时进行切割。

2. 木板面层施工

该地面具有弹性好、耐磨性好、不易老化等特点。木板面层有单层和双层两种。单层是在木格栅上直接钉企口板；双层是在木格栅上先钉一层毛地板，再钉一层企口板。

木格栅有空铺和实铺两种形式。

木地板拼缝用得较多的是企口缝、截口缝、平头接缝等,其中以企口缝最为普遍,如图 9.19 所示。

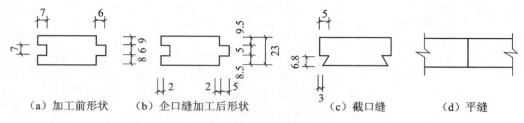

(a) 加工前形状　　(b) 企口缝加工后形状　　(c) 截口缝　　(d) 平缝

图 9.19　木板拼缝处理

(1) 长条板地面施工

将木格栅直接固定在基底上,然后用圆钉将面层钉在木格栅上。条形木地板的铺设方向应考虑铺钉方便、固定牢固和使用美观。

用钉固定木板的方法有明钉和暗钉两种钉法。明钉是将钉帽砸扁,垂直钉入板面与格栅,一般钉两颗钉,钉的位置应在同一直线上,并将钉帽冲入板内 3~5 mm。暗钉是将钉帽砸扁,从板边的凹角处斜向钉入,但最后一块地板用明钉。

(2) 拼花板地面施工

拼花板地面一般采用黏结固定的方法施工。

弹线:按设计图案及板的规格,结合房间的具体尺寸弹出垂直交叉的方格线。

刨平、打磨:刨平时应注意木纹方向,一次不要刨得太深,每次刨削厚度不大于 0.5 mm,并应无刨痕。

(3) 木踢脚板

踢脚板规格为 150 mm×(20~25)mm,背面开槽以防止翘曲。踢脚板背面应做防腐处理。踢脚板用钉子钉牢于墙内防腐木砖上,钉帽砸扁冲入板内。踢脚板接缝处应做企口或错口相接。踢脚板与木板面层转角处装钉木压条。要求踢脚板与墙紧贴,装钉牢固,上口平直。

任务评价

1. 整体面层质量要求

(1) 设整体面层时,其水泥类基层的抗压强度不得小于 1.2 MPa;表面应粗糙、洁净、湿润,不得有积水。铺设前宜涂刷界面处理剂。

(2) 整体面层施工后,养护时间不应少于 7 d;抗压强度应达到 5 MPa 后,方可上人行走;抗压强度应达到设计要求后,方可正常使用。

(3) 不采用掺有水泥的拌和料做踢脚线时,不得用石灰砂浆打底。

(4) 整体面层的允许偏差如表 9.16 所示。

表 9.16 整体面层的允许偏差

序号	项目	允许偏差（mm）					
		水泥混凝土面层	水泥砂浆面层	普通水磨石面层	高级水磨石面层	水泥钢（铁）屑面层	防油渗混凝土和防爆面层
1	表面平整度	5	4	3	2	4	5
2	踢脚线上口平直	4	4	3	3	4	4
3	缝格平直	3	3	3	2	3	3

2. 板块面层质量要求

（1）铺设板块面层时，其水泥类基层的抗压强度不得小于 1.2 MPa。

（2）铺设板块面层的结合层和板块间的填缝应采用水泥砂浆。

（3）板块的铺砌应符合设计要求，当设计无要求时，宜避免出现板块小于 1/4 边长的角料。

（4）板块类踢脚线施工时，不得用石灰砂浆打底。

（5）板块面层的允许偏差如表 9.17 所示。

表 9.17 板块面层的允许偏差

项次	项目	允许偏差(mm)											检验方法
		陶瓷锦砖面层、高级水磨石板、陶瓷地砖面层	缸砖面层	水泥花砖面层	水磨石板块面层	大理石面层和花岗石面层	塑料板面层	水泥混凝土板块面层	碎拼大理石、碎拼花岗石面层	活动地板面层	条石面层	块石面层	
1	表面平整度	2.0	4.0	3.0	3.0	1.0	2.0	4.0	3.0	2.0	10.0	10.0	用 2 m 靠尺和楔形塞尺检查
2	缝格骨直	3.0	3.0	3.0	3.0	2.0	3.0	3.0	—	2.5	8.0	8.0	拉 5 m 线和用钢尺检查
3	接缝高低差	0.5	1.5	0.5	1.0	0.5	0.5	1.5	—	0.4	2.0	—	用钢尺和楔形塞尺检查
4	踢脚线上口平直	3.0	4.0	—	4.0	1.0	2.0	4.0	1.0	—	—	—	拉 5 m 线和用钢尺检查
5	板块间隙宽度	2.0	2.0	2.0	2.0	1.0	—	6.0	—	0.3	5.0	—	用钢尺检查

思考与练习

简述楼地面工程面层施工的工艺要求。

任务 6　涂料、刷浆、裱糊工程施工

任务描述

通过对涂料、刷浆、裱糊工程的学习,学生熟悉了解涂料、刷浆、裱糊的种类、构造、工艺要求、验收方法等。

知识准备

涂料和刷浆是将液体涂料刷在木料、金属、抹灰层或混凝土表面干燥后形成一层与基层牢固黏结的薄膜,以与外界空气、水气、酸、碱隔绝,达到防潮、防腐、防锈作用,同时也满足建筑装饰的要求。裱糊工程是以普通壁纸、塑料墙纸、玻璃纤维墙布、无纺贴墙布等为材料的室内裱糊施工。

任务实施

一、涂料工程

(一) 涂料

涂料由胶结剂、颜料、溶剂和辅助材料等组成。

1. 外墙涂料

由主要成膜物质、次要成膜物质、辅助成膜物质和其他外加剂、分散剂等组成。常用的有硅酸盐类无机涂料、乳液涂料等。

2. 内墙涂料

内墙涂料较多,主要有乳液涂料和水溶型涂料两类。

3. 地面涂料

主要成膜物质是合成树脂或高分子乳液加掺和料,如过氯乙烯地面涂料、聚乙烯醇缩甲醛厚质地面涂料、聚醋酸乙烯乳液厚质地面涂料等。

4. 顶棚涂料

除了采取传统的刷浆工艺和选用内墙涂料外,为了提高室内的吸音效果,可采用凹凸起伏较大、质感明显的装饰涂料。

5. 防火涂料

高聚物黏结剂一般具有可燃性,而乳胶涂料因混入大量的无机填料及颜料而比较难燃,可选择适当的黏结剂、增塑剂及添加剂等来进一步提高涂膜的难燃性及防火性。

(二) 基层处理

新建建筑物的混凝土或抹灰基层涂饰涂料前应涂刷抗碱封闭底漆;旧墙面涂饰涂料前应清除疏松的旧装修层并涂刷界面剂;混凝土或抹灰基层涂刷溶剂型涂料时,含水率不得大于8%,涂刷乳液型溶剂时含水率不得大于10%,木材基层的含水率不得大于12%;基层腻子应平整、坚实、牢固,无粉化、起皮和裂缝;厨房、卫生间墙面必须使用耐水腻子。

木材表面上的灰尘、污垢等施涂前应清理干净,木材表面的缝隙、毛刺、掀岔和脂囊修整后应用腻子填补,并用砂纸磨光。

金属表面施涂前应将灰尘、油渍、鳞皮、锈斑、焊渣、毛刺等清除干净。

(三) 涂料施工工艺

1. 涂料工程的基本工序见表 9.18、表 9.19、表 9.20、表 9.21 的规定。

表 9.18　混凝土及抹灰外墙表面薄涂料工程的主要工序

项次	工序名称	乳胶薄涂料	溶剂型薄涂料	无机薄涂料
1	修补	+	+	+
2	清扫	+	+	+
3	填补缝隙、局部刮腻子	+	+	+
4	磨平	+	+	+
5	第一遍涂料	+	+	+
6	第二遍涂料	+	+	+

注:① 表中"+"表示应进行的工序;

② 机械喷涂可不受表中涂料遍数的限制;

③ 如施涂两遍涂料后装饰效果不理想时,可增加1~2遍涂料。

表 9.19　混凝土及抹灰内墙、顶棚表面薄涂料工程的主要工序

项次	工序名称	水性涂料涂饰						溶剂型涂料涂饰	
		水溶性涂料		无机涂料		乳液性涂料			
		普通	高级	普通	高级	普通	高级	普通	高级
1	清扫	+	+	+	+	+	+	+	+
2	填补缝隙、局部刮腻子	+	+	+	+	+	+	+	+
3	磨平	+	+	+	+	+	+	+	+
4	第一遍满刮腻子	+	+	+	+	+	+	+	+
5	磨平	+	+	+	+	+	+	+	+

续表

项次	工序名称	水性涂料涂饰						溶剂型涂料涂饰	
		水溶性涂料		无机涂料		乳液性涂料			
		普通	高级	普通	高级	普通	高级	普通	高级
6	第二遍满刮腻子		+		+	+	+	+	+
7	磨平		+		+	+	+	+	+
8	干性油打底								
9	第一遍涂料	+	+	+	+	+	+	+	+
10	复补腻子		+		+				+
11	磨平		+		+				+
12	第二遍涂料	+	+		+	+	+	+	+
13	磨平						+	+	+
14	第三遍涂料						+	+	+
15	磨平								+
16	第四遍涂料								+

注:① 表中"+"号表示应进行的工序;
② 机械喷涂可不受表中施涂遍数的限制,以达到质量要求为准;
③ 高级内墙、顶棚薄涂料工程,必要时可增加刮腻子的遍数及1~2遍涂料;
④ 石膏板内墙、顶棚表面薄涂料工程的主要工序除板缝处理外,其他工序同表9.19;
⑤ 湿度较高或局部遇明水的房间,应用耐水性的腻子和涂料。

表 9.20　混凝土及抹灰外墙表面复层涂料工程的主要工序

项次	工序名称	合成树脂乳液复层涂料	硅溶胶类复层涂料	水泥系复层涂料	反应固化型复层涂料
1	修补	+	+	+	+
2	清扫	+	+	+	+
3	填补缝隙、局部刮腻子	+	+	+	+
4	磨平	+	+	+	+
5	施涂封底涂料	+	+	+	+
6	施涂主层涂料	+	+	+	+
7	滚压	+	+	+	+
8	第一遍罩面涂料	+	+	+	+
9	第二遍罩面涂料	+	+	+	+

注:表中"+"号表示应进行的工序。

表 9.21　木料表面施涂溶剂型混色涂料的主要工序

项次	工序名称	普通涂饰	高级涂饰
1	清扫、起钉子、除油污等	+	+
2	铲去脂囊、修补平整	+	+
3	磨砂纸	+	+
4	节疤处点漆片	+	+
5	干性油或带色干性油打底	+	+
6	局部刮腻子、磨光	+	+
7	第一遍满刮腻子	+	+
8	磨光	+	+
9	第二遍满刮腻子		+
10	磨光		+
11	刷涂底涂料	+	+
12	第一遍涂料	+	+
13	复补腻子	+	+
14	磨光	+	+
15	湿布擦净	+	+
16	第二遍涂料	+	+
17	磨光(高级涂料用水砂纸)	+	+
18	湿布擦净	+	+
19	第三遍涂料	+	+

注：① 表中"＋"号表示应进行的工序；

② 高级涂料做磨退时，宜用醇酸树脂涂料刷涂，并根据涂膜厚度增加 1～2 遍涂料和磨退、打砂蜡、打油蜡、擦亮的工序；

③ 木料及胶合板内墙、顶棚表面施涂溶剂型混色涂料的主要工序同表 9.21。

2. 常用施涂涂料方法

（1）刷涂法

人工涂刷时，用刷子蘸上涂料直接涂于物件表面上，其涂刷方向和行程长短均应一致；应勤沾短刷，接槎应在分格缝处；如所用涂料干燥较快时，应缩短刷距；应反复刷，刷涂顺序一般为从里向外、从上向下、从左向右。

（2）滚涂法

用辊子蘸上少量涂料后再在被滚墙面上轻缓平稳地来回滚动，直上直下，避免扭蛇行，以保证厚度、色泽、质感一致。常用的辊子直径为 40～50 mm，长 180～240 mm。边角滚不到部位处，用刷子补刷。

（3）喷涂法

喷涂的机具有：手持喷枪、装有自动压力控制器的空气压缩机和高压胶管。

喷涂时,对涂料稠度、空气压力、喷射距离、喷枪运行中的角度和速度等方面均有一定的要求。涂料稠度必须适中,太稠不便施工,太稀影响涂层厚度,且易流淌。

（4）弹涂法

弹涂用工具:电动彩弹机及其相应的配套和辅助器具、料桶、料勺等。彩弹饰面施工必须根据事先设计的样板上的色泽和涂层表面形状的要求进行。

（5）抹涂法

在底层刷涂或滚涂 1～2 道底层涂料,待其干燥后（常温 2 h 以上）,用不锈钢抹子将涂料抹到已刷的底层涂料上,一般抹 1～2 遍（总厚度 2～3 mm）,间隔 1 h 后再用不锈钢抹子压平。

二、刷浆工程

（一）刷浆材料

刷浆所用的材料主要是指石灰浆、水泥浆、大白浆和可赛银浆等。石灰浆和水泥浆可用于室内外墙面,大白浆和可赛银浆只用于室内墙面。

1. 石灰浆

用石灰膏加水调制而成。为了提高附着力,往往掺加石灰浆用量 0.3％～0.5％ 的食盐或明矾,也可掺加 20％～30％ 的 107 胶,其效果更好。

2. 水泥浆

用素水泥浆做刷浆材料时,由于涂层薄、水分蒸发快,水泥不能充分水化,往往易粉化、脱落,而用聚合物水泥浆可克服这些缺陷。聚合物水泥浆的主要成分是:白水泥、高分子材料、颜料、分散剂和憎水剂。

3. 大白浆

由大白粉加水制成。调制时,必须掺入胶结料 107 胶或聚醋酸乙烯乳液。107 胶的掺入量为大白粉量的 15％～20％,聚醋酸乙烯乳液的掺入量为 8％～10％。

4. 可赛银浆

由可赛银粉加水调制而成。可赛银粉是由碳酸钙、滑石粉和颜料研磨,再加入干酪素胶粉等混合均匀配制而成。

（二）基层要求

1. 刷浆工程的基层应干燥。刷石灰浆、聚合物水泥浆涂料的基层,干燥程度可适当放宽。

2. 刷浆前,应将基层表面上的灰尘、污垢、砂浆流痕清除干净,表面的缝隙应用腻子填补平齐。常用腻子配合比（质量比）如下:

（1）室外刷浆工程的乳胶腻子

乳胶:水泥:水＝1:5:1

（2）室内刷浆工程的腻子

乳胶:滑石粉或大白粉:2％羧甲基纤维素溶液＝1:5:3.5

3. 刷无机涂料前,基层表面应用清水冲洗干净,待明水挥发后方可涂刷。

（三）工艺要求

1. 室内外刷浆工程的工序如表 9.22、表 9.23 所示。

表 9.22 室内刷浆工程主要工序

序号	工序名称	石灰浆		聚合物		大白浆			可赛银浆		水溶性涂料	
		普通	中级	普通	中级	普通	中级	高级	中级	高级	中级	高级
1	清扫	+	+	+	+	+	+	+	+	+	+	+
2	用乳胶水溶液或聚乙烯醇缩甲醛胶水溶液湿润			+	+							
3	填补缝隙,局部刮腻子	+	+	+	+	+	+	+	+	+	+	+
4	磨平	+	+	+	+	+	+	+	+	+	+	+
5	第一遍满刮腻子							+	+	+	+	+
6	磨平							+	+	+	+	+
7	第二遍满刮腻子							+		+		+
8	磨平	+										
9	第一遍刷浆	+	+	+	+	+	+	+	+	+	+	+
10	复补腻子		+					+	+	+	+	+
11	磨平		+					+	+	+	+	+
12	第二遍刷浆	+	+	+	+	+	+	+	+	+	+	+
13	磨浮粉									+		
14	第三遍刷浆								+	+		+
15												

注:① 表中"+"号表示应进行的工序;

② 高级刷浆工程,必要时可增刷一道;

③ 机械喷浆可不受表中遍数的限制,以达到质量要求为准;

④ 湿度较大的房间刷浆,应用具有防潮性能的腻子和浆料。

表 9.23 室外刷浆工程主要工序

项次	工序名称	石灰浆	聚合物水泥浆	无机涂料
1	清扫	+	+	+
2	填补缝隙,局部刮腻子	+	+	+
3	磨平	+	+	+
4	找补腻子,磨平			+
5	用乳胶水溶液或聚乙烯醇缩甲醛胶水溶液浸润		+	
6	第一遍刷浆	+	+	+
7	第二遍刷浆	+	+	+

注:①表中"+"号表示应进行的工序;

②机械喷浆可不受表中遍数的限制,以达到质量要求为准。

2. 刷浆

刷浆一般用刷涂法、滚涂法和喷涂法施工。

刷涂法是最简易的人工施工方法,用排笔、扁刷进行刷涂。滚涂法是利用辊子蘸少量涂料后,在被滚墙面上轻缓平稳地来回滚动,避免歪扭蛇行,以保证涂层厚度一致,色泽、质感一致。喷涂法采用手压式喷浆机或电动喷浆机进行喷涂。

三、裱糊工程

(一) 材料

1. 墙纸和贴墙布

塑料墙纸是在厚纸上涂布塑料色浆,并用印花色浆印出各种花纹而成的。塑料墙纸的品种很多,从外表看有仿锦缎、静电植绒、印花、压花、仿木、仿石等;从材料看有塑料、纸、布、石棉纤维等。施工时,经剪裁后粘贴到墙面上而达到装饰的效果。

2. 胶黏剂

根据塑料墙纸和玻璃纤维墙布材料的特点和要求,可在市场上选购相应的胶黏剂,也可自行配制(质量比):

(1)塑料墙纸胶黏剂

聚乙烯醇缩甲醛(107 胶)	100
羧甲基纤维素(2.5%水溶液)	30
水	50(可变)

(2)玻璃纤维墙布胶黏剂

聚醋酸乙烯乳液(含量50%)	60
羧甲基纤维素(2.5%水溶液)	40

(3)普通墙纸黏结剂

面粉糨糊,在面粉中加面粉用量10%的明矾或0.2%的甲醛即可。

(二) 基层处理

新建建筑物的混凝土或抹灰基层墙面刮腻子前应涂刷抗碱封闭底漆。旧墙面裱糊前应清除疏松的旧装修层,并涂刷界面剂。混凝土或抹灰基层含水率不得大于8%;木材基层的含水率不得大于12%。基层腻子应平整、坚实、牢固,无粉化、起皮和裂缝;腻子的黏结强度应符合《建筑室内用腻子》(JG/T 298—2010)N 型的规定。基层表面平整度、立面垂直度及阴阳角方正应达到高级抹灰的要求,基层表面颜色应一致。裱糊前应用封闭底胶涂刷基层。

(三) 裱糊技术

1. 裱糊的主要工序如表 9.24 所示。

表 9.24　裱糊的主要工序

项次	工序名称	抹灰面混凝土				石膏板面				木料面			
		复合壁纸	PVC壁纸	墙布	带背胶壁纸	复合壁纸	PVC壁纸	墙布	带背胶壁纸	复合壁纸	PVC壁纸	墙布	带背胶壁纸
1	清扫基层、填补缝隙抹砂纸	+	+	+	+	+	+	+	+	+	+	+	+
2	接缝处糊条					+	+	+	+	+	+	+	+
3	找补腻子、磨砂纸					+	+	+	+	+	+	+	+
4	满刮腻子、磨平	+	+	+	+								
5	涂刷涂料一遍									+	+	+	+
6	涂刷底胶一遍	+	+	+	+	+	+	+	+				
7	墙面划准线		+				+				+		
8	壁纸浸水润湿		+				+				+		+
9	壁纸涂刷胶黏剂	+				+				+			
10	基层涂刷胶黏剂	+	+	+		+	+	+		+	+	+	
11	纸上墙、裱糊	+	+	+	+	+	+	+	+	+	+	+	+
12	拼接、搭接、对花	+	+	+	+	+	+	+	+	+	+	+	+
13	赶压胶黏剂、气泡	+	+	+	+	+	+	+	+	+	+	+	+
14	裁边		+				+				+		
15	擦净挤出的胶液	+	+	+	+	+	+	+	+	+	+	+	+
16	清理修整	+	+	+	+	+	+	+	+	+	+	+	+

注:① 表中"＋"号表示应进行的工序;

② 不同材料的基层相接处应糊条;

③ 混凝土表面和抹灰表面必要时可增加满刮腻子遍数;

④ "裁边"工序,在使用宽为 320 mm、1 000 mm、1 100 mm 等需重叠对花的 PVC 压延壁纸时进行。

2. 施工要点

(1) 刷底层涂料

被贴墙面要刷一遍底层涂料,要求薄而均匀,不得有漏刷、流淌等缺陷。其目的是防止基层吸水太快引起胶黏剂过早脱水而影响墙纸粘贴效果。

(2) 墙面弹线

目的是使墙纸粘贴后的花纹、图案、线条纵横贯通,必须在底层涂料干后弹水平线、垂直线,作为操作时的标准。墙纸水平式裱贴时,弹水平线;墙纸竖向裱贴时,弹垂直线。

（3）裁纸

根据墙纸规格及墙面尺寸统筹规划裁纸，纸幅应编号，按顺序粘贴。墙面上下要预留裁剪尺寸，一般两端应多留 50 mm。当墙纸有花纹、图案时，要预先考虑完工后的花纹、图案效果、光泽效果，且应对接无误，不要随便裁割。

（4）浸水

塑料墙纸遇水或胶水开始自由膨胀，5～10 min 后胀定，干后则自行收缩。自由胀缩的墙纸，其幅度方向的膨胀率为 0.5%～1.2%，收缩率为 0.2%～0.8%。利用这个特性是保证裱糊质量的关键。

（5）墙纸的粘贴

墙面和墙纸各刷胶黏剂一遍，阴阳角处应增涂胶黏剂 1～2 遍，刷胶要求薄而均匀，不得漏刷。墙面涂刷胶黏剂的宽度应比墙纸宽 20～30 mm。

先贴长度较大的墙面，后贴短墙面。每面墙从明显的墙角以整幅纸开始粘贴，将窄条纸的现场边留在不明显处的阴角。每个墙面的第一条纸都要挂垂线；每条纸均应先对花纹和拼缝，由上而下进行，上端不留余地；先在一侧对缝，保证墙纸粘贴垂直，后对花纹拼缝，到底压实后再抹平整张墙纸。

阳角转角处不留拼缝，包角要压实，并注意花纹、图案与阳角直线的关系。

采用搭口拼缝时，要待胶黏剂平到一定程度后，才用刀具裁割墙纸，小心地撕去割去部分，再刮压密实。用刀时，一次直落，力度要适当、均匀，不能停顿，以免出现刀痕搭口，同时也不要重复切割，以免搭口起丝。

粘贴的墙纸应与挂镜线、门窗贴脸板和踢脚板紧接，不得有缝隙。

墙纸粘贴后，若发现空鼓、气泡等缺陷，可用针刺破放气，并用注射器挤压胶黏剂后再用刮板刮平压密实。

（6）成品保护

在交叉流水作业中，人为的损坏、污染，施工期间与完工后的空气湿度与温度变化等因素，都会严重影响墙纸饰面的质量。所以，应做好成品保护工作，严禁通行或设置保护覆盖物。

一般应注意以下几点：裱糊墙纸应尽量放在最后一道工序；裱糊时空气相对湿度应低于 85%；裱贴墙纸的工程完工后，应尽量保持房间通风；裱糊基层为混合砂浆和纸筋灰罩的基层较好，若用石膏罩面效果更佳。

 任务评价

1. 涂料工程质量要求

（1）水性涂料涂饰

水性涂料涂饰工程所用涂料的品种、型号和性能应符合设计要求；应涂饰均匀、黏结牢固，不得有漏涂、透底、起皮和掉粉现象；涂料工程应待涂层完全干燥后，方能进行验收。检查时所用材料品种、颜色等应符合设计和选定的样品要求。

薄涂料的涂饰质量和检验方法如表 9.25 所示。厚涂料的涂饰质量和检验方法如表 9.26 所示。复合涂料的涂饰质量和检验方法如表 9.27 所示。

表 9.25　薄涂料的涂饰质量和检验方法

项次	项目	普通涂饰	高级涂饰	检验方法
1	颜色	均匀一致	均匀一致	观察
2	泛碱、咬色	允许少量轻微	不允许	观察
3	流坠、疙瘩	允许少量轻微	不允许	
4	砂眼、刷纹	允许有少量轻微砂眼,刷纹通顺	无砂眼,无刷纹	
5	装饰线、分色线填线度允许偏差(mm)	2	1	拉5m线,不足5m拉通线,用钢尺检查

表 9.26　厚涂料的涂饰质量和检验方法

项次	项目	普通涂饰	高级涂饰	检验方法
1	颜色	均匀一致	均匀一致	观察
2	泛碱、咬色	允许有少量轻微	不允许	
3	点状分布	—	疏密均匀	

表 9.27　复合涂料的涂饰质量和检验方法

项次	项目	质量要求	检验方法
1	颜色	均匀一致	观察
2	泛碱、咬色	不允许	
3	喷点疏密程度	均匀,不允许连片	

（2）溶剂型涂料涂饰

溶剂型涂料涂饰工程所用涂料的品种、型号和性能应符合设计要求；颜色、光泽、图案应符合设计要求；应涂饰均匀、黏结牢固,不得有漏涂、透底、起皮和反锈现象。

色漆的涂饰质量和检验方法如表 9.28 所示。清漆的涂饰质量和检验方法如表 9.29 所示。

表 9.28　色漆的涂饰质量和检验方法

项次	项目	普通涂饰	高级涂饰	检验方法
1	颜色	均匀一致	均匀一致	观察(手摸)
2	光泽、光滑	光泽基本均匀,手感光滑无挡	光泽基本均匀一致,光滑	
3	刷纹	刷纹通顺	无刷纹	
4	裹棱、流坠、皱皮	明显处不允许	不允许	
5	装饰线、分色线填线度允许偏差(mm)	2	1	拉5m线,不足5m拉通线,用钢尺检查

表 9.29　清漆的涂饰质量和检验方法

项次	项目	普通涂饰	高级涂饰	检验方法
1	颜色	均匀一致	均匀一致	观察(手摸)
2	木纹	棕眼刮平、木纹清楚	棕眼刮平、木纹清楚	
3	光泽、光滑	光泽基本均匀手感光滑无挡	光泽基本均匀一致,光滑	
4	刷纹	无刷纹	无刷纹	
5	裹棱、流坠、皱皮	明显处不允许	不允许	拉 5 m 线,不足 5 m拉通线,用钢尺检查

2. 涂料的安全技术

涂料材料和所用设备必须有专人保管,各类储油原料的桶必须有封盖。涂料库房内必须有消防设备,要隔绝火源,与其他建筑物相距应有 25～40 m。使用喷灯时,油不得加满。操作者要做好自身保护工作,坚持穿戴安全防护用具。使用溶剂时,应防护好眼睛、皮肤。熬胶、烧油应离开建筑物 10 m 以外。

3. 裱糊工程质量要求

裱糊工程的质量应符合下列规定:

(1)壁纸、墙布的种类、规格、图案、颜色和燃烧性能等级必须符合设计要求及国家现行的有关标准;

(2)裱糊后各幅拼接应横平竖直,拼接处花纹、图案应吻合,不离缝、不搭接、不显拼缝;

(3)壁纸、墙布应粘贴牢固,不得有漏贴、补贴、脱层、空鼓和翘边。

思考与练习

简述涂料、刷浆、裱糊工程工艺要求。

项目十　冬期与雨期施工

项目需求

　　我国地域辽阔,气候复杂。东北、华北和西北地区的许多省份处于温带地区,每年冬季的持续时间长达几个月,南方地区冬期出现负温时间则较短。我国的气候特点属于大陆性气候,冬季寒冷、空气干燥,又经常遭受到西伯利亚寒流侵袭影响,气温会骤然下降,这给冬期施工带来不少麻烦。此外,我国大部分地区还存在雨期施工情况,特别是沿海一带,到了雨期,不仅雨水频繁,而且伴有台风、暴雨、山洪等恶劣气象。而建筑工程基础施工又多是露天作业,气候的变化给建筑施工带来了很多困难。为缩短工期,加速基本建设,我们应尽可能保证全年不间断施工。为保证工程质量,除应按正常施工条件下完成各项要求外,还必须在冬期和雨期合理安排施工程序,制定切实可行的冬期和雨期施工方案,保证工程施工的顺利进行。

项目工作场景

　　实训基地(有与工程实际相符的各种冬期与雨期施工工程)、实际工程施工现场等。

方案设计

　　首先了解混凝土结构工程的冬期施工、土方工程的冬期施工、砌体工程的冬期施工等,最后是雨期施工的内容等。

相关知识和技能

　　1. 冬期施工的特点及原则,混凝土结构工程施工原理及工艺要求;

　　2. 土方工程冬期施工中的开挖和回填施工要点;

　　3. 砌体工程冬期施工的一般规定及要求;

　　4. 土方、砌体、混凝土工程雨期施工准备,各分项工程施工要点及雨季施工现场防雷措施;

　　5. 依据施工地区气候条件和施工结构构件部位,能确定冬期施工方法和实施中应注意的事项；

6. 编制当地冬季或雨季的混凝土结构工程施工方案。

任务1 混凝土结构工程的冬期施工

任务描述

通过对混凝土结构工程的冬期施工的学习，学生熟悉了解冬期施工的特点、冬期施工的原则、混凝土冬期施工方法的选择等。

知识准备

冬期施工所采取的技术措施，是以气温作为依据。国家及各地区对分项工程冬期施工的起讫日期均做了明确规定。

1. 冬期施工的特点

（1）在冬期施工中，对建筑物有影响的长时间的持续负低温、大的温差、强风、降雪和反复的冰冻，经常造成质量事故。冬期是事故多发期。据资料分析，有三分之二的工程质量事故发生在冬期，尤其是混凝土工程。

（2）冬期发生质量事故往往不易察觉，到春天解冻时，一系列质量问题才暴露出来。这种事故的滞后性给处理解决质量事故带来很大困难。

（3）冬季施工的计划性和准备工作时间性强，常常仓促施工，故容易发生质量事故。

2. 冬期施工的原则

为了保证冬期施工质量，在选择具体的施工方法时，须采取下列原则：

确保工程质量；经济合理，使增加的措施费用既能满足工程需要又将费用控制到最小；所需的热源及技术措施材料有可靠的来源，并使消耗的能源最少；工期能满足规定要求。

3. 冬期施工的准备工作

（1）根据施工组织设计的编制，抓好将不适宜冬期施工的分项工程安排在冬期前后完成。合理选择冬期施工项目。

（2）掌握分析当地的气温情况，收集有关气象资料作为选择冬期施工技术措施的依据。

（3）凡进行冬期施工的工程项目，会同设计单位复核施工图纸，查对其是否能适应冬期施工要求。如有问题应及时提出并修改。

（4）冬期施工的设备、工具、材料及劳动防护用品均应提前准备（塑料薄膜、草帘子、石岩被、麻袋、炉灶、无烟煤、灭火器等）。

（5）冬期施工前对配制外掺剂设专人在搅拌站旁站，对测温保温人员、司炉工等应专门组织技术培训，经考试合格后方能上岗。

任务实施

在严寒季节,由于气温常处于负温,新浇筑的混凝土若任其敞露在大气条件下,必将遭受冻害,混凝土的强度和耐久性会大大降低,严重影响结构的承载能力和工程寿命,因此,必须采取冬期施工的技术措施,防止新浇筑的混凝土早期受冻,保证混凝土工程的质量能达到规定的要求。

规范规定:室外日平均气温连续 5 天稳定低于 5 ℃时,混凝土结构工程应采用冬期施工措施,并应及时采取气温突然下降的防冻措施。

一、混凝土冬期施工的一般原理

(一)温度对混凝土强度增长的影响

混凝土强度的高低和增长速度,决定于水泥水化反应的程度和速度。水泥的水化反应必须在有水和一定的温度条件下才能进行。其中,温度决定水化反应速度的快慢,温度越高,反应越快,混凝土强度增长也越快;反之,温度越低,混凝土强度增长也越慢。

(二)冻结对混凝土强度的影响

新浇筑的混凝土如果遭受冻结,则水泥的水化作用停止进行,同时,由于拌和水冻结成冰,水冻结成冰后的体积要增大约 9%,从而,在混凝土内部产生冻胀应力,当混凝土的冻胀应力大于混凝土的强度时,混凝土内部结构将因遭受冻胀破坏而产生裂缝。实验证明:遭受冻结的混凝土后期强度有不同程度的损失,其强度损失值的大小与混凝土受冻的龄期有关,受冻龄期越早,混凝土强度越低,后期强度损失值就越大;反之,受冻龄期越晚,混凝土强度越高,后期强度损失值就越小。

(三)抗冻临界强度

由上可知,当混凝土具有一定的强度后,其结构坚固到足以抵抗冻胀应力的破坏作用时,混凝土的强度损失就较小,甚至不损失。混凝土遭受冻结时具备的能够抵抗冻胀应力的最低强度,称为混凝土的抗冻临界强度。因此,在混凝土工程冬期施工中,必须采取措施防止混凝土在达到抗冻临界强度之前受冻。

规范规定:冬期浇筑的混凝土,在受冻前,混凝土的抗压强度不得低于下列规定:硅酸盐水泥或普通硅酸盐水泥配制的混凝土,为设计的混凝土强度标准值的 30%;矿渣硅酸盐水泥配制的混凝土,为设计的混凝土强度标准值的 40%;不大于 C10 的混凝土,不得小于 5.0 N/mm²;掺用防冻剂的混凝土,当室外最低气温不低于 −15 ℃时,不得小于 4.0 N/mm²,当室外最低气温不低于 −30 ℃时,不得小于 5.0 N/mm²。

二、混凝土冬期施工方法

混凝土浇筑后,为保证混凝土在达到要求的强度(抗冻临界强度)之前不受冻,必须选择适当的施工方法,使混凝土强度得到正常增长。混凝土基础冬期施工常用的方法有蓄热法、掺外加剂法、综合热法和外部加热法等。

(一) 蓄热法

蓄热法是利用对混凝土组成材料(水、砂、石)预加的热量和水泥的水化热,用保温材料加以适当的覆盖保温,防止热量散失过快,延缓混凝土的冷却,从而使混凝土能够在正温条件下达到规范规定的抗冻临界强度。

由于蓄热法只需对原材料进行加热,具有施工简便、容易控制、费用较低、质量容易保证的优点,是非常普遍的冬期施工方法。

1. 蓄热法的适用范围

规范规定:当室外最低温度不低于−15 ℃时,地面以下的工程或表面系数(表面系数是指结构冷却的表面积与其全部体积的比值)不大于 5 m^{-1} 的结构,应优先采用蓄热法养护。

2. 材料的加热方法

混凝土原材料加热应优先采用对水加热的方法,当加热水仍不能满足要求时,再对骨料进行加热,水泥不允许加热(可以放在室内,以免其温度过低)。水、骨料加热的温度一般不得超过表 10.1 的规定。若水达到规定温度后仍不能满足要求,水的加热温度可提高到 100 ℃,但水泥不得与超过规定温度以上的水直接接触,投料时,应先投入骨料和水,最后再投入水泥,防止水泥出现假凝现象。

表 10.1 拌和水及骨料加热的最高温度

水泥品种及强度等级(℃)	拌和水(℃)	骨料(℃)
强度等级≤52.5 的普通硅酸盐水泥、矿渣硅酸盐水泥	80	60
强度等级>52.5 的普通硅酸盐水泥、矿渣硅酸盐水泥	60	40

3. 保温材料

蓄热法所选用的保温材料应具有导热性低、防风防潮、价格低廉、能多次重复利用、便于支设等功能。保温材料必须保持干燥,避免受潮,常用的保温材料有草垫、草帘、锯末、泡沫塑料板等。由于这些材料不能防风防潮,因此宜用防水布、塑料薄膜等覆盖,对于构件的边棱、端部和突出部分要特别注意加强保温。

4. 蓄热法热工计算原理

蓄热法热工计算的依据是热量平衡原理,即每立方米混凝土从浇筑完毕时的温度下降到 0 ℃的过程中,透过模板和保温层所放出的热量,等于混凝土预加热量和水泥在此期间所放出的水化热之和。必须保证当混凝土温度降至 0 ℃时,混凝土抗压强度大于或等于抗冻临界强度,并据此确定保温层的种类、厚度及原材料的加热温度。

(二) 掺外加剂法

掺外加剂是指在冬期施工的混凝土中加入一定剂量的外加剂,保证水泥在负温条件下继续水化,从而使混凝土在负温下能达到抗冻害的临界强度。冬期施工用的防冻剂通常由防冻、早强、减水及引气等组分复合而成,这样可以发挥各组分的特点,相互补充以取得更好的防冻效果。

1. 防冻组分

防冻组分可降低混凝土中水的冰点,使之在一定负温条件下冻结,为水泥水化提供必要的水分,使混凝土在负温下继续硬化、强度继续增长。常用的防冻组分有:氯化钠、氯化钙、亚硝酸钠、硝酸钠、乙酸钠和尿素等。

2. 早强组分

早强组分可加速水泥水化的过程,使混凝土强度迅速增长,尽快达到抗冻临界强度常用的早强组分有:硫酸钠、三乙醇胺等。

3. 减水组分

减水组分用来减少拌和水量,从而降低混凝土中的含水量,以减轻因水分冻胀对混凝土的危害,提高混凝土的密实度。常用的减水组分有:木质素磺酸钙、FDN 等。

4. 引气组分

加入引气组分后,由于存在大量微小封闭的气泡,可缓冲冻胀应力的影响。

值得注意的是,由于氯离子会对钢筋产生锈蚀作用,因此,在钢筋混凝土中掺用氯盐类防冻剂时,氯盐掺量按无水状态计算不得超过水泥重量的 1%。掺用氯盐的混凝土必须振捣密实,且不宜采用蒸汽养护。为防止氯盐对钢筋的锈蚀作用,可在氯盐混凝土中掺加阻锈剂,常用的阻锈剂是亚硝酸钠,它同时又具有防冻作用。

（三）综合蓄热法

综合蓄热法是指在温凝土中掺入防冻剂,与蓄热法相结合的一种冬期施工方法。

综合蓄热法一般分为低蓄热养护和高蓄热养护两种。低蓄热养护过程主要以使用早强水泥或掺负温外加剂等冷操作方法为主,使混凝土在缓慢冷却至冰点前达到允许受冻的临界强度;高蓄热养护过程则主要以短时间加热为主,使混凝土在养护期间达到要求的受荷强度。这两种方法的选择取决于施工和气温条件。一般日平均气温不低于 $-15\,℃$,表面系数为 $6\sim8$,且选用高效保温材料时,宜采用低蓄热养护;当日平均气温低于 $-15\,℃$,表面系数大于 13 时,宜用短时间加热的高蓄热养护。

采用综合蓄热法施工时,需对原材料预先加热,通过蓄热保温,使混凝土在浇筑后有一个正温养护过程。混凝土在正温养护期间,其强度应达到掺防冻剂混凝土所规定的临界强度值。

综合蓄热法的优点是:与掺外加剂法相比,可以减少防冻剂掺量,混凝土强度增长较快;扩大了蓄热法的应用范围,又避免了人工加热,有较好的技术经济效果。

（四）外部加热法

混凝土外部加热养护法是利用外部热源加热浇筑后的混凝土,保证混凝土在较高正温条件下硬化的冬期养护方法,其优点是能使混凝土强度迅速增长,短期内即可达到拆模强度,但是费用较高,只宜在蓄热法养护达不到要求时采用,根据加热混凝土所采用的热源的不同,加热养护方法可分为蒸汽加热法、暖棚法、电热法和远红外线法等。现主要介绍前两种。

1. 蒸汽加热法

蒸汽加热法是用低压饱和蒸汽对混凝土均匀加热,使其在较高的温度下硬化,尽快提高混凝土强度的方法。常用的蒸汽加热方法有:

（1）蒸汽室法（棚罩法）

蒸汽室法（棚罩法）是指在结构物的周围制作能拆卸的蒸汽室，通入蒸汽以加热混凝土。如在基槽（基坑）上部加上盖板，此种方法主要用于地下工程。

（2）蒸汽套法

蒸汽套法是指在模板外围再安装一层紧密不透气的保温模板（可用木板制成），中间留出约 150 mm 的空隙，蒸汽通入模板与套板之间的空隙中来加热混凝土的方法。此种方法主要用于地上结构。

（3）热模法（蒸汽毛细管法）

热模法（蒸汽毛细管法）是指在靠近混凝土各面木模板的内侧做成沟槽，沟槽断面可做成三角形、矩形或半圆形等，沟槽内通入蒸汽来加热混凝土的方法。

（4）内部通气法

内部通气法是在结构内部留设孔道，孔道内通入蒸汽养护的方法。通入的蒸汽应为低压饱和蒸汽，以防止压力过大、温度过高，应保证混凝土内部和表面温度相同。采用这种方法时应注意不能因为内部留设孔道而对结构造成不良影响，内部留设孔道的位置应经工程设计人员同意。

各种养护方法的特点及适用范围见表 10.2。

表 10.2　混凝土蒸汽养护的适用范围

方法	简述	特点	适用范围
棚罩法	用帆布或其他罩子扣罩，内部通蒸汽养护混凝土	设施灵活、施工简便、费用较小，但耗汽量大、温度不易均匀	预制梁、板、地下基础、沟道等
蒸汽套法	制作密封保温外套，分段送汽护混凝土	温度能适当控制，加热效果取决于保温构造，设施复杂	现浇梁、板、框架结构，墙、柱等
热模法	模板外侧配置蒸汽管，加热模板养护	加热均匀、温度易控制，养护时间短，设备费用大	墙、柱及框架结构
内部通汽法	结构内部留孔道，通蒸汽加热养护	节省蒸汽、费用较低，入汽端易过热、需处理冷凝水	预制梁、柱、桁架，现浇梁、柱、框架单梁

从表 10.2 中可以看出，混凝土基础在冬期施工时适合使用蒸汽室法（棚罩法）。

2. 暖棚法

暖棚法是指在基础（或建筑物、构件）周围搭起大棚，通过人工加热使棚内保持正温。混凝土的浇筑与养护均在棚内进行。

暖棚法的优点是：施工操作与常温相同，劳动条件较好，混凝土质量容易保证，不易发生冻害。缺点是：费用较高，且由于暖棚内温度较低（一般不超过 10 ℃），混凝土强度增长较慢。

暖棚法的适用范围是：适用于混凝土工程较为集中的区域，尤其适用于混凝土量较多的地下工程，室外日平均气温一般不低于 −10 ℃。当采用暖棚法施工时，棚内各测点温度不得低于 5 ℃，并应设专人检测混凝土及棚内温度。暖棚内测温点应选择其有代表性位置进行布置，在离地面 50 cm 高度处必须设点，每昼夜测温不应少于 4 次。养护期间应注意混凝土不得有失水现象,当有失水现象时,应及时采取增湿措施或在混凝土表面洒水养护。暖棚的出入口应设专人管理,并应采取防止棚内温度下降或引起风口处混凝土受冻的措施。

三、冬期施工工艺及技术要求

(一)混凝土配制和搅拌

1. 对材料的要求:应优先选用硅酸盐水泥或普通硅酸盐水泥(水泥水化热较大),水泥强度等级不应低于 42.5,最小水泥用量不宜少于 300 kg/m³,水灰比不应大于 0.6;骨料必须清洁,不得带有冰、雪、冻块等冻结物及其他易冻裂的物质。

整体结构采用蒸汽养护时,水泥用量不宜超过 350 kg/m³,水灰比宜为 0.4~0.6,坍落度不宜大于 5 cm。

2. 混凝土的搅拌时间应比常温搅拌时间延长 50%。

3. 混凝土搅拌时应防止出现假凝现象,水泥不得与超过表 10.1 规定温度以上的水直接接触。

4. 混凝土中掺有外加剂时,外加剂必须严格计量,专人负责。

(二)混凝土搅拌与运输

1. 浇筑混凝土前,应先清除模板上的冰雪和污垢。

2. 运输和浇筑混凝土用的容器应有保温措施,尽量缩短运输距离,减少转运次数。

3. 注意控制混凝土在运输、浇筑过程中的温度,混凝土出机温度应不低于 +10 ℃,入模温度应不低于 +5 ℃。

(三)混凝土养护

1. 采用蓄热法和综合蓄热法养护时,应在混凝土表面用塑料布等防水材料覆盖,然后用草帘等材料进行保温。

2. 蒸汽加热养护混凝土应注意以下几个问题:

(1)加热要均匀,及时排除冷凝水,防止结冰。

(2)蒸汽养护法必须使用低压饱和蒸汽,高压蒸汽必须通过减压阀或过水装置后方可使用。

(3)混凝土的最高养护温度,当采用普通硅酸盐水泥时最高养护温度不超过 80 ℃,采用矿渣硅酸盐水泥时最高养护温度可提高到 85 ℃。采用内部通气法时最高加热温度不应超过 60 ℃。

(4)注意控制混凝土升温和降温速度,不得超过表 10.3 的规定。

表 10.3 蒸汽加热养护混凝土升温和降温速度

结构表面系数(m⁻¹)	升温速度(℃·h⁻¹)	降温速度(℃·h⁻¹)
≥6	15	10
<6	10	5

(四)钢筋工程

在负温条件下,钢筋的屈服强度和抗拉强度增加,伸长率和抗冲击韧性降低,脆性增加,这种性质称为冷脆性。钢筋在冷拉后冷脆性增加。钢筋的接头经焊接后在热影响区内韧性将降低,如果焊接接头冷却速度过快或接触冰雪也会使接头产生淬硬组织,增加其冷脆性。因此,在施工时应注意以下几点:

1. 钢筋负温焊接,可采用闪光对焊、电弧焊及气压焊等焊接方法,当环境温度低于−20 ℃时,不宜进行施焊,风力超过 3 级时应有挡风措施。负温条件下焊接钢筋,应尽量安排在室内进行。焊后未冷却的接头严禁碰到冰雪。

2. 热轧钢筋负温闪光对焊,宜采用预热闪光焊或闪光—预热—闪光焊工艺。钢筋端面比较平整时,宜采用预热闪光焊;端面不平整时,宜采用闪光—预热—闪光焊工艺。

3. 钢筋负温帮条焊或搭接焊的焊接工艺应符合下列要求:

(1) 帮条焊时帮条与主筋之间用四点定位焊固定。搭接焊应用两点固定,定位焊缝应离帮条或搭接端部 20 mm 以上,帮条焊与搭接焊的焊缝厚度应不小于 0.3d,焊缝宽度不小于 0.7d(d 为钢筋直径)。

(2) 为防止接头热影响区的温度梯度(温度梯度是指在一定的距离内温度高低的变化值的大小)突然增大,进行帮条焊和搭接焊时,第一层焊缝应先从中间引弧,再向两端运弧,以使接头端部的钢筋达到一定的预热效果,在以后各层焊缝的焊接时,采取分层控温施焊,层间温度控制在 150~250 ℃,以起到缓冷的作用。

任务评价

冬期施工的混凝土工程,除了应按照常温施工的要求进行质量检查外,还应特别注意做好温度、强度及外加剂的质量与用量的检查。

1. 温度的检查

(1) 温度检查的内容和次数

为了使混凝土的质量能满足要求,必须对室外温度及环境温度,混凝土原材料温度,混凝土出罐、浇筑、入模温度及养护期间的温度进行一系列的监测。测温内容及测定次数见表 10.4 所示。

表 10.4　混凝土冬期施工测温项目和次数

项次	测温项目	测温次数
1	室外气温及环境温度	每昼夜不少于 4 次
2	搅拌机棚温度	每一个工作班不少于 4 次
3	水、水泥、砂、石及外加剂溶液温度	每一个工作班不少于 4 次
4	混凝土出罐、浇筑、入模温度	每一个工作班不少于 4 次
5	蓄热法养护时的温度	养护期间至少每 6 h 一次
6	蒸汽或电热养护时	在升、降温期间 1 h 一次,在恒温期间每 2 h 一次
7	掺防冻剂的混凝土	在强度未到达临界强度前每 2 h 一次,以后每 6 h 一次

（2）温度的测定方法

①测温孔留设

测温孔应布置在有代表性的结构部位和温度变化大、易冷却的部位。采用蓄热法养护时，测温孔应布置在易于散热的部位，如构件边缘、断面较小处；采用加热养护时，应在距热源远近不同的部位分别留设。孔深宜为 10～15 cm，也可为基础厚度的 1/2，厚大基础除了在表面留设测温孔外，还应在内部布置深测温孔，以测量其内部温度的变化。测温孔应预先留设、编号，并绘制布置图。

②测温方法

测温时，测温仪表应采取与外界气温隔离措施，可在孔口四周用保温材料塞住，测温仪表应留置在孔内不少于 3 min，读数必须准确。如发现混凝土温度有过高或过低现象，应立即通知有关人员，及时采取有效措施。

2. 强度的检查

混凝土试件的留设除应满足常温施工条件下的要求外，冬期施工尚应增加不少于两组与结构同条件养护的试件，一组用于检验受冻前的混凝土强度，另一组用于检验转入常温养护 28d 的混凝土强度。

冬期施工的安全要求做好下面几点：

（1）采用蓄热法施工时，如采用草袋等保温材料覆盖，必须注意大面积草袋的防火工作，不得用碘钨灯烘烤混凝土表面，周围严禁烟火，并配备一定数量的灭火器材。

（2）采用外部加热法施工时，必须注意使热源距保温材料有足够的安全距离。

（3）工地临时用电必须符合安全用电要求。

 思考与练习

1. 简述冬期施工的特点和原则。
2. 简述混凝土冬期施工方法的选择依据。

任务 2　土方工程的冬期施工

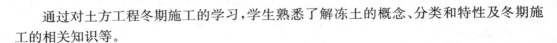 任务描述

通过对土方工程冬期施工的学习，学生熟悉了解冻土的概念、分类和特性及冬期施工的相关知识等。

知识准备

我国冻土的面积约占全国土地总面积的 68.6%。土的机械强度在冻结时大大提高，开挖冻土的费用和劳动量要比在其他季节开挖高几倍。因此土方工程应尽量安排在入

冬之前或冬末进行。如必须进行冬期施工时,要因地制宜地制定经济和技术合理的施工方案。

任务实施

一、冻土的概念、分类和特性

温度低于 0 ℃且含水的各类土称为冻土。根据冻融时间的长短,可将冻土划分为季节性冻土和永冻土两类。

季节性冻土:受季节影响冬天冻结、夏天融化,呈周期性冻结和硬化的土。主要分布在东北和华北地区。

永冻土:冻结状态持续多年或永久不融的土。主要分布在大小兴安岭、青藏高原和西北高山地区。

冻结与融化是季节性冻土和永冻土地区的重要特征。在季节性冻土地区,一般将每年冬天冻结、夏天融化的土层称为季节性冻结层。其土层的厚度叫冻结深度,一年中冻结深度的最大值称为最大冻深。

二、土方的防冻

为了减少冬期挖土困难,如有大量土方开挖,则应在冬期前就采取措施进行防冻。土的防冻应尽量利用自然条件,以就地取材为原则。防冻的主要方法有下面四种:

1. 翻松耙平防冻法

进入冬期施工前,在准备施工的部位将表层土翻松耙平,其深度宜为 25～30 cm,宽度宜为开挖时间土冻结深度的两倍加基槽底宽之和。经翻松的土壤中,有许多充满空气的空隙,可降低土的导热性,起到保温作用。此方法适用于大面积的土方工程。

2. 雪覆盖防冻法

在初冬降雪量较大的土方工程施工地区宜采用雪覆盖法,如场地面积较大,可在地面上设篱笆或雪堤,或用其他材料堆积成墙,高度宜为 50～100 cm,间距宜为 10～15 m,并应与主导风向垂直。面积较小的基格,可在预定的位置上挖积雪沟,深度宜为30～50 cm,宽度为基槽预计深度的两倍加基槽底宽之和,并随即用雪填满。

3. 保温材料防冻法

对于开挖面积较小的基槽,宜采用保温材料覆盖法,保温材料可用草帘、炉渣、膨胀珍珠岩(可装入袋内使用)等,再加盖一层塑料布。保温材料的铺设深度亦为待挖基坑宽度的两倍加基槽底宽之和。

4. 暖棚法

暖棚法主要适用于基础或地下工程。在已挖好的基槽上搭设骨架铺上基层,覆盖保温材料,也可搭设塑料大棚,在棚内采取供暖措施。

三、冻土的开挖

土已冻结时,比较经济的土方施工方法是先破碎冻土,然后挖掘,一般有人工法、机械法和爆破法三种。

土方开挖过程中应注意以下几点：

1. 必须有周密计划，组织强有力的施工队伍，连续施工，尽可能减少冻结的深度。

2. 挖完一段，覆盖一段，以防已挖完的基土冻结。如果基坑开挖后需要停歇较长时间才能进行基础施工，应注意基坑不要一次挖到设计标高，应在地基上留一层土（约30 cm 厚）暂不铲除。

3. 对各种管道、机械设备等采取保温措施。

4. 如果相邻建筑物与基坑周边距离较近，应对地基土的冻胀性进行准确的评价，如果地基土不具有冻胀性，可按正常基坑进行支护；如果地基土冻胀性较强，且基坑开挖有可能造成相邻建筑物基底上冻结时，应在基坑开挖后采取可靠的保温防冻措施。

四、土方的回填

由于土冻结后即成为坚硬的土块，在回填过程中不能压实或夯实（土中的水结成冰时体积会增大约 9%），土解冻后会造成下沉，所以，土方回填时，应严格按照规范要求施工。

冬期土方回填时，每层铺土厚度应比常温施工时减少 20%～25%，室内的基槽或管沟不得采用含有冻土块的土回填。回填土施工应连续进行并夯实，当采用人工夯实时，每层铺土厚度不得超过 20 cm，夯实厚度宜为 10～15 cm。

室外的基槽或管沟可采用含有冻土块的土回填，但冻土块粒径不得大于 15 cm，含量不得超过 15%，且应分布均匀，管沟底以上 50 cm 范围内不得用含有冻土块的土回填。

冬期填方的高度不宜超过表 10.5 的规定。

表 10.5　冬期填方的高度

室外日平均气温（℃）	填方高度（m）
−10～−5	4.5
−15～−8	3.5
−20～−16	2.5

土方回填时，应注意以下问题：

1. 在施工前将未冻的土堆积在一起，覆盖 2～3 层草帘防止受冻，留作回填土用。

2. 土方回填时，要注意施工的连续性，加快回填速度，对已回填的土方采取防冻措施。

3. 土方回填前，应先将基底的冰雪和保温材料打扫干净，方可开始回填。

4. 冬期施工应尽量减少回填土方量，其余的土可待春暖解冻后再回填。

5. 为确保回填土质量，对重大工程项目，必要时可用砂土进行回填（注意：不得将砂土回填在黏土等渗透性小的土层上，以免回填的砂土在一定条件下液化）。

任务评价

土方工程冬期施工方法适用范围及优缺点比较见表 10.6。

表 10.6　土方工程冬期施工方法适用范围及优缺点比较

施工方法		适用的工程	应具备的施工条件与准备工作		优缺点			
					一般的		各个施工方法的	
			一般准备	特别准备	优点	缺点	优点	缺点
土的防冻法	地面耕松耙平防冻法	冬初开挖之大体积土方工程	修筑排水沟、透水沟	松土机或松土工具(特制的犁)	保护基础坑道温度,减少挖土困难	1. 费用增加 2. 入冬后很难做好,必须冻结前布置	施工便利,费用低廉,宜于大面积挖方	效果不及覆盖法
	隔热材料防冻法	仲冬开挖之较小土方工程		保温材料			效果较好,适用于零星结构、基础、水管等	需保温材料,费用较大
	覆雪防冻法	仲冬后开挖之土方工程		松土设备,盛雪工具或木板、原木等			简单,效果很好,特别适用于地槽	增加排出融化雪水工作
冻土融解法	烘烤法	开挖面积不大,冻层不深的地方	挖土运土机	燃料	可利用挖土槽机、挖掘融化的土,增加工作效能	增加特殊设备,增大费用	设备简单	成本高,效果差
	循环针法	开挖冻土1 m以上,地下水位较低之坑道或地沟		锅炉、水泵、特制水针、管及附件			热水针耗热比蒸汽针为小	需有设备
	电热法	开挖冻土1 m以上,地下水位较低之坑道或地沟		电源、开关、变压器、电流表、电压表、电极、食盐溶液			效力最大,费用最高	耗电量大,绝对不能用于金属夹土
冻土破碎法	人工法	适用于砂质、砂黏土及腐殖土,冻结深度较浅之土方工程	挖土及运土机械	手工工具、铁楔、撬棒、大锤			经济,无特殊设备	效率低,进度慢,需大量劳动力,仅适于冻层较浅或分散的土
	机械法	工程量大而集中		装有吊锤之起重机、风镐或改装之打桩机			效率高,可利用改装之机械,操作简便,特别适用于集中的土	需用各种机械设备,费用较大
	爆破法	冻结较深、较坚硬的土坑道或石坑		炸药及爆破设备,风钻或电钻,手工铁钎			效率高,费用廉,可在短期挖大量土方	须防周围建筑物受振,须防爆炸伤害人身,需特种技术人员

思考与练习 ▎▎▎▎

1. 简述冻土的概念、分类和特性。
2. 简述冻土开挖注意事项。

任务 3　砌体工程的冬期施工

任务描述 ▎▎▎▎

通过对砌体工程冬期施工的学习,学生熟悉了解砌体工程冬期施工方法及相关知识等。

知识准备 ▎▎▎▎

砌筑不久的砂浆遭受冻结后,不仅砂浆的水化作用停止,而且冻胀后的砂浆体积增大,发生胀裂,破坏了内部结构,使之丧失了凝结能力。当气温回升解冻后,由于砂浆承受上部荷载的作用,产生变形,使砌体发生更大的沉陷,因此,砌体工程冬期施工时,必须严格按照施工规范要求组织施工,确保工程质量。

《砌体结构工程施工质量验收规范》(GB50203—2011)规定:当室外日平均气温连续5天稳定低于5℃时,砌体工程应采取冬期施工措施,并应在气温突然下降时及时采取可靠的防冻措施。

砌体工程冬期常用的施工方法有外加剂法、冻结法和暖棚法。

任务实施 ▎▎▎▎

一、外加剂法

外加剂法是指在施工前先将砂浆的拌和水预先加热,水泥、砂和石灰膏等材料在搅拌前也应保持正温,使砂浆经过搅拌、运输,在砌筑时具有5℃以上的温度。在拌和水中掺入外加剂,砂浆在砌筑后可以在负温条件下硬化。

由于掺外加剂砂浆在负温条件下强度可以持续增长,砌体不会发生沉降变形,且施工工艺简单,因此,砌筑工程的冬期施工方法应以外加剂法为主,砌筑工程中常用的外加剂为氯盐或亚硝酸钠等盐类,即掺盐砂浆法。

(一)掺盐砂浆法的作用原理

砂浆中掺入一定数量的盐类,可以降低水溶液的冰点,保证砂浆中有液态水存在,使水化反应在一定负温下不间断进行,使砂浆在负温下强度能够继续缓慢增长。以浓度为

5%的食盐溶液为例,当溶液温度下降至－3℃时,溶液中开始有冰析出,此时的温度称为该浓度溶液的冰点。溶液的浓度不同,溶液的冰点也不同,溶液的冰点随溶液浓度的增加而降低。随着水温的不断降低,析出来的冰也越来越多。因此,在负温下进行砌筑工程施工时,只要在砂浆的拌和水中掺入一定数量的盐类,就能降低砂浆拌和水的冰点,只要砂浆温度不低于该种盐类最低共溶点,砂浆中就会有液态水存在,砂浆就不会受冻,因此,在一定的负温条件下,砌筑工程采用掺盐砂浆法施工,就不会在砌体材料表面形成冰膜,而且水泥水化反应也能继续进行,砂浆的强度也能继续增长。同时氯盐又是提高水泥早期强度的早强剂,只要合理地配制和使用掺盐砂浆,就能确保负温条件下施工时砌体的强度和质量。

(二) 掺氯盐外加剂的适用范围

由于氯盐砂浆吸湿性大,使结构保温性能下降,并且有导电性、盐析现象,而且还对钢筋有腐蚀作用,因此,不得在下列情况下使用:

1. 对装饰工程有特殊要求的建筑物。
2. 处于潮湿环境的建筑物。
3. 配筋、钢铁埋件无可靠的防腐处理措施的砌体。
4. 接近高压线的建筑物(变电所、发电站等)。
5. 经常处于地下水位变化范围内以及在地下未设置防水措施的基础。

(三) 氯盐外加剂的掺量

采用掺盐砂浆法进行施工,必须按不同负温界限控制掺盐量,当砂浆氯盐掺量过少,砂浆内会出现大量的冰结晶体,水化反应极其缓慢,会降低早期强度;如果氯盐掺量大于10%,砂浆的后期强度会显著降低,同时导致砌体盐析量过大,增大吸湿性,降低保温性。因此,氯盐掺量应按表10.7选用。氯盐应以氯化钠为主,当气温低于－15℃时,也可与氯化钙掺和使用。

表 10.7　砂浆掺盐量(占用水量的百分含量)

日最低气温(℃)			≥－10	－15～－8	－20～－16
单盐	氯化钠(%)	砌砖	3	5	7
		砌石	4	7	10
双盐	氯化钠(%)	砌砖	—	—	5
	氯化钙(%)		—	—	2

(四) 施工工艺及技术要求

1. 对原材料的要求

(1) 砖、石、砌块在砌筑前,应清除表面污物、冰雪等,不得使用遭水浸泡和受冻的砖或砌块。

(2) 砂浆宜优先选用普通硅酸盐水泥拌制,冬期砌筑不得使用无水泥拌制的砂浆。

(3) 石灰膏、黏土膏、电石膏等宜保温防冻,如遭受冻结,应经融化后方可使用。

(4) 拌制砂浆所用的砂不得含有直径大于1 cm的冻结块或冰块。

2. 拌制砂浆时，水的温度不得超过 80 ℃，砂的温度不得超过 40 ℃；当水温超过规定时，应将水、砂先行搅拌，再加水泥，以防出现假凝现象。

3. 冬期施工时，对砖不得浇水湿润，可适当增大砂浆稠度。

4. 砂浆试块的留设，除应按常温规定要求外，尚应增设不少于两组与砌体同条件养护的试块，分别用于检验各龄期强度和转入常温 20 d 的砂浆强度。

5. 外加剂溶液应设专人配制，应先配制成规定浓度溶液置于专用容器中，然后再按规定加入搅拌机中，拌制成所需砂浆。不得直接将氯盐加入搅拌机中。

6. 砌筑施工时，掺盐砂浆的上墙温度不应低于 5 ℃，否则必须对原材料进行加热（应优先加热水）。

7. 掺盐砂浆法最适宜的温度为 -15 ℃以上，当设计无要求且最低气温等于或低于 -15 ℃时，砌筑承重砌体砂浆强度等级应按常温施工提高一级。

8. 配筋的砖基础不得采用掺盐砂浆法施工。

9. 每天收工前，将垂直灰缝填满，上面不铺灰浆，同时用草帘等保温材料将砌体上表面加以覆盖。第二天施工前，应先将砌体表面的霜雪清扫干净，然后再继续砌筑。

二、冻结法

冻结法是指采用不掺外加剂的普通砂浆进行砌筑的一种冬期施工方法。这种方法允许砂浆在砌筑完后立即遭受冻结，受冻的砂浆可以获得较大的冻结强度，而且冻结的强度随气温降低而增高；当气温回升、砌体解冻时，砂浆强度又恢复到冻结前的强度；当气温转入正温后，水泥水化作用又重新进行，砂浆强度可继续增长。

采用冻结法砌筑的建筑物，由于要经过冻结、融化、硬化三个阶段，因此，砂浆强度、砂浆与砌体间的黏结力都有不同程度的损失，且砌体在融化阶段由于砂浆强度接近于零，砌体将产生较大的变形和沉降，因此，在砖基础施工时采用冻结法一定要有可靠的保证措施。

（一）采用冻结法砌筑时砂浆最低温度要求

砂浆使用最低温度应符合表 10.8 规定。

表 10.8　砂浆使用最低温度

室外空气温度（℃）	砂浆最低温度（℃）
-10～0	10
-25～-8	15
<-25	20

（二）施工工艺及技术要求

1. 砂浆强度要求：当设计无要求，且日最低气温高于 -25 ℃时，砌筑承重砌体砂浆强度等级应较常温施工提高一级；当日最低气温等于或低于 -25 ℃时，应提高二级。砂浆强度等级不得小于 M2.5，重要结构不得小于 M5。

2. 冻结法施工应按照"三一"砌砖法（即一块砖、一铲灰、一挤揉）砌筑，施工结束时不得在砖上摊铺砂浆,重新密筑时要清除砖表面的冰雪和砂浆。

(三)解冻期间注意事项

1. 一般情况下,砌体解冻期间,宜暂停施工。

2. 采用冻结法砌筑的砖基础,应在解冻期到来之前做一次全面检查,加强观测(观测工作要求持续时间不少于 15 d)。

3. 如发现有不均匀沉降等现象时,应分析产生的原因,立即采取措施消除或减弱其影响。

4. 解冻期间应清理房屋内堆放的建筑材料等临时荷载。

三、暖棚法

暖棚法是利用简易结构和保温材料,将需要砌筑的砌体临时封闭起来,使之在正温条件下砌筑和养护。

(一)暖棚法的适用范围

由于暖棚法的费用高、热效低和劳动效率不高,因此宜少采用。一般适用于地下工程、基础工程及量小又急需使用的砌体结构。

(二)暖棚法施工技术要求

1. 采用暖棚法施工时,砖石和砂浆在砌筑时的温度不应该低于 5 ℃,而距离所砌的结构地面 0.5m 处的棚内温度也不应低于 5 ℃。

2. 砌体在棚内的养护时间,根据暖棚内的温度,应按表 10.9 确定。

3. 暖棚加热时,必须注意安全防火。

表 10.9　暖棚法施工砌体的养护时间

暖棚内温度(℃)	养护时间(d)
5	≥6
10	≥5
15	≥4
20	≥3

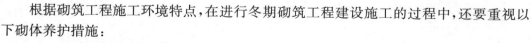

任务评价

根据砌筑工程施工环境特点,在进行冬期砌筑工程建设施工的过程中,还要重视以下砌体养护措施:

(一)要对组织领导进行切实加强

要确保工程进度和质量。各工程项目指挥部门都要成立冬期施工建设领导小组,由其专门承担施工监督和指导职责,在坚持现场巡视制度、例会点评制度的基础上,督促施工单位对冬期施工相关措施进行严格落实,从而使砌筑工程的质量管理得以强化。

(二) 对砌筑施工建设工作进行科学组织

对横墙间距、墙体高厚比等关于结构稳定性的问题开展专题图纸会审,部分工程指挥部在结合工期要求的基础上,对工序等进行详细的分类组合;对于如室外粉刷工程等不利于冬季施工的分部分项工程,进行退后或提前组织安排,从而使其工程质量得以保障。

(三) 对冬期砌筑工程建设施工的有关防护措施进行严格落实

各工程项目指挥部在将砌体工程对主体施工质量影响的分类工程相结合的基础上,对专项冬期施工方案进行编制,从而使其能够在施工工艺和施工技术方面采取积极措施。

(四) 要边砌筑边对所砌筑工程实施覆盖养护

通常可以采取的覆盖养护方法有胶布养护法和草袋养护法。条件较好的框架挡墙还可以实行暖棚法进行覆盖养护,即在暖棚内对砌体进行施工砌筑,具体方法同混凝土暖棚法的建设施工相同。同时,冬季施工砌体在结合制作标准规定的养护方法实施外,还要结合建筑物的承受荷载、拆模及养护需要,对施工检查试件进行制作,从而对强度的发展情况进行查明。其中,在进行试件养护的检测时,方法同建筑物相同。

思考与练习

1. 砌体工程冬期施工方法有哪些?
2. 砌体工程冬期施工注意事项是什么?

任务 4　雨期施工

任务描述

通过对雨期施工的学习,学生熟悉了解建筑工程雨期施工方法及相关知识等。

知识准备

雨期施工以防雨、防台风、防汛为对象,做好各项准备工作。

(一) 雨期施工的特点

在夏季施工过程中,受到雨期的影响是必然的事情,所以建筑企业必然面对着如何在雨期继续施工的问题。在雨期施工,建筑企业需要关注气象部门的气象报告和实际的降雨情况,尽量减弱降雨给工程施工带来的影响。下面对建筑企业在雨季施工的特点进行分析:

首先,雨期施工建设具有突发性。天气具有不可预测性和变化性,许多时候气象信息也不能准确地对天气情况进行预测,而面对随时可能突变的天气,在建筑工程施工建设时,则需要做好相关的预防措施,从而尽量减少天气突变可能对施工所带来的影响。

其次,建筑企业在雨期进行的施工建设还具有一定的突击性。由于在施工中对天气的突变无法更好地进行把握,所以就需要在天气好的情况下进行突击建设,尽量地多完成些建筑工作,从而使突变天气所带来的损失降至最低程度。

此外,夏季雨季来临时,其降雨都具有连续性,这就会导致建筑施工需要在雨期内进行长时间的施工,所以在雨期进行施工时,需要做好防护措施及长期性的准备工作。

(二)雨期施工的要求

根据雨期施工的特点,编制施工组织设计方案;合理进行施工安排;密切注意气象预报;做好防雨准备工作。

雨期施工主要解决雨水的排除。对于大中型工程的施工现场必须做好临时排水系统的总体规划,其中包括阻止场外水流入施工现场和现场水排出场外两部分。其原则是上游截水、下游散水;坑底抽水、地面排水。规划设计时,应根据各地历年最大降雨量和降雨时期,结合各地地形和施工要求通盘考虑。

一般在建筑物四周设置临时排水沟阻止场外水流入现场。施工现场的排水相对简单:低于地面的基坑排水只要确定相应流量就可选用匹配的水泵和组织人工排水;高于地面的施工现场只要相应的排水渠道不使场内积水即可。

(三)雨期施工的准备

在雨期进行施工具有其特殊性,所以要对雨期施工的特点进行分析,从而为雨期建设施工工作的进行做好必要的准备措施,确保工期的顺利开展。

首先,建筑工程施工企业需要及时掌握施工地区天气变化情况,同时还要做好相关的记录,根据天气变化的规律及预测来做好相应的防护准备,从而使天气变化给施工带来的影响和破坏降至最低限度。

其次,在雨期到来时要做好各项检查工作,确保排水管道及工程防水措施都处于正常的状态,确保在雨期到来时能够将雨水有效地排泄出去。同时对工程施工计划进行适当的调整,从而保证能够按计划完成施工任务。

建筑工程施工过程中需要的建筑材料种类繁多,而很多部分材料受到潮湿及雨淋后会导致其性质发生改变,所以在雨期到来时需要做好建筑材料的保护工作,避免其受到潮湿及雨水的影响。同时在雨期到来时,还要对材料运输的道路进行加固,铺设一些砂砾及炉渣等东西来起到防滑的作用,同时也能有效地避免车辆在运输材料时发生道路塌陷等情况。另外,雨期连续性降雨很容易导致滑坡及泥石流等情况,这就需要将施工现场内临时搭建的设施转移到安全地带,避免在雨期到来时发生倒塌及损坏的危险。

在建筑工程施工过程中,还需要用到较多的机械设备,因雨期也是雷电的高发期,所以需要对一些建筑机械及支架等做好防雷措施,对一些机械设备做好漏电及绝缘防水的保护工作,从而使机械设备在雨期内能够安全地进行工作,避免由于雷电所带来的设备损害及人员伤亡的事情发生。

(四)基础工程针对雨期施工的措施

基础工程和土方工程受雨水影响较大,应注意以下几点:

雨期前应清除沟边多余的弃土,减轻坡顶压力。雨期开挖基槽(坑)和沟管时,应注意边坡稳定;为防止其被雨水冲塌,可在边坡上加钢钉丝片网,并抹上 10 cm 细石混凝土;也可用塑料布遮盖边坡;雨期施工工作面不宜过大,应逐段、逐片分期完成;基槽挖至标高后,应及时验收并浇筑混凝土垫层;如被雨水浸泡后的基槽,应做必要的挖方回填等恢复基坑承载力的工作;为防止基坑浸泡,开挖时要在坑内做好排水沟、集水井并组织好必要的排水力量。

对雨前回填的土方,应及时进行碾压,并使其表面形成一定坡度,以便雨水能自动排出;降雨量大时,应停止大面积的土方施工;对于堆积在施工现场的土方,应在其周围做好防止雨水冲刷的措施。

雨后应及时对坑槽沟边坡和固壁支撑结构进行检查,深基坑应当派专人认真测量、观察边坡情况,如果发现有裂缝、疏松、支撑结构折断、走动等危险征兆,应当立即采取措施。雨期施工中遇到天气突变,发生暴雨、水位暴涨、山洪暴发或因雨发生坡道打滑等情况时应当停止土石方机械施工。雷雨天气不得露天进行电力爆破土石方,如中途遇到雷电时,应当迅速将雷管脚线、电线主线两端连成短路。

基础施工完毕,应抓紧基坑四周的回填工作。停止人工降水(排水)时应验收箱形基础抗浮稳定性、地下室对基础的浮力。抗浮稳定系数应不小于1.2,以防止出现基础上浮或者倾斜的重大事故。如抗浮稳定系数不能满足要求时,应继续抽水,直至施工上部荷载加上后能满足抗浮稳定性要求为止。当遇到大雨,水泵不能及时有效地降低积水高度时,应及时将积水灌加到箱形基础内,以增加基础的抗浮能力。

任务实施

雨期施工是指在降雨量超过年降雨量50%以上的降雨集中季节进行的施工。雨期一般发生在夏季,气温较高,在露天作业时应注意做好防暑降温工作。本节主要学习降雨对施工的影响及如何组织降雨天气条件下的基础施工。

一、施工现场要求

雨期施工主要是解决雨水的排除。在施工现场,必须做好临时排水系统的整体规划,主要包括阻止场外水流入现场和使现场内的水及时排出场外两部分。施工现场应根据需要设置排水沟。

(一)排水沟设置须满足以下要求

1. 排水沟的纵向排水坡度一般不少于2%。
2. 排水沟的横断面尺寸应根据施工期内可能遇到的最大流量确定。
3. 排水沟的边坡坡度应根据土质和沟的深度确定。黏性土边坡坡度一般为1:0.7~1:1.5。

(二)施工现场道路的要求:

1. 必须保证雨期施工的正常进行。
2. 对临时路面必须采取措施,避免道路泥泞。可在道路两侧做好排水,对临时路面应加铺炉渣、碎石等材料。

二、土方工程

土方工程在雨期施工中一旦遇到大雨,基槽(坑)被雨水浸泡,不仅影响地基土质量,而且会拖延工期,增加施工费用,带来很大的麻烦,因此,土方工程尽量避开雨期施工。如果确实无法避开,则应采取下面的措施。

(一) 土方的开挖

1. 基坑开挖前,首先在挖土范围外先挖好挡水沟,沟边做土堤,防止雨水流入坑内。

2. 为防止基坑被雨水浸泡,开挖后应在坑内做好排水沟、集水井,并准备好抽水用的水泵等设备。

3. 土方边坡坡度留设应适当缓一些,如果施工现场无法满足,则可设置支撑或采取边坡加固等措施。在施工中应随时注意边坡稳定,加强对边坡和支撑的检查。

4. 土方工程施工时,工作面不宜过大,宜分段作业。可先预留 20～30 cm 不挖,待大部分基槽已挖到距基底 20～30 cm 时,再采用人工挖土清槽。

5. 土方施工过程中,应尽可能减小基坑边坡荷载,不得堆积过多的材料、土方,施工机械作业时尽量远离基坑的边缘。

6. 土方开挖完后,应抓紧进行基础垫层的施工,基础施工完后,应立即进行土方回填。

(二) 土方的回填

1. 雨期施工中,回填用土应及时采取覆盖措施,保证土方的含水量符合要求。

2. 若采取措施后,土方含水量仍偏大.应晾晒一段时间待其含水量符合要求后再进行回填,严格防止形成橡皮土。如果工期很紧,要求必须立即回填,则应由建设单位、监理单位、施工单位共同协商后进一步采取其他措施,如用灰土回填等。土的密实度必须满足要求。

三、钢筋混凝土工程

(一) 对原材料的要求

1. 水泥:袋装水泥必须放置在水泥库中,水泥库的防水防潮必须满足要求。散装水泥必须放置在密闭金属料仓内。

2. 钢筋:钢筋必须放入仓库,且应架空离地,防止雨水浸泡锈蚀(酸雨会加重锈蚀)。焊接工艺必须在室内或工作棚内进行,防止焊接处接触雨水突然降温而产生裂缝。

3. 砂、石:砂石可露天放置,但应堆放在地势较高处并利于排水的地方,要及时测定砂、石的含水量,并据此调整搅拌混凝土的用水量,将混凝土由实验室配合比换算成施工配合比。

(二) 对混凝土浇筑的要求

浇筑混凝土基础时考虑到一般不留施工缝,所以混凝土基础浇筑之前要注意收听天气预报,尽量避开大雨天气条件下施工。如果必须施工,则必须有可靠的防雨措施。

四、砌筑工程

(一) 材料防护

1. 水泥:水泥应放置在水泥库中,水泥库应位于地势较高处,地面应有防潮措施,垛底应高出地面 0.5 m;坚持及时收发、先进先用原则,不积压水泥,严防久存受潮。散装水泥应放置在密闭的金属料仓内。

2. 砖、砌块:应采取遮盖措施,避免块材吸水过多对砌筑不利。

（二）施工要求

1. 必须注意使砖、砌块的含水量满足要求，湿度较大的砖不可上墙。含水量太小，砖、砌块易吸收砂浆内的水分，降低砂浆和砖之间的黏结力；含水量太大，砖表面有一层水膜，不利砖与砂浆的黏结。

2. 砌砖收工时，应在所砌砖基础的上面铺一层干砖（干砖要盖住竖缝），避免大雨冲刷砂浆。大雨过后，如果砂浆冲刷严重，受雨水冲刷过的基础应翻砌最上面的两皮砖。

3. 在气温高、天气干燥的地区施工时，应注意将砖、砌块提前半天或一天浇水湿润，砂浆稠度可适当增大。如天气特别干燥，可在砂浆初凝后（砂浆搅拌后 3 h 左右）往砌好的砖表面洒适量水，使砖表面保持湿润，这样有利于砌体强度的提高。

任务评价

雨期施工的安全措施主要包含防雨、防风、防雷、防电、防汛等方面的工作。施工机械的防雨防雷及施工现场的用电安全措施：所有机械操作棚要搭设牢固，防止倒塌漏雨；高层建筑、脚手架和构筑物要按电气专业规定设临时避雷装置；机电设备要设防雨棚，并安装接地保护装置，电闸箱的漏电保护装置要可靠；木工机械、电焊机等应采取防雨防潮措施，并按规定安装漏电保护器；雨天要防止雷电袭击造成事故，在施工现场高出建筑物的塔吊、人货电梯、钢管脚手架等必须装设防雷装置；施工机械的排气孔要用塑料布或其他防雨材封堵；坑、沟内的机械最好移至地面，以防雨过大被淹没；现场施工电缆要集中摆设，防止杂乱无章，及时更换绝缘外套老化或破损的电缆线，不必要的电缆线要及时收回；雨天施工，操作带电设备应穿绝缘鞋，戴绝缘手套，雨后检查所有现场内电器，看是否有漏电隐患，保证用电安全；基础工程应开设排水沟、基槽、坑沟等，雨后积水应设置防护栏和警告标志，超过 1 m 的基槽坑井应设支撑；一切机械设备应设置在地势较高、防潮避雨的地方，要搭设防雨棚；脚手架经常检查，发现问题要及时处理或更换加固；脚手架上马道要采取防滑措施，下雨后及时清扫，并随时检查脚手架、电气设备的安全措施；现场严禁使用裸线，并设专人维护管理用电设施，严禁私自改拆线路，严控各种规程制度；凡参加施工人员一律禁穿拖鞋、硬质等易滑鞋；大雨雷雨天气或五级以上大风天气，现场停止一切高空作业和室外作业，塔吊处、集水井、潜水泵必须确保无恙。

思考与练习

1. 雨期施工的特点有哪些？
2. 简述基础工程针对雨期施工的措施。
3. 钢筋混凝土工程在雨期施工时需要注意什么？

附录:建筑地基基础工程施工质量验收规范（GB 50202—2002）

1 总则

1.0.1 为加强工程质量监督管理,统一地基基础工程施工质量的验收,保证工程质量,制订本规范。

说明:1.0.1 根据统一布置,现行国家标准《土方与爆破工程施工及验收规范》GBJ201 中的"土方工程"列入本规范中。因此,本规范包括了"土方工程"的内容。

1.0.2 本规范适用于建筑工程的地基基础工程施工质量验收。

说明:1.0.2 铁路、公路、航运、水利和矿井巷道工程,对地基基础工程均有特殊要求,本规范偏重于建筑工程,对这些有特殊要求的地基基础工程,验收应按专业规范执行。

1.0.3 地基基础工程施工中采用的工程技术文件、承包合同文件对施工质量验收的要求不得低于本规范的规定。

说明:1.0.3 本规范部分条文是强制性的,设计文件或合同条款可以有高于本规范规定的标准要求,但不得低于本规范规定的标准。

1.0.4 本规范应与现行国家标准《建筑工程施工质量验收统一标准》GB50300 配套使用。

说明:1.0.4 现行国家标准《建筑工程施工质量验收统一标准》GB50300 对各个规范的编制起了指导性的作用,在具体执行本规范时,应同 GB50300 标准结合起来使用。

1.0.5 地基基础工程施工质量的验收除应执行本规范外,尚应符合国家现行有关标准规范的规定。

说明:1.0.5 地基基础工程内容涉及砌体、混凝土、钢结构、地下防水工程以及桩基检测等有关内容,验收时除应符合本规范的规定外,尚应符合相关规范的规定(相关规范略)。

2 术语

2.0.1 土工合成材料地基 geosynthetics foundation

在土工合成材料上填以土(砂土料)构成建筑物的地基,土工合成材料可以是单层,也可以是多层。一般为浅层地基。

2.0.2 重锤夯实地基 heavy tamping foundation

利用重锤自由下落时的冲击能来夯实浅层填土地基,使表面形成一层较为均匀的硬层来承受上部载荷。强夯的捶击与落距要远大于重锤夯实地基。

2.0.3　强夯地基 dynamic consolidation foundation

工艺与重锤夯实地基类同,但锤重与落距要远大于重锤夯实地基。

2.0.4　注浆地基 grouting foundation

将配置好的化学浆液或水泥浆液,通过导管注入土体孔隙中,与土体结合,发生物化反应,从而提高土体强度,减小其压缩性和渗透性。

2.0.5　预压地基 preloading foundation

在原状土上加载,使土中水排出,以实现土的预先固结,减少建筑物地基后期沉降和提高地基承载力。按加载方法的不同,分为堆载预压、真空预压、降水预压三种不同方法的预压地基。

2.0.6　高压喷射注浆地基 jet grouting foundation

利用钻机把带有喷嘴的注浆管钻至土层的预定位置或先钻孔后将注浆管放至预定位置,以高压使浆液或水从喷嘴中射出,边旋转边喷射的浆液,使土体与浆液搅拌混合形成一固结体。施工采用单独喷出水泥浆的工艺,称为单管法;施工采用同时喷出高压空气与水泥浆的工艺,称为二管法;施工采用同时喷出高压水、高压空气及水泥浆的工艺,称为三管法。

2.0.7　水泥土搅拌桩地基 soil-cement mixed pile foundation

利用水泥作为固体剂,通过搅拌机械将其与地基土强制搅拌,硬化后构成的地基。

2.0.8　土与灰土挤密桩地基 soil-lime compacted column

在原土中成孔后分层填以素土或灰土,并夯实,使填土压密,同时挤密周围土体,构成坚实的地基。

2.0.9　水泥粉煤灰、碎石桩 cement flyash gravel pile

用长螺旋钻机钻孔或沉管桩机成孔后,将水泥、粉煤灰及碎石混合搅拌后,泵压或经下料斗投入孔内,构成密实的桩体。

2.0.10　锚杆静压桩 pressed pile by anchor rod

利用锚杆将桩分节压入土层中的沉桩工艺。锚杆可用垂直土锚或临时锚在混凝土底板、承台中的地锚。

3　基本规定

3.0.1　地基基础工程施工前,必须具备完备的地质勘察资料及工程附近管线、建筑物、构筑物和其他公共设施的构造情况,必要时应作施工勘察和调查以确保工程质量及临近建筑的安全。施工勘察要点详见附录 A。

说明:3.0.1　地基与基础工程的施工,均与地下土层接触,地质资料极为重要。基础工程的施工又影响临近房屋和其他公共设施,对这些设施的结构善的掌握,有利于基础工程施工的安全与质量,同时又可使这些设施得到保护。近几年由于地质资料不详或对临近建筑物和设施没有充分重视而造成的基础工程质量事故或临近建筑物、公共设施的破坏事故,屡有发生。施工前掌握必要的资料,做到心中有数是有必要的。

3.0.2　施工单位必须具备相应专业资质,并应建立完善的质量管理体系和质量检验制度。

说明:3.0.2　国家基础建设的发展促成了大批施工企业应运而生,但这些企业良莠不齐,施工质量得不到保证。尤其是地基基础工程,专业性较强,没有足够的施工经验,应付不了复杂的地质情况、多变的环境条件、较高的专业标准。为此,必须强调施工企业的资质。对重要的、复杂的地基基础工程应有相应资质的施工单位。资质指企业的信誉、人员的素质、设备的性能及施工实绩。

3.0.3 从事地基基础工程检测及见证试验的单位,必须具备省级以上(含省、自治区、直辖市)建设行政主管部门颁发的资质证书和计量行政主管部门颁发的计量认证合格证书。

说明:3.0.3 基础工程为隐蔽工程,工程检测与质量见证试验的结果具有重要的影响,必须有权威性。只有具有一定资质水平的单位才能保证其结果的可靠与准确。

3.0.4 地基基础工程是分部工程,如有必要,根据现行国家标准《建筑工程施工质量验收统一标准》GB50300规定,可再划分若干个子分部工程。

说明:3.0.4 有些地基与基础工程规模较大,内容较多,既有桩基又有地基处理,甚至基坑开挖等,可按工程管理的需要,根据《建筑工程施工质量验收统一标准》所划分的范围,确定子分部工程。

3.0.5 施工过程中出现异常情况时,应停止施工,由监理或建设单位组织勘察、设计、施工等有关单位共同分析情况,解决问题,消除质量隐患,并应形成文件资料。

说明:3.0.5 地基基础工程大量都是地下工程,虽有勘探资料,但常有与地质资料不符或没有掌握到的情况发生,致使工程不能顺利进行。为避免不必要的重大事故或损失,遇到施工异常情况出现应停止施工,待妥善解决后再恢复施工。

4 地基

4.1 一般规定

4.1.1 建筑物地基的施工应具备下述资料:
1. 岩土工程勘察资料。
2. 临近建筑物和地下设施类型、分布及结构质量情况。
3. 工程设计图纸、设计要求及需达到的标准,检验手段。

4.1.2 砂、石子、水泥、钢材、石灰、粉煤灰等原材料的质量、检验项目、批量和检验方法,应符合国家现行标准的规定。

4.1.3 地基施工结束,宜在一个间歇期后,进行质量验收,间歇期由设计确定。

说明:4.1.3 地基施工考虑间歇期是因为地基土的密实、孔隙水压力的消散、水泥或化学浆液的固结等均无原则有一个期限,施工结束即进行验收有不符实际的可能。至于间歇多长时间在各类地基规范中有所考虑,但是参数数字具体可由设计人员根据要求确定。有些大工程施工周期较长,一部分已到间歇要求,另一部分仍有施工,就不一定待全部工程施工结束后再进行取样检查,可先在已完工程部位进行,但是否有代表性就应由设计方确定。

4.1.4 地基加固工程,应在正式施工前进行试验施工,论证设定的施工参数及加固效果。为验证加固效果所进行的载荷试验,其施加载荷应不低于设计载荷的2倍。

说明:4.1.4 试验工程目的在于取得数据,以指导施工。对无经验可查的工程更应强调。这样做的目的,能使施工质量更容易满足要求,既不造成浪费也不会造成大面积返工。对试验荷载考虑稍大一些,有利于分析比较,以取得可靠的施工参数。

4.1.5　对灰土地基、砂和砂石地基、土工合成材料地基、粉煤灰地基、强夯地基、注浆地基、预压地基,其竣工后的结果(地基强度或承载力)必须达到设计要求的标准。检验数量,每单位工程不应少于3点,1 000 m² 以上工程,每 100 m² 至少应有1点,3 000 m² 以上工程,每 300 m² 至少应有1点。每一独立基础下至少应有1点,基槽每20延米应有1点。

说明:4.1.5　本条所列的地基均不是复合地基,由于各地各设计单位的习惯、经验等,对地基处理后的质量检验指标均不一样,有的用标贯、静力触探,有的用十字板剪切强度等,有的就用承载力检验。对此,本条用何指标不予规定,按设计要求而定。地基处理的质量好坏,最终体现在这些指标中。为此,将本条列为强制性条文。各种指标的检验方法可按国家现行行业标准《建筑地基处理技术规范》GJ789 的规定执行。

4.1.6　对水泥土搅拌复合地基、高压喷射注浆桩复合地基、砂桩地基、振冲桩复合地基、土和灰土挤密桩复合地基、水泥粉煤灰碎石桩复合地基及夯实水泥土桩复合地基,其承载力检验,数量为总数的 0.5%～1%,但不应少于3处。有单桩强度检验要求时,数量为总数的 0.5%～1%,但不应少于3根。

说明:4.1.6　水泥土搅拌桩地基,高压喷射注浆桩地基,砂桩地基,振冲桩地基、土和灰土挤密桩地基、水泥粉煤灰碎石桩地基及夯实水泥土桩地基为复合地基,桩是主要施工对象,首先应检验桩的质量,检查方法可按国家现行行业标准《建筑工程基桩检测技术规范》JGJ106 的规定执行。

4.1.7　除本规范第 4.1.5、4.1.6 条指定的主控项目外,其他主控项目及一般项目可随意抽查,但复合地基中的水泥土搅拌桩、高压喷射注浆桩、振冲桩、土和灰土挤密桩、水泥粉煤灰碎石桩及夯实水泥土桩至少应抽查20%。

说明:4.1.7　本规范第 4.1.5、4.1.6 条规定的各类地基的主控项目及数量是至少应达到的,其他主控项目及检验数量由设计确定,一般项目可根据实际情况,随时抽查,做好记录。复合地基中的桩的施工是主要的,应保证20%的抽查量。

4.2　灰土地基

4.2.1　灰土土料、石灰或水泥(当水泥替代灰土中的石灰时)等材料及配合比应符合设计要求,灰土应搅拌均匀。

说明:4.2.1　灰土的土料宜用黏土、粉质黏土。严禁采用冻土、膨胀土和盐渍土等活动性较强的土料。

4.2.2　施工过程中应检查分层铺设的厚度、分段施工时上下两层的搭接长度、夯实时加水量、夯压遍数、压实系数。

说明:4.2.2　验槽发现有软弱土层或孔穴时,应挖除并用素土或灰土分层填实。最优含水量可通过击实试验确定。分层厚度可参考附表 4.2.2 所示数值。

附表 4.2.2　灰土最大虚铺厚度

序	夯实机具	质量(t)	厚度(mm)	备注
1	石夯、木夯	0.04～0.08	200～250	人力送夯,落跑 400～500 mm,每夯搭接半夯
2	轻型夯实机械	—	200～250	蛙式或柴油打夯机
3	压路机	机重 6～10	200～300	双轮

4.2.3 施工结束后,应检验灰土地基的承载力。

4.2.4 灰土地基的质量验收标准应符合附表4.2.4规定。

附表 4.2.4 灰土地基质量检验标准

项	序	检查项目	允许偏差或允许值		检查方法
			单位	数值	
主控项目	1	地基承载力	设计要求		按规定方法
	2	配合比	设计要求		按拌合时的体积比
	3	压实系数	设计要求		现场实测
一般项目	1	石灰粒径	mm	≤5	筛分法
	2	土粒有机质含量	%	≤5	实验室焙烧法
	3	土颗粒粒径	mm	≤15	筛分法
	4	含水量(与要求的最优含水量比较)	%	±2	烘干法
	5	分层厚度偏差(与设计要求比较)	mm	±50	水准仪

4.3 砂和砂石地基

4.3.1 砂、石等原材料质量、配合比应符合设计要求,砂、石应搅拌均匀。

说明:4.3.1 原材料宜用中砂、粗砂、砾砂、碎石(卵石)、石屑。细砂应同时掺入25%～35%碎石或卵石。

4.3.2 施工过程中必须检查分层厚度、分段施工时搭接部分的压实情况、加水量、压实遍数、压实系数。

4.3.3 施工结束后,应检验砂石地基的承载力。

4.3.4 砂和砂石地基的质量验收标准应符合附表4.3.4的规定。

附表 4.3.4 砂及砂石地基质量检验标准

项	序	检查项目	允许偏差或允许值		检查方法
			单位	数值	
主控项目	1	地基承载力	设计要求		按规定方法
	2	配合比	设计要求		按拌合时的体积比或重量比
	3	压实系数	设计要求		现场实测
一般项目	1	砂石料有机质量	%	≤5	焙烧法
	2	砂石料含泥量	%	≤5	水洗法
	3	石粒粒径	mm	≤100	筛分法
	4	含水量(与最优含水量比较)	%	±2	烘干法
	5	分层厚度(与设计要求比较)	mm	±50	水准仪

4.4 土工合成材料地基

4.4.1 施工前应对土工合成材料的物理性能(单位面积的质量、厚度、比重)、强度、延伸率以及土、砂石料等做检验。土工合成材料以 100 m^2 为一批,每批应抽查 5%。

说明:4.4.1 所用土工合成材料的品种与性能和填料土类,应根据工程特性和地基土条件,通过现场试验确定,垫层材料宜用黏性土、中砂、粗砂、砾砂、碎石等内摩阻力高的材料。如工程要求垫层排水,垫层材料应具有良好的透水性。

4.4.2 施工过程中应检查清基、回填料铺设厚度及平整度、土工合成材料的铺设方向、接缝搭接长度或缝接状况、土工合成材料与结构的连接状况等。

说明:4.4.2 土工合成材料如用缝接法或胶接法连接,应保证主要受力方向的连接强度不低于所采用材料的抗拉强度。

4.4.3 施工结束后,应进行承载力检验。

4.4.4 土工合成材料地基质量检验标准应符合附表 4.4.4 的规定。

附表 4.4.4 土工合成材料地基质量检验标准

项	序	检查项目	允许偏差或允许值		检查方法
			单位	数值	
主控项目	1	土工合成材料强度	%	≤5	置于夹具上做拉伸试验(结果与设计标准相比)
	2	土工合成材料延伸率	%	≤3	置于夹具上做拉伸试验(结果与设计标准相比)
	3	地基承载力	设计要求		按规定方法
一般项目	1	土工合成材料搭接长度	mm	≥300	用钢尺量
	2	土石料有机质含量	%	≤5	焙烧法
	3	层面平整度	mm	≤20	用 2 m 靠尺
	4	每层铺设厚度	mm	±25	水准仪

4.5 粉煤灰地基

4.5.1 施工前应检查粉煤灰材料,并对基槽清底状况、地质条件予以检验。

说明:4.5.1 粉煤灰材料可用电厂排放的硅铝型低钙粉煤灰。$SiO_2 + Al_2O_3$ 总含量不低于 70%(或 $SiO_2 + Al_2O_3 + Fe_2O_3$ 总含量),烧失量不大于 12%。

4.5.2 施工过程中应检查铺筑厚度、碾压遍数、施工含水量控制、搭接区碾压程度、压实系数等。

说明:4.5.2 粉煤灰填筑的施工参数宜试验后确定。每摊铺一层后,先用履带式机具或轻型压路机初压 1～2 遍,然后用中、重型振动压路机振碾 3～4 遍,速度为 2.0～2.5 km/h,再静碾 1～2 遍,碾压轮迹应相互搭接,后轮必须超过两施工段的接缝。

4.5.3 施工结束后,应检验地基的承载力。

4.5.4 粉煤灰地基质量检验标准应符合附表 4.5.4 的规定。

附表 4.5.4　粉煤灰地基质量检验标准

项	序	检查项目	允许偏差或允许值		检查方法
			单位	数值	
主控项目	1	压实系数	设计要求		现场实测
	2	地基承载力	设计要求		按规定方法
一般项目	1	粉煤灰粒径	mm	0.001～2.000	过筛
	2	氧化铝及二氧化硅含量	%	≥70	试验室化学分析
	3	烧失量	%	≤12	试验室烧结法
	4	每层铺筑厚度	mm	±50	水准仪
	5	含水量(与最优含水量比较)	%	±2	取样后试验室确定

4.6　强夯地基

4.6.1　施工前应检查夯锤重量、尺寸,落距控制手段,排水设施及被夯地基的土质。

说明:4.6.1　为避免强夯振动对周边设施的影响,施工前必须对附近建筑物进行调查,必要时采取相应的防振或隔振措施,影响范围约 10～15 m。施工时应由邻近建筑物开始夯击逐渐向远处移动。

4.6.2　施工中应检查落距、夯击遍数、夯点位置、夯击范围。

说明:4.6.2　如无经验,宜先试夯取得各类施工参数后再正式施工。对透水性差、含水量高的土层,前后两遍夯击应有一定间歇期,一般 2～4 周。夯点超出需加固的范围为加固深度的 1/2～1/3,且不小于 3 m。施工时要有排水措施。

4.6.3　施工结束后,检查被夯地基的强度并进行承载力检验。

4.6.4　强夯地基质量检验标准应符合附表 4.6.4 的规定。

说明:4.6.4　质量检验应在夯后一定的间歇之后进行,一般为两星期。

附表 4.6.4　强夯地基质量检验标准

项	序	检查项目	允许偏差或允许值		检查方法
			单位	数值	
主控项目	1	地基强度	设计要求		按规定方法
	2	地基承载力	设计要求		按规定方法
一般项目	1	夯锤落距	mm	±300	钢索设标志
	2	锤重	kg	±100	称重
	3	夯击遍数及顺序	设计要求		计数法
	4	夯点间距	mm	±500	用钢尺量
	5	夯击范围(超过基础范围距离)	设计要求		用钢尺量
	6	前后两遍间歇时间	设计要求		

4.7　注浆地基

4.7.1　施工前应掌握有关技术文件(注浆点位置、浆液配比、注浆施工技术参数、检测要求等)。浆液组成材料的性能应符合设计要求,注浆设备应确保正常运转。

4.7.2　施工中应经常抽查浆液的配比及主要性能指标,注浆的顺序、注浆过程中的压力控制等。

说明:4.7.2　对化学注浆加固的施工顺序宜按以下规定进行:

1.加固渗透系数相同的土层应自上而下进行。

2.如土的渗透系数随深度而增大,应自下而上进行。

3.如相邻土层的土质不同,应首先加固渗透系数大的土层。

检查时,如发现施工顺序与此有异,应及时制止,以确保工程质量。

4.7.3　施工结束后,应检查注浆体强度、承载力等。检查孔数为总量的2%~5%,不合格率大于或等于20%时应进行二次注浆。检验应在注浆后15 d(砂土、黄土)或60 d(黏性土)进行。

4.7.4　注浆地基的质量检验标准应符合附表4.7.4的规定。

附表4.7.4　注浆地基质量检验标准

项	序	检查项目		允许偏差或允许值		检查方法
				单位	数值	
主控项目	1	原材料检验	水泥	设计要求		查产品合格证书或抽样送检
			注浆用砂:粒径 细度模数 含泥量及有机物含量	mm %	<2.5 <2.0 <3	试验室试验
			注浆用黏土:塑性指数 黏粒含量 含砂量 有机物含量	 % % %	>14 >25 <5 <3	试验室试验
			粉煤灰:细度 烧失量	不粗于同时使用的水泥 %	 <3	试验室试验
			水玻璃:模数	2.5~3.3		抽样送检
			其他化学浆液	设计要求		查产品合格证书或抽样送检
	2	注浆体强度		设计要求		取样检验
	3	地基承载力		设计要求		按规定方法
一般项目	1	各种注浆材料称量误差		%	<3	抽查
	2	注浆孔位		mm	±20	用钢尺量
	3	注浆孔深		mm	±100	量测注浆管长度
	4	注浆压力(与设计参数比)		%	±10	检查压力表读数

4.8 预压地基

4.8.1 施工前应检查施工监测措施,沉降、孔隙水压力等原始数据,排水设施,砂井(包括袋装砂井)、塑料排水带等位置。塑料排水带的质量标准应符合本规范附录 B 的规定。

说明:4.8.1 软土的固结系数较小,当土层较厚时,达到工作要求的固结度需时较长,为此,对软土预压应设置排水通道,其长度及间距宜通过试压确定。

4.8.2 堆载施工应检查堆载高度、沉降速率。真空预压施工应检查密封膜的密封性能、真空表读数等等。

说明:4.8.2 堆载预压,必须分级堆载,以确保预压效果并避免坍滑事故。一般每天沉降速率控制在 10~15 mm,边桩位移速率控制在 4~7 mm。孔隙水压力增量不超过预压荷载增量 60%,以这些参考指标控制堆载速率。

4.8.3 施工结束后,应检查地基土的强度及要求达到的其他物理力学指标,重要建筑物地基应做承载力检验。

说明:4.8.3 一般工程在预压结束后,做十字板剪切强度或标贯、静力触探试验即可,但重要建筑物地基就应做承载力检验。如设计有明确规定应按设计要求进行检验。

4.8.4 预压地基和塑料排水带质量检验标准应符合附表 4.8.4 的规定。

附表 4.8.4 预压地基和塑料排水带质量检验标准

项	序	检查项目	允许偏差或允许值		检查方法
			单位	数值	
主控项目	1	预压载荷	%	≤2	水准仪
	2	固结度(与设计要求比)	%	≤2	根据设计要求采取不同方法
	3	承载力或其他性能指标	设计要求		按规定方法
一般项目	1	沉降速率(与控制值比)	%	±10	水准仪
	2	砂井或塑料排水带位置	mm	±100	用钢尺量
	3	砂井或塑料排水带插入深度	mm	±200	插入时用经纬仪检查
	4	插入塑料排水带时的回带长度	mm	≤500	用钢尺量
	5	塑料排水带或砂井高出砂垫层距离	mm	≥200	用钢尺量
	6	插入塑料排水带的回带根数	%	<5	目测

注:如真空预压,主控项目中预压载荷的检查为真空度降低值<2%

4.9 振冲地基

4.9.1 施工前应检查振冲的性能,电流表、电压表的准确度及填料的性能。

4.9.2 施工中应检查密实电流、供水压力、供水量、填料量、孔底留振时间、振冲点位置、振冲器施工参数等(施工参数由振冲试验或设计确定)。

说明:4.9.2 振冲置换造孔的方法有排孔法,即由一端开始到另一端结束;跳打法,即每排孔施工时隔一孔造一孔,反复进行;帷幕法,即先造外围2～3圈孔,再造内圈孔,此时可隔一圈造一圈或依次向中心区推进。振冲施工必须防止漏孔,因此要做好孔位编号并施工复查工作。

4.9.3　施工结束后,应在有代表性的地段做地基强度或地基承载力检验。

说明:4.9.3　振冲施工对原土结构造成扰动,强度降低。因此,质量检验应在施工结束后间歇一定时间,对砂土地基间隔2～3周。桩顶部位由于周围约束力小,密实度较难达到要求,检验取样应考虑此因素。对振冲密实法加固的砂土地基,如不加填料,质量检验主要是地基的密实度,宜由设计、施工、监理(或业主方)共同确定位置后,再进行检验。

4.9.4　振冲地基质量检验标准应符合附表4.9.4的规定。

附表 4.9.4　振冲地基质量检验标准

项	序	检查项目	允许偏差或允许值		检查方法
			单位	数值	
主控项目	1	填料粒径	设计要求		抽样检查
	2	密实电流(黏性土)	A	50～55	电流表读数
		密实电流(黏性土或粉土)	A	40～50	
		(以上为功率30 kW振冲器)			电流表读数,A_0为空振电流
		密实电流(其他类型振冲器)	A_0	1.5～2.0	
	3	地基承载力	设计要求		按规定方法
一般项目	1	填料含泥量	%	<5	抽样检查
	2	振冲器喷水中心与孔径中心偏差	mm	≤50	用钢尺量
	3	成孔中心与设计孔位中心偏差	mm	≤100	用钢尺量
	4	桩体直径	mm	<50	用钢尺量
	5	孔深	mm	±200	量钻杆或重锤测

4.10　高压喷射注浆地基

4.10.1　施工前应检查水泥、外掺剂等的质量,桩位,压力表、流量表的精度或灵敏度,高压喷射设备的性能等。

4.10.2　施工中应检查施工参数(压力、水泥浆量、提升速度、旋转速度等)及施工程序。

说明:4.10.2　由于喷射压力较大,容易发生窜浆,影响邻孔的质量,应采用间隔跳打法施工,一般二孔间距大于1.5 m。

4.10.3　施工结束后,应检查桩体强度、平均直径、桩身中心位置、桩体质量及承载力等。桩体质量及承载力应在施工结束后28 d进行。

4.10.4　高压喷射注浆地基质量检验标准应符合附表4.10.4的规定。

附表 4.10.4　高压喷射注浆地基质量检验标准

项	序	检查项目	允许偏差或允许值		检查方法
			单位	数值	
主控项目	1	水泥及外掺剂含量	符合出厂要求		查产品合格证书或抽样送检
	2	水泥用量	设计要求		查看流量表及水泥浆水灰比
	3	桩体强度或完整性检验	设计要求		按规定方法
	4	地基承载力	设计要求		按规定方法
一般项目	1	钻孔位置	mm	≤50	用钢尺量
	2	钻孔垂直度	%	≤1.5	经纬仪测钻孔或实测
	3	孔深	mm	±200	用钢尺量
	4	注浆压力	按设定参数指标		查看压力表
	5	桩体搭接	mm	>200	用钢尺量
	6	桩体直径	mm	≤50	开挖后用钢尺量
	7	桩身中心允许偏差		≤0.2D	开挖后桩顶下 500 mm 处用钢尺量,D 为桩径

4.11　水泥土搅桩地基

4.11.1　施工前应检查水泥及外掺剂的质量、桩位、搅拌机工作性能及各种计量设备完好程度(主要是水泥浆流量计及其他计量装置)。

说明:4.11.1　水泥土搅拌桩对水泥压力量要求较高,必须在施工机械上配置流量控制仪表,以保证一定的水泥用量。

4.11.2　施工中应检查机头提升速度、水泥浆或水泥注入量、搅拌桩的长度及标高。

说明:4.11.2　水泥土搅拌桩施工过程中,为确保搅拌充分、桩体质量均匀,搅拌机头提速不宜过快,否则会使搅拌桩体局部水泥量不足或水泥不能均匀地拌和在土中,导致桩体强度不一,因此规定了机头提升速度。

4.11.3　施工结束后,应检查桩体强度、桩体直径及地基承载力。

4.11.4　进行强度检验时,对承重水泥土搅拌桩应取 90d 后的试件;对支护水泥土搅拌桩应取 28d 后的试件。

说明:4.11.4　强度检验取 90d 的试样是根据水泥土的特性而定,如工程需要(如作为围护结构用的水泥搅拌桩施工的影响因素较多),故检查数量略多于一般桩基。

4.11.5　水泥土搅拌桩地基质量检验标准应符合附表 4.11.5 的规定。

说明:4.11.5　本规范附表 4.11.5 中桩体强度的检查方法,各地有其他成熟的方法,只要可靠都行。如用轻便触探器检查均匀程度、用对比法判断桩身强度等,可参照国家现行行业标准《建筑地基处理技术规范》JGJ79。

附表 4.11.5　水泥土搅拌桩地基质量检验标准

项	序	检查项目	允许偏差或允许值		检查方法
			单位	数值	
主控项目	1	水泥及外掺剂含量	设计要求		查产品合格证书或抽样送检
	2	水泥用量	参数指标		查看流量计
	3	桩体强度	设计要求		按规定方法
	4	地基承载力	设计要求		按规定方法
一般项目	1	机头提升速度	m/min	≤0.5	量机头上升距离及时间
	2	桩底标高	mm	±200	测机头深度
	3	桩顶标高	mm	+100 −50	水准仪(最上部 500 mm 不计入)
	4	桩位偏差	mm	<50	用钢尺量
	5	桩径		<0.04D	用钢尺量,D 为桩径
	6	垂直度	%	≤1.5	经纬仪
	7	搭接	mm	>200	用钢尺量

4.12　土和灰土挤密桩复合地基

4.12.1　施工前对土及灰土的质量、桩孔放样位置等做检查。

说明:4.12.1　施工前应在现场进行成孔、夯填工艺和挤密效果试验,以确定填料厚度、最优含水量、夯击次数及干密度等施工参数质量标准。成孔顺序应先外后内,同排桩应间隔施工。填料含水量如过大,宜预干或预湿处理后再填入。

4.12.2　施工中应对桩孔直径、桩孔深度、夯击次数、填料的含水量等做检查。

4.12.3　施工结束后,应检验成桩的质量及地基承载力

4.12.4　土和灰土挤密桩地基质量检验标准应符合附表 4.12.4 的规定。

附表 4.12.4　土和灰土挤密桩地基质量检验标准

项	序	检查项目	允许偏差或允许值		检查方法
			单位	数值	
主控项目	1	桩体及桩间土干密度	设计要求		现场取样检查
	2	桩长	mm	+500	测桩管长度或垂球测孔深
	3	地基承载力	设计要求		按规定方法
	4	桩径	mm	−20	用钢尺量
一般项目	1	土料有机质含量	%	≤5	实验室焙烧法
	2	石灰粒径	mm	≤5	筛分法
	3	桩位偏差	满堂布桩≤0.40D 条基布桩≤0.25D		用钢尺量,D 为桩径
	4	垂直度	%	≤1.5	用经纬仪测桩管
	5	桩径	mm	−20	用钢尺量

注:桩径允许偏差负值是指个别断面。

4.13 水泥粉煤灰碎石桩复合地基

4.13.1 水泥、粉煤灰、砂石碎石等原材料应符合设计要求。

4.13.2 施工中应检查桩身混合料的配合比、坍落度和提拔钻杆速度(或提拔套管速度)、成孔深度混合料灌入量等。

说明：4.13.2 提拔钻杆(或套管)的速度必须与泵入混合料的速度相配，否则容易产生缩颈或断桩，而且不同土层中提拔的速度不一样，砂性土、砂质黏土、黏土中提拔的速度为1.2～1.5 m/min，在淤泥质土中应当放慢。桩顶标高应高出设计标高0.5 m。由沉管方法成孔后时，应注意新施工桩对已成桩的影响，避免挤桩。

4.13.3 施工结束后，应对桩顶标高、桩位、桩体质量、地基承载力以及褥垫层的质量做检查。

4.13.4 水泥粉煤灰碎石桩复合地基的质量检验标准应符合附表4.13.4的规定

附表4.13.4 水泥粉煤灰碎石桩复合地基质量检验标准

项	序	检查项目	允许偏差或允许值		检查方法
			单位	数值	
主控项目	1	原材料	设计要求		查产品合格证书或抽样送检
	2	桩径	mm	−20	用钢尺量或计算填料量
	3	桩身强度	设计要求		查28d试块强度
	4	地基承载力	设计要求		按规定的办法
一般项目	1	桩身完整性	按桩基检测技术规范		按桩基检测技术规范
	2	桩位偏差	满堂布桩≤0.40D 条基布桩≤0.25D		用钢尺量，D为桩径
	3	桩垂直度	%	≤1.5	用经纬仪测桩管
	4	桩长	mm	+100	测桩管长度或垂球测孔深
	5	褥垫层夯填度	≤0.9		用钢尺量

注：1. 桩填度指夯实后的褥垫层厚度与虚体厚度的比值。
2. 桩径允许偏差负值是指个别断面。

4.14 夯实水泥土桩复合地基

4.14.1 水泥及夯实用土料的质量应符合设计要求。

4.14.2 施工中应检查孔位、孔深、孔径、水泥和土的配比、混合料含水量等。

4.14.3 施工结束后，应对桩体质量及复合地基承载力做检验，褥垫层应检查其夯填度。

说明：4.14.3 承载力检验一般为单桩的载荷试验，对重要、大型工程应进行复合地基载荷试验。

4.14.4 夯实水泥土桩的质量检验标准应符合附表4.14.4的规定。

4.14.5 夯扩桩的质量检验标准可按本节执行。

说明：4.14.5 夯扩桩的施工工艺与夯实水泥土桩相似，质量标准参照夯实水泥地桩是合适的。

附表 4.14.4　夯实水泥土桩复合地基质量检验标准

项	序	检查项目	允许偏差或允许值		检查方法
			单位	数值	
主控项目	1	桩径	mm	−20	用钢尺量
	2	桩长	mm	+500	测桩孔深度
	3	桩体干密度	设计要求		现场取样检查
	4	地基承载力	设计要求		按规定的办法
一般项目	1	土料有机质含量	%	≤5	焙烧法
	2	含水量(与最优含水量比较)	%	±2	烘干法
	3	土料粒径	mm	≤20	筛分法
	4	水泥质量	设计要求		查产品合格证书或抽样送检
	5	桩位偏差	满堂布桩≤0.40D 条基布桩≤0.25D		用钢尺量,D 为桩径
	6	桩孔垂直度	%	≤1.5	用经纬仪测桩管
	7	褥垫层夯填度	≤0.9		用钢尺量

注:1. 桩填度指夯实后的褥垫层厚度与虚体厚度的比值。

　2. 桩径允许偏差负值是指个别断面。

4.15　砂桩地基

4.15.1　施工前应检查砂料的含泥量及有机质含量、样桩的位置等。

4.15.2　施工中检查每根砂桩的桩体、灌砂量、标高、垂直度。

说明:4.15.2　砂桩施工应从外围或两侧向中间进行,成孔宜用振动沉管工艺。

4.15.3　施工结束后,应检查被加固地基的强度或承载力。

说明:4.15.3　砂桩施工间歇期为 $7d$,在间歇期后才能进行质量检验。

4.15.4　砂桩地基的质量检验标准应符合附表 4.15.4 的规定。

附表 4.15.4　砂桩地基的质量检验标准

项	序	检查项目	允许偏差或允许值		检查方法
			单位	数值	
主控项目	1	灌砂量	%	≥95	实际用砂量与计算体积比
	2	地基强度	设计要求		按规定方法
	3	地基承载力	设计要求		按规定方法
一般项目	1	砂料的含泥量	%	≤3	实验室测定
	2	砂料的有机质含量	%	≤5	焙烧法
	3	桩位	mm	≤50	用钢尺量
	4	砂桩标高	mm	±150	水准仪
	5	垂直度	%	≤1.5	经纬仪检查桩管垂直度

5 桩基础

5.1 一般规定

5.1.1 桩位的放样允许偏差如下：

群桩 20 mm；

单排桩 10 mm。

5.1.2 桩基工程的桩位验收，除设计有规定外，应按下述要求进行：

1. 当桩顶设计标高与施工现场标高相同时，或桩基施工结束后，有可能对桩位进行检查时，桩基工程的验收应在施工结束后进行。

2. 当桩顶设计标高低于施工场地标高，送桩后无法对桩位进行检查时，对打入桩可在每根桩桩顶沉至场地标高时，进行中间验收，待全部桩施工结束，承台或底板开挖到设计标高后，再做最终验收。对灌注桩可对护筒位置做中间验收。

说明：5.1.2 桩顶标高低于施工场地标高时，如不做中间验收，在土方开挖后如有桩顶位移发生不易明确责任，究竟是土方开挖不妥，还是本身桩位不准（打入桩施工不慎，会造成挤土，导致桩位位移），加一次中间验收有利于责任区分，引起打桩及土方承包商的重视。

5.1.3 打（压）入桩（预制凝土方桩、先张法预应力管桩、钢桩）的桩位偏差，必须符合附表 5.1.3 的规定。斜桩倾斜度的偏差不得大于倾斜角正切值的 15%（倾斜角系桩的纵向中心线与铅垂线间夹角）。

附表 5.1.3 预制桩（钢桩）桩位的允许偏差（mm）

项	项目	允许偏差
1	盖有基础梁的柱： （1）垂直基础梁的中心线 （2）沿基础梁的中心线	$100+0.01H$ $150+0.01H$
2	桩数为 1~3 根桩基中的桩	100
3	桩数为 4~16 根桩基中的桩	1/2 桩径或边长
4	桩数大于 16 根桩基中的桩： （1）最外边的桩 （2）中间桩	1/3 桩径或边长 1/2 桩径或边长
注：H 为施工现场地面标高与桩顶设计标高的距离		

说明：5.1.3 本规范附表 5.1.3 中的数值未计算由于降水和基坑开挖等造成的位移，但由于打桩顺序不当，造成挤土而影响已入桩的位移，是包括在表列数值中的。为此必须在施工中考虑合适的顺序及打桩速率。布桩密集的基础工程应有必要的措施来减少沉桩的挤土影响。

5.1.4 灌注桩的桩位偏差必须符合附表 5.1.4 的规定，桩顶标高至少要比设计标高高出 0.5 m，桩底清孔质量按不同的成桩工艺有不同的要求，应按本章的各节要求执行。每浇筑 50 m³ 必须有 1 组试件，小于 50 m³ 的桩，每根桩必须有 1 组试件。

附表 5.1.4　灌注桩的平面位置和垂直度的允许偏差

序号	成孔方法		桩径允许偏差（mm）	垂直度允许偏差（%）	桩位允许偏差（mm）	
					1～3根、单排桩基垂直于中线线方向和群桩基础的边桩	条形桩基沿中心线方向和群桩基础的中心桩
1	泥浆护壁钻孔桩	D≤1 000 mm	±50	<1	D/6,且不大于100	D/4,且不大于150
		D>1 000 mm	±50		100+0.01H	150+0.01H
2	套管成孔灌注桩	D≤500 mm	−20	<1	70	150
		D>500 mm			100	150
3	千成孔灌注桩		−20	<1	70	150
4	人工挖孔桩	混凝土护壁	+50	<0.5	50	150
		钢套管护壁	+50	<1	100	200

注:1. 桩径允许偏差的负值是指个别断面。
2. 采用复打、反插法施工的桩,其桩径允许偏差不受上表限制。
3. H为施工现场地面标高与桩顶设计标高的距离,D为设计桩径。

5.1.5　工程桩应进行承载力检验。对于地基基础设计等级为甲级或地质条件复杂,成桩质量可靠性低的灌注桩,应采用静载荷试验的方法进行检验,成桩质量可靠性低的灌注桩,应采用静载荷试验的方法进行检验,检验桩数不应少于总数的1%,且不应少于3根,当总桩数少于50根时,不应少于2根。

说明:5.1.5　对重要工程(甲级)应采用静载荷试验检验桩的垂直承载力。工程的分类按现行国家标准《建筑地基基础设计规范》(GB50007－2011)第3.0.1条的规定。关于静载荷试验桩的数量,如果施工区域地质条件单一,当地又有足够的实践经验,数量可根据实际情况,由设计确定。承载力检验不仅是检验施工的质量而且也能检验设计是否达到工程的要求。因此,施工前的试桩如没有破坏又用于实际工程中应可作为验收的依据。非静载荷试验桩的数量,可按国家现行行业标准《建筑工程基桩检测技术规范》(JGJ106－2014)的规定。

5.1.6　桩身质量应进行检验。对设计等级为甲级或地质条件复杂,成桩质量可靠性低的灌注桩,抽检数量不应少于总数的30%,且不应少于20根;其他桩基工程的抽检数量不应少于总数的20%,且不应少于10根;对混凝土预制桩及地下水位以上且终孔后经过核验的灌注桩,检验数量不应少于总桩数的10%,且不得少于10根。每个柱子承台下不得少于1根。

说明:5.1.6　桩身质量的检验方法很多,可按国家现行行业标准《建筑基桩检测技术规范》JGJ106所规定的方法执行。打入桩制桩的质量容易控制,问题也较易发现,抽查数可较灌注桩少。

5.1.7　对砂、石子、钢材、水泥等原材料的质量、检验项目、批量和检验方法,应符合国家现行标准的规定。

5.1.8 除本规范第5.1.5、5.1.6条规定的主控项目外,其他主控项目应全部检查,对一般项目,除已明确规定外,其他可按20%抽查,但混凝土灌注桩应全部检查。

5.2 静力压桩

5.2.1 静力压桩包括锚杆静压桩及其他各种非冲击力沉桩。

说明:5.2.1 静力压桩的方法较多,有锚杆静压,液压千斤顶加压、绳索系统加压等,凡非冲击力沉桩均按静力压桩考虑。

5.2.2 施工前应对成品桩(锚杆静压成品桩一般均由工厂制造,运至现场堆放)做外观及强度检验,按桩用焊条或半成品硫磺胶泥应有产品合格证书,或送有关部门检验,压桩用压力表、锚杆规格及质量也应进行检查、硫磺胶泥半成品应每100 kg做一组试件(3件)。

说明:5.2.2 用硫磺胶泥接桩,在大城市因污染空气已较少使用,但考虑到有些地区仍在使用,因此本规范仍放入硫磺胶泥接桩内容。半成品硫磺胶泥必须在进场后做检验。压桩用压力表必须标定合格方能使用,压桩时的压力数值是判断承载力的依据,也是指导压桩施工的一项重要参数。

5.2.3 压桩过程中应检查压力、桩垂直度、接桩间歇时间、桩的连接质量及压入深度、重要工程应对电焊接桩的接头做10%的探伤检查。对承受反力的结构应加强观测。

说明:5.2.3 施工中检查压力目的在于检查压桩是否下沉。接桩间歇时间对硫磺胶泥必须控制,间歇过短,硫磺胶泥强度未达到,容易被压坏,接头处存在薄弱环节,甚至断桩。浇注硫磺泥时间必须快,慢了硫磺胶泥在容器内结硬,浇筑入连接孔内不均匀流淌,质量也不易保证。

5.2.4 施工结束后,应做桩的承载力及桩体质量检验。

5.2.5 锚杆静压桩质量检验标准应符合附表5.2.5的规定。

附表5.2.5 静力压桩质量检验标准

项	序	检查项目	允许偏差或允许值	检查方法
主控项目	1	桩体质量检验	按基桩检测技术规范	按基桩检测技术规范
	2	桩位偏差	见本规范表5.1.3	用钢尺量
	3	承载力	按基桩检测技术规范	按基桩检测技术规范
一般项目	1	成品桩质量:外观 外形尺寸 强度	表面平整,颜色均匀,掉角深度<10mm,蜂窝面积小于总面积的0.5% 见本规范5.4.5 满足设计要求	直观 见本规范5.4.5 查产品合格证书或钻芯试压
	2	硫磺胶泥质量(半成品)	设计要求	查产品合格证书或抽样送检

项	序	检查项目	允许偏差或允许值	检查方法
一般项目	3	电焊接桩:焊缝质量 电焊结束后停歇时间	见本规范表 5.5.4－2 ＞1.0 min	见本规范表 5.5.4－2 秒表测定
		秒表测定 秒表测定	硫磺胶泥接桩:胶泥浇筑时间 浇筑后停歇时间	＜2 min ＞7 min
	4	电焊条质量	设计要求	查产品合格证书
	5	压桩压力(设计有要求时)	±5％	查压力表读数
	6	接桩时上下节平面偏差 接桩时节点弯曲矢高	＜10 mm ＜1/1 000l	用钢尺量 用钢尺量,l 为两节桩长
	7	桩顶标高	±50 mm	水准仪

5.3 先张法预应力管桩

5.3.1 施工前应检查进入现场的成品桩,接桩用电焊条等产品质量。

说明:5.3.1 先张法预应力管桩均为工厂生产后运到现场施打,工厂生产时的质量检验应由生产的单位负责,但运入工地后,打桩单位有必要对外观尺寸进行检验并检查产品合格证书。

5.3.2 施工过程中应检查桩的贯入情况、桩顶完整状况、电焊接桩质量、桩体垂直度、电焊后的停歇时间。重要工程应对电焊接头做 10％的焊缝探头检查。

说明:5.3.2 先张法预应力管桩,强度较高,锤击力性能比一般混凝土预制桩好,抗裂性强。因此,总的锤击数较高,相应的电焊接桩质量要求也高,尤其是电焊后有一定间歇时间,不能焊完即锤击,这样容易使接头损伤。为此,对重要工程应对接头做 X 光拍片检查。

5.3.3 施工结束后,应做承载力检验及桩体质量检验。

说明:5.3.3 由于锤击次数多,对桩体质量进行检验是有必要的,可检查桩体,是否被打裂,电焊接头是否完整。

5.3.4 先张法预应力管桩的质量检验应符合附表 5.3.4 的规定。

附表 5.3.4 先张法预应力管桩质量检验标准

项	序	检查项目	允许偏差或允许值	检查方法
主控项目	1	桩体质量检验	按基桩检测技术规范	按基桩检测技术规范
	2	桩位偏差	见本规范表 5.1.3	用钢尺量
	3	承载力	按基桩检测技术规范	按基桩检测技术规范

项	序	检查项目		允许偏差或允许值	检查方法
一般项目	1	成品桩质量	外观	无蜂窝、露筋、裂缝、色感均匀、桩顶处无孔隙	直观
			桩径	±5 mm	用钢尺量
			管壁厚度	±5 mm	用钢尺量
			桩尖中心线	<2 mm	用钢尺量
			顶面平整度	10 mm	用水平尺量
			桩体弯曲	<1/1 000l	用钢尺量，l 为两节桩长
	2	接桩：焊缝质量		见本规范表 5.5.4 - 2	见本规范表 5.5.4 - 2
		电焊结束后停歇时间		>1.0 min	秒表测定
		上下节平面偏差		<10 mm	用钢尺量
		节点弯曲矢高		<1/1 000l	用钢尺量，l 为两节桩长
	3	停锤标准		设计要求	现场实测或查沉桩记录
	4	桩顶标高		±50 mm	水准仪

5.4 混凝土预制桩

5.4.1 桩在现场预制时,应对原材料、钢筋骨架(见附表 5.4.1)、混凝土强度进行检查;采用工厂生产的成品桩时,桩进场后应进行外观及尺寸检查。

说明:5.4.1 混凝土预制桩可在工厂生产,也可在现场支模预制,为此,本规范列出了钢筋骨架的质量检验标准。对工厂的成品桩虽有产品合格证书,但在运输过程中容易碰坏,为此,进场后应再做检查。

5.4.2 施工中应对桩体垂直度、沉桩情况、桩顶完整状况、接桩质量等进行检查,对电焊接桩,重要工程应做 10%的焊缝探伤检查。

说明:5.4.2 经常发生接桩时电焊质量较差,从而接头在锤击过程中断开,尤其接头对接的两端面不平整,电焊更不容易保证质量,对重要工程做 X 光拍片检查是完全必要的。

5.4.3 施工结束后,应对承载力及桩体质量做检验。

5.4.4 对长桩或总锤击数超过 500 击的锤击桩,应符合桩体强度及 28d 龄期的两项条件才能锤击。

说明:5.4.4 混凝土桩的龄期,对抗裂性有影响,这是经过长期试验得出的结果,不到龄期的桩就像不足月出生的婴儿,有先天不足的弊端。经长时期锤击或锤击拉应力稍大一些便会产生裂缝。故有强度龄期双控的要求,但对短桩,锤击数又不多,满足强度要求一项应是可行的。有些工程进度较急,桩又不是长桩,可以采用蒸养以求短期内达到强度,即可开始沉桩。

5.4.5 钢筋混凝土预制桩的质量检验标准应符合附表 5.4.5 的规定。

附表 5.4.1　预制桩钢筋架质量检验标准(mm)

项	序	检查项目	允许偏差或允许值	检查方法
主控项目	1	主筋距桩顶距离	±5	用钢尺量
	2	多接桩锚固钢筋位置	5	用钢尺量
	3	多接桩预埋铁件	±3	用钢尺量
	4	主筋保护层厚度	±5	用钢尺量
一般项目	1	主筋间距	±5	用钢尺量
	2	桩尖中心线	10	用钢尺量
	3	箍筋间距	±20	用钢尺量
	4	桩顶钢筋网片	±10	用钢尺量
	5	多接桩锚固钢筋长度	±10	用钢尺量

附表 5.4.5　钢筋混凝土预制桩的质量检验标准

项	序	检查项目	允许偏差或允许值	检查方法
主控项目	1	桩体质量检验	按基桩检测技术规范	按基桩检测技术规范
	2	桩位偏差	见本规范表 5.1.3	用钢尺量
	3	承载力	按基桩检测技术规范	按基桩检测技术规范
一般项目	1	砂、石、水泥、钢材等原材料(现场预制时)	符合设计要求	查出厂质保文件或抽样送检
	2	混凝土配合比及强度(现场预制时)	符合设计要求	检查称量及查试块记录
	3	成品桩外形	表面平整、颜色均匀,掉角深度<10 mm,蜂窝面积小于总面积的 0.5%	直观
	4	成品桩裂缝(收缩裂缝或起吊、装运、堆放引起的裂缝)	深度<20 mm,宽度<0.25 mm,横向裂缝不超过边长的一半	裂缝测定仪,该项在地下水有侵蚀地区及锤击数超过 500 击的长桩不适用
	5	成品桩尺寸:横截面边长 桩顶对角线差 桩尖中心线 桩身弯曲矢高 桩顶平整度	±5 mm <10 mm <10 mm <1/1 000l <2 mm	用钢尺量 用钢尺量 用钢尺量 用钢尺量,l 为桩长 用水平尺量
	6	电焊接桩:焊缝质量 电焊结束后停歇时间 上下节平面偏差 节点弯曲矢高	见本规范表 5.5.4-2 >1.0 min <10 mm <1/1 000l	见本规范表 5.5.4-2 秒表测定 用钢尺量 用钢尺量,l 为两节桩长
	7	硫磺胶泥接桩:胶泥浇筑时间 浇筑后停歇时间	<2 min >7 min	秒表测定 秒表测定
	8	桩顶标高	±50 mm	水准仪
	9	停锤标准	设计要求	现场实测或查沉桩记录

5.5 钢桩

5.5.1 施工前应检查进入现场的成品钢桩,成品桩的质量标准应符合本规范表 5.5.4-1 的规定。

说明:5.5.1 钢桩包括钢管桩、型钢桩等。成品桩也是在工厂生产,应有一套质检标准,但也会因运输堆放造成桩的变形,因此,进场后需再做检验。

5.5.2 施工中应检查钢桩的垂直度、沉入过程、电焊连接质量、电焊后的停歇时间、桩顶锤击后的完整状况。电焊质量除常规检查外,应做 10% 的焊缝探伤检查。

说明:5.5.2 钢桩的锤击性能较混凝土桩好,因而锤击次数要高得多,相应对电焊质量要求较高,故对电焊后的停歇时间,桩顶有否局部损坏均应做检查。

5.5.3 施工结束后应做承载力检验。

5.5.4 钢桩施工质量检验标准应符合附表 5.5.4-1 及附表 5.5.4-2 的规定。

附表 5.5.4-1 成品钢桩质量检验标准

项	序	检查项目	允许偏差或允许值	检查方法
主控项目	1	钢桩外径或断面尺寸: 桩端 桩身	$\pm 0.5\% D$ $\pm 1D$	用钢尺量,D 为外径或边长
	2	矢高	$< 1/1\,000\,l$	用钢尺量,l 为桩长
一般项目	1	长度	± 10 mm	用钢尺量
	2	端部平整度	$\leqslant 2$ mm	用水平尺量
	3	H 钢桩的方正度 $h > 300$ $h < 300$ 	$T + T' \leqslant 8$ mm $T + T' \leqslant 6$ mm	用钢尺量,h、T、T' 见图示
	4	端部平面与桩中心线的倾斜值	$\leqslant 2$ mm	用水平尺量

附表 5.5.4－2　钢桩施工质量检验标准

项	序	检查项目	允许偏差或允许值	检查方法
主控项目	1	桩位偏差	见本规范表 5.1.3	用钢尺量
	2	承载力	按基桩检测技术规范	按基桩检测技术规范
一般项目	1	电焊接桩焊缝： (1) 上下节端部错口 　（外径≥700 mm） 　（外径<700 mm） (2) 焊缝咬边深度 (3) 焊缝加强层高度 (4) 焊缝加强层宽度 (5) 焊缝电焊质量外观 (6) 焊缝探伤检验	 ≤3 mm ≤2 mm ≤0.5 mm 2 mm 2 mm 无气孔、无焊瘤、无裂缝 满足设计要求	 用钢尺量 用钢尺量 焊缝检查仪 焊缝检查仪 焊缝检查仪 直观 按设计要求
	2	电焊结束后停歇时间	>1.0 min	秒表测定
	3	节点弯曲矢高	<1/1 000l	用钢尺量，l 为两节桩长
	4	桩顶标高	±50 mm	水准仪
	5	停锤标准	设计要求	用钢尺量或查沉桩记录

5.6　混凝土灌注桩

5.6.1　施工前应对水泥、砂、石子（如现场搅拌）、钢材等原材料进行检查，对施工组织设计中制定的施工顺序、监测手段（包括仪器、方法）也应检查。

说明：5.6.1　混凝土灌注桩的质量检验应较其他桩种严格，这是工艺本身要求，再则工程事故也较多，因此，对监测手段要事先落实。

5.6.2　施工中应对成孔、清查、放置钢筋笼、灌注混凝土等进行全过程检查，人工挖孔桩尚应复验孔底持力层土（岩）性。嵌岩桩必须有桩端持力层的岩性报告。

说明：5.6.2　沉渣厚度应在钢筋笼放入后，混凝土浇注前测定，成孔结束后，放钢筋笼、混凝土导管都会造成土体跌落，增加沉渣厚度，因此，沉渣厚度应是二次清孔后的结果。沉渣厚度的检查目前均用重锤，有些地方用较先进的沉渣仪，这种仪器应预先做标定。人工挖孔桩一般对持力层有要求，而且到孔底察看土性是有条件的。

5.6.3　施工结束后，应检查混凝土强度，并应做桩体质量及承载力的检验。

5.6.4　混凝土灌注桩的质量检验标准应符合附表 5.6.4－1、附表 5.6.4－2 的规定。

附表 5.6.4－1　混凝土灌注桩钢筋笼质量检验标准（mm）

项	序	检查项目	允许偏差或允许值	检查方法
主控项目	1	主筋间距	±10	用钢尺量
	2	长度	±100	用钢尺量
一般项目	1	钢筋材质检验	设计要求	抽样送检
	2	箍筋间距	±20	用钢尺量
	3	直径	±10	用钢尺量

附表 5.6.4-2　混凝土灌注桩质量检验标准

项	序	检查项目	允许偏差或允许值	检查方法
主控项目	1	桩位	见本规范表 5.1.4	基坑开挖前量护筒,开挖后量桩中心
	2	孔深	+300 mm	只深不浅,用重锤测,或测钻杆、套管长度,嵌岩桩应确保进入设计要求嵌岩的深度
	3	桩体质量检验	按基桩检测技术规范。如钻芯取样,大直径嵌岩桩应钻直桩尖下50 cm	按基桩检测技术规范
	4	混凝土强度	设计要求	试件报告或钻芯取样送检
	5	承载力	按基桩检测技术规范	按基桩检测技术规范
一般项目	1	垂直度	见本规范表 5.1.4	测套管或钻杆,或用超声波探测,干施工时吊垂球
	2	桩径	见本规范表 5.1.4	井径仪或超声波检测,干施工时用钢尺量,人工挖孔桩不包括内衬厚度
	3	泥浆比重(黏土或砂性土中)	1.15~1.20	用比重计测,清孔后在距孔底 50 cm 处取样
	4	泥浆面标高(高于地下水位)	0.5~1.0 m	目测
	5	沉渣厚度:端承桩　　　　摩擦桩	≤50 mm　　≤150 mm	用沉渣仪或重锤测量
	6	混凝土坍落度:水下灌注　干施工	160~220 mm　70~100 mm	坍落度仪
	7	钢筋笼安装深度	±100 mm	用钢尺量
	8	混凝土充盈系数	>1	检查每根桩的实际灌注量
	9	桩顶标高	+30 mm~-50 mm	水准仪,需扣除桩顶浮浆层及劣质桩体

　　说明:5.6.4　灌注桩的钢筋笼有时在现场加工,不是在工厂加工完后运到现场,为此,列出了钢筋笼的质量检验标准。

5.6.5　人工挖孔桩、嵌岩桩的质量检验应按本节执行。

6　土方工程

6.1　一般规定

6.1.1　土方工程施工前应进行挖、填方的平衡计算,综合考虑土方运距最短、运程合理和各个工程项目的合理施工程序等,做好土方平衡调配,减少重复挖运。

说明:6.1.1　土方的平衡与调配是土方工程施工的一项重要工作。一般先由设计单位提出基本平衡数据,然后由施工单位根据实际情况进行平衡计算。如工程量较大,在施工过程中还应进行多次平衡调整,在平衡计算中,应综合考虑土的松散性、压缩性、沉陷量等影响土方量变化的各种因素。

6.1.2　当土方工程挖方较深时,施工单位应采取措施,防止基坑底部土的隆起并避免危害周边环境。

说明:6.1.2　基底土隆起往往伴随着对周边环境的影响,尤其当周边有地下管线,建(构)筑物、永久性道路时应密切注意。

6.1.3　在挖方前,应做好地面排水和降低地下水位工作。

说明:6.1.3　有不少施工现场由于缺乏排水和降低地下水位的措施,而对施工产生影响,土方施工应尽快完成,以避免造成集水、坑底隆起及对环境影响增大。

6.1.4　平整场地的表面坡度应符合设计要求,如设计无要求时,排水沟方向的坡度不应少于2‰。平整后的场地表面应逐点检查。检查点为每 100～400 m² 取 1 点,但不应少于 10 点;长度、宽度和边坡均为每 20 m 取 1 点,每边不应少于 1 点。

说明:6.1.4　平整场地表面坡度应由设计规定,但鉴于现行国家标准《建筑地基基础设计规范》GB50007 中均无此规定,故条文中规定,如设计无要求时,一般应向排水沟方面做成不少于 2‰ 的坡度。

6.1.5　土方工程施工,应经常测量和校核其平面位置、水平标高和边坡坡度。平面控制桩和水准控制点采取可靠的保护措施,定期复测和检查。土方不应堆在基坑边坡。

说明:6.1.5　在土方工程施工测量中,除开工前的复测放线外,还应配合施工对平面位置(包括控制边界线、分界线、边坡的上口线和底口线等)、边坡坡度(包括放坡线、变坡等)和标高(包括各个地段的标高)等经常进行测量,校核是否符合设计要求。上述施工测量的基准—平面控制桩和水准控制点,也应定期进行复测和检查。

6.1.6　对雨季和冬季施工还应遵守国家现行有关标准。

说明:6.1.6　雨季和冬季施工可参照相应地方标准执行。

6.2　土方开挖

6.2.1　土方开挖前应检查定位放线、排水和降低地下水位系统,合理安排土方运输车的行走路线及弃土场。

6.2.2　施工过程中应检查平面位置、水平标高、边坡坡度、压实度、排水、降低地下水位系统,并随时观测周围的环境变化。

说明:6.2.2　土方工程在施工中应检查平面位置、水平标高、边坡坡度、排水、降水系统及周围环境的影响,对回填土方还应检查回填土料、含水量、分层厚度、压实度,对分层挖方,也应检查开挖深度等。

6.2.3　临时性挖方的边坡值应符合附表 6.2.3 的规定。

附表 6.2.3　临时性挖方边坡值

土的类别		边坡值(高：宽)
砂土(不包括细砂、粉砂)		1：1.25～1：1.50
一般性黏土	硬	1：0.75～1：1.00
	硬、塑	1：1.00～1：1.25
	软	1：1.5 或更缓
碎石类土	充填坚硬、硬塑黏性土	1：0.5～1：1.00
	充填砂土	1：1.00～1：1.50

注:1. 设计有要求时,应符合设计标准。
2. 如采用降水或其他加固措施,可不受本表限制,但应计算复核。
3. 开挖深度,对软土不应超过 4 m,对硬土不应超过 8 m。

6.2.4　土方开挖工程质量检验标准应符合附表 8.2.4 的规定。

附表 6.2.4　土方开挖工程质量检验标准(mm)

项目	序	项目	允许偏差或允许值					检验方法
			校基基坑基槽	挖方场地平整		管沟	地(路)面基层	
				人工	机械			
主控项目	1	标高	−50	±30	±50	−50	−50	水准仪
	2	长度、宽度(由设计中心线向两边量)	+200 −50	+300 −100	+500 −150	+100	—	经纬仪,用钢尺量
	3	边坡	设计要求					观察或用坡度尺检查
一般项目	1	表面平整度	20	20	50	20	20	用 2 m 靠尺或楔形塞尺检查
	2	基底土性	设计要求					观察或土样分析

注:地(路)面基层的偏差只适用于直接在挖、填方上做地(路)面的基层。

6.3　土方回填

6.3.1　土方回填前应清除基底的垃圾、树根等杂物,抽除坑穴积水、淤泥,验收基底标高。如在耕植上或松土上填方,应在基底压实后再进行。

6.3.2　对填方土料应按设计要求验收后方可填入。

6.3.3　填方施工过程中应检查排水措施,每层填筑厚度、含水量控制、压实程度。填筑厚度及压实遍数应根据土质、压实系数及所用机具确定。如无试验依据,应符合附表 6.3.3 的规定。

附表 6.3.3　填土施工时的分层厚度及压实遍数

压实机具	分层厚度(mm)	每层压实遍数
平碾	250～300	6～8
振动压实机	250～350	3～4
柴油打夯机	200～250	3～4
人工打夯	<200	3～4

6.3.4　填方施工结束后,应检查标高、边坡坡度、压实程度等,检验标准应符合附表 6.3.4 的规定。

表 6.3.4　填土工程质量检验标准(mm)

项	序	项目	允许偏差或允许值					检验方法
			校基坑基槽	场地平整		管沟	地(路)面基层	
				人工	机械			
主控项目	1	标高	−50	±30	±50	−50	−50	水准仪
	2	分层压实系数	设计要求					按规定方法
一般项目	1	回填土料	设计要求					取样检查或直观鉴别
	2	分层厚度及含水量	设计要求					水准仪及抽样检查
	3	表面平整度	20	20	30	20	20	用靠尺或水准仪

7　基坑工程

7.1　一般规定

7.1.1　在基坑(槽)或管沟工程等开挖施工中,现场不宜进行放坡开挖,当可能对邻近建(构)筑物、地下管线、永久性道路产生危害时,应对基坑(槽)、管沟进行支护后再开挖。

说明:7.1.1　在基础工程施工中,如挖方较深,土质较差或有地下水渗流等,可能对邻近建(构)筑物、地下管线、永久性道路等产生危害,或构成边坡不稳定。在这种情况下,不宜进行大开挖施工,应对基坑(槽)管沟壁进行支护。

7.1.2　基坑(槽)、管沟开挖前应做好下述工作:

1. 基坑(槽)、管沟开挖前,应根据支护结构形式、挖深、地质条件、施工方法、周围环境、工期、气候和地面载荷等资料制定施工方案、环境保护措施、监测方案,经审批后方可施工。

2. 土方工程施工前,应对降水、排水措施进行设计,系统应经检查和试运转,一切正常时方可开始施工。

3. 有关围护结构的施工质量验收可按本规范第 4 章、第 5 章及本章 7.2、7.3、7.4、7.6、7.7 的规定执行,验收合格后方可进行土方开挖。

说明:7.1.2 基坑的支护与开挖方案,各地均有严格的规定,应按当地的要求,对方案进行申报,经批准后才能施工。降水、排水系统对维护基坑的安全极为重要,必须在基坑开挖施工期间安全运转,应时刻检查其工作状况。临近有建筑物或有公共设施,在降水过程中要予以观测,不得因降水而危及这些建筑物或设施的安全。许多围护结构由水泥土搅拌桩、钻孔灌注桩、高压水泥喷射桩等构成,因在本规范第 4 章、第 5 章中这类桩的验收已提及,可按相应的规定标准验收,其他结构在本章内均有标准可查。

7.1.3 土方开挖的顺序、方法必须与设计工况相一致,并遵循"开槽支撑,先撑后挖,分层开挖,严禁超挖"的原则。

说明:7.1.3 基坑(槽)、管沟挖土要分层进行,分层厚度应根据工程具体情况(包括土质、环境等)决定,开挖本身是一种卸荷过程,防止局部区域挖土过深、卸载过速,引起土体失稳,降低土体抗剪性能,同时在施工中应不损伤支护结构,以保证基坑的安全。

7.1.4 基坑(槽)、管沟的挖土应分层进行。在施工过程中基坑(槽)、管沟边堆置土方不应超过设计荷载,挖方时不应碰撞或损伤支护结构、降水设施。

7.1.5 基坑(槽)、管沟土方施工中应对支护结构、周围环境进行观察和监测,如出现异常情况应及时处理,待恢复正常后方可继续施工。

7.1.6 基坑(槽)、管沟开挖至设计标高后,应对坑底进行保护,经验槽合格后,方可进行垫层施工。对特大型基坑,宜分区分块挖至设计标高,分区分块及时浇筑垫层。必要时,可加强垫层。

7.1.7 基坑(槽)、管沟土方工程验收必须确保支护结构安全和周围环境安全为前提。当设计有指标时,以设计要求为依据,如无设计指标时应按附表 7.1.7 的规定执行。

附表 7.1.7 基坑变形的监控值(cm)

基坑类别	围护结构墙顶位移监控值	围护结构墙体最大位移监控值	地面最大沉降监控值
一级基坑	3	5	3
二级基坑	6	8	6
三级基坑	8	10	10

注:1. 符合下列情况之一,为一级基坑:

1)重要工程或支护结构做主体结构的一部分;

2)开挖深度大于 10 m;

3)与临近建筑物,重要设施的距离在开挖深度以内的基坑;

4)基坑范围内有历史文物、近代优秀建筑、重要管线等需严加保护的基坑。

2. 三级基坑为开挖深度小于 7 m,且周围环境无特别要求时的基坑。

3. 除一级和三级外的基坑属于二级基坑。

4. 当周围已有的设施有特殊要求时,尚应符合这些要求。

7.2 排桩墙支护工程

7.2.1 排桩墙支护结构包括灌注桩、预制桩、板桩等类型桩构成的支护结构。

7.2.2 灌注桩、预制桩的检验标准应符合本规范第 5 章的规定。钢板桩均为工厂成品,新桩可按出厂标准检验,重复使用的钢板桩应符合附表7.2.2-1的规定,混凝土板桩应符合附表7.2.2-2的规定。

附表 7.2.2-1　重复使用的钢板桩检验标准

序	检查项目	允许偏差或允许值	检查方法
1	桩垂直度	<1%	用钢尺量
2	桩身弯曲度	<2%l	用钢尺量,l 为桩长
3	齿槽平直度及光滑度	无电焊渣或毛刺	用 1m 长的桩段做通过试验
4	桩长度	不小于设计长度	用钢尺量

附表 7.2.2-2　混凝土板桩制作标准

项	序	检查项目	允许偏差或允许值	检查方法
主控项目	1	桩长度	0~+100 mm	用钢尺量
	2	桩身弯曲度	<0.1%l	用钢尺量,l 为桩长
一般项目	1	保护层厚度	±5 mm	用钢尺量
	2	模截面相对两面之差	5 mm	用钢尺量
	3	桩尖对桩轴线的位移	10 mm	用钢尺量
	4	桩厚度	0~+100 mm	用钢尺量
	5	凹凸槽尺寸	±3 mm	用钢尺量

　　说明:7.2.2　本规范附表7.2.2-1中检查齿槽平直度不能用目测,有时看来较宜,但施工时仍会产生很大的阻力,甚至将桩带入土层中。如用一根短样桩,沿着板桩的齿口,全长拉一次,如能顺利通过,则将来施工时不会产生大的阻力。

　　7.2.3　排桩墙支护的基坑,开挖后应及时支护,每一道支撑施工应确保基坑变形在设计要求的控制范围内。

　　7.2.4　在含水量地层范围内的排桩墙支护基坑,应有确实可靠的止水措施,确保基坑施工及邻近构筑物的安全。

　　说明:7.2.4　含水地层内的支护结构常因止水措施不当而造成地下水从坑外向坑内渗漏,大量抽排造成土颗粒流失,致使坑外土体沉降,危及坑外的设施。因此,必须有可靠的止水措施。这些措施有深层搅拌桩帷幕、高压喷射注浆止水帷幕、注浆帷幕,或者降水井(点)等,根据不同的条件选用。

7.3　水泥土桩墙支护工程

　　7.3.1　水泥土墙支护结构指水泥土搅拌桩(包括加筋水泥土搅拌桩)、高压喷射注浆桩所构成的围护结构。

　　说明:7.3.1　加筋水泥土桩是在水泥土搅拌桩内插入筋性材料如型钢、钢板桩、混凝土板桩、混凝土板桩、混凝土工字梁等。这些筋性材可以拔出,也可不拔,视具体条件而定。如要拔出,应考虑相应的填充措施,而且应同拔出的时间同步,以减少周围的土体变形。

7.3.2 水泥土搅拌桩及高压喷射注浆桩的质量检验应满足本规范第 4 章 4.10、4.11 的规定。

7.3.3 加筋水泥土桩质量检验应符合附表 7.3.3 的规定。

附表 7.3.3 加筋水泥土桩质量检验标准

序	检查项目	允许偏差或允许值	检查方法
1	型钢长度	±10 mm	用钢尺量
2	型钢垂直度	<1%	经纬仪
3	型钢插入标高	±30 mm	水准仪
4	型钢插入平面位置	10 mm	用钢尺量

7.4 锚杆及土钉墙支护工程

7.4.1 锚杆及土钉墙支护工程施工前应熟悉地质资料、设计图纸及周围环境，降水系统应确保正常工作，必须的施工设备如挖掘机、钻机、压浆泵、搅拌机等应能正常运转。

说明：7.4.1 土钉墙一般适用于开挖深度不超过 5 m 的基坑，如措施得当也可再加深，但设计与施工均应足够的经验。

7.4.2 一般情况下，应遵循分段开挖、分段支护的原则，不宜按一次挖就再行支护的方式施工。

说明：7.4.2 尽管有了分段开挖、分段支护，仍要考虑土钉与锚杆均有一段养护时间，不能为抢进度而不顾及养护期。

7.4.3 施工中应对锚杆或土钉位置，钻孔直径、深度及角度，锚杆或土钉插入长度，注浆配比、压力及注浆量，喷锚墙面厚度及强度、锚杆或土钉应力等进行检查。

7.4.4 每段支护体施工完成后，应检查坡顶或坡面位移、坡顶沉降及周围环境变化，如有异常情况应采取措施，恢复正常后方可继续施工。

7.4.5 锚杆及土钉墙支护工程质量检验应符合附表 7.4.5 的规定。

附表 7.4.5 锚杆及土钉墙支护工程质量检验标准

项	序	检查项目	允许偏差或允许值	检查方法
主控项目	1	锚杆土钉长度	±30 mm	用钢尺量
	2	锚杆锁定力	设计要求	现场实测
一般项目	1	锚杆或土钉位置	±100 mm	用钢尺量
	2	钻孔倾斜度	±1°	测钻机倾角
	3	浆体强度	设计要求	试样送检
	4	注浆量	大于理论计算浆量	检查计算数据
	5	土钉墙面厚度	±10 mm	用钢尺量
	6	墙体强度	设计要求	试样送检

7.5 钢或混凝土支撑系统

7.5.1 支撑系统包括围图及支撑,当支撑较长时(一般超过15 m),还包括支撑下的立柱及相应的立柱桩。

说明:7.5.1 工程中常用的支撑系统有混凝土围图、钢围图、混凝土支撑、钢支撑、格构式立柱、钢管立柱、型钢立柱等,立柱往往埋入灌注桩内,也有直接打入一根钢管桩或型钢桩,使桩柱合为一体。甚至有钢支撑和混凝土支撑混合使用的实例。

7.5.2 施工前应熟悉支撑系统的图纸及各种计算工况,掌握开挖及支撑设置的方式、预顶力及周围环境保护的要求。

说明:7.5.2 预顶力应由设计规定,所用的支撑应能施加预顶力。

7.5.3 施工过程中应严格控制开挖和支撑的程序及时间,对支撑的位置(包括立柱及立柱桩的位置)、每层开挖深度、预加顶力(如需要时)、钢围图与围护体或支撑与围图的密贴度应做周密检查。

说明:7.5.3 一般支撑系统不宜承受垂直荷载,因此不能在支撑上堆放钢材,甚至做脚手用。只有采取可靠的措施,并经复核后方可做他用。

7.5.4 全部支撑安装结束后,仍应维持整个系统的正常运转直至支撑全部拆除。

说明:7.5.4 支撑安装结束,即已投入使用,应对整修使用期做观测,尤其一些过大的变形应尽可能防止。

7.5.5 作为永久性结构的支撑系统尚应符合现行国家标准《混凝土结构工程施工质量验收规范》GB50204的要求。

说明:7.5.5 有些工程采用逆做法施工,地下室的楼板、梁结构做支撑系统用,此时就按现行国家标准《混凝土结构工程施工质量验收规范》GB50204的要求验收。

7.5.6 钢或混凝土支撑系统工程质量检验标准应符合附表7.5.6的规定。

附表7.5.6 钢或混凝土支撑系统工程质量检验标准

项	序	检查项目	允许偏差或允许值	检查方法
主控项目	1	支撑位置:标高 平面	30 mm 100 mm	水准仪 用钢尺量
	2	预加顶力	±50 kN	油泵读数或传感器
一般项目	1	围图标高	30 mm	水准仪
	2	立柱桩	参见本规范第5章	参见本规范第5章
	3	立柱位置:标高 平面	30 mm 50 mm	水准仪 用钢尺量
	4	开挖超深(开槽放支撑不在此范围)	<200 mm	水准仪
	5	支撑安装时间	设计要求	用钟表估测

7.6 地下连续墙

7.6.1 地下连续墙均应设置导墙,导墙形式有预制及现浇两种,现浇导墙形状有

"L"型或倒"L"型,可根据不同土质选用。

说明:7.6.1 导墙施工是确保地下墙的轴线位置及成槽质量的有关键工序。土层性质较好时,可选用倒"L"型,甚至预制钢导墙,采用"L"型导墙,应加强导墙背后的回填夯实工作。

7.6.2 地下墙施工前宜先试成槽,以检验泥浆的配比、成槽机的选型并可复核地质资料。

说明:7.6.2 泥浆配方及成槽机选型与地质条件有关,常发生配方或成槽机选型不当而产生槽段坍方的事例,因此一般情况下应试成槽,以确保工程的顺利进行。仅对专业施工经验丰富,熟悉土层性质的施工单位可不进行成槽。

7.6.3 作为永久结构的地下连续墙,其抗渗质量标准可按现行国家标准《地下防水工程施工质量验收规范》(GB50208-2011)执行。

7.6.4 地下墙槽段间的连接接头形式,应根据地下墙的使用要求选用,且应考虑施工单位的经验,无论选用何种接头,在浇注混凝土前,接头处必须刷洗干净,不留任何泥砂或污物。

说明:7.6.4 目前地下墙的接头形式多种多样,从结构性能来分有刚性、柔性、刚柔结合型,从材质来分有钢接头、预制混凝土接头等,但无论选用何种型式,从抗渗要求着眼,接头部位经常是薄弱环节,严格这部分的质量要求实有必要。

7.6.5 地下墙与地下室结构顶板、楼板、底板及梁之间连接可预埋钢筋或接驳器(锥螺纹或直螺纹),对接驳器也应按原材料检验要求,抽样复验。数量每500套为一个检验批,每批应抽查3件,复验内容为外观、尺寸、抗拉试验等。

说明:7.6.5 地下墙作为永久结构,必然与楼板、顶盖等构成整体,工程中采用接驳器(锥螺纹或直螺纹)已较普遍,但生产接驳器厂商较多,使用部位又是重要结点,必须对接驳器的外形及力学性能复验以符合设计要求。

7.6.6 施工前应检验进场的钢材、电焊条。已完工的导墙应检查基净空尺寸,墙面平整度与垂直度。检查泥浆用的仪器、泥浆循环系统应完好。地下连续墙应用商品混凝土。

说明:7.6.6 泥浆护壁在地下墙施工时是确保槽壁不坍的重要措施,必须有完整的仪器,经常地检验泥浆指标,随着泥浆的循环使用,泥浆指标将会劣化,只有通过检验,方可把好此关。地下连续墙连续浇筑,以在初凝期内完成一个槽段为好,商品混凝土可保证短期内的浇灌量。

7.6.7 施工中应检查成槽的垂直度、槽底的淤积物厚度、泥浆比重、钢筋笼尺寸、浇筑导管位置、混凝土上升速度、浇筑面标高、地下墙连接面的清洗程度、商品混凝土的坍落度、锁口管或接头箱的拔出时间及速度等。

说明:7.6.7 检查混凝土上升速度与浇筑面标高均为确保槽段混凝土顺利浇筑及浇筑质量的监测措施。锁口管(或称槽段浇筑混凝土时的临时封堵管)拔得过快,入槽的混凝土将流淌到相邻槽段中给该槽段成槽造成极大困难,影响质量,拔管过慢又会导致锁口管拔不出或拔断,使地下墙构成隐患。

7.6.8 成槽结束后应对成槽的宽度、深度及倾斜度进行检验,重要结构每段槽段都应检查,一般结构可抽查总槽段数的 20%,每槽段应抽查 1 个段面。

说明:7.6.8　检查槽段的宽度及倾斜度宜用超声测槽仪,机械式的不能保证精度。

7.6.9　永久性结构的地下墙,在钢筋笼沉放后,应做二次清孔,沉渣厚度应符合要求。

说明:7.6.9　沉渣过多,施工后的地下墙沉降加大,往往造成楼板、梁系统开裂,这是不允许的。

7.6.10　每 50 m³ 地下墙应做 1 组试件,每幅槽段不得少于 1 组,在强度满足设计要求后方可开挖土方。

7.6.11　作为永久性结构的地下连续墙,土方开挖后应进行逐段检查,钢筋混凝土底板也应符合现行国家标准《混凝土结构工程施工质量验收》规范 GB50204 的规定。

7.6.12　地下墙的钢筋笼检验标准应符合本规范附表 7.6.4-1 的规定。其他标准应符合附表 7.6.12 的规定。

附表 7.6.12　地下墙质量检验标准

项	序	检查项目	允许偏差或允许值	检查方法
主控项目	1	墙体强度	设计要求	查试件记录或取芯试压
	2	垂直度:永久结构 临时结构	1/300 1/150	测声波测槽仪或成槽机上的监测系统
一般项目	1	导墙尺寸:宽度 墙面平整度 平面位置	$W+40$ mm <5 mm ±10 mm	用钢尺量,W 为地下墙设计厚度 用钢尺量 用钢尺量
	2	沉渣厚度:永久结构 临时结构	≤100 mm ≤200 mm	重锤测或沉积物测定仪测
	3	槽深	+100 mm	重锤测
	4	混凝土坍落度	180~220 mm	坍落度测定器
	5	钢筋笼尺寸	见本规范表 5.6.4-1	见本规范表 5.6.4-1
	6	地下墙表面平整度: 永久结构 临时结构 插入式结构	<100 mm <150 mm <20 mm	此为均匀黏土层,松散及易坍土层由设计决定
	7	永久结构时的预埋件位置: 水平向 垂直向	≤10 mm ≤20 mm	用钢尺量 水准仪

7.7 沉井与沉箱

7.7.1 沉井是下沉结构,必须掌握确凿的地质资料,钻孔可按下述要求进行:

1. 面积是 200 m² 以下(包括 200 m²)的沉井(箱),应有一个钻孔(可布置在中心位置)。

2. 面积在 200 m² 以上的沉井(箱),在四角(圆形为相互垂直的两直径端点)应各布置一个钻孔。

3. 特大沉井(箱)可根据具体情况增加钻孔。

4. 钻孔底标高应深于沉井的终沉标高。

5. 每座沉井(箱)应有一个钻孔提供土的各项物理力学指标、地下水位和地下水含量资料。

说明:7.7.1 为保证沉井顺利下沉,对钻孔应有特殊的要求。

7.7.2 沉井(箱)的施工应由具有专业施工经验的单位承担。

说明:7.7.2 这也是确保沉井(箱)工程成功的必要条件,常发生由于施工单位无任何经验而使沉井(箱)沉偏或半路搁置的事例。

7.7.3 沉井制作时,承垫木或砂垫层的采用,与沉井的结构情况、地质条件、制作高度等有关。无论采用何种型式,均应有沉井制作时的稳定计算及措施。

7.7.4 多次制作和下沉的沉井(箱),在每次制作接高时,应对下卧层作稳定复核计算,并确定确保沉井接高的稳定措施。

说明:7.7.4 沉井(箱)在接高时,一次性加了一节混凝土重量,对沉井(箱)的刃脚踏面增加了载荷。如果踏面下土的承载力不足以承担该部分荷载,会造成沉井(箱)在浇筑过程中,产生大的沉降,甚至突然下沉,荷载不均匀时还会产生大的倾斜。工程中往往在沉井(箱)接高之前,在井内回填部分黄沙,以增加接触面,减少沉井(箱)的沉降。

7.7.5 沉井采用排水封底,应确保终沉时,井内不发生管涌、涌土及沉井止沉稳定。如不能保证时,应采用水下封底。

说明:7.7.5 排水封底,操作人员可下井施工,质量容易控制。但当井外水位较高,井内抽水后,大量地下水涌入井内,或者井内土体的抗剪强度不足以抵挡井外较高的土体质量,产生剪切破坏而使大量土体涌入,沉井(箱)不能稳定,则必须井内灌水,进行不排水封底。

7.7.6 沉井施工除应符合本规范外,尚应符合现行国家标准《混凝土结构工程施工质量验收规范》GB50204 及《地下防水工程施工质量验收规范》GB50208 的规定。

7.7.7 沉井(箱)在施工前应对钢筋、电焊条及焊接成形的钢筋半成品进行检验。如不用商品混凝土,则应对现场的水泥、骨料做检验。

7.7.8 混凝土浇注前,应对模板尺寸、预埋件位置、模板的密封性进行检验。拆模后应检查浇筑质量(外观及强度),符合要求后方可下沉。浮运沉井尚需做起浮可能性检查。下沉过程中应对下沉偏差做过程控制检查。下沉后的接高应对地基强度、沉井的稳定做检查。封底结束后,应对底板的结构(有无裂缝)及渗漏做检查。有关渗漏验收标准应符合现行国家标准《地下防水工程施工质量验收规范》GB50208 的规定。

说明:7.7.8 下沉过程中的偏差情况,虽然不作为验收依据,但是偏差太大影响到终沉标高,尤当刚开始下沉时,应严格控制偏差不要过大,否则终沉标高不易控制在要求范围内。下沉过程中的控制,一般可控制四个角,当发生过大的纠偏动作后,要注意检查中心线的偏移。封底结束后,常发生底板与井墙交接处的渗水,地下水丰富地区,混凝土底板未达到一定强度时,还会发生地下水穿孔,造成渗水,渗漏验收要求可参照现行国家标准《地下防水工程施工质量验收规范》GB50208。

7.7.9　沉井(箱)竣工后的验收应包括沉井(箱)的平面位置、终端标高、结束完整性、渗水等进行综合检查。

7.7.10　沉井(箱)的质量检验标准应符合附表 7.7.10 的要求。

附表 7.7.10　沉井(箱)的质量检验标准

项	序	检查项目	允许偏差或允许值	检查方法
主控项目	1	混凝土强度	满足设计要求(下沉前必须达到70%设计强度)	查试件记录或抽样送检
	2	封底前,沉井(箱)的下沉稳定	<10 mm/8 h	水准仪
	3	封底结束后的位置: 刃脚平均标高(与设计标高比)	<100 mm	水准仪
		刃脚平面中心线位移	<1%H	经纬仪,H 为下沉总深度,$H<10$ m 时,控制在 100 mm 之内
		四角中任何两角的底面高差	<1%l	水准仪,l 为两角的距离,但不超过 300 mm,$l<10$ m 时,控制在 100 mm 之内
一般项目	1	钢材、对接钢筋、水泥、骨料等原材料检查	符合设计要求	查出厂质保书或抽样送检
	2	结构体外观	无裂缝,无蜂窝、孔洞,不露筋	直观
	3	平面尺寸: 长与宽	±0.5%	用钢尺量,最大控制在 100 mm 之内
		曲线部分半径	±0.5%	用钢尺量,最大控制在 50 mm 之内
		两对角线差 预埋件	1.0% 20 mm	用钢尺量 用钢尺量
	4	下沉过程中的偏差:高差 平面轴线	1.5%～2.0% <1.5%H	水准仪,但最大不超过 1 m 经纬仪,H 为下沉深度,最大应控制在 300 mm 之内,此数值不包括高差引起的中线位移
	5	封底混凝土坍落度	18～22 cm	坍落度测定器

注:主控项目 3 的三项偏差可同时存在,下沉总深度是指下沉前后刃脚之高差。

7.8 降水与排水

7.8.1 降水与排水是配合基坑开挖的安全措施,施工前应有降水与排水设计。当在基坑外降水时,应有降水范围的估算,对重要建筑物或公共设施在降水过程中应监测。

说明:7.8.1 降水会影响周边环境,应有降水范围估算以估计对环境的影响,必要时需有回灌措施,尽可能减少对周边环境的影响。降水运转过程中要设水位观测井及沉降观测点,以估计降水的影响。

7.8.2 对不同的土质应用不同的降水形式,附表 7.8.2 为常用的降水形式。

附表 7.8.2 降水类型及适用条件

降水类型 \ 适用条件	渗透系数(cm/s)	可能降低的水位深度(m)
轻型井点 多级轻型井点	$10^{-2} \sim 10^{-5}$	$3 \sim 6$ $6 \sim 12$
喷射井点	$10^{-3} \sim 10^{-6}$	$8 \sim 20$
电渗井点	$< 10^{-6}$	宜配合其他形式降水使用
深井井管	$\geqslant 10^{-5}$	> 10

说明:7.8.2 电渗作为单独的降水措施已不多,在渗透系数不大的地区,为改善降水效果,可用电渗作为辅助手段。

7.8.3 降水系统施工完后,应试运转,如发现井管失效,应采取措施使其恢复正常,如无可能恢复则应报废,另行设置新的井管。

说明:7.8.3 常在降水系统施工后,发现抽出的是浑水或无抽水量的情况,这是降水系统的失效,应重新施工直至达到效果为止。

7.8.4 降水系统运转过程中应随时检查观测孔中的水位。

7.8.5 基坑内明排水应设置排水沟及集水井,排水沟纵坡宜控制在 1‰~2‰。

7.8.6 降水与排水施工的质量检验标准应符合附表 7.8.6 的规定。

附表 7.8.6 降水与排水施工质量检验标准

序	检查项目	允许偏差或允许值	检查方法
1	排水沟坡度	1‰~2‰	目测:坑内不积水,沟内排水畅通
2	井管(点)垂直度	1%	插管时目测
3	井管(点)间距(与设计相比)	≤150%	用钢尺量
4	井管(点)插入深度(与设计相比)	≤200 mm	水准仪
5	过滤砂砾料填灌(与计算值相比)	≤5	检查回填料用量
6	井点真空度: 轻型井点 喷射井点	>60 kPa >93 kPa	真空度表 真空度表
7	电渗井点阴阳极距离: 轻型井点 喷射井点	80~100 mm 120~150 mm	用钢尺量 用钢尺量

8　分部(子分部)工程质量验收

8.0.1　分项工程、分部(子分部)工程质量的验收,均应在施工单位自检合格的基础上进行。施工单位确认自检合格后提出工程验收申请,工程验收时应提供下列技术文件和记录:

1. 原材料的质量合格证和质量鉴定文件
2. 半成品如预制桩、钢桩、钢筋笼等产品合格证书。
3. 施工记录及隐蔽工程验收文件
4. 检测试验及见证取样文件
5. 其他必须提供的文件或记录

8.0.2　对隐蔽工程应进行中间验收。

8.0.3　分部(子分部)工程验收应由总监理工程师或建设单位项目负责人组织勘察、设计单位及施工单位的项目负责人、技术质量负责人,共同按设计要求和本规范及其他有关规定进行。

8.0.4　验收工作应按下列规定进行:

1. 分项工程的质量验收应分别按主控项目和一般项目验收;
2. 隐蔽工程应在施工单位自检合格后,于隐蔽前通知有关人员检查验收,并形成中间验收文件;
3. 分部(子分部)工程的验收,应在分项工程通过验收的基础上,对必要的部位进行见证检验。

说明:8.0.4　质量验收的程序与组织应按现行国家标准《建筑工程施工质量验收统一规范》GB50300 的规定执行。作为合格标准主控项目应全部合格,一般项目合格数应不低于80%。

8.0.5　主控项目必须符合验收标准规定,发现问题应立即处理直至符合要求,一般项目应有 80%合格。混凝土试件强度评定不合格或对试件的代表性有怀疑时,应采用钻芯取样,检测结果符合设计要求可按合格验收。

附录 A　地基与基础施工勘察要点(附录一的子附录)

A. 1　一般规定

A.1.1　所有建(构)筑物均应进行施工验槽。遇到下列情况之一时,应进行专门的施工勘察。

1. 工程地质条件复杂,详勘阶段难以查清时;
2. 开挖基槽发现土质、土层结构与勘察资料不符时;
3. 施工中边坡失稳,需查明原因,进行观察处理时;
4. 施工中,地基土受扰动,需查明其性状及工程性质时;
5. 为地基处理,需进一步提供勘察资料时;

6. 建(构)筑物有特殊要求,或在施工时出现新的岩土工程地质问题时。

A.1.2 施工勘察应针对需要解决的岩土工程问题布置工作量,勘察方法可根据具体情况选用施工验槽、钻探取样和原位测试等。

A.2 天然地基基础基槽检验要点

A.2.1 基槽开挖后,应检验下列内容:

1. 核对基坑的位置、平面尺寸、坑底标高;
2. 核对基坑土质和地下水情况;
3. 空穴、古墓、古井、防空掩体及地下埋设物的位置、深度、性状。

A.2.2 在进行直接观察时,可用袖形式贯入仪作为辅助手段。

A.2.3 遇到下列情况之一时,应在基坑底普遍进行轻型动力触探:

1. 持力层明显不均匀;
2. 浅部有软弱下卧层;
3. 有浅埋的坑穴、古墓、古井等,直接观察难以发现时;
4. 勘察报告或设计文件规定应进行轻型动力触探时。

A.2.4 采用轻型动力触探进行基槽检验时,检验深度及间距按附表 A.2.4 执行。

附表 A.2.4 轻型动力触探检验深度及间距表(m)

排列方式	基槽宽度	检验深度	检验间距
中心一排	<0.8	1.2	1.0~1.5 m,视地层复杂情况定
两排错开	0.8~2.0	1.5	
梅花型	>2.0	2.1	

A.2.5 遇下列情况之一时,可不进行轻型动力触探:

1. 基坑不深处有承压水层,触探可造成冒水涌砂时;
2. 持力层为砾石层或卵石层,且其厚度符合设计要求时。

A.2.6 基槽检验应填写验槽记录或检验报告。

A.3 深基础施工勘察要点

A.3.1 当预制打入桩、静力压桩或锤击沉管灌注桩的入土深度与勘察资料不符或对桩端下卧层有怀疑时,就核查桩端下主要受力层的标准贯入击数和岩土工程性质。

A.3.2 在单柱的大直径桩施工中,如发现地层变化异常或怀疑持力层可能存在破碎带或溶洞等情况时,应对其分布、性质、程度进行核查,评价其对工程安全的影响程度。

A.3.3 人工挖孔混凝土灌注桩应逐孔进行持力层岩土性质的描述及鉴别,当发现与勘察资料不符时,应对异常之处进行施工勘察,重新评价,并提供处理的技术措施。

A.4 地基处理工程勘察要点

A.4.1 根据地基处理方案,对勘察资料中场地工程地质及水文地质条件进行核查和补充;对详勘阶段遗留问题或地基处理设计中的特殊要求进行有针对性的勘察,提供地基处理所需的岩土工程设计参数,评价现场施工条件及施工对环境的影响。

A.4.2　当地基处理施工中发生异常情况时,进行施工勘察,查明原因,为调整、变更设计方案提供岩土工程设计参数,并提供处理的技术措施。

A.5　施工勘察报告

A.5.1　施工勘察报告应包括下列主要内容:

1. 工程概况;
2. 目的和要求;
3. 原因分析;
4. 工程安全性评价;
5. 处理措施及建议。

附录 B　塑料排水带的性能(附录一的子附录)

B.0.1　不同型号塑料排水带的厚度应符合附表 B.0.1。

附表 B.0.1　不同型号塑料排水带的厚度(mm)

型号	A	B	C	D
厚度	>3.5	>4.0	>4.5	>6

B.0.2　塑料排水带的性能应符合附表 B.0.2。

附表 B.0.2　塑料排水带的性能

项　目		单位	A 型	B 型	C 型	条件
纵向通水量		cm^3/s	≥15	≥25	≥40	侧压力
滤膜渗透系数		cm/s	≥5×10⁻⁴			试件在水中浸泡 24 h
滤膜等效孔径		μm	<75			以 D_{98} 计,D 为孔径
复合体抗拉强度(干态)		kN/10 cm	≥1.0	≥1.3	≥1.5	延伸率10%时
滤膜抗拉强度	干态	N/cm	≥15	≥25	≥30	延伸率10%时
	湿态		≥10	≥20	≥25	延伸率15%时,试件在水中浸泡 24 h
滤膜重度		N/m^2	—	0.8	—	

注:1. A 型排水带适用于插入深度小于 15 m。
　　2. B 型排水带适用于插入深度小于 25 m。
　　3. C 型排水带适用于插入深度小于 35 m。

本规范用词说明

1. 为便于在执行本规范条文时区别对待,对要求严格程度不同的用词,说明如下:

1) 表示很严格,非这样做不可的用词:

正面词采用"必须",反面词采用"严禁"。

2) 表示严格,在正常情况下均应这样做的用词:

正面词采用"应",反面词采用"不应"或"不得"。

3) 表示允许稍有选择,在条件许可时,首先应这样做的用词:

正面词采用"宜",反面词采用"不宜"。

表面有选择,在一定条件下可以这样做的用词,采用"可"。

2. 本规范中指明应按其他有关标准、规范执行的写法为"应符合……要求或规定"或"应按……执行"。

参考文献

[1] 刘津明,韩明. 土木工程施工[M]. 天津:天津大学出版社,2001.

[2] 姚刚. 土木工程施工技术[M]. 北京:人民交通出版社,2000.

[3] 廖代广. 土木工程施工技术[M]. 武汉:武汉理工大学出版社,2002.

[4] 江正荣,朱国梁. 简明施工手册[M]. 北京:中国建筑工业出版社,2005.

[5] 中华人民共和国住房和城乡建设部. 混凝土结构工程施工质量验收规范(GB 50204—2015). 北京:中国建筑工业出版社,2015.

[6] 余胜光,窦如令. 建筑施工技术[M]. 武汉:武汉理工大学出版社,2015.

[7] 中华人民共和国住房和城乡建设部. 建筑工程冬期施工规程(JGJ/T 104—2011). 北京:中国建筑工业出版社,2011.

[8] 姚谨英. 建筑施工技术管理实训[M]. 北京:中国矿建筑工业出版社,2006.

[9] 郭立民,方承训. 建筑施工[M]. 3版. 北京:中国建筑工业出版社,2006.

[10] 毕守一,钟汉华. 基础工程施工[M]. 郑州:黄河水利出版社,2009.

[11] 李粮纲,陈惟明,李小青. 基础工程施工技术[M]. 武汉:中国地质大学出版社,2001.

[12] 全国一级建造师执业资格考试用书编写委员会. 建筑工程管理与实务[M]. 北京:中国建筑工业出版社,2012.

[13] 严心娥. 土木工程施工[M]. 北京:北京大学出版社,2010.

[14] 钟汉华. 建筑工程施工技术[M]. 北京:北京大学出版社,2013.

[15] 李惠玲. 土木工程施工技术[M]. 大连:大连理工大学出版社,2009.

[16] 陈守兰. 土木工程施工技术[M]. 北京:科学出版社,2010.

[17] 窦如令. 基础工程施工[M]. 武汉:中国地质大学出版社,2014.